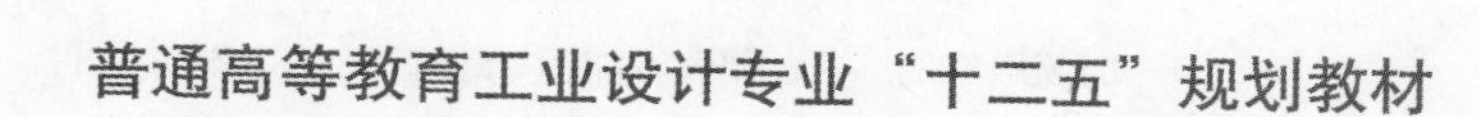

普通高等教育工业设计专业“十二五”规划教材

计算机辅助设计3ds Max

主　编　李德君　孙巍巍
副主编　孙正广　刘　驰

中国水利水电出版社
www.waterpub.com.cn

内容提要

本教材由浅入深、较为全面地介绍了3ds Max的操作界面、常用工具和命令，并在讲解的同时配以实例练习，使读者能较好地理解、掌握这个软件。本教材共分11章，包括概述、三维几何体建模、二维图形建模、高级建模、材质与贴图、灯光与摄影机、环境与效果、渲染与动画、工业产品制作实例、室内客厅制作实例及三维动画实例。

本教材配有所有案例的源文件、场景文件、最终文件和贴图文件等，同时还配备了PPT课件等丰富的教学资源，可在http://www.waterpub.com.cn/查阅下载。

本教材适用于工业设计、产品设计、室内设计或家具设计专业的师生作为教材，也可作为相关专业初、中级培训班的教材，或从业人员的自学用书。

图书在版编目（CIP）数据

计算机辅助设计3ds Max / 李德君，孙巍巍主编. -- 北京 ：中国水利水电出版社，2012.5
普通高等教育工业设计专业“十二五”规划教材
ISBN 978-7-5084-9775-4

Ⅰ. ①计… Ⅱ. ①李… ②孙… Ⅲ. ①三维动画软件－高等学校－教材 Ⅳ. ①TP391.41

中国版本图书馆CIP数据核字(2012)第100108号

书　　名	普通高等教育工业设计专业“十二五”规划教材 计算机辅助设计3ds Max
作　　者	主编　李德君　孙巍巍　副主编　孙正广　刘驰
出版发行	中国水利水电出版社 （北京市海淀区玉渊潭南路1号D座　100038） 网址：www.waterpub.com.cn E-mail：sales@waterpub.com.cn 电话：（010）68367658（发行部）
经　　售	北京科水图书销售中心（零售） 电话：（010）88383994、63202643、68545874 全国各地新华书店和相关出版物销售网点
排　　版	北京时代澄宇科技有限公司
印　　刷	北京嘉恒彩色印刷有限责任公司
规　　格	210mm×285mm　16开本　14印张　410千字
版　　次	2012年5月第1版　2012年5月第1次印刷
印　　数	0001—3000册
定　　价	43.00元

丛书编写委员会

普通高等教育工业设计专业“十二五”规划教材
参编院校

清华大学美术学院
江南大学设计学院
北京服装学院
北京工业大学
北京科技大学
北京理工大学
大连民族学院
鲁迅美术学院
上海交通大学
杭州电子科技大学
山东工艺美术学院
山东建筑大学
山东科技大学
东华大学
广州大学
河海大学
南京航空航天大学
郑州大学
长春工程学院
浙江农林大学
兰州理工大学
辽宁工业大学
天津理工大学
哈尔滨理工大学
中国矿业大学
佳木斯大学
浙江理工大学
青岛科技大学
中国海洋大学
陕西理工大学
嘉兴学院
中南大学
杭州职业技术学院
浙江工商职业技术学院
义乌工商学院
郑州航空工业管理学院
中国计量学院
中国石油大学
长春工业大学
天津工业大学
昆明理工大学
北京工商大学
扬州大学
广东海洋大学

序

Foreword

工业设计的专业特征体现在其学科的综合性、多元性及系统复杂性上，设计创新需符合多维度的要求，如用户需求、技术规则、经济条件、文化诉求、管理模式及战略方向等，许许多多的因素影响着设计创新的成败，较之艺术设计领域的其他学科，工业设计专业对设计人才的思维方式、知识结构、掌握的研究与分析方法、运用专业工具的能力，都有更高的要求，特别是现代工业设计的发展，在不断向更深层次延伸，愈来愈呈现出与其他更多学科交叉、融合的趋势。通用设计、可持续设计、服务设计、情感化设计等设计的前沿领域，均表现出学科大融合的特征，这种设计发展趋势要求我们对传统的工业设计教育做出改变。同传统设计教育的重技巧、经验传授，重感性直觉与灵感产生的培养训练有所不同，现代工业设计教育更加重视知识产生的背景、创新过程、思维方式、运用方法，以及培养学生的创造能力和研究能力，因为工业设计人才的能力是发现问题的能力、分析问题的能力和解决问题的能力综合构成的，具体地讲就是选择吸收信息的能力、主体性研究问题的能力、逻辑性演绎新概念的能力、组织与人际关系的协调能力。学生们这些能力的获得，源于系统科学的课程体系和渐进式学程设计。十分高兴的是，即将由中国水利水电出版社出版的“普通高等教育工业设计专业‘十二五’规划教材”，有针对性地为工业设计课程教学的教师和学生增加了学科前沿的理论、观念及研究方法等方面的知识，为通过专业课程教学提高学生的综合素质提供了基础素材。

这套教材从工业设计学科的理论建构、知识体系、专业方法与技能的整体角度，建构了系统、完整的专业课程框架，此一种框架既可以被应用于设计院校的工业设计学科整体课程构建与组织，也可以应用于工业设计课程的专项知识与技能的传授与培训，使学习工业设计的学生能够通过系统性的课程学习，以基于探究式的项目训练为主导、社会化学习的认知过程，学习和理解工业设计学科的理论观念，掌握设计创新活动的程序方法，构建支持创新的知识体系并在项目实践中完善设计技能，“活化”知识。同时，这套教材也为国内众多的设计院校提供了专业课程教学的整体框架、具体的课程教学内容以及学生学习的途径与方法。

这套教材的主要成因，缘起于国家及社会对高质量创新型设计人才的需求，以及目前我国新设工业设计专业院校现实的需要。在过去的二十余年里，我国新增数百所设立工业设计专业的高等院校，在校学习工业设计的学生人数众多，亟须系统、规范的教材为专业教学提供支撑，因为设计创新是高度复杂的活动，需要设计者集创造力、分析力、经验、技巧和跨学科的知识于一起，才能走上成功的路径。这样的人才培养目标，需要我们的设计院校在教育理念和哲学思考上做出改变，以学习者为核心，所有的教学活动围绕学生个体的成长，在专业教学中，以增进学生们的创造力为目标，以工业设计学科的基本结构为教学基础内容，以促进学生再发现为学习的途径，以深层化学习为方法、以跨学科探究为手段、以个性化的互动为教学方式，使我们的学生在高校的学习中获得工业设计理论观念、专业精神、知识技能以及国际化视野。这套教材是实现这个教育目标的基石，好的教材结合教师合理的学程设计能够极大地提高学生们的学习效率。

改革开放以来，中国的发展速度令世界瞩目，取得了前人无以比拟的成就，但我们应当清醒地认识到，这是以量为基础的发展，我们的产品在国际市场上还显得竞争力不足，企业的设计与研发能力薄弱，产品的设计水平同国际先进水平仍有差距。今后我国要实现以高新技术产业为先导的新型产业结构，在质量上同发达国家竞争，企业只有通过设计的战略功能和创新的技术突破，创造出更多、自主品牌价值，才能使中国品牌走向世界并赢得国际市场，中国企业也才能成为具有世界性影响的企业。而要实现这一目标，关键是人才的培养，需要我们的高等教育能够为社会提供高质量的创新设计人才。

从经济社会发展的角度来看，全球经济一体化的进程，对世界各主要经济体的社会、政治、经济产生了持续变革的压力，全球化的市场为企业发展提供了广阔的拓展空间，同时也使商业环境中的竞争更趋于激烈。新的技术及新的产品形式不断产生，每个企业都要进行持续的创新，以适应未来趋势的剧烈变化，在竞争的商业环境中确立自己的位置。在这样变革的压力下，每个企业都将设计创新作为应对竞争压力的手段，相应地对工业设计人员的综合能力有了更高的要求，包括创新能力、系统思考能力、知识整合能力、表达能力、团队协作能力及使用专业工具与方法的能力。这样的设计人才规格诉求，是我们的工业设计教育必须努力的方向。

从宏观上讲，工业设计人才培养的重要性，涉及的不仅是高校的专业教学质量提升，也不仅是设计产业的发展和企业的效益与生存，它更代表了中国未来发展的全民利益，工业设计的发展与时俱进，设计的理念和价值已经渗入人类社会生活的方方面面。在生产领域，设计创新赋予企业以科学和充满活力的产品研发与管理机制；在商业流通领域，设计创新提供经济持续发展的动力和契机；在物质生活领域，设计创新引导民众健康的消费理念和生活方式；在精神生活领域，设计创新传播时代先进文化与科技知识并激发民众的创造力。今后，设计创新活动将变得更加重要和普及，工业设计教育者以及从事设计活动的组织在今天和将来都承担着文化和社会责任。

中国目前每年从各类院校中走出数量庞大的工业设计专业毕业生，这反映了国家在社会、经济以及文化领域等方面发展建设的现实需要，大量的学习过设计创新的年轻人在各行各业中发挥着他们的才干，这是一个很好的起点。中国要由制造型国家发展成为创新型国家，还需要大量的、更高质量的、充满创造热情的创新设计人才，人才培养的主体在大学，中国的高等院校要为未来的社会发展提供人才输出和储备，一切目标的实现皆始于教育。期望这套教材能够为在校学习工业设计的学生及工业设计教育者提供参考素材，也期望设计教育与课程学习的实践者，能够在教学应用中对它做出发展和创新。教材仅是应用工具，是专业课程教学的组成部分之一，好的教学效果更多的还是来自于教师正确的教学理念、合理的教学策略及同学习者的良性互动方式上。

2011年5月

于清华大学美术学院

前言

Preface

3ds Max 是目前 PC 机上最流行、使用最广泛的三维动画软件之一，拥有着悠久的历史，在当今三维动画制作领域，3ds Max、Maya 等软件占据了大部分市场，是当前世界上销售量最大的三维建模、动画制作及渲染解决方案之一，而 3ds Max 拥有着最广泛的用户群和交流平台。早期 3ds Max 主要应用在建筑设计领域，特别是室内设计方面，但现在已经在影视广告动画、建筑室内外设计效果图设计、园林景观规划设计、工业产品、游戏造型设计等多个领域广泛应用，尤其是近年来，在三维游戏制作、好莱坞大片中常常有它的身影，制作出很多经典、逼真的场景和特效。因此，能够学习并能熟练掌握 3ds Max 工具成为了许多人完成梦想的阶梯。

本书是针对 3ds Max 的基础应用而撰写的一本入门级教程。全书依照自学的规律，首先介绍基本概念和基本操作，在读者掌握了这些基本概念和基本操作的基础上，再对内容进行深入地讲解，并配合数量众多的案例对各种操作和技术进行实战讲解，整个讲解过程严格遵循由浅入深的原则。

本书按照 3ds Max 内在的联系将各种工具、命令和操作面板交织编排在一起，对理解和掌握 3ds Max 有很大帮助。在讲解命令、工具的同时，相应地配有大量的实例，可以让读者在掌握基本概念和基本操作的过程中，开阔自己的思路，并能学到一些制作技巧。

全书共分 11 章，第 1 章到第 8 章主要内容包括：3ds Max 软件的基本概述、三维几何体建模、二维图形建模、高级建模、材质与贴图、灯光与摄影机、环境与效果、渲染与动画等内容，细致讲解了 3ds Max 的各个功能的使用方法与技巧，并在主要内容后面配有相应地实例。第 9 章到第 11 章主要内容包括：工业产品建模与渲染、室内建模与渲染和三维动画的制作等内容，通过一系列效果图、动画案例，说明了 3ds Max 在产品、室内效果图设计方面的应用以及动画制作的过程，使读者掌握建模、渲染、动画等 3ds Max 软件的基本制作流程，巩固了前面章节所学习的各种命令和工具等。

本书由李德君、孙巍巍（佳木斯大学）任主编，孙正广（江西省萍乡高等专科学校）、刘驰（北华航天工业学院）任副主编，其中第 3、6、10 章由李德君编写，第 7、9、11 章由孙巍巍编写，第 4、5 章由孙正广编写，第 1、2、8 章由刘驰编写。参与编写的人员还有杨海、鲁静茹、张莹芳、杨丽华、刘祥森、邬思军等同志，在此，编者对以上人员致以诚挚的谢意！

本教材配有所有案例的源文件、场景文件、最终文件和贴图文件等，同时还配备了 PPT 课件等教学资源，可在 http://www.waterpub.com.cn/ 查阅下载。

由于编者水平有限，书中错误之处在所难免，敬请广大读者批评指正。

编者

2012 年 2 月

本册主编简介

李德君 男，1978 年生于黑龙江省七台河市。本科就读于沈阳航空航天大学工业设计专业，硕士就读于东北林业大学设计艺术学专业，2004 年 9 ~ 12 月在俄罗斯共青城师范大学进行学术交流，2005 年 3 ~ 6 月在俄罗斯比罗比詹师范学院进行学术交流。主持教育部课题 1 项，省级课题 2 项，参与国家 863 课题 3 项，申请专利 5 项，发表学术研究论文 10 余篇，获省文化厅教育成果三等奖 1 项。

孙巍巍 女，1979 年生于黑龙江省齐齐哈尔市。本科就读于齐齐哈尔大学美术教育专业，硕士就读于东北林业大学设计艺术学专业。主持省级课题 2 项，参与省、部级课题 3 项，申请专利 5 项，发表学术研究论文 7 篇，获省文化厅教育成果三等奖 1 项。

目录

Contents

第1章

Chapter1

概　述

1.1　3ds Max 简介

Autodesk 3ds Max 是目前 PC 机上最流行、使用最广泛的三维动画软件之一，拥有着悠久的历史，在当今三维动画制作领域，3ds Max、Maya 等软件占据了大部分市场，而 3ds Max 拥有着最广泛的用户群和交流平台。早期 3ds Max 主要应用在建筑设计领域，特别是室内设计方面，但现在已经在影视广告动画、建筑室内外设计效果图设计、园林景观规划设计、工业产品、游戏造型设计等多个领域广泛应用，尤其是近年来，在三维游戏制作、好莱坞大片中常常有它的身影，制作出很多经典、逼真的场景和特效。

3ds Max 从推出至今不断更新，2010 版与之前版本相比，其集成了更多的功能模块，并有 3ds Max 2010 与 3ds Max Design 2010 两个子版本，分类更加明确，为使用者提供了更适合自己不同需要的选择。

1.2　操作界面

（1）视图中的面板和工具栏的显示与隐藏。在主工具栏的空白处单击鼠标右键，在弹出的菜单中选择相关的命令即可。

（2）3ds Max 默认界面还原。对于初学者来讲，如果不小心把 3ds Max 默认的界面布局改变了，可以通过菜单选择“自定义”→“还原为启动布局”命令恢复界面。或者通过菜单中选择“自定义”→“加载自定义用户界面方案”命令，在弹出的对话框中选择 3ds Max 安装路径下 ui 文件夹中的“DefaultUI.ui”文件也可。

1.3　功能区

如图 1-1 所示，标注出了 3ds Max 的 10 个功能区。

（1）标题栏。标题栏显示当前 3ds Max 的版本及活动场景的文件名称。

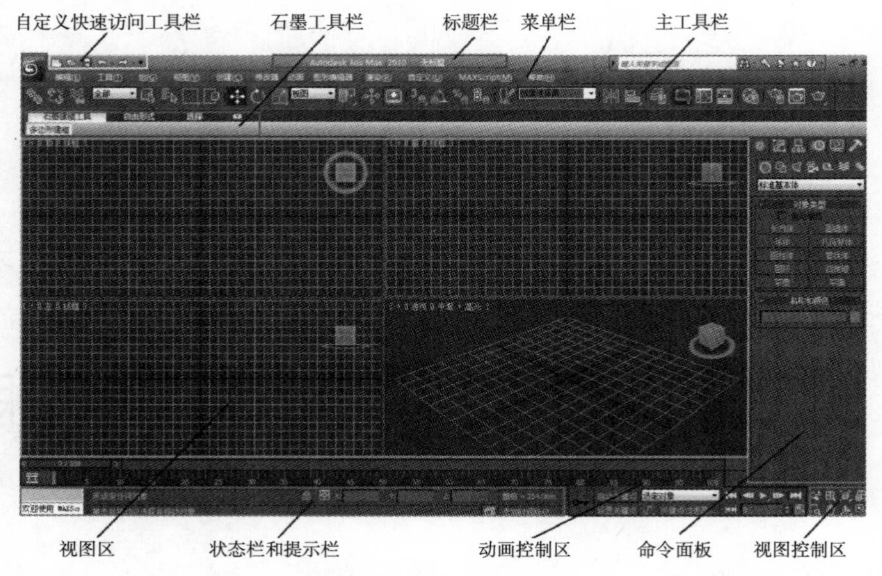

图 1–1　3ds Max 的功能区

（2）自定义快速访问工具栏。主要包括“新建”、“打开”、“保存”、“撤销”、“重做”命令。

（3）菜单栏。它位于屏幕的上方，包括“文件”、“编辑”、“工具”、“组”、“视图”、“创建”、“修改器”、“动画”、“图形编辑器”、“渲染”、“自定义”、“MAXScript”、“帮助”，每个菜单都是多个功能的组合，而且这些功能有相通或相近的地方。（注意：“文件”菜单被整合为图标〈文件〉的形式；在菜单命令中带有省略号“…”的，表示选择该命令后会弹出相应的对话框；带有实心小黑箭头的则说明还有下一级的菜单。）

（4）主工具栏。3ds Max 菜单栏下面的一排按钮称为主工具栏，该工具栏包含了制作中经常要用到的一些工具。（注意：许多按钮并非只是单独的按钮，如果右下角有三角标记，说明此按钮还含有多重可选按钮，在按钮上按下鼠标左键不放，会展开一个新的按钮列表，拖动鼠标可以进行选择。）

（5）石墨工具栏。“石墨建模”工具是一个“拓扑”插件，以更加完善软件本身的建模功能，使其变得更加方便和快捷。

（6）视图区。启动 3ds Max 后，视图的默认显示方式是以 4 个视图的方式显示的，其工作空间被划分成以下 4 块区域：即“顶”视图、“前”视图、“左”视图和“透”视图。按左键并拖动视图的分界处可以调整视图的大小；右键单击视图分界处，选择“重置布局”，可以恢复视图到原始大小。

4 个视图也可以方便地切换成其他的视图显示方式，一般可以通过快捷键完成切换，也可以通过“视口配置”对话框进行改变。在菜单栏选择“视图”→“视口配置”命令或者直接在视图区操作按钮上单击鼠标右键，可弹出“视口配置”对话框，其中“布局”用于设置各视图的显示方式和排列方式。

（7）状态栏和提示栏。状态栏是用于显示场景和当前的命令提示，以及状态信息的区域。状态栏显示当前所选择物体的数目，右侧的（选择锁定切换）按钮可用于锁定物体，防止用户意外选择其他的物体。右侧 4 个显示框提供了当前鼠标箭头的坐标位置，以及当前网格使用的距离单位。

提示栏显示当前使用工具的提示文字，指导我们如何使用此工具进行操作，对一些命令进行操作提示；针对英文较好的读者，也可以作为一种入门的帮助提示。最左侧的命令输入行，可以通过输入命令的方式来执行一些操作，这主要是针对有经验的高级用户。

（8）动画控制区。其中包含有设置动画关键帧的按钮，如“自动关键点”、“设置关键点”等，播放动画的控制按钮也在这个区域。激活任意视图，单击▶（播放动画）按钮，动画将在视图中循环播放。当前显示的帧数在这个区域显示，还可以通过（时间配置）面板对动画时间的显示和帧数进行设定。

（9）命令面板。这里是 3ds Max 的主要工作区域，也是它的核心部分，有很多的操作都要在这里完成。大多数的工具和命令也都放置在这里，用于模型的创建和编辑修改。在命令面板最上方有 6 个按钮，可以用来切换 6 个基本命令面板；每个命令面板下包含有各自的命令内容，有些仍有命令分支。

（10）视图控制区。在 3ds Max 界面的右下角有 8 个图形按钮，它们是当前激活视图的控制工具。在不同的视图类型中，这些控制工具也会相应有所不同。这些控制工具主要包括“视图显示大小控制”按钮、“视图位置角度控制”按钮和“摄影机视图控制”按钮。

1.4 选择功能

在任何三维软件中，最常用到的功能就是选择功能。几乎任何大大小小的操作都会用到它，因为每一步操作都需要确定操作对象。在 3ds Max 中，选择要操作的对象物体是进行其他操作的基础，然后再对选择对象进行功能操作。所以选择功能是修改模型、赋予材质以及制作动画等操作的最基本的步骤，在此将对选择功能进行详细的介绍。

1.4.1 基本选择法

在工具栏中有 7 个可供选择物体的按钮，其中（选择对象）为单一选择工具，只具备单纯的选择功能，其余 6 个都具备双重选择功能，即在进行选择的同时还可执行其他功能，如图 1–2 所示。

图 1–2 选择按钮工具栏

（1）单击选择。

1）单击工具栏中的（选择对象）按钮，它将处于凹陷状态，表示已经启用。

2）在任意视图中单击任意一个物体，物体将以白色线框显示，在透视图中将有白色外框包围，代表此物体已被选中。

3）再单击它旁边的另一个物体，可以发现另一个物体被选中，而原选择物体的选择状态消失。

4）单击视图中没有物体的地方，此时全部选择都取消了。

5）在任意视图中单击物体 1，它显示为白色，按下键盘上的 Ctrl 键不放，再单击物体 2，则物体 2 也加入了选择集；再次单击物体 2，物体 2 又退出了选择集。

（2）区域选择。

1）在任意视图中按下鼠标左键拖动，会拉出一个矩形虚线框，框住几个物体后释放鼠标左键，发现凡是涉及在框内的物体都被选中了。这是一个非常方便的选择方法，同时可以配合键盘上的 Ctrl 键和 Alt 键进行物体的加选和减选。

2）系统初始默认为（交叉选择）模式。这时框选物体，凡是在选框内的物体，无论是否完全被框住，都将被选中；单击此按钮将它变为（窗口选择）模式后框选物体时，只有完全位于框内的物体才能被选中。

3）单击顶端工具栏中的（矩形选择区域）按钮不放，将弹出5个复选钮，在这里3ds Max给我们提供了矩形框、圆形框、徒手勾绘多边形框、套索曲线形框、手绘选择等方式进行框选，极大地方便了框选操作。

（3）通过名字或颜色选择。

1）在工具栏中单击（按名称选择）按钮，弹出“从场景选择”窗口，此操作的快捷键为H，弹出窗口会列出场景中的所有物体，用鼠标可直接单击或配合Shift键、Ctrl键选择多个物体，这对于复杂场景中物体的快速选择极为方便。

2）选择“编辑”→“选择方式”命令，除了弹出前面已提及的选择方式以外，还有“颜色”、“层”和“名称”3个子命令。“名称”的选项功能同上；而“颜色”选项允许利用色彩进行选择，单击物体后，与之相同色彩的物体将都被选中；“层”命令，是通过从场景所有层的列表中进行拾取，可以在一层或多层中选择该层的全部对象，选择此命令将打开“按层选择”对话框，使用标准方法高亮显示一个层或更多层，然后单击“确定”按钮，对话框关闭，并且高亮显示层的所有对象或层均被选中。

（4）通过菜单选择。单击菜单栏中的“编辑”菜单，在弹出的列表中选择“全选”，可以选中场景中的所有对象，其快捷键是Ctrl+A；在弹出的列表中选择“全部不选”，可以取消场景中所有选择的对象，其快捷键是Ctrl+D；在弹出的列表中选择“反选”，场景中选择的对象被取消，未选择的对象将被选择，其快捷键是Ctrl+I。

1.4.2 复合选择法

（1）选择并移动、旋转、缩放。单击（选择并移动）、（选择并旋转）、（选择并均匀缩放）按钮，在视图中单击并拖动、旋转、缩放任意物体，发现它变为白色选择状态并随之移动、旋转、缩放。

（2）选择并连接。单击（选择并链接）按钮，在活动视图中单击物体A并拖动鼠标引出一条虚线，将虚线引至物体B上同时释放鼠标，物体B会闪一下，表示已经进行了连接。当使用（选择并移动）工具，在视图中移动物体B，可以看到物体A已作为物体B的子物体，依附于物体B一起移动。

（3）选择并操纵。单击（选择并操纵）按钮，在视图中选择某些类型的对象，如聚光灯，则可以显示出聚灯光的范围框，拖动聚灯光内外两个范围框，可以直接改变灯光的照射范围；如果在视图中选择的对象是球体，在其中间部位会显示出一个绿色的圆圈，拖动它可以直接改变球体的半径大小。

1.5 对象变换

3ds Max提供了许多工具。并不是在每个场景的工作中都要使用所有的工具，但是基本上在每个场景的工作中都要移动、旋转和缩放对象，完成这些功能的基本工具称之为变换。当变换的时候，经常使用“捕捉”、“复制对象”等功能。

1.5.1 变换

进行变换，可以从主工具栏上访问变换工具，也可以使用快捷菜单访问变换工具。它包括（选择并移动）、（选择并旋转）和“选择并缩放”，它们的变化都可以应用到被选择的物体上。缩放变换包括3种方式：（选择并均匀缩放）、（选择并非均匀缩放）和（选择并挤压）。“挤压”是特殊的非均匀缩放方式，在保持物体总体积不变，高度增加的同时长宽会相应缩小，这对弹性扭曲的软体动画非常有意义，可以为动画角色增加活力。

（1）变换的对话框输入。有时需要通过键盘输入而不是通过鼠标操作来调整数值。3ds Max 支持许多键盘输入功能，包括使用键盘输入给出对象在场景中的准确位置，使用键盘输入给出具体的参数数值等。

1）变换输入对话框的调出。通过在主工具栏的“选择并移动”工具上单击鼠标右键来访问“移动变换输入”对话框。“旋转”和“缩放”的变换输入对话框的调出与“移动”的一样。

2）变换输入对话框参数设置。

a.“移动变换输入”对话框。如图1–3所示，为“移动变换输入”对话框的一种形式，此对话框是由两个数字栏组成：一栏是“绝对：世界”，另外一栏是“偏移：屏幕”。“绝对：世界”：下面的数字是被变换对象在世界坐标系中的准确位置，键入新的数值后，将使对象移动到该数值指定的位置。例如，在“绝对：世界”中分别给X、Y和Z键入数值10、20、30，那么对象将移动到世界坐标系的10、20、30处。“偏移：屏幕”下面的数字是被变换对象相对于对象的当前位置。例如，在“偏移：屏幕”中给X、Y和Z键入数值0、10、0，那么将把对象在原来位置的基础上再沿着Y轴移动10个单位。（注意：如果选择的视图不同，可能有不同的显示，如选择透视图，其对话框如图1–4所示，是由“绝对：世界”和“偏移：世界”两栏组成。）

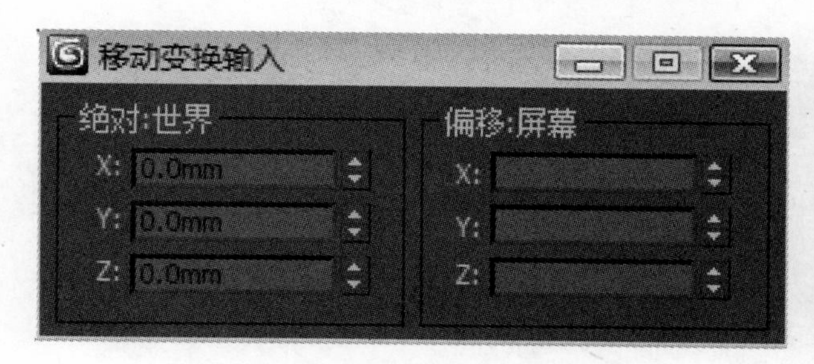

图1–3 “移动变换输入”对话框1

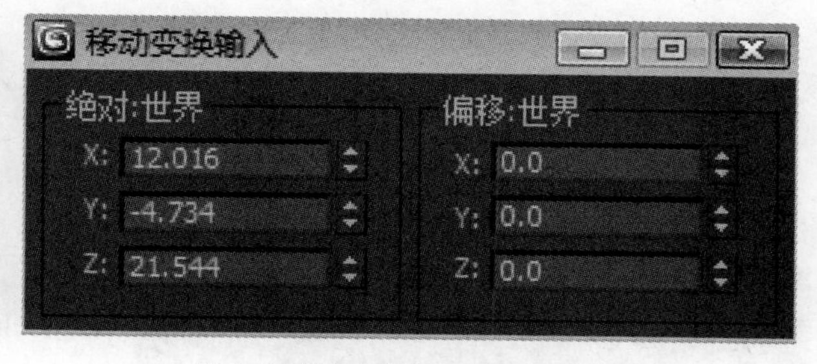

图1–4 “移动变换输入”对话框2

b.“旋转变换输入”对话框。“旋转变换输入”对话框也是由“绝对：世界”和“偏移：屏幕”两栏组成。“绝对：世界”下面的数字是被变换对象在世界坐标系中的准确位置，键入新的数值后，将使对象旋转到该数值指定的位置。例如，在“绝对：世界”中分别给X、Y和Z键入数值0、0、30，那么对象将旋转到世界坐标系的0、0、30处。“偏移：屏幕”下面的数字是被变换对象相对于对象的当前位置。例如，在“偏移：屏幕”中给X、Y和Z键入数值0、10、0，那么将把对象在原来位置的基础上再沿着Y轴旋转10° 。（注意：与移动相似，选择不同视图，可能弹出不同对话框。）

c.“缩放变换输入”对话框。在（选择并均匀缩放）按钮上单击鼠标右键，弹出的对话框如图1–5所示，为“缩放变换输入”对话框的一种形式，此对话框是由“绝对：局部”和“偏移：屏幕”两栏组成。在“偏移：屏幕”栏中只有一个百分比输入，“绝对：局部”下面的数字是被变换对象在世界坐标系中的实际大小，键入新的数值后，将使对象缩放到该数值百分比的大小。例如，在“绝对：局部”中分别给 X、Y 和 Z 键入数值 100、100、50，那么对象将在 Z 轴方向进行 50% 的缩放，即在 Z 轴方向缩小一半。“偏移：屏幕”下面的数字是相对的缩放，而且是三个轴向同时同比例缩放。例如，在“偏移：屏幕”中 50，那么将把对象 X、Y 和 Z 三个轴向上都缩小一半。在（选择并非均匀缩放）和（选择并挤压）按钮上单击鼠标右键，弹出的对话框如图 1–6 所示，为“缩放变换输入”对话框的另一种形式，此对话框是由“绝对：局部”和“偏移：屏幕”两栏组成，在“偏移：屏幕”中有 X、Y 和 Z 三个数值框。（注意：与移动相似，选择不同视图，可能弹出不同对话框；变换输入对话框是非模式对话框，这就意味着当执行其他操作的时候，对话框仍然可以被保留在屏幕上。）

图 1–5 “缩放变换输入”对话框 1

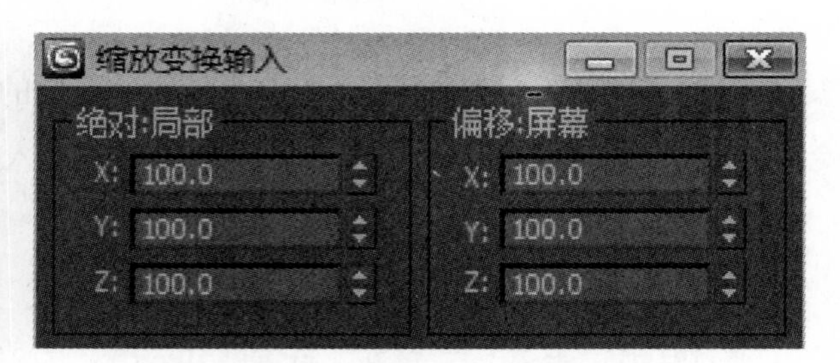

图 1–6 “缩放变换输入”对话框 2

（2）变换的状态栏输入。变换也可以在状态栏中通过键盘输入数值，它的功能类似于变换输入对话框，只是需要通过按钮（绝对模式变换输入）来切换绝对和偏移。如图 1–7 所示，为绝对变换状态；如图 1–8 所示，为偏移变换状态。

图 1–7 绝对变换状态

图 1–8 偏移变换状态

1.5.2 克隆

在 3ds Max 中，一个重要且非常有用的建模技术就是克隆对象。克隆的对象可以被用作精确的复制品，也可以作为进一步建模的基础。例如，如果场景中需要很多灯泡，就可以创建其中的一个，然后复制出其他的；如果场景需要很多灯泡，但是这些灯泡还有一些细微的差别，那么可以先复制原始对象，然后再对复制品做些修改。

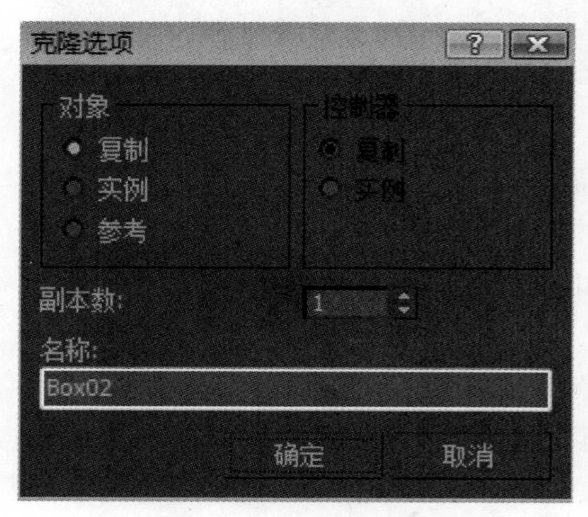

图 1–9 “克隆选项”对话框

（1）克隆对象的操作步骤。克隆对象的方法有两种：第一种方法是按住 Shift 键执行变换操作（移动、旋转和缩放）；第二种方法是从菜单栏中选取“编辑”→“克隆”命令。无论使用哪种方法进行变换，都会出现“克隆选项”对话框，如图 1–9 所示。

（2）“克隆选项”对话框的设置。在“克隆选项”对话框中，可以指定克隆对象的数目和克隆的类型等内容。克隆有三种类型，它们是：“复制”、“实例”和“参考”。

1）“复制”选项。此种方式是克隆出一个或多个与原始对象完全无关的复制品，克隆出的复制品彼此之间也无关联。

2）“实例”选项。此种方式是克隆一个或多个对象，该对象与原始对象还有某种关系。例如，如果使用“实例”选项克隆一个球，那么如果改变其中一个球的半径，另外一个球也跟着改变。使用“实例”选项复制的对象之间是通过参数和编辑修改器相关联的，各自的变换无关，是相互独立的，这就意味着如果给其中一个对象应用了编辑修改器，使用“实例”选项克隆的另外一些对象也将自动应用相同的编辑修改器。但是如果变换一个对象，使用“实例”选项克隆的其他对象并不一起变换。此外，使用“实例”选项克隆的对象可以有不同的材质和动画。使用“实例”选项克隆的对象比使用“复制”选项克隆的对象需要更少的内存和磁盘空间，使文件装载和渲染的速度要快一些。

3）“参考”选项。此种方式是特别的“实例”。在某种情况下，它与克隆对象的关系是单向的。例如，如果场景中有两个对象，一个是原始对象，另外一个是使用“参考”选项克隆的对象。这样如果给原始对象增加一个编辑修改器，克隆的对象也被增加了同样的编辑修改器，但是，如果给使用“参考”选项克隆的对象增加一个编辑修改器，那么它将不影响原始的对象。通常，使用“参考”选项复制的对象常用于如面片一类的建模过程。

1.5.3 捕捉

当变换对象的时候，经常需要捕捉到栅格点或者捕捉到对象的节点上。3ds Max 支持精确的对象捕捉，捕捉选项都在主工具栏上，如图 1–10 所示。

图 1–10 捕捉工具

（1）绘图中的捕捉。有 3 个选项支持绘图时对象的捕捉，它们是（三维捕捉）、（2.5 维捕捉）和（二维捕捉）。不管选择了哪个捕捉选项，都可以选择是捕捉到对象的栅格点、节点、边界，还是捕捉到其他的点。选取要捕捉的元素，可以在“捕捉”按钮上单击鼠标右键，这时就出现“栅格和捕捉设置”对话框，如图 1–11 所示，可以在这个对话框上进行捕捉的设置。

在默认的情况下，“栅格点”复选框是打开的，所有其他复选框是关闭的，这就意味着在绘图的时候光标将捕捉栅格线的交点。一次可以打开多个复选框，如果一次打开的复选框多于一个，那么在绘图的时候将捕捉到最近的元素。

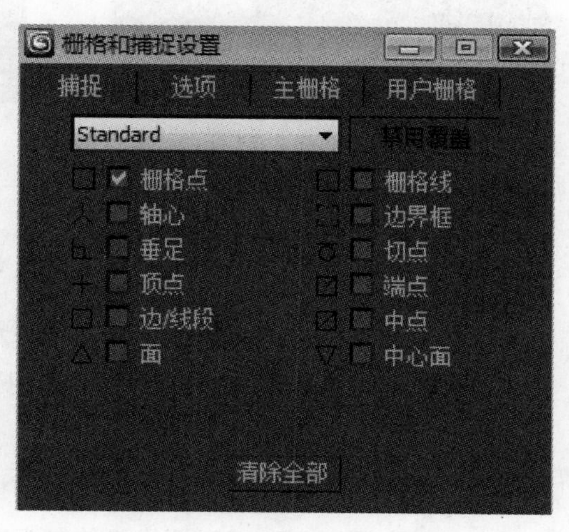

图 1–11 “栅格和捕捉设置”对话框

1）三维捕捉。当“三维捕捉”打开的情况下，在绘制二维图形或者创建三维对象的时候，鼠标光标可以在三维空间的任何地方进行捕捉。例如，如果在“栅格和捕捉设置”对话框中选取了“顶点”选项，鼠标光标将在三维空间中捕捉二维图形或者三维几何体上最靠近鼠标光标处的节点。

2）二维捕捉。“三维捕捉”的弹出按钮中还有“二维捕捉”和“2.5 维捕捉”两个按钮。按住“三维捕捉”按钮将会看到弹出按钮，找到合适的按钮后释放鼠标键即可选择该按钮。三维捕捉捕捉三维场景中的任何元素，而二维捕捉只捕捉激活视口构建平面上的元素。例如，如果打开“二维捕捉”并在“顶”视口中绘图，鼠标光标将只捕捉位于XY平面上的元素。

3）2.5维捕捉。2.5维捕捉是二维捕捉和三维捕捉的混合。2.5维捕捉将捕捉三维空间中二维图形和几何体上的点在激活视口构建平面上的投影。

（2）增量捕捉。在3ds Max中除了对象捕捉之外，还有增量捕捉，包括“角度捕捉”、“百分比捕捉”和“微调器捕捉”三种。通过使用角度捕捉，可以使旋转按固定的增量（例如10°）进行；通过使用百分比捕捉，可以使比例缩放按固定的增量（例如10%）进行；通过使用微调器捕捉，可以使微调器的数据按固定的增量（例如1）进行。

1）角度捕捉。使对象或者视口的旋转按固定的增量进行，默认状态下的增量是5°。

2）百分比捕捉。使比例缩放按固定的增量进行，默认状态下的缩放比例是10%。

3）微调器捕捉。打开该按钮后，当单击微调器箭头的时候，参数的数值按固定的增量增加或者减少。

增量捕捉的增量是可以改变的，要改变角度捕捉和百分比捕捉的增量，需要使用“栅格和捕捉设置”对话框的“选项”标签。微调器捕捉的增量设置是通过在微调器按钮上单击鼠标右键进行的。当在“微调器捕捉”按钮上单击鼠标右键后就会出现“首选项设置”对话框，可以在此对话框的“微调器”区域设置“捕捉”的数值。

1.5.4　对齐

将一个对象的位置、旋转、比例与另外一个对象对齐。可以根据对象的物理中心、轴心点或者边界区域对齐。如图1–12（a）所示的对象是对齐前的样子，图1–12（b）是所有对象沿着X轴的轴心对齐后的样子。

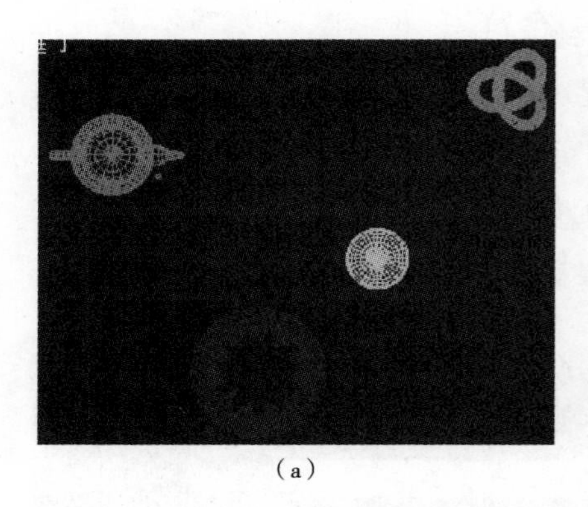

（a）

（b）

图1–12　对齐效果
（a）对齐前；（b）对齐后

（1）对齐对话框。要对齐一个对象，必须先选择一个对象，然后单击主工具栏上的（对齐）按钮，再单击想要对齐的对象，之后出现“对齐当前选择”对话框，如图1–13所示。这个对话框有3个区域，分别是“对齐位置”、“对齐方向”和“匹配比例”。打开了某个选项，其对齐效果就立即显示在视口中，当点击“应用”按钮后，对话框将不关闭，可以继续设置，当对齐较为复杂的时候，这个按钮较为有用。

（2）对齐类型。（对齐）按钮是一个弹出按钮，其下面还有一些选项：“快速对齐”、“法线对齐”、“放置高光”、“对齐摄影机”和“对齐到视图”。

1）快速对齐。使对象以轴心方式对齐。

2）法线对齐。根据两个对象上选择的面的法线对齐两个对象，对齐后两个选择面的法线完全相对。

3）放置高光。通过调整选择灯光的位置，使对象上指定面上出现高光点。

4）对齐摄影机。设置摄像机使其观察特定的面。

5）对齐到视图。将对象或者摄像机与特定的视口对齐。

1.5.5 镜像

镜像工具是将对象沿着坐标轴镜像，如果需要的话还可以复制对象。当镜像对象的时候，必须首先选择对象，然后单击主工具栏上的（镜像）按钮，单击该按钮后弹出“镜像”对话框，如图1–14所示。在“镜像”对话框中，用户不但可以选取镜像的轴，还可以选取是否克隆对象以及克隆的类型，当改变对话框的选项后，被镜像的对象也在视口中发生变化。

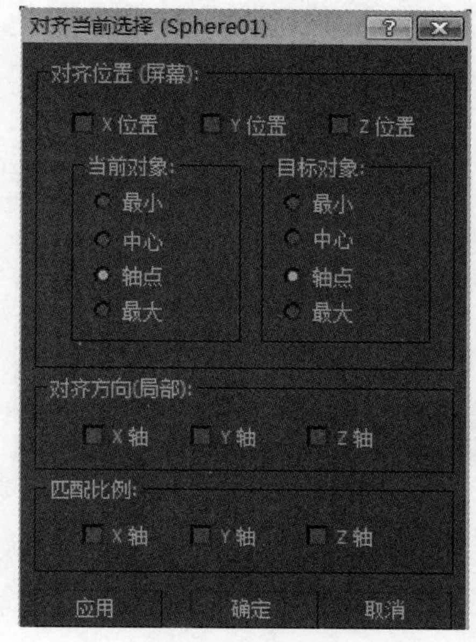

图1–13 “对齐当前选择”对话框

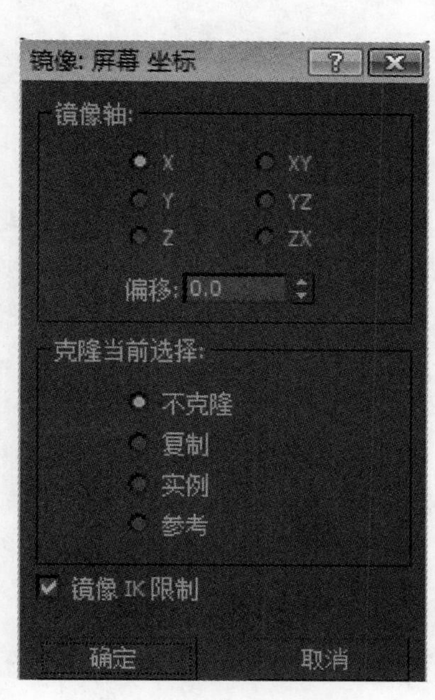

图1–14 “镜像”对话框

1.5.6 阵列

阵列工具可以沿着任意方向克隆一系列对象，而且支持移动、旋转和缩放等变换。要阵列对象，必须首先选择对象，然后选取“工具”菜单下的“阵列”命令，选择该命令后就会出现“阵列”对话框。

（1）阵列变换。该区域提示在阵列时使用哪个坐标系和轴心点，在这个区域设置使用“移动”、“旋转”和“缩放”中的哪个变换进行阵列。这个区域还可以设置计算数据的方法，例如是使用“增量”计算还是使用“总量”计算等。

（2）对象类型。该区域决定阵列时的克隆类型。

（3）阵列维度。该区域决定在某个轴上的阵列数目。例如，如果希望在X轴上阵列5个对象，对象之间的距离是20个单位，那么“阵列”对话框的设置应该如图1–15所示。如果要在X方向阵列5个对象，对象的间距是10个单位，在Y方向阵列10个对象，间距是20，那么应按图1–16所示进行设置。如果要执行“三维阵列”，那么在“阵列维度”区域选取“3D”，然后设置在Z方向阵列对象的个数和间距。

（4）预览。点击“预览”按钮，可以实时查看阵列设置后的效果。“旋转”和“缩放”选项的用法类似，首先选取一个阵列轴向，然后再设置使用角度或者百分比的增量，或是使用角度和百分比的总量。

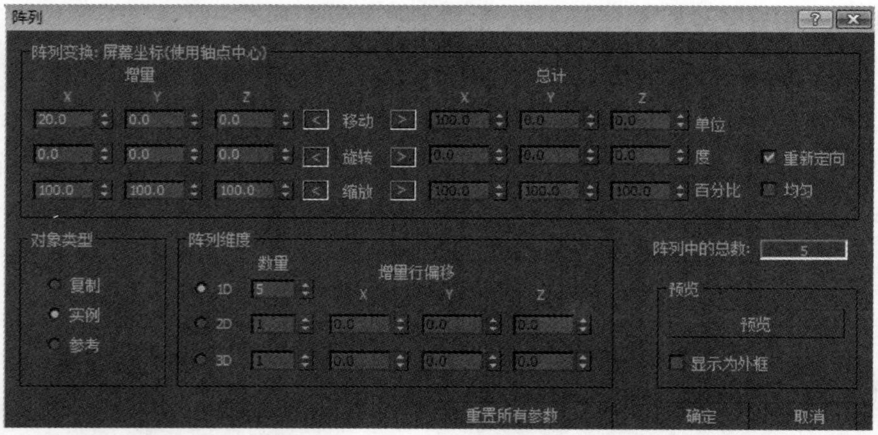

图 1-15　一维阵列设置

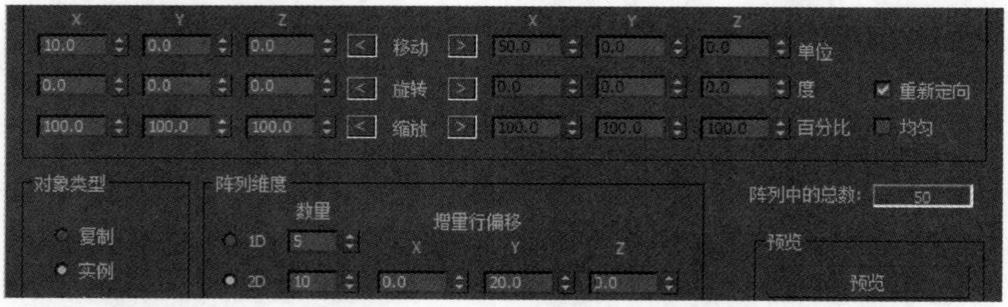

图 1-16　二维阵列设置

1.6　入门实例——弹跳的小球

本节的实战案例将教授读者如何制作几何体（长方体和球体），并且让球体在长方体上跳动。这个入门例子的整个制作包括在 3ds Max 中建立场景模型、调整视图、建立摄影机、建立灯光、制作真实材质以及设定场景模型动画等内容。

1.6.1　建立场景模型

（1）启动 3ds Max 软件。

（2）创建对象物体。

1）单击命令面板中的（创建）按钮，再单击（几何体）按钮，单击“长方体”按钮，在“顶”视图中单击并拖动鼠标，便可完成长方体的建立，其长、宽、高的数值分别为 100、100、1，分段数不用设置。

2）单击“球体”按钮，将“顶”视图激活，点击“键盘输入”前面的“+”号打开其卷展栏，半径数值输入 5，然后单击下面的“创建”按钮，完成球体的创建，如图 1-17 所示。

3）选取正方体物体，在视图右侧的控制面板中对正方体的名称和显示颜色进行设置，将其命名为“地面”，对于名字的有效管理会更方便我们以后的操作。然后选取正方体名称右侧的颜色按钮，在弹出的“对象颜色”设置框中拾取黄色即可，此时正方体即在视图中以黄色显示，用同样的方法将球体的颜色设置为蓝色，最终效果如图 1–18 所示。

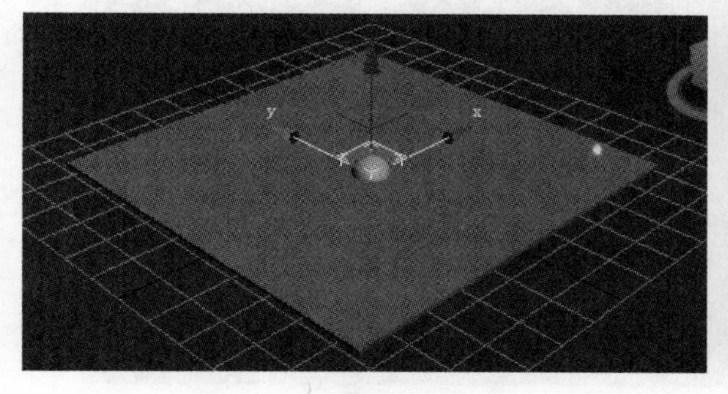

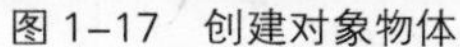
图 1–17　创建对象物体

图 1–18　设置物体颜色

1.6.2　对齐物体

（1）调出“对齐当前选择”对话框。单击球体物体，确定其被选择，在主工具栏上单击（对齐）按钮，到视图中单击正方体，这时会弹出“对齐当前选择”对话框。

（2）设置“对齐当前选择”对话框。在“对齐位置（世界）”中，将“X 位置”、“Y 位置”的勾选取消，只保留“Z 位置”的勾选；在“当前对象”中勾选“最小”，在“目标对象”中勾选“最大”，单击“确定”按钮，对齐后的效果如图 1–19 所示。

1.6.3　调整视图

为了将来制作动画时观察方便，需要将透视图进行一定的调整。利用视图控制区中的（缩放）、（环绕）、（平移视图）等工具，将透视图进行一定的调整，最终效果如图 1–20 所示。

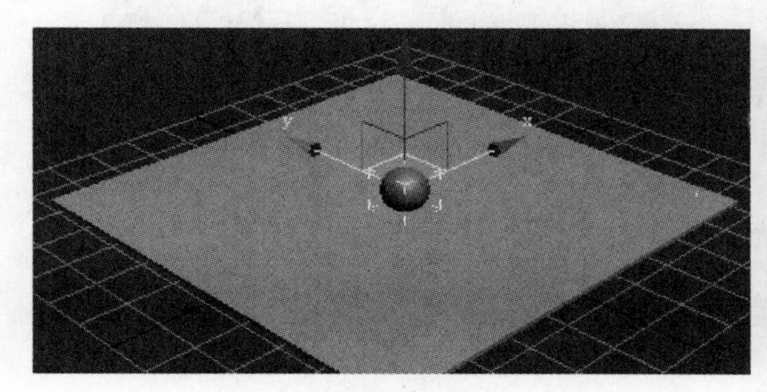

图 1–19　对齐后效果

图 1–20　视图调整最终效果

1.6.4　摄影机设置

（1）创建目标摄影机。在命令面板上单击（创建）→（摄影机），在此点击“目标”按钮，在“顶”视图中按住鼠标左键并自下向上拖动，确定摄影机的起始点和目标点，具体位置如图 1–21 所示。

（2）调整摄影机。建立好摄影机之后需要设置摄影机视图，激活透视图后按下键盘中的 C 键，由此便把透视图转换成了“摄影机”视图。通过对其他视图中摄影机的调节，最终得到如图 1–22 所示效果。

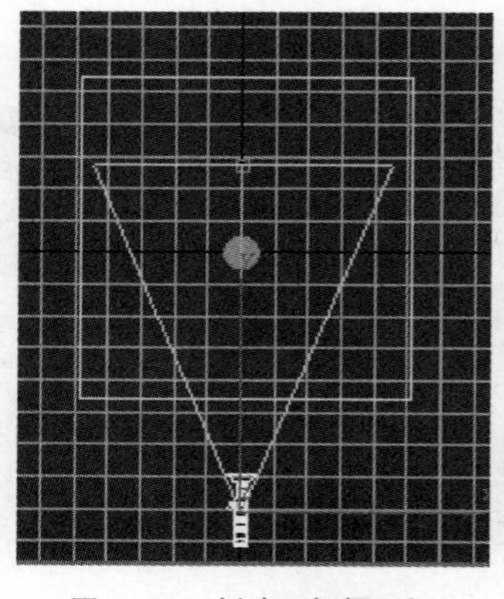

图 1-21 创建目标摄影机

图 1-22 摄影机调整后效果

1.6.5 灯光设置

（1）创建目标聚光灯。在命令面板上单击（创建）→（灯光），在灯光类型中选择“标准”，在此点击“目标聚光灯”按钮，在“顶”视图中按住鼠标左键并自左向右拖动，确定灯光的起始点和目标点，具体位置如图 1-23 所示。

（2）调整目标聚光灯。建立好目标聚光灯之后需要进行一定的调整，使场景物体有良好的灯光照射效果，这里将聚光灯设定在小球物体左上角 45° 左右，在聚光灯“修改”面板中对其参数进行一定的设置，在“常规参数”卷展栏中，勾选启用阴影；在“强度 / 颜色 / 衰减”卷展栏中将“倍增”设为 0.8 左右，按 F9 键进行渲染，结果如图 1-24 所示。

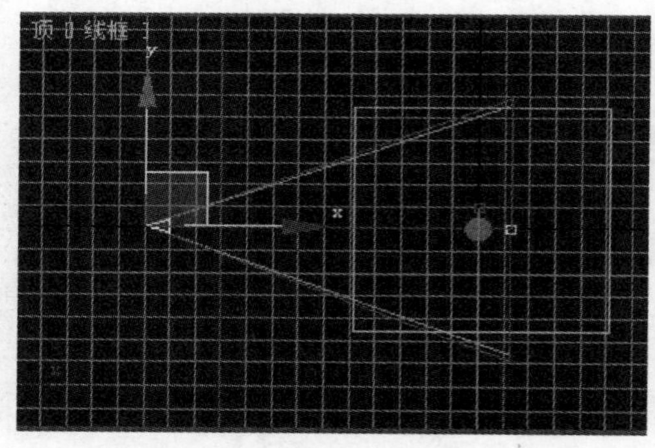

图 1-23 创建目标聚光灯

图 1-24 设置灯光后渲染效果

1.6.6 材质设置

在本实例中，给正方体物体赋予木质地板材质，将小球物体设置成不锈钢金属材质。（注：这里用到了 V-Ray 渲染器，所以在做这步之前要确定自己的 3ds Max 软件中安装了 V-Ray 渲染器插件。）

（1）渲染器设定。单击主工具栏上的（渲染设置）按钮，在“渲染设置：默认扫描线渲染器”对话框中，找到“指定渲染器”卷展栏，单击“产品级：”右侧按钮，在弹出的对话框中选择 V-Ray 渲染器。

（2）木质地板设定。选中正方体物体，按下键盘上的 M 键，弹出“材质编辑器”对话框，点击

Standard（Standard）按钮，在弹出的“材质 / 贴图浏览器”对话框中双击“VRayMtl”，“材质编辑器”对话框参数将改变。激活第一个材质球，其四周显示为白框，单击“漫反射”右侧的贴图按钮，在弹出的“材质 / 贴图浏览器”对话框中双击“位图”，在弹出的“选择位图图像文件”对话框中找到配套光盘中的“地板贴图 .jpg”图片并双击，第一个材质球就有了一张贴图，“材质编辑器”对话框变成如图 1–25 所示形式。单击（转到父对象）按钮，单击“反射”右侧的黑色块弹出“颜色选择器：反射”对话框，设置 RGB 均为 196，将“高光光泽度”打开，设置其数值为 0.85，勾选“菲涅耳反射”。点击（将材质指定给选定对象）按钮，按 F9 键，渲染效果如图 1–26 所示。

（3）不锈钢球设定。确定小球物体被选中，激活第二个材质球，按照上面设置木质地板的方法设置成“VRayMtl”材质模式，单击“反射”右侧的黑色块弹出“颜色选择器：反射”对话框，设置 RGB 均为 230，点击（将材质指定给选定对象）按钮，按 F9 键，渲染效果如图 1–27 所示。

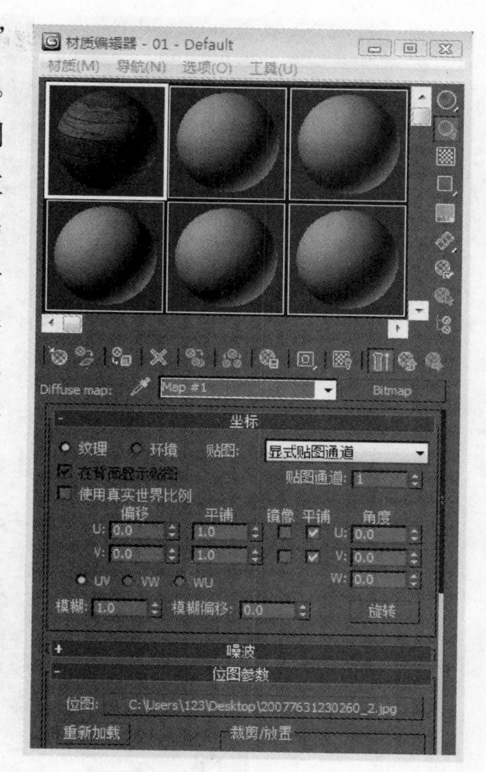

图 1–25　设置木质地板贴图

图 1–26　木质地板渲染效果

图 1–27　不锈钢小球渲染效果

1.6.7　制作动画

（1）小球从 0 到 20 帧动画。激活“摄影机”视图，确定小球被选中，单击自动关键点（切换自动关键点模式）按钮，拖动时间滑块到第 10 帧，鼠标右键单击（选择并移动）按钮，弹出“移动变换输入”对话框，设置沿 Z 轴偏移 50 个单位，如图 1–28 所示，然后回车确认，小球将沿 Z 轴向上移动 50 个单位距离，如图 1–29 所示。拖动时间滑块到第 20 帧，在“移动变换输入”对话框的“偏移：世界”中 Z 轴方向上输入 –50，然后回车确认，小球将移动到原位，如图 1–30 所示。

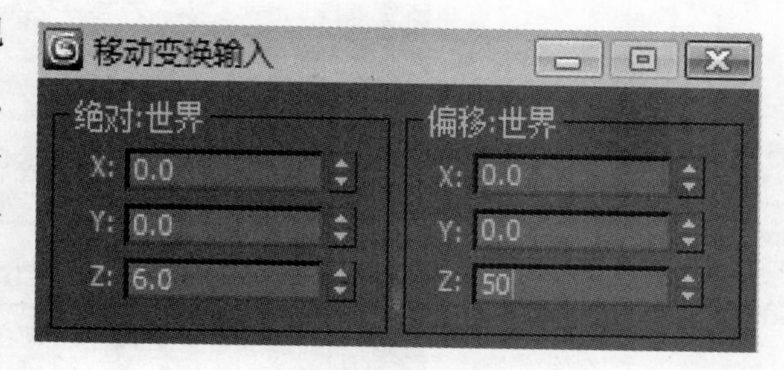

图 1–28　移动设置

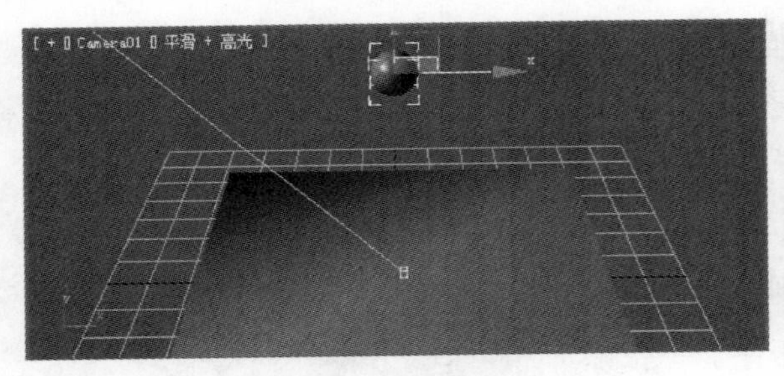

图 1-29　小球第 10 帧位置

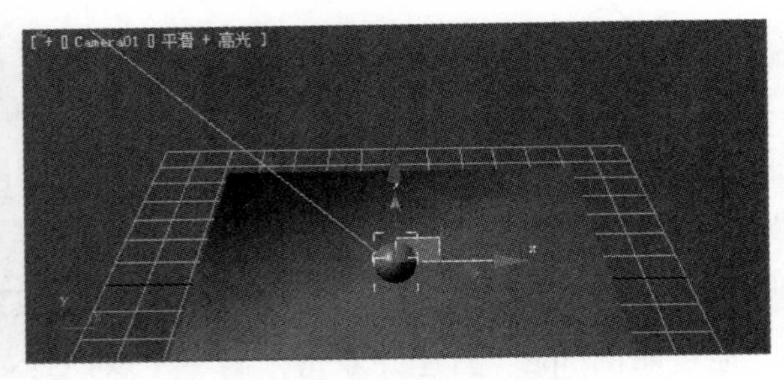

图 1-30　小球第 20 帧位置

（2）小球从 21 到 100 帧动画。确定小球被选中，在主工具栏上点击（曲线编辑器）按钮，在弹出的"轨迹视图 - 曲线编辑器"对话框中点击（参数曲线超出范围类型）按钮，选择"循环"类型，为小球制作一个循环动画，效果如图 1-31 所示。

图 1-31　小球循环动画设置

1.6.8　渲染输出

激活"摄影机"视图，单击（渲染设置）按钮，弹出"渲染设置"对话框，在"公用参数"卷展栏的"时间输出"中勾选"范围"，设置渲染帧数为 0 ~ 100；在"渲染输出"中点击 文件... （文件）按钮，设置合适的保存路径，将保存类型设置成 AVI 文件，文件名设置成"弹跳的小球"，点击 保存(S) （保存）按钮，压缩质量设置成最佳，返回到"渲染设置"对话框，单击 渲染 （渲染）按钮，将对我们所制作的小球弹跳动画进行逐帧渲染，最后得到可以播放的小球弹跳视频文件，如图 1-32 所示为第 16 帧时的效果。

至此，不锈钢小球在地板上弹跳的动画就制作完成了。

图 1-32　小球第 16 帧时渲染效果

第2章
Chapter2

三维几何体建模

2.1 创建几何体面板简介

2.1.1 创建几何体对象列表

如图 2-1 所示，为创建几何体面板下所有对象类型列表。在安装插件后，列表中也会相应地出现插件里的几何体，这里多出了 FumeFX 和 V-Ray 两种类型几何体。

2.1.2 创建几何体方法

（1）在视图区创建几何体对象时，通常在视图区首先单击鼠标，设置对象的初始位置，然后拖动鼠标以定义对象的第一维，之后根据需要再次单击以确定另外的一维，具有不同维数的造型对象需要不同次数的单击和拖动。在使用该方法创建造型对象的过程中，单击鼠标右键可以终止对象的创建。

（2）可以直接在“键盘输入”卷展栏中输入准确的参数完成几何体的精确建模。几何体创建后，会在“名字和颜色”卷展栏中以“物体名称 + 序号”的系统默认形式出现。可以在“名字和颜色”卷展栏的“名字域”中用键盘输入，更改对象名称，如图 2-2 所示。（注意：如果要重命名对象，首先应该使其处于激活状态。）

2.1.3 创建几何体的颜色

制作完成的模型会以系统随机生成的颜色线形显示，目的是在视窗中容易区分模型。如果要修改对象颜色，可以单击“名称和颜色”卷展栏的颜色域中的色块，打开“对象颜色”对话框，更改对象颜色。“对象颜色”对话框包括了标准的“3ds Max 调色板”和“AutoCAD ACI 调色板”选项，并且可以自定义颜色，如图 2-3 所示。

“3ds Max 调色板”提供了 64 种基本色，可以在该区域中选择需要的颜色，单击“确定”即可。如果想自己配置喜欢的颜色，可以单击“添加自定义颜色”按钮，打开“颜色选择器”对话框，选择自定义颜色，如图 2-3 所示。找到满意的自定义颜色后，单击“添加颜色”按钮，即可将所选颜色添加到“对象颜色”对话框的自定义颜色区域中。反复单击“添加颜色”按钮可以填满整个自定义颜色行。

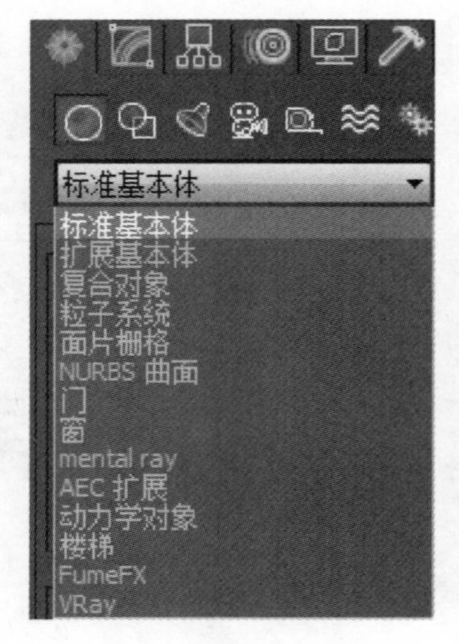

图 2-1 创建几何体面板

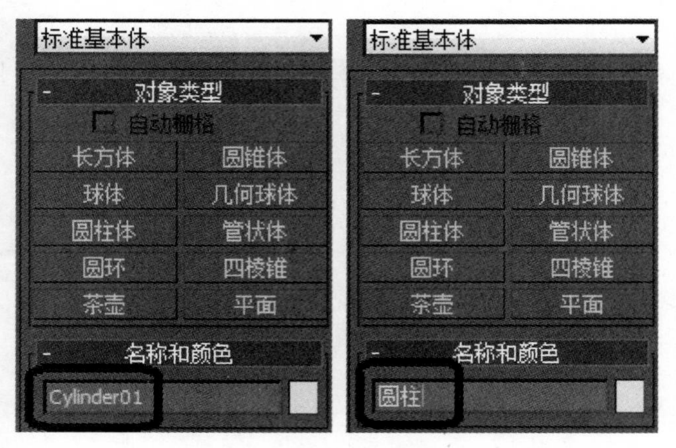

图 2-2 更改对象名称

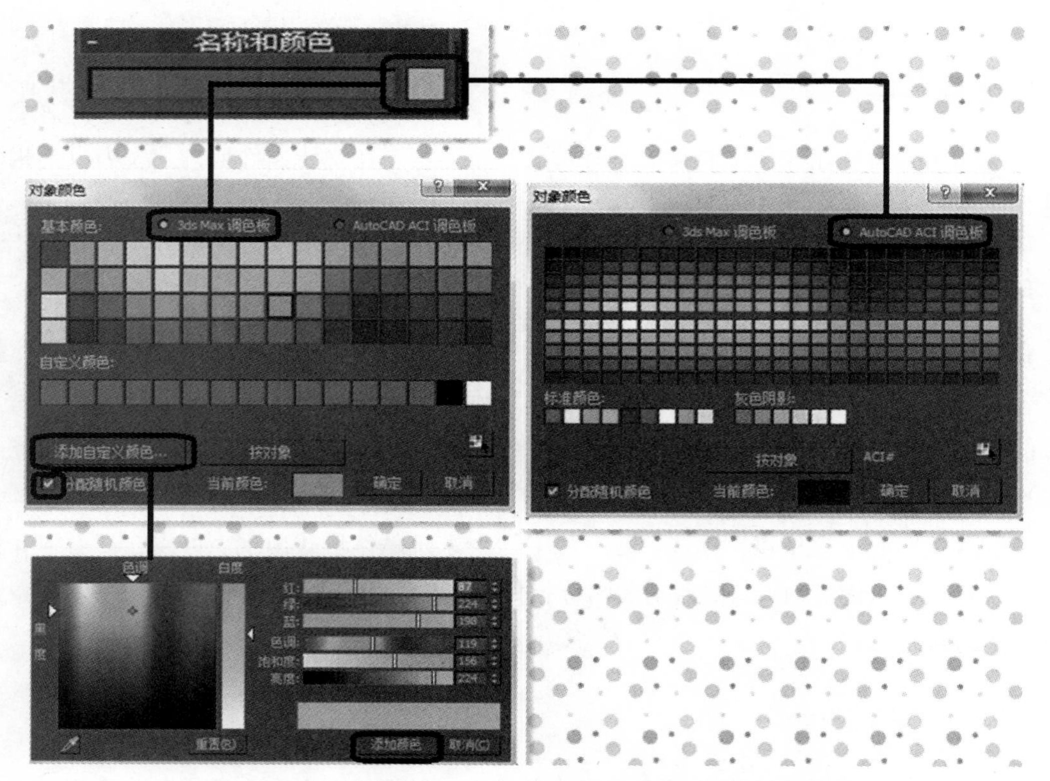

图 2-3 “3ds Max”调色板、“AutoCAD ACI 调色板”和自定义颜色

在设置对象颜色时，如果“对象颜色”对话框的“分配随机颜色”复选框是选定的，则每次创建新对象时系统都会从调色板中随机选取一种颜色。反之，所有创建的新对象的颜色都是相同的，直到用户选择了另外一种不同的颜色。

另外，“对象颜色”对话框还提供了一个非常有趣的功能。如果场景中有多个对象的颜色是一样的，可以激活其中一个，如图 2-4 所示。然后单击“名称和颜色”卷展栏的颜色域中的色块，打开“对象颜色”对话框，单击右下角的（按颜色选择）按钮，如图 2-5 所示。在弹出的“选择对象”列表中，相同颜色的对象已经被同时选择，单击“选择”按钮，此时具备相同颜色的对象就被同时选择了。当然也可以按住 Ctrl 键，对物体进行累加选择，也是比较方便的。

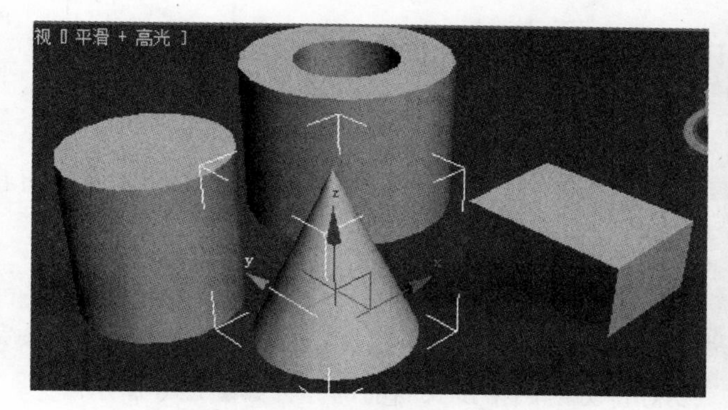

图 2-4　激活同色物体中的一个

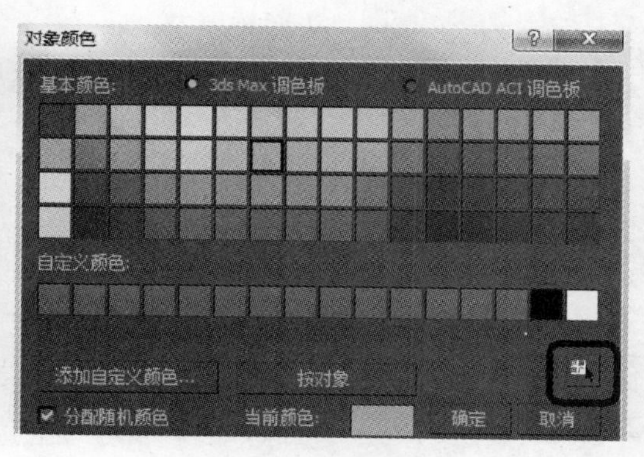

图 2-5　“按颜色选择”操作

2.2　标准基本体

2.2.1　长方体

“长方体”命令可以创建长方体和立方体。如图 2-6 所示，为创建长方体的参数面板。总共有 4 个卷展栏：“名称和颜色”、“创建方法”、“键盘输入”和“参数”。

（1）“名称和颜色”卷展栏用于察看和更改所创建的长方体的名称和颜色。

（2）在“创建方法”卷展栏中默认的是长方体建立方式，此时建立的长方体完全依靠鼠标的动作幅度来控制其长、宽、高。如果选择立方体建立方式，此时系统会在视窗中直接建立一个立方体。

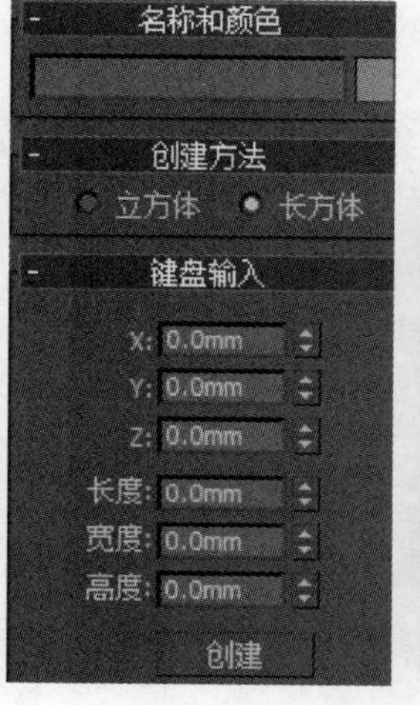

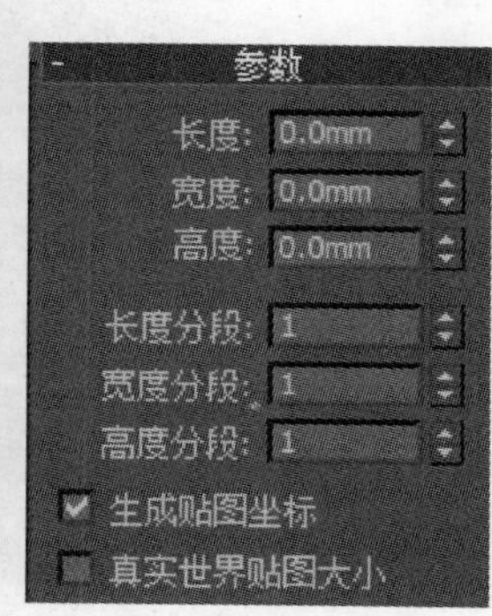

图 2-6　长方体参数面板

（3）利用“键盘输入”卷展栏可以在视窗当中的准确位置建立长方体，X、Y、Z 值代表物体中心位置在视窗中的坐标。输入坐标值，并输入长、宽、高的数值后，单击“创建”命令按钮，便可以在准确的位置建立尺寸准确的长方体。

（4）“参数”卷展栏中可以设置长方体长、宽、高三个方向的分段数值。一般情况下分段数不影响物体的形状和最后的渲染效果，但是如果物体需要进一步变形修改，则应根据需要设置适当的分数段。当勾选“生成贴图坐标”选项后，会在当前长方体上按照系统预定的方式生成贴图坐标，使该长方体可以进行贴图处理。（注意：其他标准基本体的“名称和颜色”、“键盘输入”卷展栏均与长方体相同或类似，以下将不再赘述。）

2.2.2　球体

“球体”命令可以建立面状或光滑的球体，也可以建立局部球体。它的参数面板如图 2-7 所示。

（1）在“创建方法”卷展栏中默认的是“中心”建立方式，此时以确定中心和半径的方式建立球

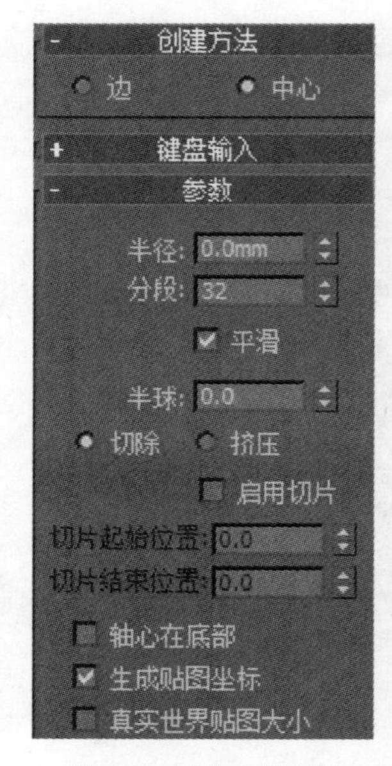

图 2-7　球体参数面板

体。如果选择“边”的建立方式，则以确定球体边界（直径）的方式建立球体。

（2）“分段”。用来设置表面划分的分段数，数值越高，表面越光滑，球体造型越复杂。

（3）“平滑”。勾选后，将建立光滑球体，反之建立的球体会按段数呈小平面状显示。

（4）“半球”。取值范围在 0 ~ 1。默认为 0，表示建立完整的球体，随着数值的增加，球体将被逐渐减去；当数值是 0.5 时，建立的是半球体。

（5）“切除 / 挤压”。在调整半球系数时会起作用。“切除”表示球体被切除后，分段数值也会随之被去除相应部分；“挤压”表示切除后的球体保留原来完整球体的网格分段数值，切除部分的网格挤入当前部分，如图 2-8 所示。

（6）“切片启用”。控制球体是否进行切片。

（7）“切片从 / 切片到”。切片开始的角度和切片终止的角度。

（8）“轴心在底部”。勾选此项，球体的轴心将从中心移到球体底部。

（a）　　（b）

图 2-8　球体切除与挤压的网格分段效果
（a）“切除”；（b）“挤压”

2.2.3　圆柱体

“圆柱体”命令可以建立完整或切片的圆柱、棱柱。它的参数卷展栏如图 2-9 所示。

（1）“高度分段”。设置圆柱体高度方向的分段数。

（2）“端面分段”。设置圆柱体顶平面沿半径辐射的分段数。

（3）“边数”。设置圆柱体圆周上的分段数，数值越大，柱体越光滑，数值越小越接近棱柱体。

（4）“平滑”。是否进行光滑处理，勾选此项产生圆柱体，相反则生成棱柱体。

（5）“启用切片”。控制圆柱体是否进行切片。

（6）“切片从 / 切片到”。切片开始的角度和切片终止的角度。

2.2.4　圆环

“圆环”命令可以建立截面为圆或正多边形的圆环，还可以建立局部圆环。它的“参数”卷展栏如图 2-10 所示。

（1）“半径 1/ 半径 2”。设置圆环的半径和圆环截面的半径。

（2）“旋转”。设置每一个片段截面沿圆环轴线旋转的角度。

（3）“扭曲”。截面扭曲的角度。

（4）“分段”。确定圆周上片段划分数目，值越大圆环越光滑。

（5）“边数”。确定截面等分段数，值越大越接近圆形。

（6）“平滑”。设置光滑属性，包括对整个表面光滑处理的“全部”；沿边光滑处理的“侧面”；不进行光滑处理的“无”；沿分段方向光滑处理的“分段”。

（7）“启用切片”。控制圆环是否进行切片。

（8）“切片从 / 切片到”。切片开始的角度和切片终止的角度。

2.2.5 茶壶

“茶壶”命令可以建立标准茶壶造型或茶壶的一部分，利用壶盖可以建立宫殿的圆顶，利用壶体可以建立罐子等。它复杂弯曲的表面特别适合表现材质效果，以供观察。它的“参数”卷展栏如图 2–11 所示。

（1）“半径”。确定茶壶的大小。

（2）“分段”。茶壶表面的分段数，值越大表面越光滑。

（3）“平滑”。是否进行表面光滑处理。

（4）“茶壶部件”。可根据需要选择茶壶的 4 个部件。

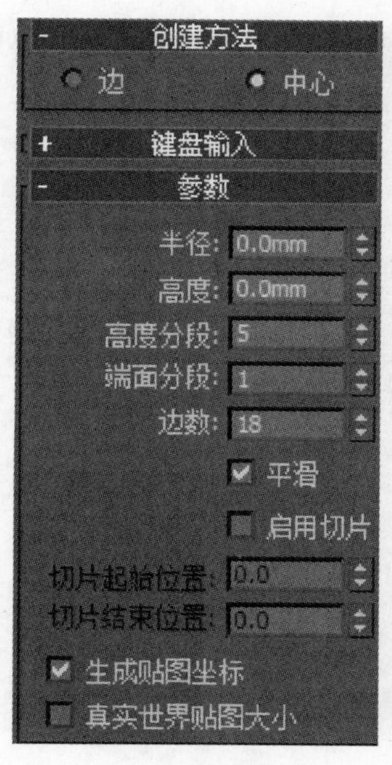

图 2–9 圆柱体参数面板

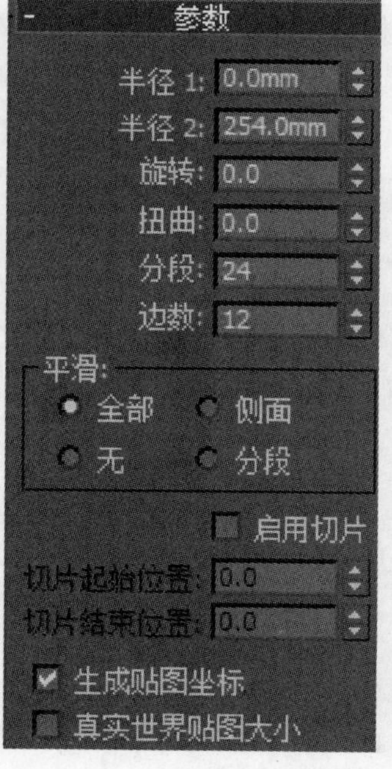

图 2–10 圆环“参数”卷展栏

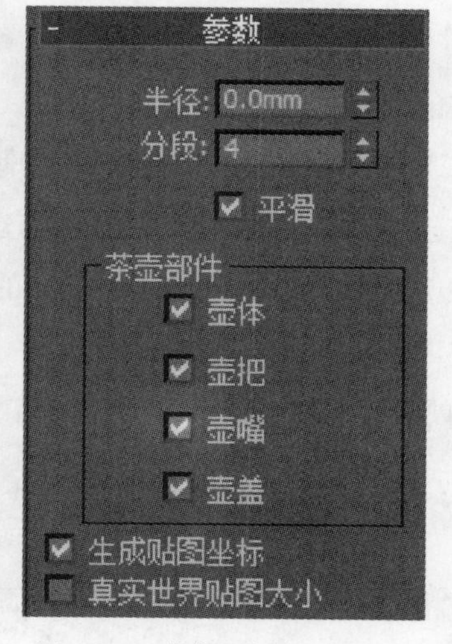

图 2–11 茶壶“参数”卷展栏

2.2.6 圆锥体

“圆锥体”命令可以建立圆锥、圆台、棱台以及它们的局部。圆锥体的参数与圆柱体的类似，只是增加了一个底面半径的设置，可以参考相关内容，这里就不再重复。增加的底面半径设置产生的效果，如图 2-12 所示。当圆锥体“半径 1”和“半径 2”相等时，圆锥体就可以变为圆柱体。

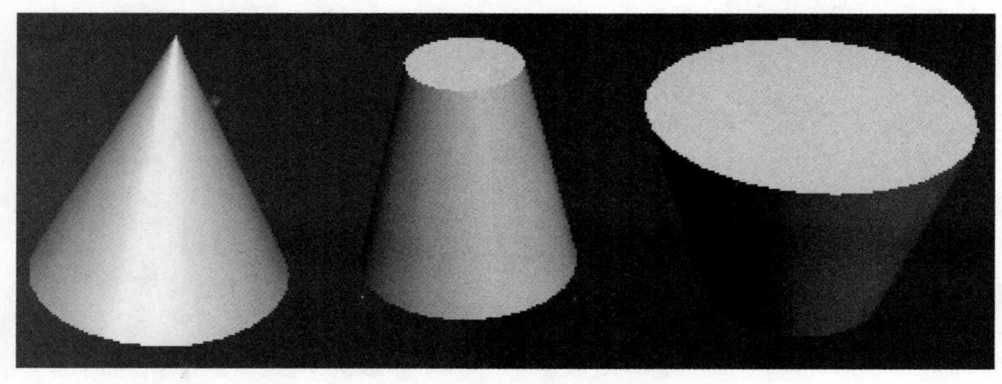

图 2-12　圆锥和圆台的效果

2.2.7　几何球体

“几何球体”命令可以建立以三角面拼接组成的球体或半球体。它的参数面板如图 2-13 所示。

（1）“分段”。设置球体表面的划分复杂程度，值越大，三角面越多，球体越光滑。

（2）“基本面类型”。确定球体由哪种规则多面体构成，默认的是二十面体。

2.2.8　管状体

“管状体”命令可以建立圆管、棱柱管和它们的局部。管状体的参数与圆柱体的类似，只是增加了一个内半径的设置，请参考相关内容，这里不再重复。

2.2.9　四棱锥

它的参数面板如图 2-14 所示。

（1）在“创建方法”卷展栏中默认的是“基点 / 顶点”建立方式，此时以确定四棱锥底面矩形顶点的方式建立。如果选择“中心”的建立方式，则以确定底面矩形中心点的方式建立。

（2）“宽度 / 深度”。底部矩形的宽度和深度。

（3）“高度”。四棱锥的高度。

（4）“宽度分段 / 深度分段 / 高度分段”。底部矩形宽度、深度和高度方向的段数。

2.2.10　平面

它的“参数”面板如图 2-15 所示。

（1）“长度 / 宽度”。设置平面的长度和宽度。

（2）“长度分段 / 宽度分段”。设置平面长度和宽度方向的段数。

（3）“渲染倍增”。平面在渲染时的控制选项。“缩放”是渲染时的比例系数；“密度”是渲染时的光滑程度。

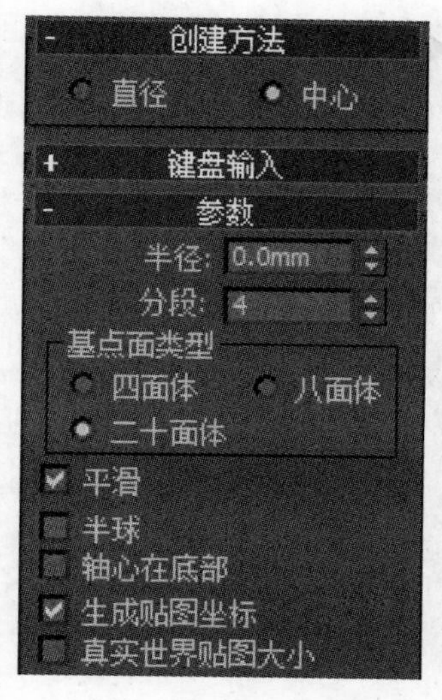

图 2-13　几何球体参数面板

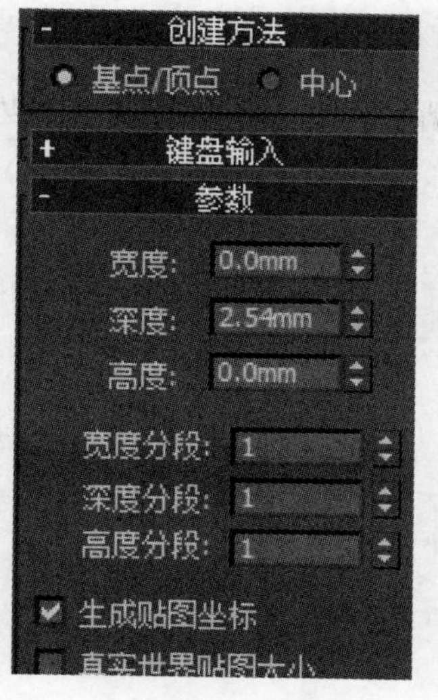

图 2-14　四棱锥参数面板

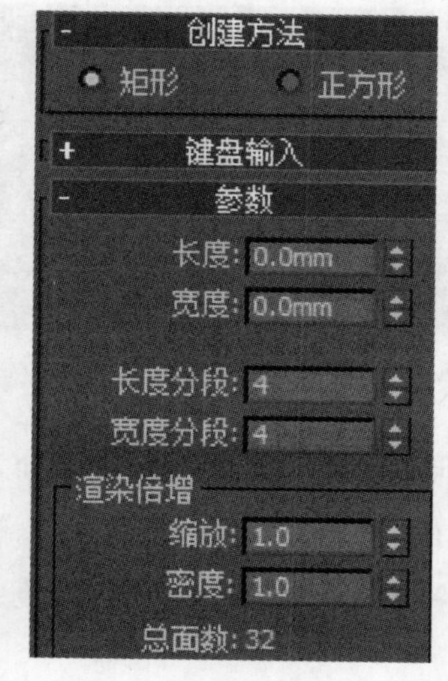

图 2-15　平面参数面板

2.3　扩展基本体

2.3.1　异面体

“异面体”命令可以建立多种造型，如模拟现实生活的一些自然现象或实物，例如卫星、胶囊、油罐等。它的“参数”卷展栏如图 2-16 所示。

（1）“系列”选项组。用于建立异面体家族系列各对象的外形，包括“四面体”、“立方体 / 八面体”、“十二面体 / 二十面体”、“星形 1”、“星形 2”。

（2）“系列参数”选项组。该参数区中有两个数值框，即 P 和 Q。这两个参数用于控制异面体表面构成图案的形状，他们相互关联，可以使异面体表面的节点和面之间实现相互转化。P 和 Q 的数值范围为 0~1，并且两者之和也应该小于或等于 1，如图 2-17 所示。

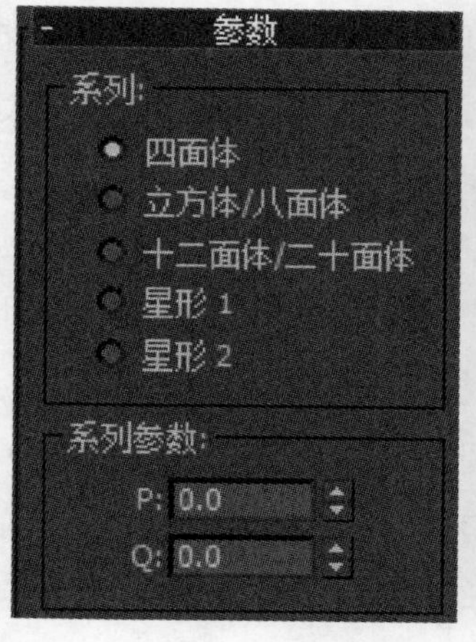

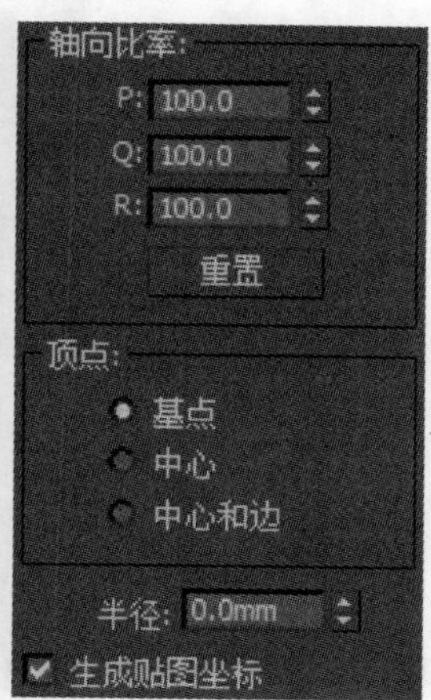

图 2-16　异面体“参数”卷展栏

图 2-17　四面体不同 P、Q 值的效果

（3）“轴向比率”选项组。用于设置异面体表面向外或向内的凹凸程度，包括 P、Q、R 三个微调

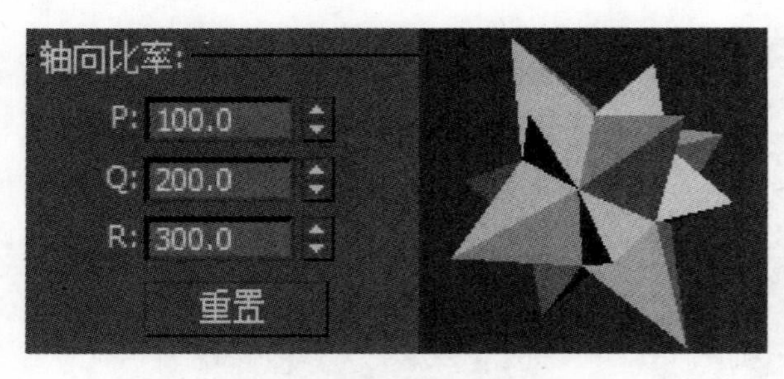

图 2-18　设置轴向比率后八面体的效果

框。设置了轴向比率后，单击“重置”按钮，会将P、Q、R的值重置为默认的“100.0”，如图2-18所示。

（4）“顶点”选项组。参数区提供了“基点”、“中心”、“中心和边”三种不同的生成方式，用于设置异面体表面的细分程度。其中“基点”方式是最常用的一种方式，选择此项后，建立的异面体的多边形面不能再细分；“中心”方式通过将异面体表面的每一个多边形连接到中心，将这些面分为更多的面；“中心和边”方式除了在表面增加节点和顶点的连线外，还增加了从中心到中心的连线，以这种方式建立的异面体表面被分成的多边形数量将增加一倍。

（5）“半径”。用于设置和调整异面体的轮廓半径。

2.3.2　环形结

“环形结”命令可以建立盘管状、缠绕状、带状囊肿类等模型，它是扩展基本体中一个比较有趣的命令，参数多，产生的效果也多。它的“参数”卷展栏如图2-19所示。

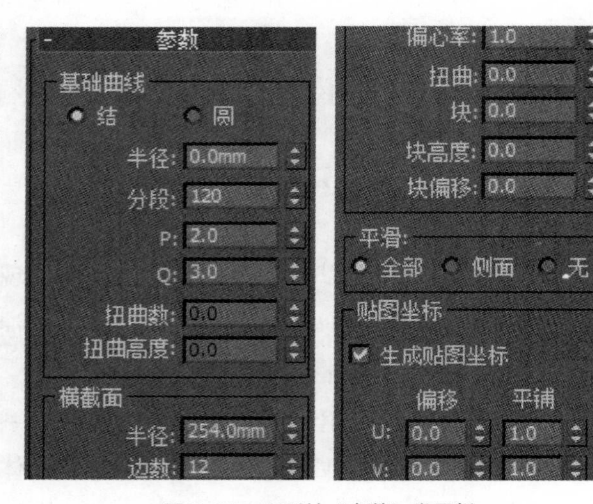

图 2-19　环形结“参数”卷展栏

（1）“基础曲线”选项组用来控制环形结的基本参数。“结”：选择此项，环形打结；“圆”：选择此项，环形不打结；“半径”：控制环形结的外形大小；“分段”：控制环形结表面的光滑程度；“P/Q”：表示两个方向打结的数量，当P=Q时，环形不打结，这两项只有在选择“结”项时才能被激活，否则将处于灰色不可用状态；“扭曲数”和“扭曲高度”这两个参数只有在选择“圆”方式时才能起作用，前者表示环形上突出角的高度。

（2）“横截面”选项组用来控制环形结截面的基本参数。“半径”：控制环形结截面半径；“边数”：控制环形结沿环形径向的分段数；“偏心率”：控制环形结截面圆度，当该值为1时，截面为圆形，该值大于1和小于1时，截面分别向两个方向呈扁形；“扭曲”：控制环形结表面扭曲的程度；“块”：控制环形结鼓胀程度；“块高度”：表示鼓胀的高度；“块偏移”：表示鼓胀的偏移量。

（3）“平滑”。控制环形结光滑的方式。“全部”表示全部光滑拟合；“侧面”表示沿段数方向光滑拟合；“无”表示不光滑。

（4）“贴图坐标”。在环形结表面进行贴图处理。“U/V 偏移”和“U/V 平铺”分别表示贴图图像在当前物体两个方向上的偏移量和重复次数。

2.3.3　切角长方体

“切角长方体”命令可以建立对边进行倒角的立方体，可以制作桌面、床垫等。倒角长方体的参数设置与标准长方体的类似，只是增加了“圆角”和“圆角分段”的设置，分别表示倒角半径和倒角部分的分段数。请参考相关内容，这里不再重复。

2.3.4 切角圆柱体

“切角圆柱”命令可以建立带有圆角的圆柱体，可以制作圆桌面、圆沙发、易拉罐、开关、吸顶灯等。切角圆柱体的参数与标准圆柱体的类似，只是增加了“圆角”和“圆角分段”的设置，分别表示倒角半径和倒角部分的分段数。请参考相关内容，这里不再重复。

2.3.5 油罐、胶囊、纺锤

这三个工具均是由圆柱体扩展而来的，所不同的是，它们在上、下两端不是平面，而是具有各自特点的造型。“油罐”命令可以制作工业用油桶、反应罐等模型；“胶囊”命令可以制作类似胶囊的模型；“纺锤”命令可以制作两端尖顶的柱体或类似阿拉伯建筑的圆顶。它们的“参数”卷展栏如图 2–20 所示。

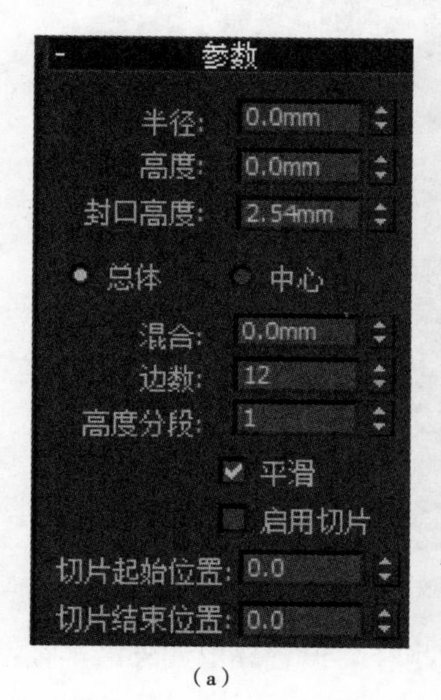

（a）

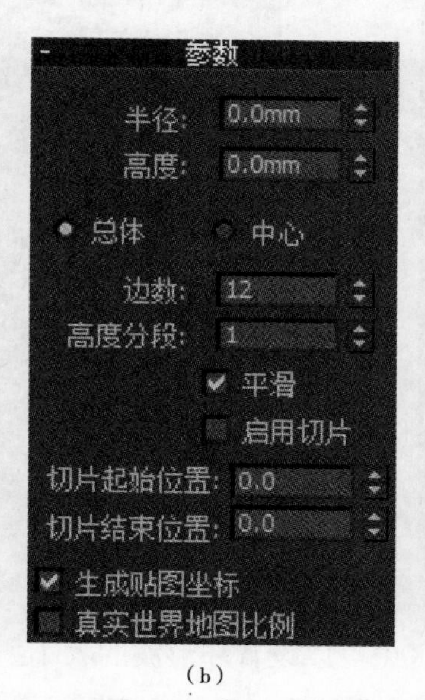

（b）

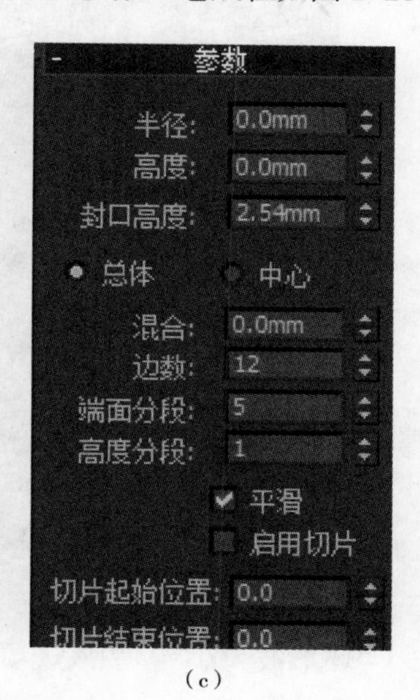

（c）

图 2–20 油罐、胶囊、纺锤“参数”卷展栏
（a）油罐“参数”卷展栏；（b）胶囊“参数”卷展栏；（c）纺锤“参数”卷展栏

这三个对象的参数均与圆柱体类似，现仅介绍其中几个特殊的参数。

（1）“封口高度”。用于设置油罐、纺锤两端造型部分的高度。

（2）“总体 / 中心”。这是三个命令都具备的选项。“总体”表示参数中的高度值为整个对象的高度；“中心”表示参数中的高度值是从中心到一端的高度，也就是对象高度的一半。

（3）“混合”。用于设置油罐、纺锤柱体与顶盖边缘的倒角，默认情况下的值为 0。设置不同的值，会得到不同的圆滑效果。

2.3.6 L–Ext 和 C–Ext

“L–Ext”和“C–Ext”命令可以建立 L 形或 C 形的墙体，它们常被应用于建筑模型中建造房屋结构。C–Ext 的“参数”卷展栏如图 2–21 所示。

（1）“侧面长度 / 宽度”。用于设置底面侧边的长度或宽度。

（2）“前面长度 / 宽度”。用于设置底面前边的长度或宽度。

（3）“高度”。用于设置 L-Ext 的高度。

（4）“背面长度”。用于设置底面后边的长度。

（5）“背面宽度”。用于设置底面后边的宽度。

2.3.7 环形波

“环形波”是扩展基本体中比较复杂的一种三维模型。它的“参数”卷展栏如图 2-22 所示。

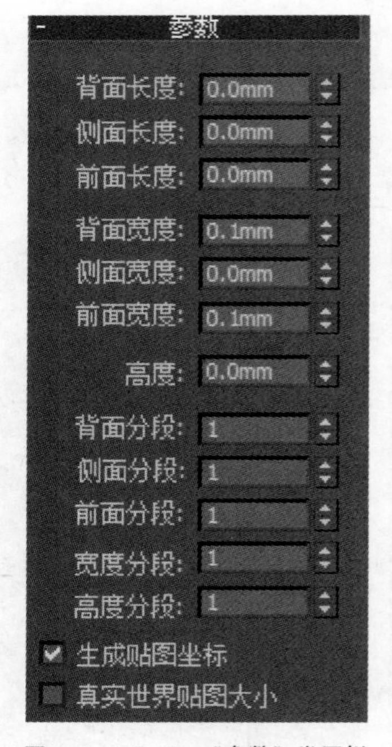

图 2-21 C-Ext “参数” 卷展栏

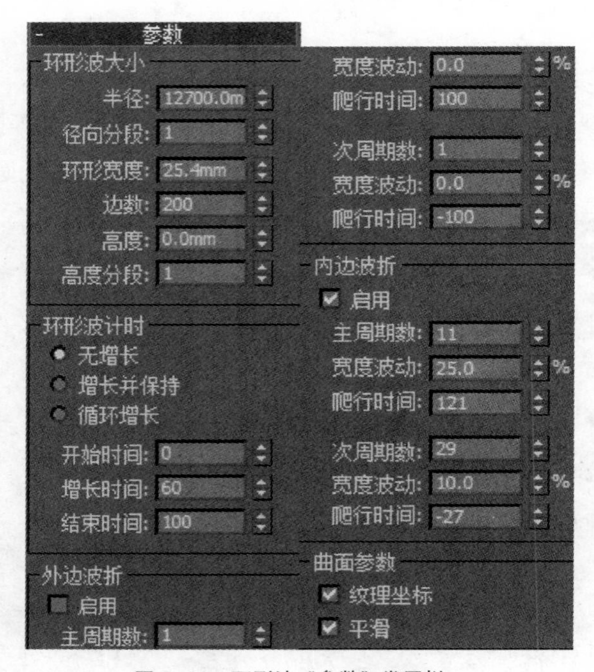

图 2-22 环形波 “参数” 卷展栏

（1）“环形波大小”。在该选项区中可以设置环形波的大小。“半径”设置环形波外沿半径；“径向分段”设置内沿半径与外沿半径之间的分段数；“环形宽度”设置从外沿半径向内的环形宽度的平均值；“边数”设置环形波圆周上的片段划分数；“高度”设置环形波主轴方向上的高度；“高度分段”设置环形波高度上的分段数。

（2）“环形波计时”。是制作动画时环形波的计时参数区。“无增长”：选中此项，会设置一个静态的环形波，播放环形波的生成过程时，动画外径不增大；“增长并保持”：选中此项，只设置一个增长动画周期，播放环形波的生成过程时，动画半径逐渐增大到创建尺寸；“循环增长”：选中此项，播放环形波生成的动画时，外径增大到创建尺寸后再循环；“开始时间”：设置环形波动画的开始时间（动画的起始帧）；“增长时间”：设置环形波的增长时间，即经过多少帧增长到设置的大小；“结束时间”：设置环形波动画的结束时间（动画的结束帧）。

（3）“外 / 内边波折”。控制外 / 内部环形波形状幅度。“启用”开始环形波外 / 内边缘的形状和动画；“主周期数”设置围绕环形波外 / 内边缘运动的外波纹数量；“宽度波动”设置环绕环形波外 / 内边缘运动的外波纹的尺寸，以百分比的形式表示；“爬行时间”设置每一个外波纹围绕环形波外 / 内边缘运动时所用的帧数；“次周期数”设置每个外波纹之间随机尺寸的内波纹数量；“宽度波动”设置内波纹的平均尺寸，以百分比的形式表示；“爬行时间”设置每一个内波纹运动时所用的帧数。

（4）“曲面参数”。在卷展栏的最下方。“纹理坐标”用于自动设置贴图坐标；“平滑”用于自动进行表面平滑处理。

2.3.8 软管

“软管”命令可以建立自由软管，它是一种柔性体，外形像一条塑料水管，主要用于连接两个对象。它的“参数”卷展栏如图 2-23 所示。

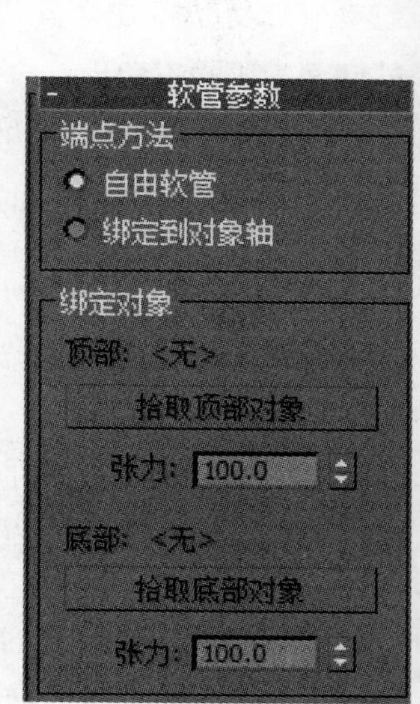

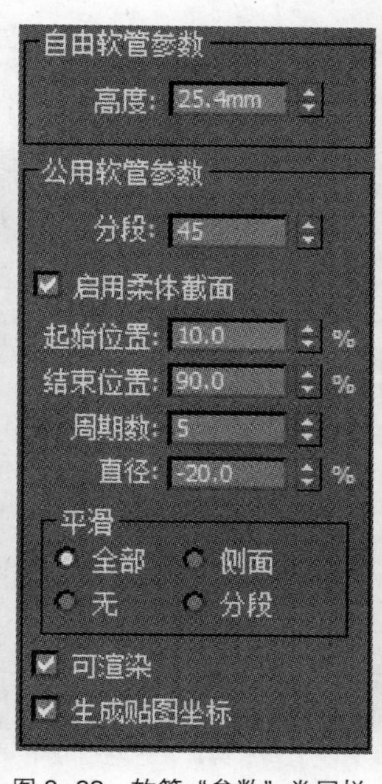

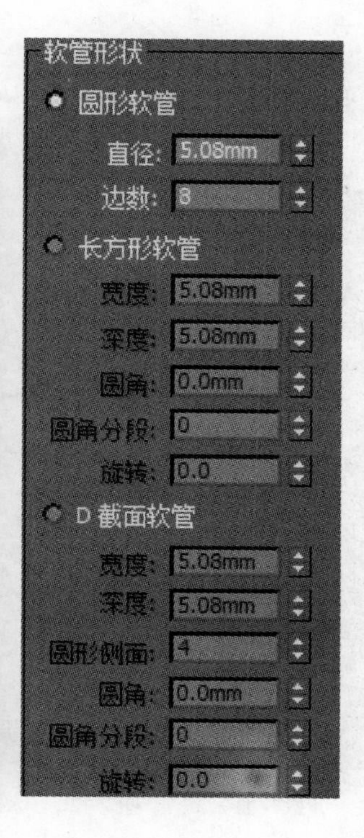

图 2-23 软管“参数”卷展栏

（1）“端点方法”。包括两个选项。“自由软管”：选中此项，可以在下面的“自由软管参数”区设置软管的高度；“绑定到对象轴”：选中此项，将激活下面的“绑定对象”参数区，而“自由软管参数”区将处于灰色不可用状态。

（2）“绑定对象”参数区是“绑定到对象轴”选项的继续。“拾取顶部对象”：选中此项，可以在视窗中拾取指定连接的第一个对象；“张力”用于设置使软管向连接的第一个对象方向弯曲的程度，默认值为 100，数值越小越向靠近对象方向弯曲，反之则远离。“拾取底部对象”：选中此项，可以在视窗中拾取指定连接的第二个对象；“张力”用于设置使软管向连接的第二个对象方向弯曲的程度，默认值为 100，数值越小越向靠近对象方向弯曲，反之则远离。

（3）“公用软管参数”是控制软管形态的参数区域。“分段”设置软管长度上的分段数，值越高，软管弯曲时的剖面就越光滑；“启用柔体截面”：选中此项，可以设置下面的 4 个参数，如果取消此项，则软管上下直径相同，类似于圆柱或棱柱；“起始位置”用于设置从伸缩剖面开始位置到软管顶端的距离，以软管长度的百分比表示；“结束位置”用于设置伸缩剖面结束位置到软管末端的距离，以软管长度的百分比表示；“周期数”用于设置伸缩剖面的褶皱数量，但是褶皱是否可见则取决于软管长度方向上的分段数；“直径”用于设置伸缩剖面的直径，取值范围为“–50%~500%”，负值时剖面直径小于软管直径，正值时大于软管直径；“平滑”：是否对表面进行光滑处理；“全部”：对整个对象进行光滑处理；“侧面”：只对纵向长度上的面进行光滑处理；“无”：不对表面进行光滑处理；“分段”：对每个独立的面都进行光滑处理；“可渲染”：设置是否对软管进行渲染；“生成贴图坐标”：自动产生贴图坐标。

（4）“软管形状”参数区提供了三种软管截面的形状，默认为“圆形软管”，还有“长方形软管”和“D 截面软管”可供选择。它们内部的参数与以前的基本体类似，不再重复。

2.3.9 棱柱

“棱柱”命令可以建立等边或不等边三棱柱。它的“参数”面板如图 2–24 所示。

（1）在“创建方法”卷展栏中默认的是“基点 / 顶点”建立方式，此时所创建的三棱柱底面为任意三角形；选择“二等边”建立方式，此时所创建的三棱柱底面为等腰三角形。

（2）“参数”卷展栏中的参数比较简单，用于设置三条边的长度、三棱柱的高度以及各个方向上的分段数。

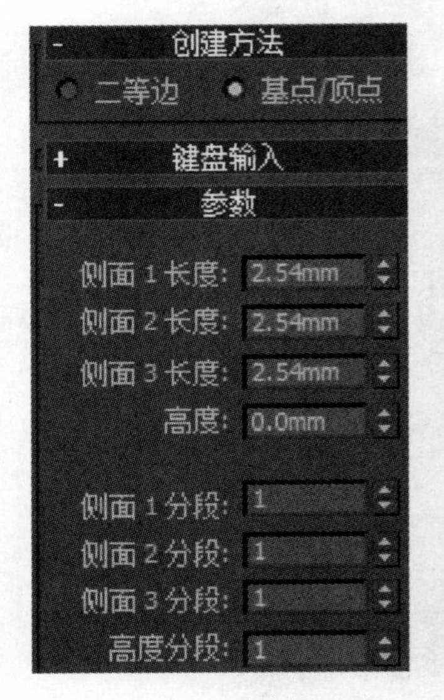

图 2–24　棱柱“参数”面板

2.3.10 球棱柱

“球棱柱”命令可以建立带有倒角棱的柱体，直接在柱体的边棱上产生光滑的倒角效果，用于制作棱柱体建筑构件。它的“参数”卷展栏如图 2–25 所示。球棱柱的参数设置比较简单，就不再介绍，可参考前面内容。

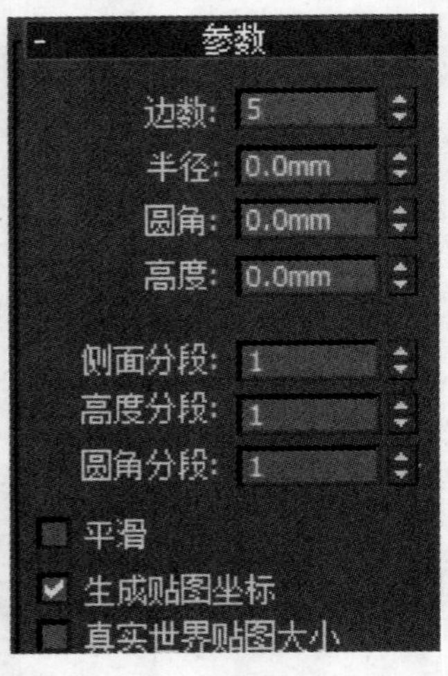

图 2–25　球棱柱“参数”卷展栏

2.4 门

3ds Max 提供了可以直接创建门模型的工具，用户可通过这些工具快速地创建出三种不同类型的门模型，包括枢轴门、推拉门和折叠门。

2.4.1 枢轴门

该类型的门只在一侧用铰链接合，可以创建单扇枢轴门，也可以创建双扇枢轴门。它的“参数”面板如图 2–26 所示。

（1）默认情况下所创建的枢轴门模型是依次根据门的宽度、高度和深度来创建的，在“创建方法”卷展栏中也可选择“宽度 / 高度 / 深度”单选按钮，以宽度、高度、深度三个参数的顺序来创建门。

（2）在“创建方法”卷展栏中，如果启用“允许侧柱倾斜”复选框，可以创建侧柱倾斜的门。（注意：“允许侧柱倾斜”选项只有在启用 3D 捕捉功能后才生效，通过捕捉定义在构造平面之外的点，创建倾斜的门。）

（3）在“参数”卷展栏中，“高度”、“宽度”和“深度”参数可分别设置门的高度、宽度和深度。选择“双门”复选框时，可创建出双扇门；当启用“翻转转动方向”复选框后，门会向另外一面打开；启用“翻转转枢”复选框后，可将门枢轴放置到另一侧门框上；对“打开”参数值进行设置，可确定门打开的角度。默认情况下该数值为0，门处于关闭状态。（注意：“翻转转枢”选项不可用于双门。）

（4）在“参数”卷展栏中的“门框”选项组中，禁用“创建门框”复选框后可将门框隐藏。当显示门框时，可对门框的宽度、深度以及门与门框之间的偏移距离进行设置。

（5）在“参数”卷展栏中的“页扇参数”选项组中，调整“厚度”参数值，可改变门的厚度；调整“门挺/顶梁”参数，可设置门顶部和两侧面板框的宽度；“底梁”参数决定了门脚处的面板框的宽度；设置“水平窗格数”的值为3，“垂直窗格数”的值为4，然后将确定窗格之间宽度的“镶板间距”参数设置为5，得到如图2-27所示的门效果。

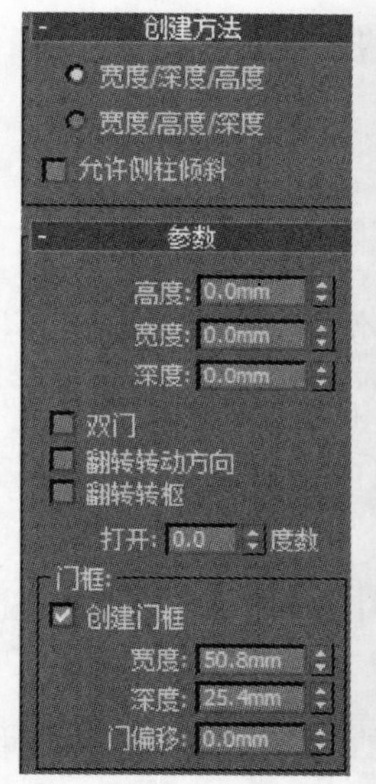

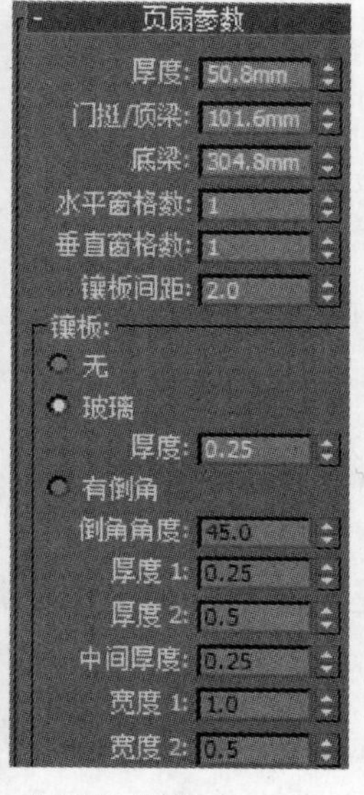

图2-26 枢轴门“参数”面板

图2-27 设置窗格效果

（6）在“页扇参数”卷展栏中的“镶板”选项组中可控制门上窗格的形态。选择“无”单选按钮，不产生窗格；选择“玻璃”单选按钮，将产生不带倒角的玻璃格板，“厚度”值可设置玻璃的厚度；选择“有倒角”单选按钮，将产生带有倒角的窗格。当设置“倒角角度”参数为45，设置决定倒角外框厚度的“厚度1”参数为1，设置决定倒角内框厚度的“厚度2”参数为2，设置“中间厚度”的值为0.5，设置决定倒角外框宽度的“宽度1”的值为2，设置决定倒角内框宽度的“宽度2”的值为1，所创建出的门效果如图2-28所示。

图2-28 窗格形态

2.4.2 推拉门和折叠门

通过“推拉门”命令，可创建出左右滑动的门。该类型的门有两个门元素：其中一个保持固定，而另外一个可以移动。如图2-29所示创建了具有不同窗格数的推拉门。

折叠门不仅在侧面有枢轴，而且在中间也有枢轴。通过“折叠门”命令，可制作出可折叠的双扇门或四扇门，如图 2–30 所示。

创建推拉门和折叠门的步骤与创建枢轴门的步骤大同小异，创建推拉门和折叠门的参数与创建枢轴门模型的参数大同小异，在此均不再赘述。

图 2–29　不同窗格数推拉门

图 2–30　四扇门和双扇门

2.5　窗

3ds Max 中提供了可以直接创建窗模型的工具，用户可通过这些工具快速地创建出六种不同类型的窗模型，包括遮篷式窗、平开窗、固定窗、旋开窗、伸出式窗和推拉窗。

2.5.1　遮篷式窗

“遮篷式窗”命令可以建立遮篷式窗模型，它是建筑设计、室内设计等领域里用到的一种窗子模型。它的参数面板如图 2–31 所示。

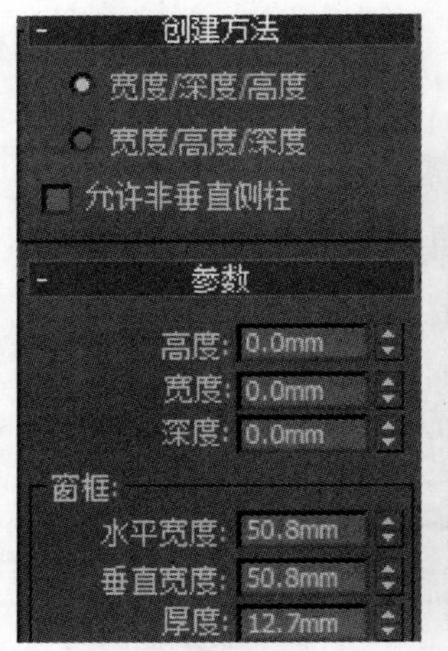

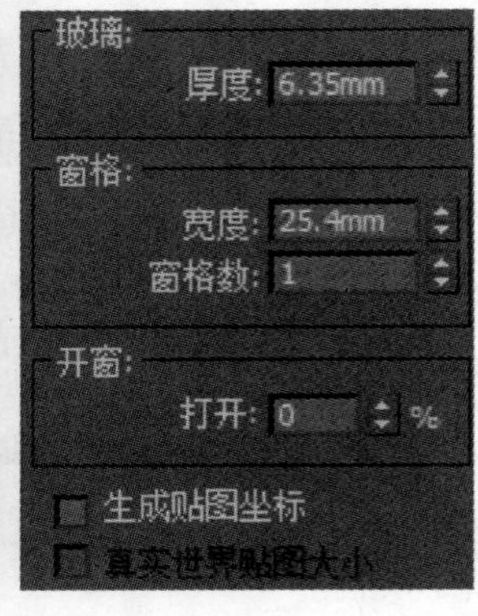

图 2–31　遮篷式窗参数面板

（1）默认情况下所创建的遮篷式窗模型是依次根据窗的宽度、高度和深度来创建的，在“创建方法”卷展栏中也可选择“宽度 / 高度 / 深度”单选按钮，以宽度、高度、深度三个参数的顺序来创建窗。如果启用“允许非垂直侧柱”复选框，可以创建不处于垂直状态的窗。

（2）宽度、高度和深度参数可分别设置窗的高度、宽度和深度。

（3）“窗框”选项组中，可对窗框的水平宽度、垂直宽度及厚度进行设置。

（4）“厚度”值可设置玻璃的厚度。

（5）对“窗格”参数值进行设置，可设置窗格宽度和窗格数。

（6）对“打开”参数值进行设置，可确定窗打开的角度。默认情况下该数值为 0，窗处于关闭状态。

2.5.2 平开窗、固定窗、旋开窗、伸出式窗和推拉窗

平开窗、固定窗、旋开窗、伸出式窗和推拉窗的参数与遮篷式窗的参数基本相同，需要注意的是固定窗不能打开。

2.6 AEC 扩展

2.6.1 植物

“植物”命令可以建立多种 3ds Max 自带的树木网格对象，还可以通过参数控制树木的高度、密度、修剪、种子、树冠显示和细节级别等，它是建筑设计、室内设计等领域里常用模型。它的“参数”卷展栏如图 2-32 所示，“收藏的植物”卷展栏如图 2-33 所示。

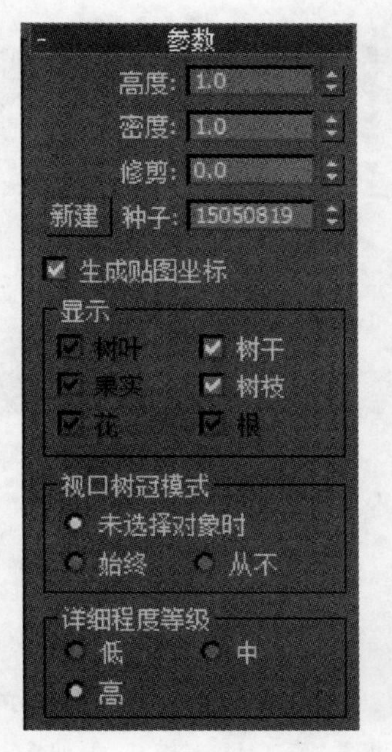

图 2-32 植物“参数”卷展栏

图 2-33 “收藏的植物”卷展栏

（1）在“高度”文本框中输入数值，可控制植物的近似高度。

（2）密度。该参数可控制植物叶子和花的疏密程度。将该数值设置为 1 时，叶子和花最浓密；值为 0.5 时表示植物具有一半的叶子和花；值为 0 时没有叶子和花。

（3）修剪。该参数可控制植物的修剪程度。值为 0 时表示不进行修剪；值为 0.5 时表示根据一个比构造平面高出一半高度的平面进行修剪；值为 1 表示尽可能修剪植物上的所有树枝。

（4）单击“新建”按钮，右侧的“种子”数值会随机变化，以生成当前植物的随机变体。可反复单击该按钮，直至找到所需的变体。“种子”数值表示当前植物可能的树枝变体、叶子位置以及树干的形状与角度，该数值是介于 0 与 16777215 之间的值。

（5）在“显示”选项组中可控制树叶、树干、果实、树枝、花和根的显示。选项是否可用取决于所选的植物种类。例如，如果植物没有果实，则 3ds Max 将禁用此项。

（6）“视口树冠模式”是一种将树叶信息省略显示为冠状轮廓图形的优化显示方式，对最终渲染毫无影响。默认情况下“未选择对象时”单选按钮为选择状态，表示未选择植物时以树冠模式显示植物；若用户选择“始终”单选按钮，无论什么时候始终以树冠模式显示植物；选择“从不”单选按钮，无论什么时候都不以树冠模式显示植物。

（7）在“详细程度等级”选项组中可设置 3ds Max 如何渲染植物。选择“低”单选按钮时，将以最低的细节级别渲染植物树冠；选择“中”单选按钮时，会对减少了面数的植物进行渲染，通常会删除植物中较小的元素，或减少树枝和树干中的面数；选择“高”单选按钮时，3ds Max 会以最高的细节级

别渲染植物的所有面。

（8）“自动材质”复选框可以为植物指定默认的材质。

（9）单击“植物库”按钮，可打开如图 2–34 所示的“配置调色板”对话框。在“配置调色板”对话框中可以查看可用植物的信息，包括其名称、学名、种类、说明和每个对象近似的面数量。还可以向调色板中添加植物以及从调色板中删除植物、清空调色板。单击“确定”按钮，接受更改并关闭“配置调色板”对话框。（注意：要在调色板中迅速添加或删除植物，需要在“配置调色板”对话框中双击该植物所在的行。）

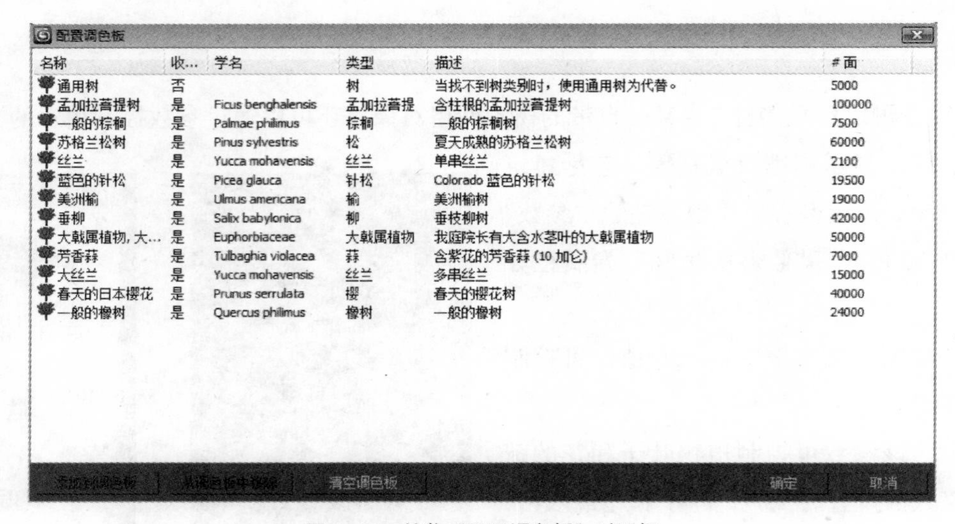

图 2–34 植物“配置调色板”对话框

2.6.2 栏杆

栏杆的参数面板如图 2–35 所示。

（1）“拾取栏杆路径”。此命令的执行需要事先绘制路径图形。在“图形”主命令中，单击“样条线”命令下的“线”、“矩形”等工具，然后在视窗中创建路径，再点击“拾取栏杆路径”在视窗中拾取路径，从而创建栏杆。参数可以在修改面板中进行更改。

（2）“上围栏”。在“上围栏”参数设置中“剖面”中有“无”“方形”“圆形”三个选项，剖面设置可以设置围栏的有无及形状；“深度”、“宽度”、“高度”可以设置围栏的深度、宽度、高度。

（3）“下围栏”。跟上围栏的设置相同。

至于“立柱”、“栅栏”的设置与“栏杆”的设置大同小异，在此不再赘述。

2.6.3 墙

“墙体”命令可以创建墙体模型，它的参数面板如图 2–36 所示。

（1）在“参数”卷展栏中可以设置墙体的“宽度”、“高度”及对齐方式。

（2）“拾取样条线”命令的使用。在“图形”主命令中，单击“样条线”命令下的“线”、“矩形”等工具，然后在视窗中创建图形，再点击“拾取样条线”，在视窗中拾取样条线路径，从而创建墙体。

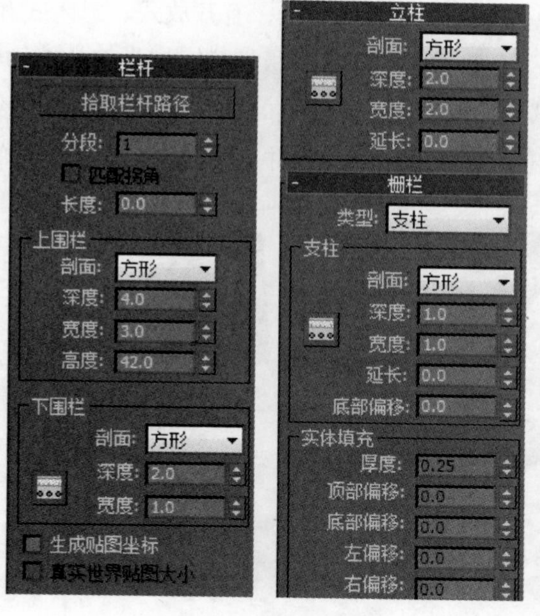

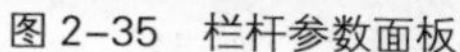
图 2–35 栏杆参数面板

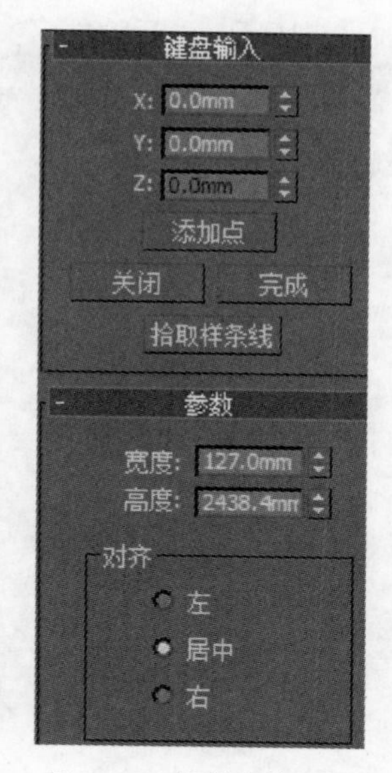

图 2–36 墙的参数面板

2.7 楼梯

3ds Max 中提供了可以直接创建楼梯模型的工具，用户可通过这些工具快速地创建出四种不同类型的楼梯模型，包括 L 形楼梯、U 形楼梯、直线楼梯和螺旋楼梯。

2.7.1 L 形楼梯

使用“L 形楼梯”命令可以创建带有彼此成直角的两段楼梯，并且两段楼梯之间有一个休息平台，它的参数面板如图 2–37 所示。

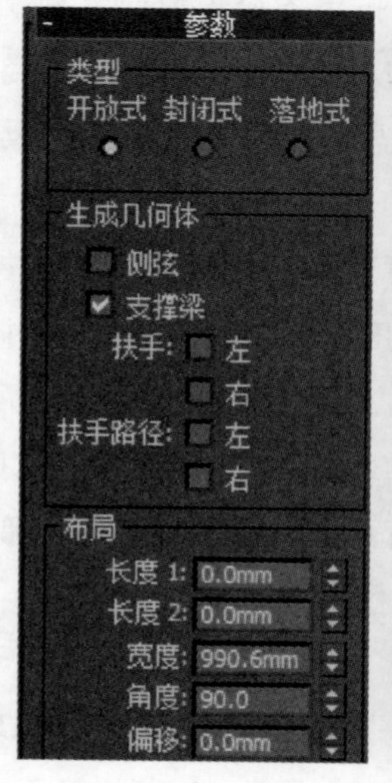

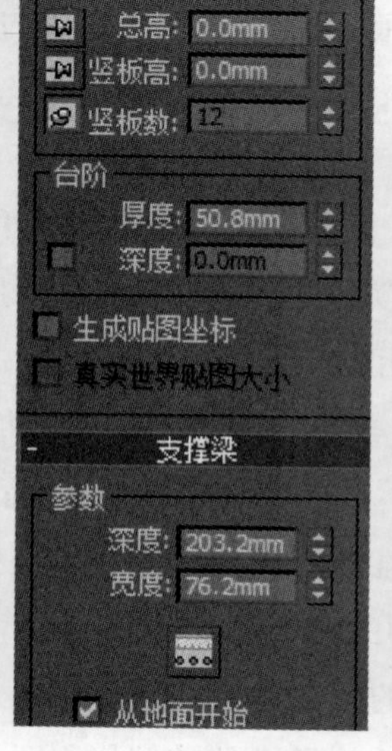

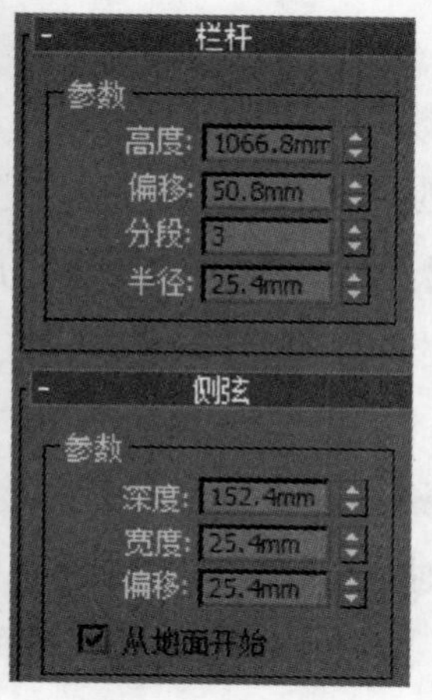

图 2–37 L 形楼梯参数面板

（1）在“参数”卷展栏中的“类型”中可以设置楼梯的形式，有开放式、封闭式和落地式三种类型，效果如图 2-38 所示。“开放式”：创建一个开放式的梯级竖板楼梯，该类型的楼梯有分开的踏步、侧弦、支撑梁以及斜阶梯状的外观；“封闭式”：创建一个封闭式的梯级竖板楼梯，该楼梯有斜阶状结构，踏步是连续的；“落地式”：创建一个带有封闭式梯级竖板，并且两侧有封闭式侧弦的楼梯。

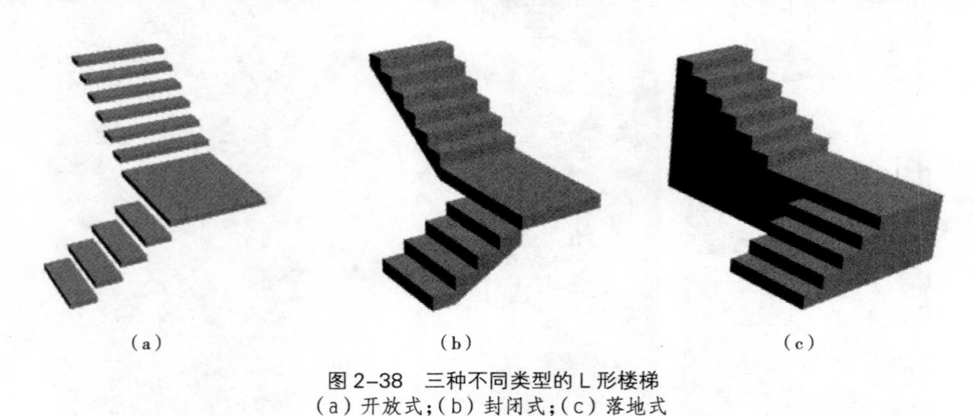

图 2-38　三种不同类型的 L 形楼梯
（a）开放式；（b）封闭式；（c）落地式

（2）在“参数”卷展栏的“生成几何体”工具中，当勾选“侧弦”时，创建的楼梯就会带有侧弦，相应地勾选“左右扶手”或“扶手路径”时就会出现扶手路径。“侧弦”：设置是否沿着楼梯梯级的端点创建侧弦；“支撑梁”：启用该复选框可在梯级下创建一个倾斜的切口梁，该梁支撑台阶或添加楼梯侧弦之间的支撑；“扶手”：设置是否创建楼梯的左扶手和右扶手；“扶手路径”：设置是否创建楼梯上用于安装扶手的左路径和右路径。

（3）在“参数”卷展栏的“布局”中可以设置 L 形楼梯的长度、宽度、角度及偏移量。“长度 1”参数可控制第一段楼梯的长度；“长度 2”参数可控制第二段楼梯的长度；“宽度”参数可控制楼梯的宽度，包括台阶和平台；“角度”参数可控制平台与第二段楼梯之间的角度，范围为 -90° ~ 90° ；“偏移”参数可控制平台与第二段楼梯之间的距离，同时也会调整平台的长度。

（4）在“参数”卷展栏的“梯级”中可以调节楼梯的高度。在调整两个参数时，必须锁定另一个梯级选项。要锁定一个选项，只需单击一下参数左侧的图钉。按下图钉表示锁定参数的数值调整，而抬起图钉表示参数可分别进行调整。“总高”：可控制楼梯段的总体高度，值相当于竖板高和竖板数的乘积；“竖板高”：设置梯级竖板的高度；“竖板数”：设置梯级竖板的数量。梯级竖板总是要比台阶多一个。

（5）在“参数”卷展栏的“台阶”中可以设置台阶的厚度及深度。“厚度”：可控制台阶的厚度；“深度”：设置台阶的深度。左侧复选框为禁用状态时，台阶深度不可调，强制上下台阶对齐。

（6）“支撑梁”卷展栏中的参数适用于镂空的楼梯设置。“深度”：设置支撑梁距离地面的高度；“宽度”：设置支撑梁的宽度，单击（支撑梁间距）按钮，将打开“支撑梁间距”对话框，在该对话框可设置支撑梁的间距；“从地面开始”：控制支撑梁是从地面开始，还是与第一个梯级竖板的开始平齐，或是否支撑梁延伸到地面以下。（注意：当“参数”卷展栏中的“生成几何体”选项组中“支撑梁”复选框勾选时，“支撑梁”卷展栏中的参数才可调节。）

（7）“栏杆”参数可以设置有栏杆的楼梯的高度、偏移、分段和半径等数值。“高度”：控制栏杆与台阶之间的高度；“偏移”：控制栏杆在台阶两侧的偏移程度；“分段”：控制栏杆截面的多边形边数，分段数越高，栏杆越显示的平滑；“半径”：可控制栏杆的粗细程度。（注意：在“参数”卷展栏中的“生成几何体”选项组中启用一个或多个“扶手”或“栏杆路径”选项时，“栏杆”卷展栏中参数变为可调节状态。另外，如果启用任何一个“扶手路径”选项，则“分段”和“半径”参数将不可用。）

（8）“侧弦”参数可以调节侧弦的深度、宽度、及偏移量。“深度”：设置侧弦距离地面的高度；“宽度”：设置侧弦的宽度；“偏移”：设置地板与侧弦的垂直距离；“从地面开始”：该复选框可控制侧弦是从地面开始，还是与第一个梯级竖板的开始平齐，或者决定侧弦是否延伸到地面以下。（注意：当在“参数”卷展栏中的“生成几何体”选项组中启用了“侧弦”复选框，“侧弦”卷展栏中的参数才变为可调节状态。）

2.7.2 U形楼梯

U形楼梯由具有反向的两段楼梯组成，这两段彼此平行并且它们之间有一个平台，如图2-39所示，为三种不同类型的U形楼梯。

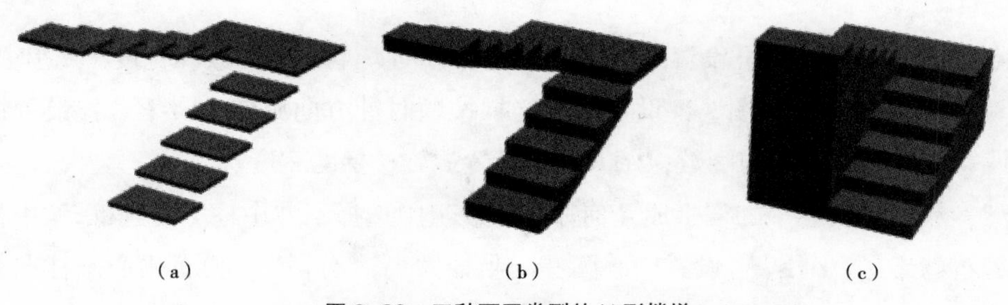

图2-39 三种不同类型的U形楼梯
（a）开放式；（b）封闭式；（c）落地式

U形楼梯与L形楼梯无论是创建方法上还是“参数”卷展栏上都大同小异，这里需要指出的是，在U形楼梯“参数”卷展栏中的“布局”选项组中，可控制两段楼梯彼此相对的位置，如图2-40所示。选择“左”复选框，第二段楼梯将位于平台的左侧；选择“右”复选框，第二段楼梯将位于平台的右侧。

2.7.3 直线楼梯

直线楼梯只是单独的一段，并且没有休息平台，如图2-41所示。

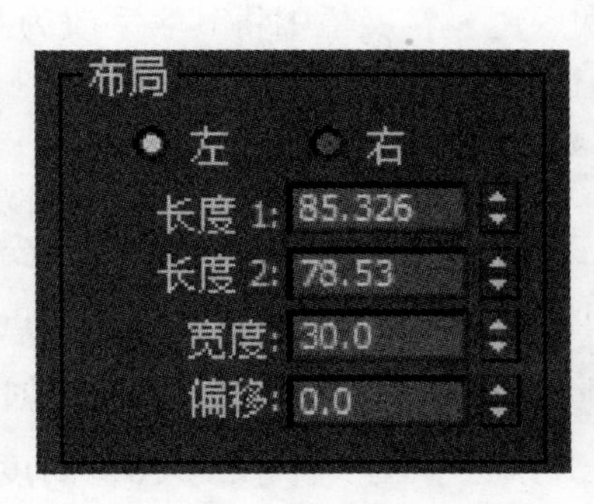

图2-40 “布局”选项组

图2-41 三种直线楼梯类型

直线楼梯的创建方法和“参数”卷展栏与L形楼梯、U形楼梯基本相同，在此不再具体讲述。

2.7.4 螺旋楼梯

通过指定中点、半径和高度参数可创建出螺旋型的楼梯模型，如图 2–42 所示。

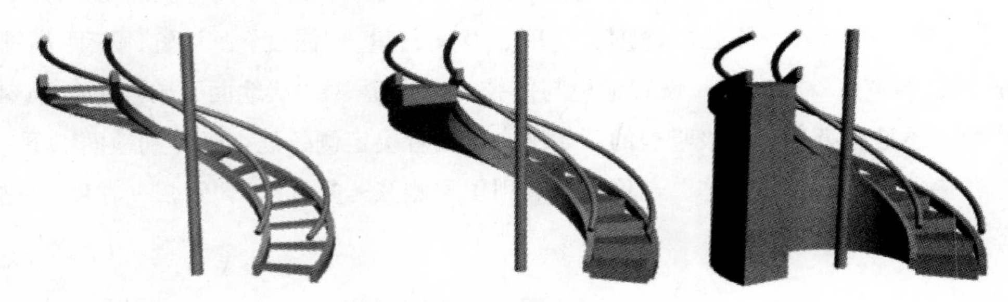

图 2–42 螺旋楼梯

在此仅对 L 形楼梯中没有涉及的一些参数进行介绍。

（1）在“参数”卷展栏中的“生成几何体”选项组中选择“中柱”复选框，将在螺旋楼梯的中心位置创建一根圆柱。

（2）在“布局”选项组中，可设置螺旋楼梯的旋转方向、半径、转数和宽度。“逆时针”：设置螺旋楼梯按逆时针方向旋转；“顺时针”：设置螺旋楼梯按顺时针方向旋转；“半径”：设置螺旋楼梯的半径；“旋转”：设置螺旋楼梯的旋转圈数；“宽度”：设置螺旋楼梯的宽度。

（3）当在“参数”卷展栏中的“生成几何体”选项组中选择了“中柱”复选框，“中柱”卷展栏中的参数变为可编辑状态。“半径”：设置中心圆柱的半径大小；“分段”：设置中心圆柱在圆周方向的分段数，值越高，中柱显示得越平滑；“高度”：设置中柱的高度，启用“高度”复选框可以独立调整楼梯柱的高度，禁用“高度”复选框，将柱的顶部锁定于上一个隐式梯级竖板的顶部。

2.8 实例 1——室内一角

2.8.1 创建地面

启动 3ds Max 软件，单击命令面板中的（创建）按钮，再单击（几何体）按钮，在“对象类型”中单击“长方体”按钮，在“顶”视图中单击并拖动鼠标，便可完成长方体的建立，其长、宽、高的数值分别为 200、200、–1，分段数不用设置，在“名称和颜色”卷展栏中将其名字改为“地面”。

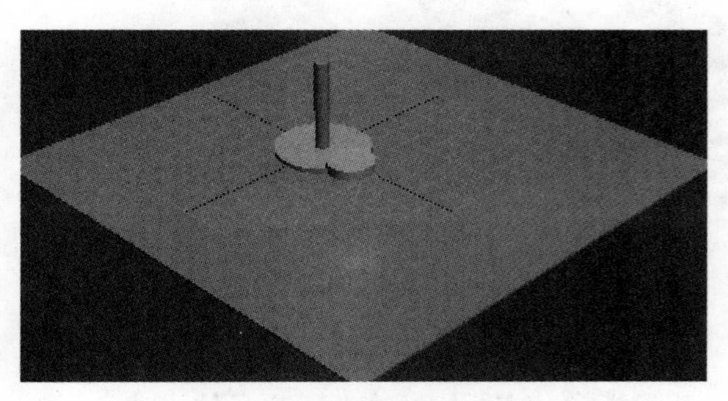

图 2–43 创建圆柱体

2.8.2 创建桌子

（1）单击命令面板中的（创建）按钮，再单击（几何体）按钮，在“对象类型”中点击“圆柱体”，在“顶”视图中单击并拖动鼠标，创建三个圆柱，其参数分别设置为：半径为 10，高度为 4，边数为 20；半径为 3，高度为 40，边数为 18；半径为 20，高度为 2，边数为 30，效果如图 2–43 所示。

为了以后讲解的方便，在此将半径最小的圆柱命名为“圆柱 1”，半径最大的圆柱命名为“圆柱 2”，剩下的一个圆柱命名为“圆柱 3”。

（2）应用（对齐）工具，将所有圆柱体和长方体进行对齐操作。选中“圆柱 1”，在主工具栏上点击（对齐）按钮，到透视图中点击“圆柱 3”，对弹出的“对齐当前选中”对话框进行设置，如图 2–44 所示，点击“应用”按钮；再一次设置“对齐当前选中”对话框，如图 2–45 所示，点击“确定”按钮，完成两个圆柱的对齐操作，效果如图 2–46 所示。应用同样的方法将“圆柱 2”与“圆柱 1”对齐，对齐后的效果如图 2–47 所示。

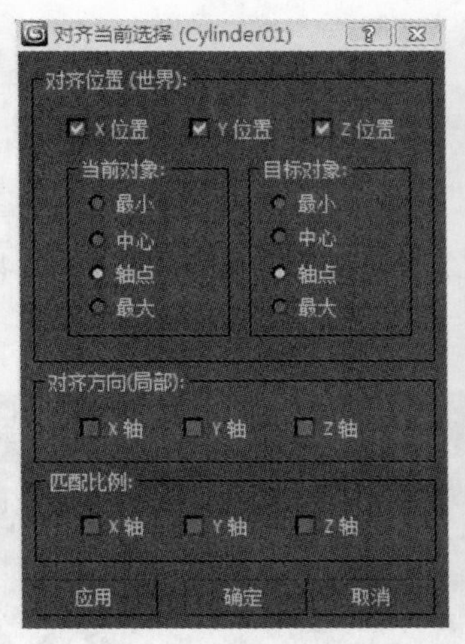

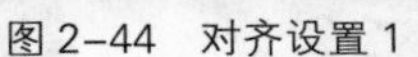
图 2–44 对齐设置 1

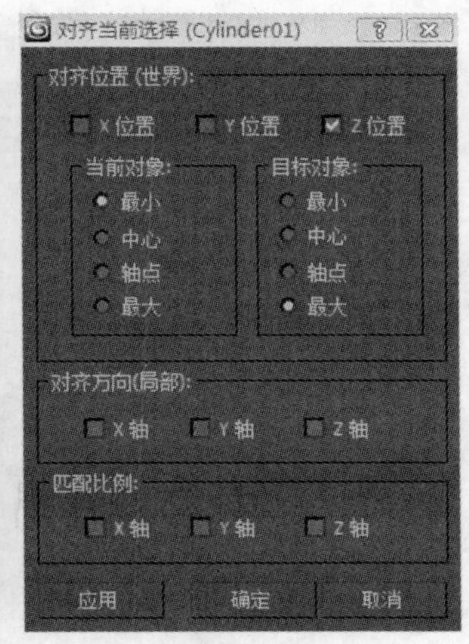

图 2–45 对齐设置 2

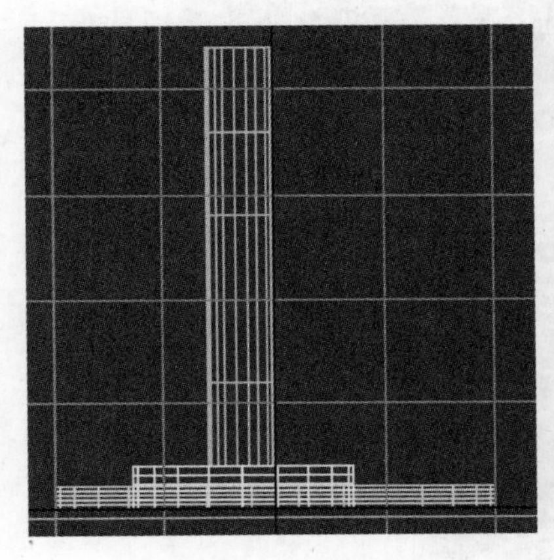

图 2–46 对齐效果 1

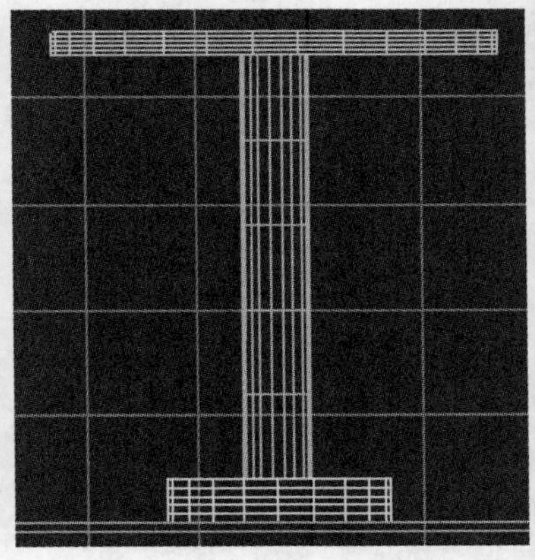

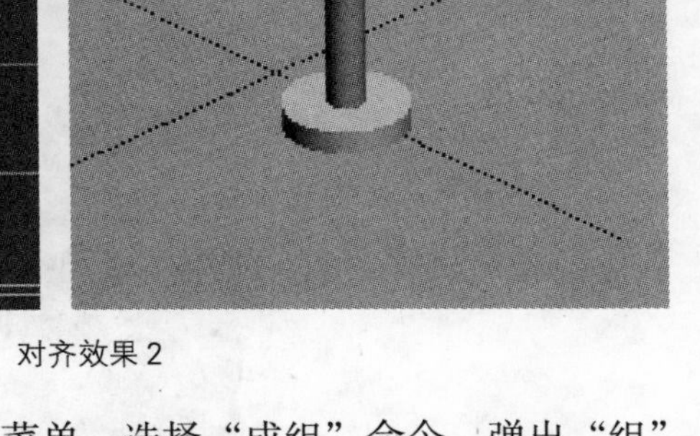

图 2–47 对齐效果 2

（3）成组圆柱体。将三个圆柱体选中，在菜单栏点击“组”菜单，选择“成组”命令，弹出“组”对话框，在“组名”栏里输入“桌子”，点击“确定”按钮。这时在视图中点击任意圆柱体，三个圆柱体将同时被选中，它们已经成为“一体”了，便于以后的变换操作。

2.8.3 创建桌面上的茶壶、罐子和茶杯

（1）单击命令面板中的（创建）按钮，再单击（几何体）按钮，在“对象类型”中点击“茶壶”，在“顶”视图中单击并拖动鼠标，设置其半径为 4、分段为 6。

（2）单击命令面板中的（创建）按钮，再单击（几何体）按钮，在“对象类型”中点击“管状体”，在“顶”视图中单击并拖动鼠标，设置其半径 1 为 2、半径 2 为 1.5、高为 4、边数为 25。

（3）单击命令面板中的（创建）按钮，再单击（几何体）按钮，在“对象类型”中点击“圆锥体”，在“顶”视图中单击并拖动鼠标，设置其半径 1 为 1.5、半径 2 为 2、高为 3.5、边数为 25。

（4）应用对齐、移动、复制等工具，制作出如图 2–48 所示效果。

2.8.4 制作凳子

（1）单击命令面板中的（创建）按钮，再单击（几何体）按钮，在“对象类型”中点击“圆柱体”，在“顶”视图中单击并拖动鼠标，创建2个圆柱体，设置其参数分别为半径1.2，高度25；半径8，高度2。

（2）应用对齐、移动、复制等工具，制作出如图2-49所示效果。到此，室内一角的案例就制作完成了，最终渲染效果如图2-50所示。

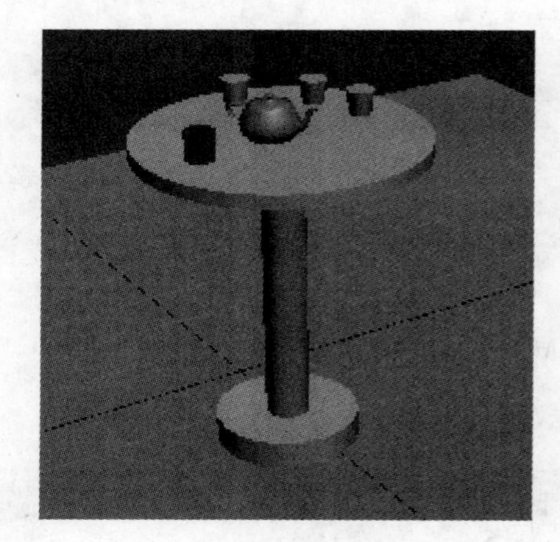

图2-48 桌面上效果

图2-49 加入凳子后效果

图2-50 室内一角最终渲染效果

2.9 实例2——沙发

2.9.1 创建沙发大坐垫

启动3ds Max软件，单击命令面板中的（创建）按钮，再单击（几何体）按钮，选择“扩展基本体”，在“对象类型”中单击“切角长方体”按钮，在“顶”视图中单击并拖动鼠标，制作出一个切角长方体，设置其参数：长度为60、宽度为180、高度为15、圆角为2、圆角分段为4，将其命名为“大坐垫”。

2.9.2 创建沙发小坐垫

（1）在“前”视图按住Shift键并向上拖动“大坐垫”，复制出1个切角长方体，修改其参数：宽度为 60、圆角为 4，将其命名为“小坐垫”。用同样的方法，再将“小坐垫”复制出 2 个。

（2）应用对齐工具，将大、小坐垫放置好，如图 2-51 所示。

2.9.3 创建扶手

（1）单击“切角长方体”按钮，在“顶”视图中单击并拖动鼠标，制作出一个切角长方体，设置其参数：长度为 60、宽度为 15、高度为 50、圆角为 2、圆角分段为 4，将其命名为“扶手”。

（2）应用复制工具，复制出另外一个扶手；应用对齐工具，将扶手放置好，如图 2-52 所示。

图 2-51 坐垫位置

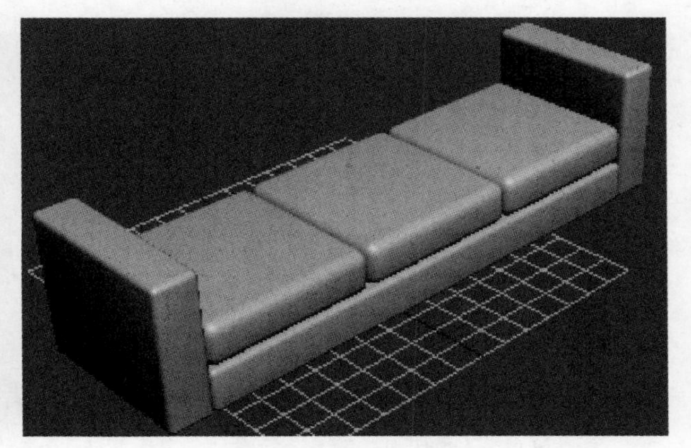

图 2-52 扶手位置

2.9.4 创建靠背

（1）单击“切角长方体”按钮，在“顶”视图中单击并拖动鼠标，制作出一个切角长方体，设置其参数：长度为 15、宽度为 210、高度为 70、圆角为 2、圆角分段为 4，将其命名为“靠背”。

（2）应用对齐工具，将靠背放置好，如图 2-53 所示。

2.9.5 统一颜色

将所有对象选中，点击右侧命令面板上的颜色块，在弹出的“对象颜色”对话框中，为沙发选择一个统一的浅蓝色，最终渲染效果如图 2-54 所示。至此，沙发就制作完成了。

图 2-53 靠背位置

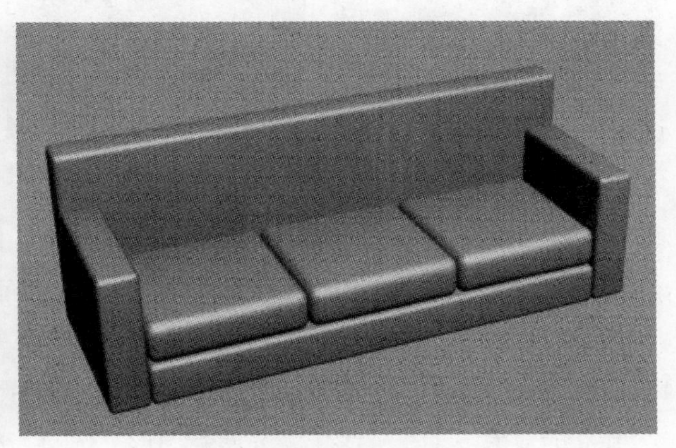

图 2-54 沙发最终渲染效果

第3章

Chapter3

二维图形建模

3.1 创建二维图形面板简介

在建模和动画中，二维图形起着非常重要的作用。3ds Max 的二维图形有两类，它们是样条线和 NURBS 曲线。它们都可以作为三维建模的基础或者作为路径约束控制器的路径。

3ds Max 中提供了“样条线”和“扩展样条线”建模工具，只需拖动鼠标，即可创建一个二维图形。还可以通过“键盘输入”来建立位置较为精确的图形。“样条线”和“扩展样条线”建模的优点是可以方便快捷地在视窗中一次建立二维图形，缺点是这些图形通常只能制作一些简单的线型，如果要制作成三维实体模型，还需要通过其他修改命令进行深入的操作。

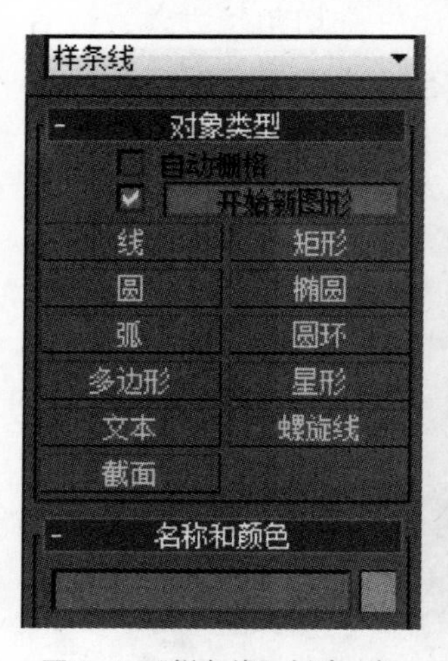

图 3-1 “样条线”创建面板

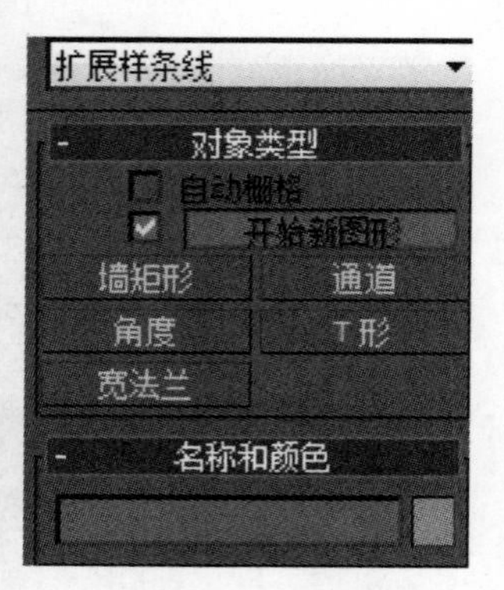

图 3-2 “扩展样条线”创建面板

在创建“样条线”和“扩展样条线”之前，我们先来了解一下创建二维图形面板。如图 3-1 所示，为样条线创建面板，总共有 11 种基本样条线图形对象；如图 3-2 所示，为扩展样条线创建面板，总共有 5 种扩展样条线图形对象。

“样条线”和“扩展样条线”两种建模方式，在创建方法上基本相同。开始选择创建任意一个图形模型时，可以用鼠标直接在视窗中单击并拖动来确定各项参数建立图形，也可以直接在“键盘输入”卷展栏中输入准确的参数完成图形的精确建模。图形创建后，会在“名字和颜色”卷展栏中以“物体名称 + 序号”的系统默认形式出现，图形的名字和颜色像几何体一样可以自己更改。

在“创建”主命令面板下的“图形”次命令面板的顶端有一个“开始新图形”按钮，表明一个二维图形可以包含多个样条线。该按钮在默认状态下是开启的，表示 3ds Max 将新创建的每个样条线作为一个新的图形。例如，如果在“开始新图形”选项被打开的情况下创建了三条线，那么每条线都是一个独立的对象。如果关闭了“开始新图形”选项，后面创建的对象将被增加到原来的图形中。

自动栅格。通过基于单击面的法线生成和激活一个临时构造平面，可以自动创建其他对象表面上的对象。

3.2 样条线和扩展样条线的通用参数

在 3ds Max 中，大多数曲线类型都具有共同的设置参数，这些公共参数都包含在“渲染”卷展栏、“插值”卷展栏和“键盘输入”卷展栏中。另外除了“线”、“弧”、“星形”、“文本”和“截面”这几个样条线之外，其他样条线对象还包含了一样的“创建方法”卷展栏。下面分别来介绍上述各个公共卷展栏的用法。

3.2.1 “渲染”卷展栏

“渲染”卷展栏可用来进行二维图形的渲染设置。可以启用和禁用样条线的渲染性，在渲染场景中指定其厚度并应用贴图坐标，还可以设置渲染参数的动画，如图 3–3 所示。

（1）“在渲染中启用”。只有启用该复选框，线条在渲染时才具有实体效果，否则视图中不显示实体效果，如图 3–4 所示。

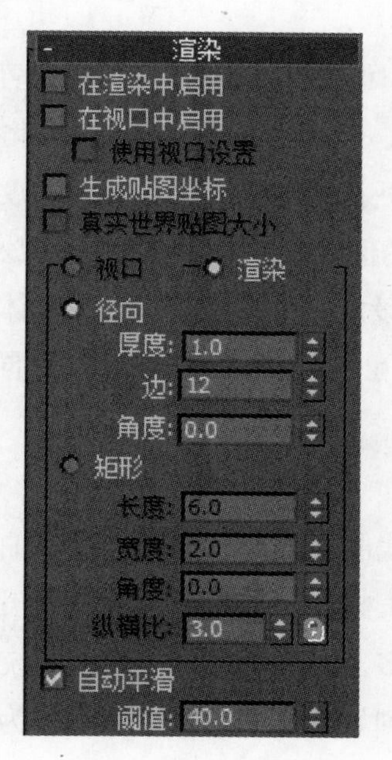

图 3–3 “渲染”卷展栏

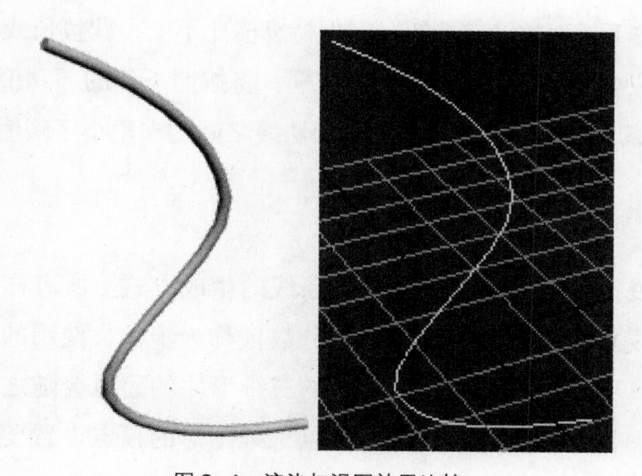

图 3–4 渲染与视图效果比较

（2）“在视口中启用”。启用该复选框，线条在视口中显示实体效果，渲染时不显示。

（3）当“在渲染中启用”和“在视口中启用”都勾选时，线条在渲染时和在视口中都显示实体效果。

（4）“使用视口设置”。该选项只有在启用“在视口中启用”复选框后才可用。不启用该项，样条线在视口中的显示设置保持与渲染设置相同；启用该项后，可以为样条线单独设置显示属性，通常用于提高显示速度。

（5）“生成贴图坐标”。启用该复选框后，表示对二维图形线条应用贴图坐标。

（6）“真实世界贴图大小”。启用该复选框后，贴图大小由绝对尺寸决定，而与对象的相对尺寸无关。

（7）“视口”。选择该单选按钮时，可设置图形在视口中所显示的厚度、边数和角度参数。只有启用“在视口中启用”复选框时，此选项才可用。

（8）“渲染”。选择该单选按钮时，可以设置图形在渲染输出时的厚度、边数和角度参数。

（9）“径向”。样条线被渲染（或显示）为截面为圆形的实体。“厚度”：可以控制渲染（或显示）时线条的粗细程度，如图 3–5 所示；“边”：设置渲染（或显示）样条线的边数，如图 3–6 所示，为设置不同边数时样条线的显示效果；“角度”：可设置样条线横截面的旋转角度。

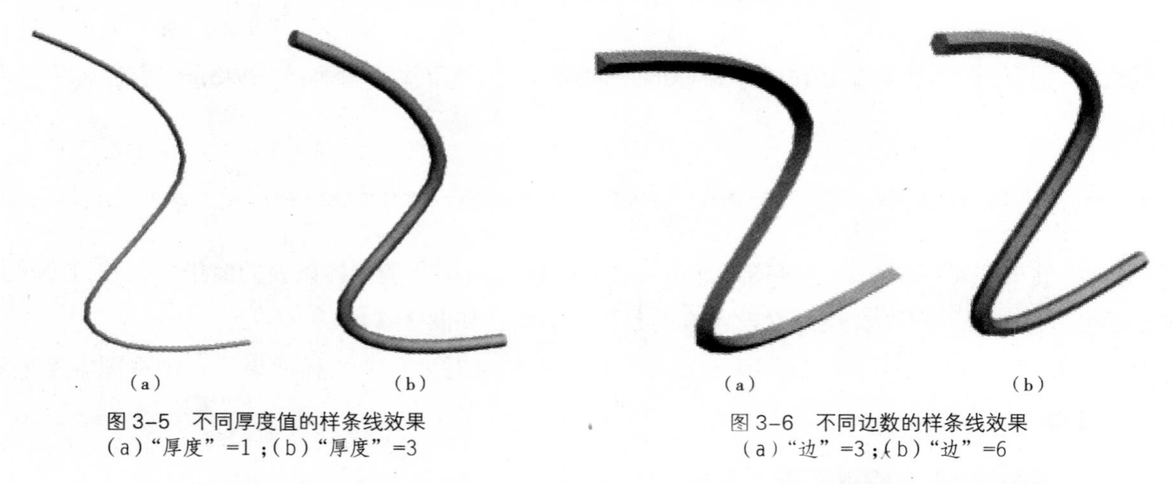

（a）　（b）

图 3–5　不同厚度值的样条线效果
（a）“厚度”=1；（b）“厚度”=3

（a）　（b）

图 3–6　不同边数的样条线效果
（a）“边”=3；（b）“边”=6

（10）“矩形”。样条线被渲染（或显示）为截面为长方形的实体。长度、宽度：分别设置长方形截面的长度和宽度；角度：调节横截面的旋转角度；纵横比：设置长方形截面的长宽比值，此参数和长度和宽度参数值是相连的，改变长度或宽度值时，纵横比会自动更新，改变纵横比时，长度值会自动更新，如果按下后面的锁定按钮，则保持纵横比不变，调整长或宽的值，另一个参数值会相应发生改变。

（11）“自动平滑”。启用该复选框，将按照下面的“阈值”设定对可渲染的样条线实体进行自动平滑处理。“阈值”：如果两个相邻表面法线之间的夹角小于阈值的角（单位为度），则指定相同的平滑组。

3.2.2　“插值”卷展栏

该卷展栏中的参数可以控制样条线的生成方式。所有样条线曲线可划分为近似真实曲线的较小直线，样条线上的每个顶点之间的划分数量称为步长，使用的步长越多，显示的曲线越平滑。但是如果顶点太多，那么由该二维图形生成的三维形体的面也会随之增多，这样会耗费过多的系统资源，导致渲染时间加长，编辑过程繁琐。所以二维图形的顶点设置要恰到好处。如图 3–7 所示，为“插值”卷展栏。

（1）“步数”。设置两顶点之间由多少个直线片段构成曲线。参数的取值范围是 0~100，系统默认值是 6。值越高，曲线越平滑；值越小，则曲线越趋向于折线和直线。如图 3–8 所示为当设置“步数”为 1 和“步数”为 6 时样条线的平滑程度。

（2）“优化”。启用该复选框后，可以从样条线的直线线段中删除不需要的步长。

（3）“自适应”。当启用该复选框后，“步数”参数和“优化”复选框都变为禁用状态。该项可自适应设置每个样条线的步长数，以生成平滑曲线，如图 3–9 所示。图 3–9（a）为优化样条线和产生的线框模型，图 3–9（b）为自适应样条线和所产生的线框模型。

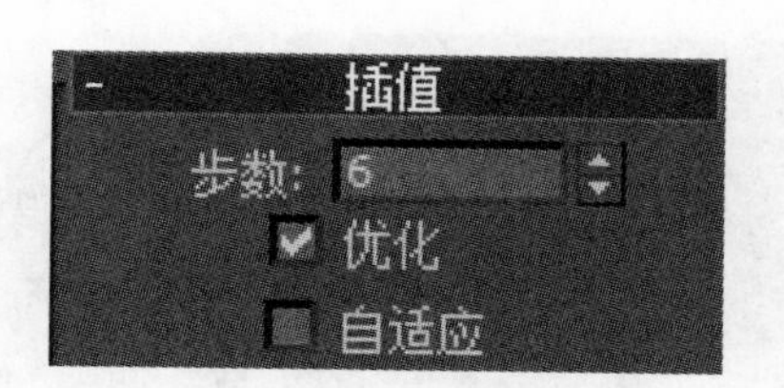

图 3-7 “插值”卷展栏

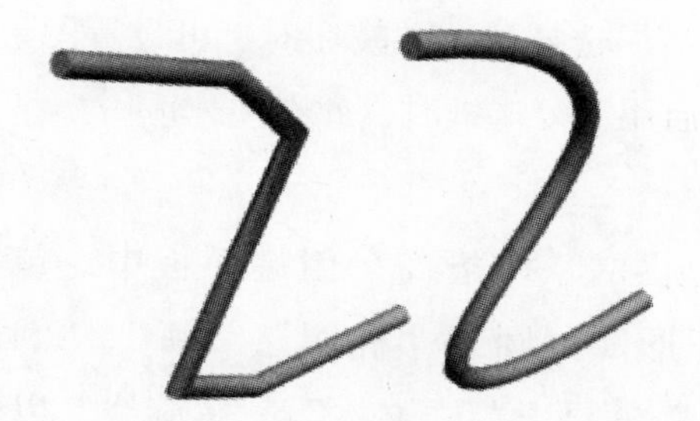

图 3-8 不同步数的样条曲线效果

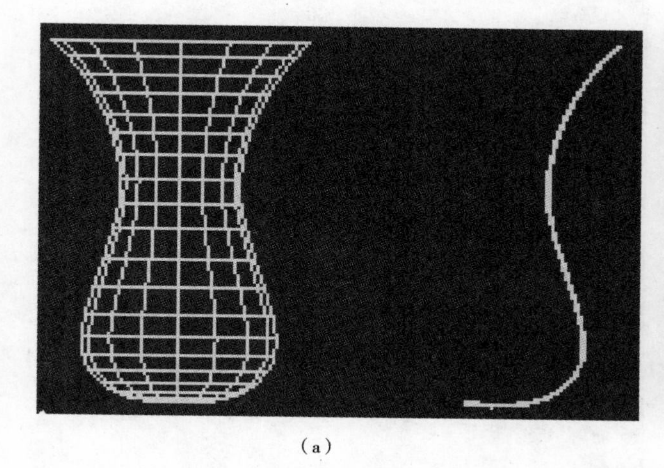

(a)

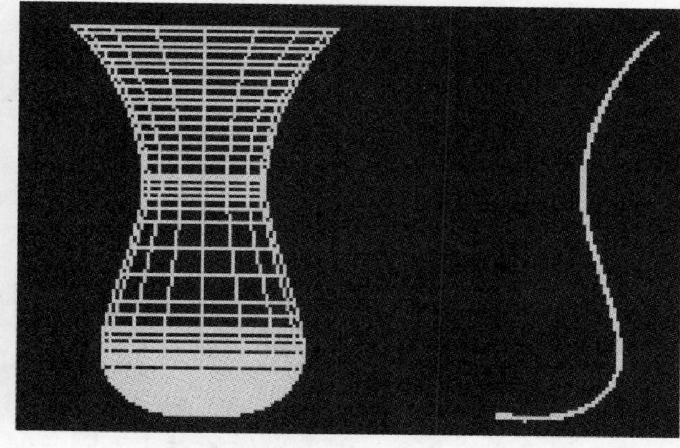

(b)

图 3-9 “优化”和“自适应”效果比较
(a)优化样条线和产生的线框模型;(b)自适应样条线和所产生的线框模型

3.2.3 “创建方法”卷展栏

许多样条线创建工具在“创建方法”卷展栏中，可通过中心点或者通过边（对角线）来定义样条线，如图 3-10 所示。

（1）“边”。第一次按鼠标会在图形的一边或一角定义一个点，然后拖动直径或对角线角点。

（2）“中心”。第一次按鼠标会定义图形中心，然后拖动半径或角点。

图 3-10 “创建方法”卷展栏

3.2.4 “键盘输入”卷展栏

大多数的样条线都可以使用键盘输入的方式来创建，通过该方法可以精确创建二维形。除了包含确定二维图形坐标中心的 X、Y、Z 参数以外，还包含各个二维图形的特征参数，故而每个二维图形的“键盘输入”卷展栏均略有不同，但用法都是完全一样的。如图 3-11 所示，为“矩形”对象的“键盘输入”卷展栏。

（1）“X”、“Y”、“Z”。用来设置“矩形”对象的中心坐标值。

（2）“长度”、“宽度”。用来设置“矩形”对象的长与宽的数值。

（3）“角半径”。用来设置“矩形”对象的倒角数值。

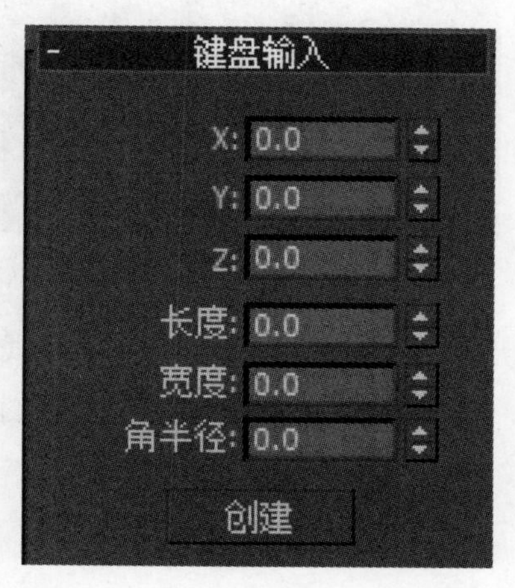

图 3-11 矩形“键盘输入”卷展栏

3.3 样条线

3ds Max 提供的“样条线”创建面板中，包括“线”、“矩形”、“圆”、“椭圆”、“弧”、“圆环”、“多边形”、“星形”、“文本”、“螺旋线”以及“截面”。

3.3.1 线

线是二维图形中最基本的样条线。使用“线”工具按钮可以创建各种形式的样条曲线。单击“线”按钮，创建面板会显示原始空间，如“名称和颜色”、“渲染”、“插值”、“创建方法”和“键盘输入”等卷展栏，如图 3–12 所示。

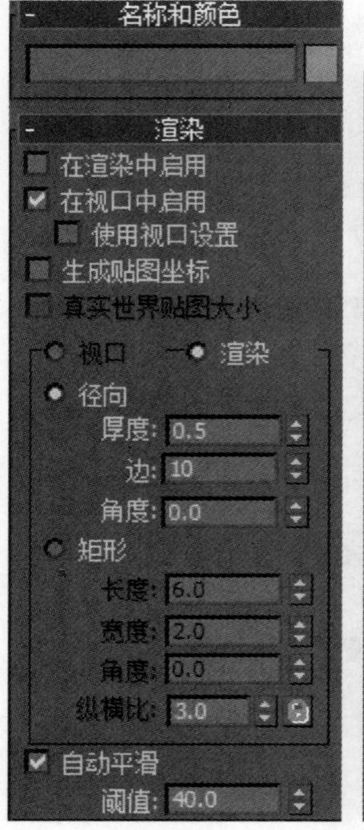

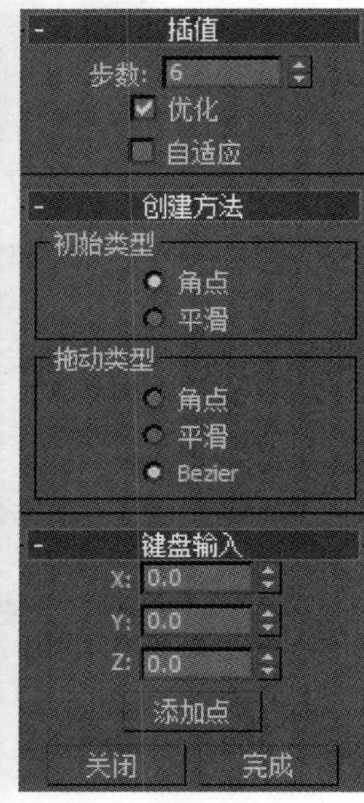

图 3–12　创建线的卷展栏

（1）创建线的步骤。

1）创建线的命令，由于操作的方式不同，创建出来的线的形式也会不同。一般有三种方式：第一种是单击“线”按钮后，在视图中连续点击鼠标；第二种是单击“线”按钮后，在视图中点击鼠标后按住不放并拖动；第三种是将第一种方法和第二种方法交替使用。

2）通过鼠标单击创建的顶点的类型为“创建方法”卷展栏中“初始类型”区域设置的类型；鼠标拖动创建的顶点的类型为“拖动类型”区域设置的类型；另外，通过鼠标单击创建曲线的顶点时，按住 Shift 键可以创建一个在水平或垂直方向上与前一顶点对齐的点。

3）如图 3–13 ~ 图 3–15 所示，为“初始类型”和“拖动类型”应用不同设置时所绘制的线的形式。

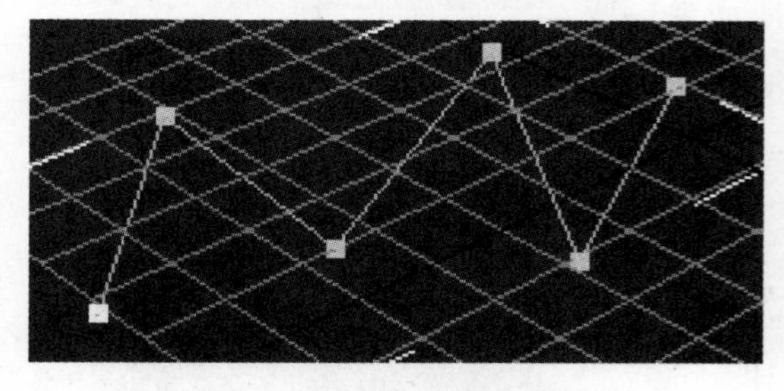

图 3–13　顶点为“角点”类型

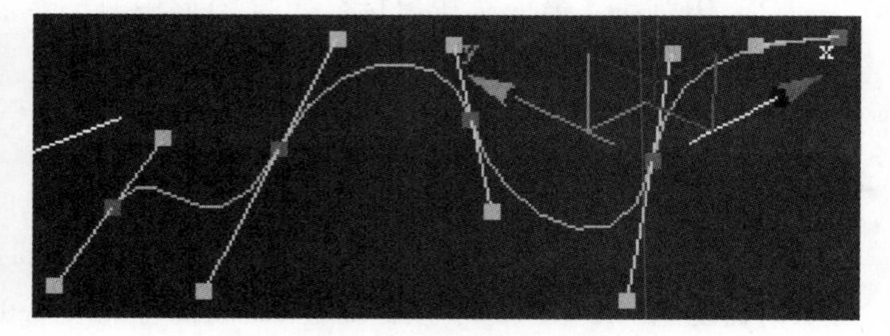

图 3–14　顶点为“Bezier”类型

4）如果需要创建封闭曲线，在创建完最后一个点时，将光标移动到线的起始点上并单击，弹出“样条线”对话框，单击“是”按钮，即闭合创建曲线，单击“否”按钮，则可以继续创建曲线。

（2）“名称和颜色”卷展栏。此处的功能主要是为所创建的线重新命名和更改颜色，用法可以参考 2.1 相关内容。在整个二维图形面板中，此处的作用是一样的，在讲解后面的二维图形时将不再重复。

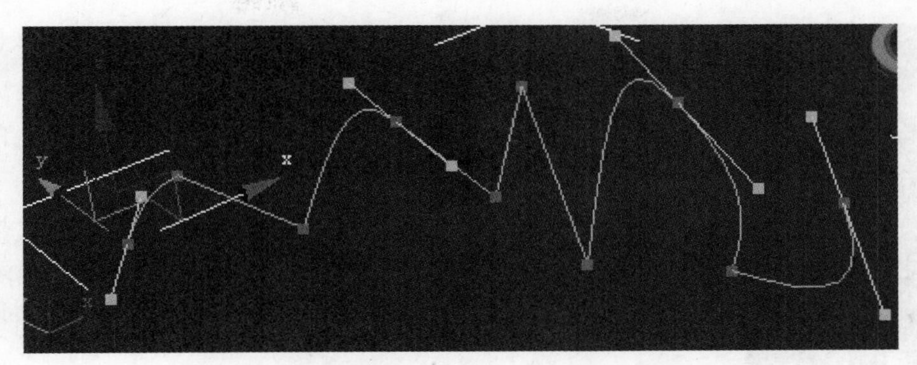

图 3-15　顶点为“角点”类型和“Bezier”类型交替

（3）“渲染”和“插值”卷展栏中各命令的含义和用法已经在第二节中详细讲述，在此将不再赘述。

（4）“创建方法”卷展栏。可以修改顶点的初始类型以及顶点在拖动的过程中的顶点类型。“初始类型”有两种：角点和平滑；“拖动类型”有三种：角点、平滑和 Bezier。“角点”：产生一个尖端，样条线在顶点的任意一边都是线性的；“平滑”：通过顶点产生一条平滑、不可调整的曲线，由顶点的间距来设置曲率的数量；“Bezier”：通过顶点产生一条平滑、可调整的曲线，通过在每一个顶点拖动鼠标来设置曲率的值和方向。

1）“初始类型”的设置主要决定连续点击鼠标所形成的线的样式。如图 3-16 所示，为“初始类型”设置成“角点”和“平滑”时所绘制的线的样式。

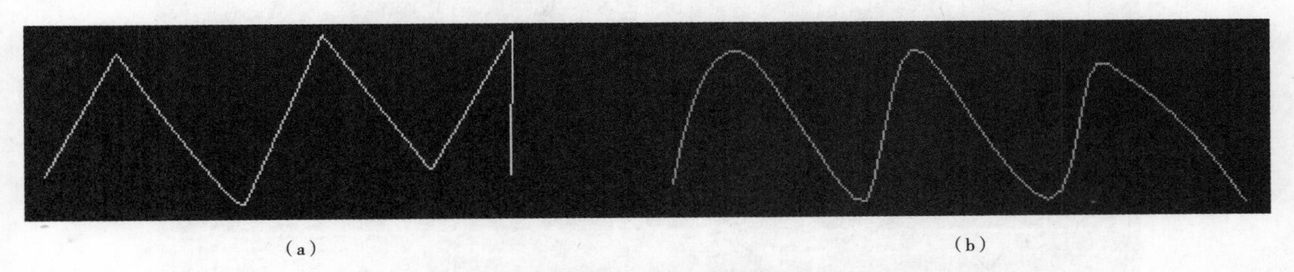

（a）　　（b）

图 3-16　不同“初始类型”所绘制的线的样式
（a）“角点”；（b）“平滑”

2）“拖动类型”的设置主要决定拖动鼠标所形成的线的样式。如图 3-17 所示，为“拖动类型”设置成“角点”、“平滑”和“Bezier”时所绘制的线的样式。

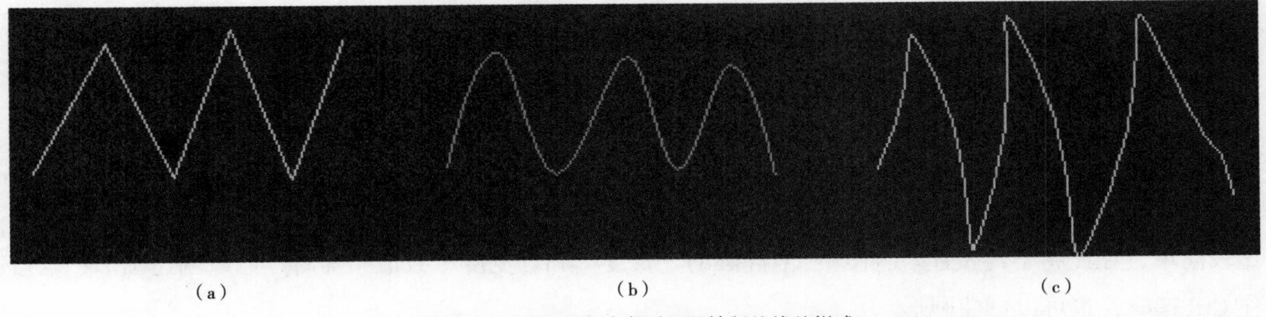

（a）　　（b）　　（c）

图 3-17　不同“拖动类型”所绘制的线的样式
（a）“角点”；（b）“平滑”；（c）“Bezier”

3）“键盘输入”卷展栏。线的键盘输入与其他样条线的键盘输入有所不同。首先在 X、Y、Z 坐标框中输入第一点的数值，点击“添加点”按钮，建立线的起点；然后输入第二个点的坐标值，点击

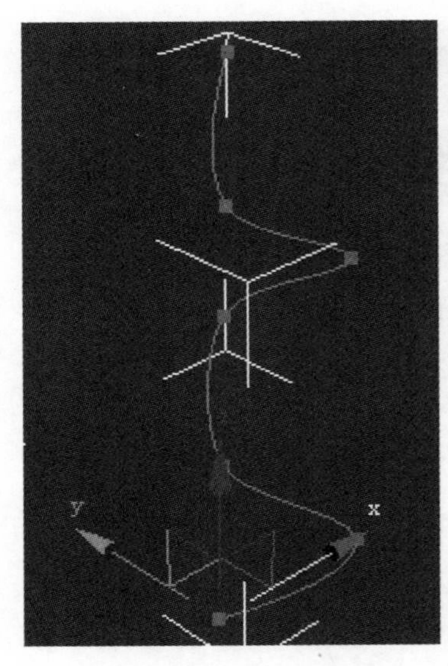

图 3-18　键盘输入形成的线

"添加点"按钮，确定线的第二个点；以此类推，完成线的创建。如图3-18 所示，此线分别由坐标值为（0，0，0）、（5，0，0）、（5，5，0）、（5，5，5）、（10，5，5）、（10，10，5）、（10，10，10）的 7 个点依次连成。

（注意：1.X、Y、Z 坐标值为绝对坐标。2. 绘制完成线以后，点击"关闭"，起点与终点将会进行连接，形成封闭的线；点击"完成"将不会闭合。3. 此种方法所创建的线的顶点为"平滑"类型。）

3.3.2　矩形

"矩形"工具主要用于创建长方形和正方形，也可以通过"角半径"的特殊设置创建出一些较为特殊的图形。

"长度"：指定矩形沿着局部 Y 轴的大小；"宽度"：指定矩形沿着局部 X 轴的大小；"角半径"：设置矩形的四角是直角还是有弧度的角。（注意：角半径的数值可以大于长度和宽度，这时会产生特殊的图形，如图 3-19 所示，为矩形的不同角半径参数和效果：矩形长度均为 50，宽度均为 100，其角半径分别为 20、50 和 110。）

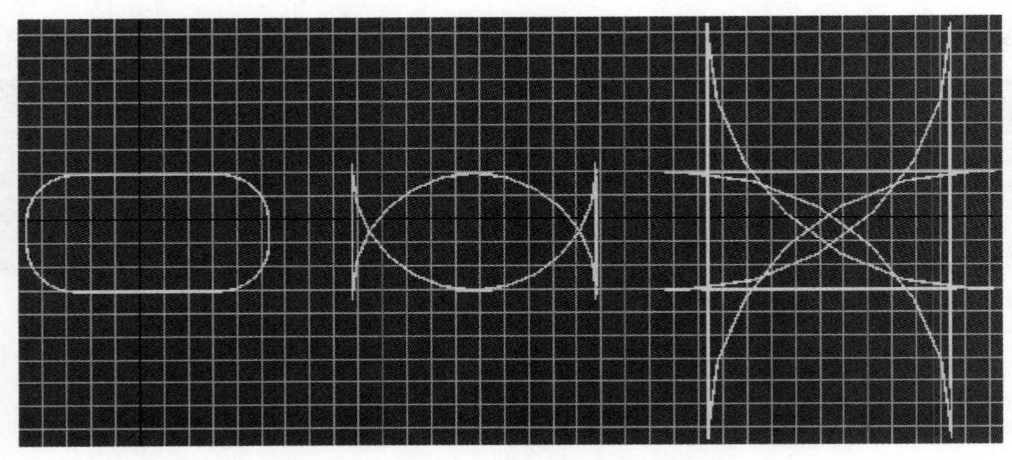
图 3-19　矩形的不同角半径所产生的不同效果

3.3.3　圆、椭圆、圆环

（1）"圆"工具主要用于创建圆形图形，圆的参数比较简单，可以通过设置不同的"半径"得到不同大小的圆形。

（2）"椭圆"工具主要用于创建椭圆图形，"参数"卷展栏只有"长度"和"宽度"可以设置，也比较简单，在此将不再赘述。（注意：当椭圆的"长度"和"宽度"数值相等时，可以创建圆形；当按住 Ctrl 键时，也可以创建圆形。）

（3）"圆环"工具可以通过两个同心圆创建封闭的形状，每个圆都由四个顶点组成，圆环的创建方法及其参数都比较简单，在此略过。（注意：虽然圆环的"半径 1"和"半径 2"可以设置相同的数值，但是它们依然界定了两个圆形，只不过它们重叠在一起而已。）

3.3.4 弧

“弧”工具主要用于创建圆弧曲线和扇形。如图 3-20 所示，为弧的“创建方法”卷展栏。如图 3-21 所示，为弧的“参数”卷展栏。

（1）“端点 - 端点 - 中央”。该创建方法是先拖动并松开鼠标引出一条直线，以直线的两个端点作为弧形的两端点，然后移动鼠标并单击以指定两端点之间的第三个点。

（2）“中间 - 端点 - 端点”。该创建方法先单击并拖动鼠标以指定弧形的中心点和弧形的一个端点，然后移动鼠标并单击以指定弧形的另一个端点。

（3）“半径”。指定弧形所在圆的半径。

（4）“从 / 到”。在从局部正 X 轴测量角度时指定起点 / 端点的位置。

（5）“饼形切片”。启用此选项，以扇形形式创建闭合样条线。起点和端点将中心与直分段连接起来，如图 3-22 所示。

图 3-20　弧的“创建方法”卷展栏

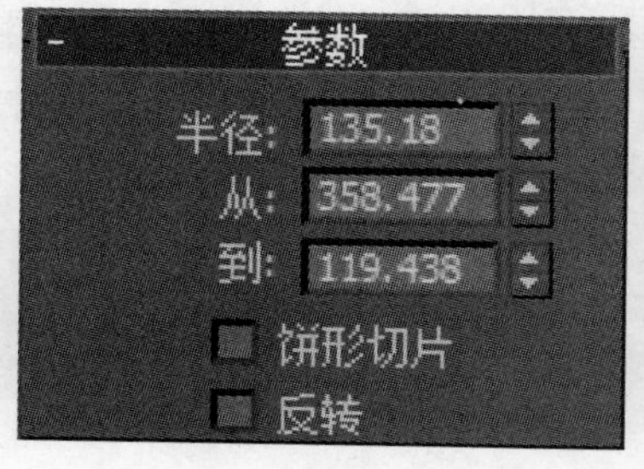

图 3-21　弧的“参数”卷展栏

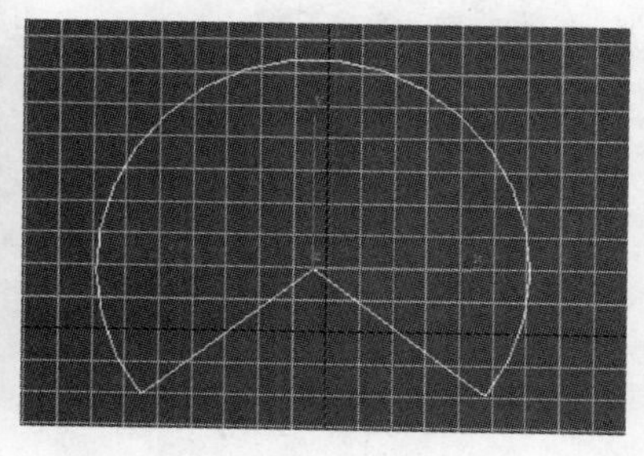
图 3-22　启用“饼形切片”效果

（6）“反转”。启用此选项后，反转弧形样条线的方向，并将第一个顶点放置在打开弧形的相反末端。

3.3.5 多边形

使用“多边形”工具可以创建出任意边数的正多边形或圆形，也可以使多边形的每个角产生圆角。如图 3-23 所示，为多边形“参数”卷展栏。

（1）“半径”。设置多边形的半径大小。

（2）“内接 / 外接”。确定以外切圆半径或是内接圆半径作为多边形的半径。例如，分别用“内接”和“外接”创建六边形，半径均设置为 20，所得效果如图 3-24 所示。

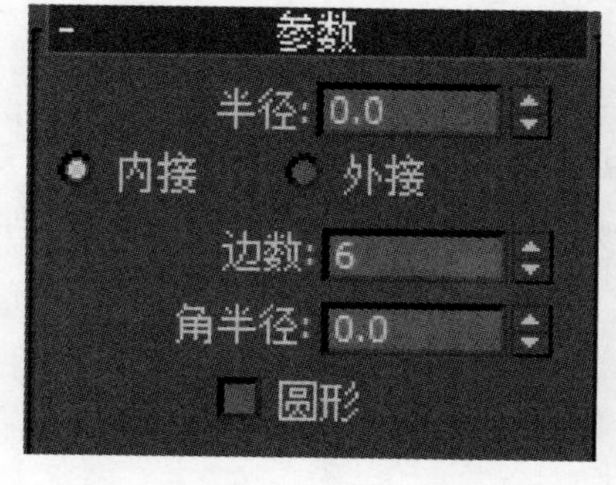

图 3-23　多边形“参数”卷展栏

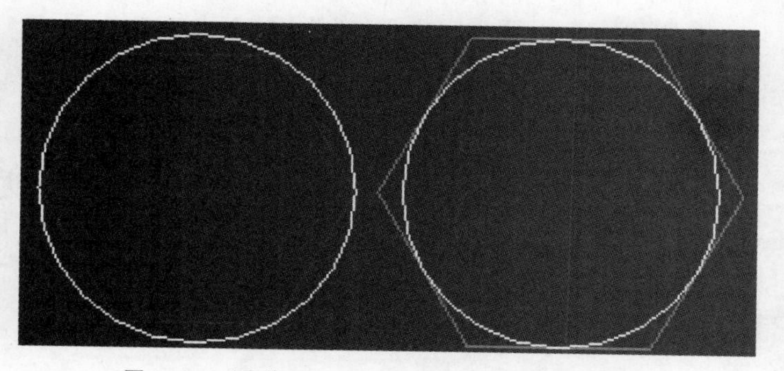
图 3-24　“内接”和“外接”创建六边形效果比较

（3）“边数”。指定多边形边数，范围为 3 ~ 100。

（4）“角半径”。指定应用于多边形角的圆角度数。

（5）“圆形”。启用该选项之后，将设置多边形为圆形。

3.3.6 星形

使用“星形”工具可以创建出具有很多顶点的闭合星形样条线，如图 3–25 所示，为星形的“参数”卷展栏。

（1）“半径 1、半径 2”。分别指定星形内部顶点的半径和外部顶点的半径。

（2）“点数”。设置星形的尖角个数，范围为 3 ～ 100。

（3）“扭曲”。围绕星形中心旋转顶点（外点），从而将生成锯齿形效果。

（4）“圆角半径 1、圆角半径 2”。分别设置星形的内部角和外部角的圆角半径。

通过对星形的一些参数进行更改，可以产生许多奇特的图案，如图 3–26 所示。

图 3–25　星形“参数”卷展栏

图 3–26　不同参数下的星形效果

3.3.7 文本

“文本”工具可以直接在视图中创建文字图形。

（1）在“字体”下拉列表中，可以选择用户所需要的字体，下面一排按钮主要用于对文字进行简单排版。I：设置斜体文本；U：为文本添加下划线；左对齐，可将文本对齐到边界框左侧；居中，将文本对齐到边界框的中心；右对齐，将文本对齐到边界框右侧；两端对齐，分隔所有文本行以填充边界框的范围。（注意：四个文本对齐按钮只针对多行文本，因为它们作用于与边界框相关的文本，如果只有一行文本，则其大小与其边界框的大小相同。）

（2）“大小”。设置文字的字符大小。

（3）“字间距”。设置文字之间的间隔距离。

（4）“行间距”。设置文字行与行之间的距离。只有图形中包含多行文本时该选项才起作用。

（5）“文字编辑框”。可以输入多行文本。在每行文本之后按回车键可以开始下一行。

（6）“更新”。设置修改参数后视图中的文本是否立即更新显示修改参数后的效果。在文本图形太复杂的情况下，为加快显示速度，可以打开“手动更新”复选框，手动更新视图。

3.3.8 螺旋线

“螺旋线”工具可创建开口平面或 3D 螺旋线，常用于弹簧、盘香等造型的创建，如图 3–27 所示，为螺旋线的“参数”卷展栏。

（1）“半径 1/ 半径 2”。设置螺旋线起点、终点的半径。

（2）“高度”。设置螺旋线的高度，当该值为 0 时是一个平面螺旋线。

（3）“圈数”。设置螺旋线圈数。

（4）“偏移”。强制在螺旋线的一端累积圈数，当高度值为 0 时，偏移的影响将不可见。如图 3-28 所示，为不同偏移值所产生的不同效果的螺旋线。

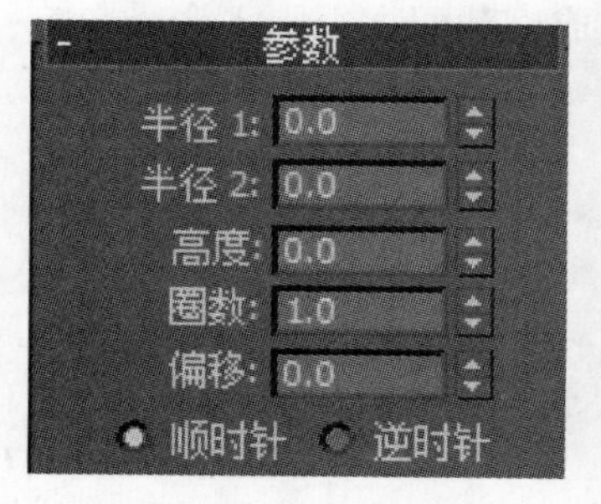

图 3-27　螺旋线“参数”卷展栏

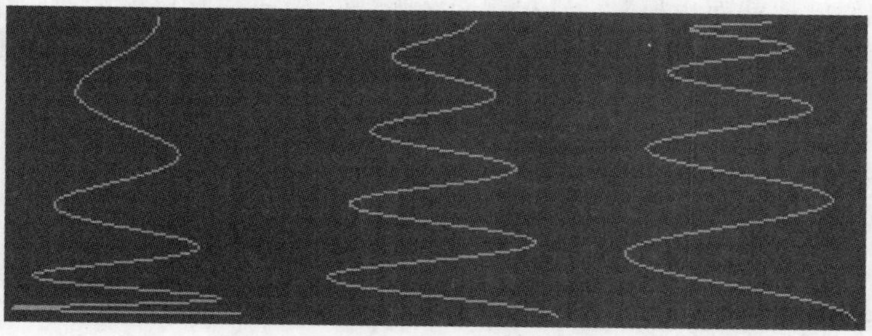

图 3-28　随偏移值变化的螺旋线

（5）“顺时针、逆时针”。设置螺旋线的旋转方向是顺时针还是逆时针。

3.3.9　截面

截面是一种特殊类型的对象，它可以通过截取三维造型而获得二维造型，如图 3-29 所示，为截面的“截面参数”卷展栏。截面对象显示为相交的矩形，通过对其进行移动、旋转和缩放操作，当它穿过一个三维对象时，会显示出截取的剖面，单击“创建图形”按钮即可通过截面生成一个新的样条线。

（1）创建截面的步骤。单击“截面”按钮，在任意视图中由中间向外拖动鼠标，创建一个比场景中的三维模型略大的截面形体，同时确定创建截面形与三维模型相交，相交部分将以黄色显示；在视图右侧的“截面参数”卷展栏中，单击“创建图形”按钮，打开“命名截面图形”对话框；在对话框中输入将要生成截面图形的名称，然后单击“确定”按钮即可将基于显示的相交截面形创建成可编辑样条线。此时它与三维形体重合，在实体着色模式下视图中无法看到它的显示，需要调整其位置才可以看到，如图 3-30 所示。

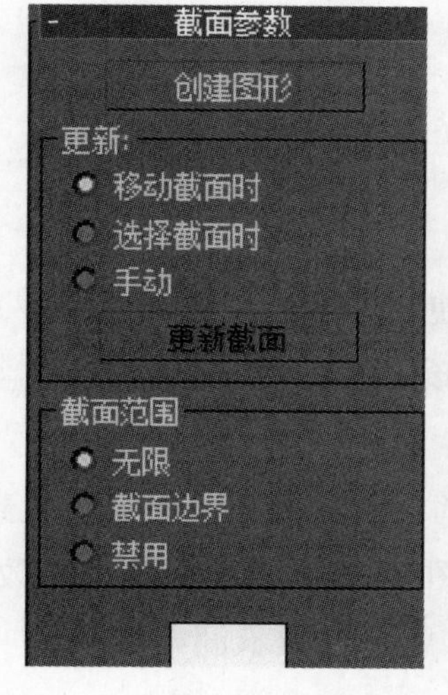

图 3-29　截面“截面参数”卷展栏

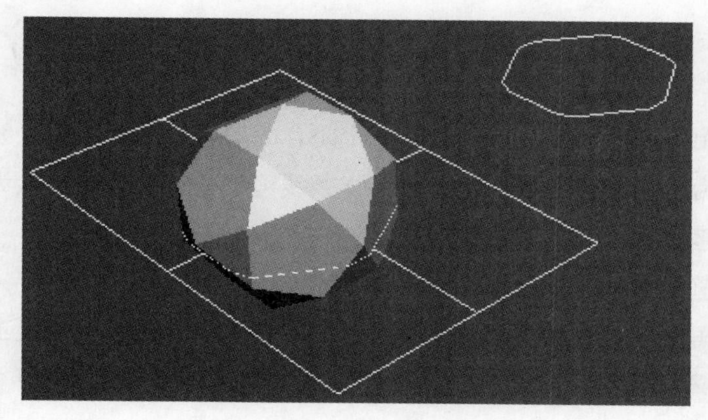

图 3-30　创建截面

（2）在“更新”选项组中提供了指定何时更新相交线的选项。“移动截面时”：在移动或调整截面图形时更新相交线；“选择截面时”：在选择截面图形，但是未移动时更新相交线，单击“更新截面”按钮可更新相交线；“手动”：在单击“更新截面”按钮时更新相交线。

（3）在“截面范围”选项组中选择其中一个选项，可指定截面对象生成的横截面的范围。“无限”：截面平面在所有方向上都是无限的，与视图显示的截面尺寸无关，从而使横截面位于其平面中的任意几何体上；“截面边界”：只在截面图形边界内或与其接触的对象中生成横截面，否则不会受影响；“禁用”：不显示或生成横截面。启用该选项会禁用“创建图形”按钮。

3.4 扩展样条线

3.4.1 墙矩形

使用“墙矩形”工具，可通过两个同心矩形创建封闭的形状。每个矩形都由四个顶点组成，如图 3-31 所示。该工具与“圆环”工具相似，只是其使用矩形而不是圆，其“参数”卷展栏如图 3-32 所示。

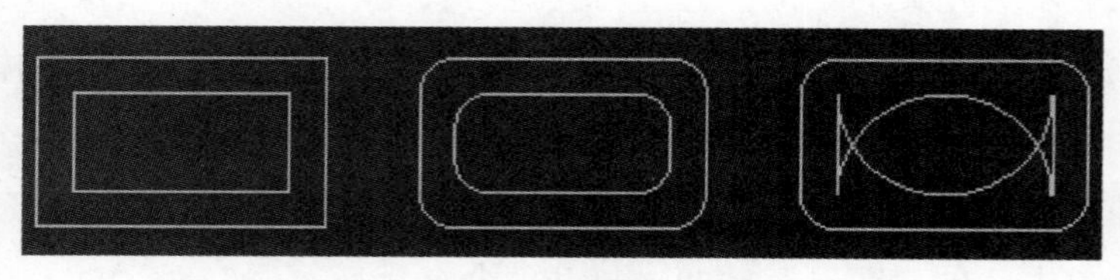

图 3-31 墙矩形效果

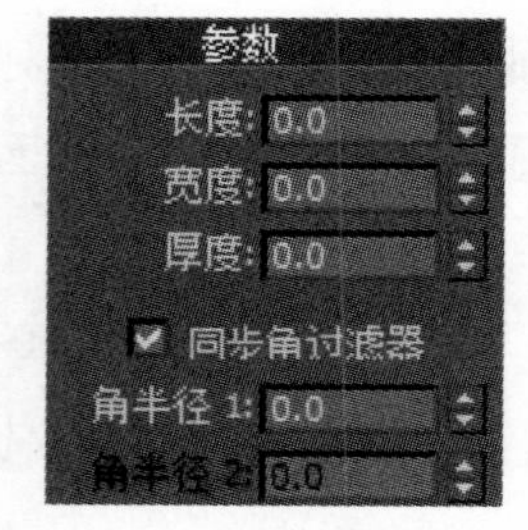

图 3-32 墙矩形“参数”卷展栏

（1）“长度 / 宽度”。设置墙矩形外轮廓矩形的长宽值。

（2）“厚度”。设置墙矩形的厚度，即内外轮廓的间距。

（3）“同步角过滤器”。启用该复选框后，“角半径 1”控制墙矩形的内外矩形的圆角半径，并保持截面的厚度不变，同时下面的“角半径 2”选项失效。

（4）“角半径 1/ 角半径 2”。可分别设置墙矩形内外轮廓的圆角值。

3.4.2 通道、角度、T 形、宽法兰

使用“通道”工具可以创建一个闭合的形状为 C 形的样条线；使用“角度”工具可创建一个闭合的形状为 L 形的样条线；使用 T 形样条线可创建一个闭合形状为 T 形的样条线；使用“宽法兰”工具可以创建出一个闭合的工字形图形。

通道、角度、T 形、宽法兰的创建步骤与创建墙矩形是一样的，参数也与墙矩形的大致相同，在此不再赘述。如图 3-33 所示，为不同参数的“通道”效果；如图 3-34 所示，为不同参数的“角度”效果；如图 3-35 所示，为不同参数的 T 形效果；如图 3-36 所示，为不同参数的“宽法兰”效果。

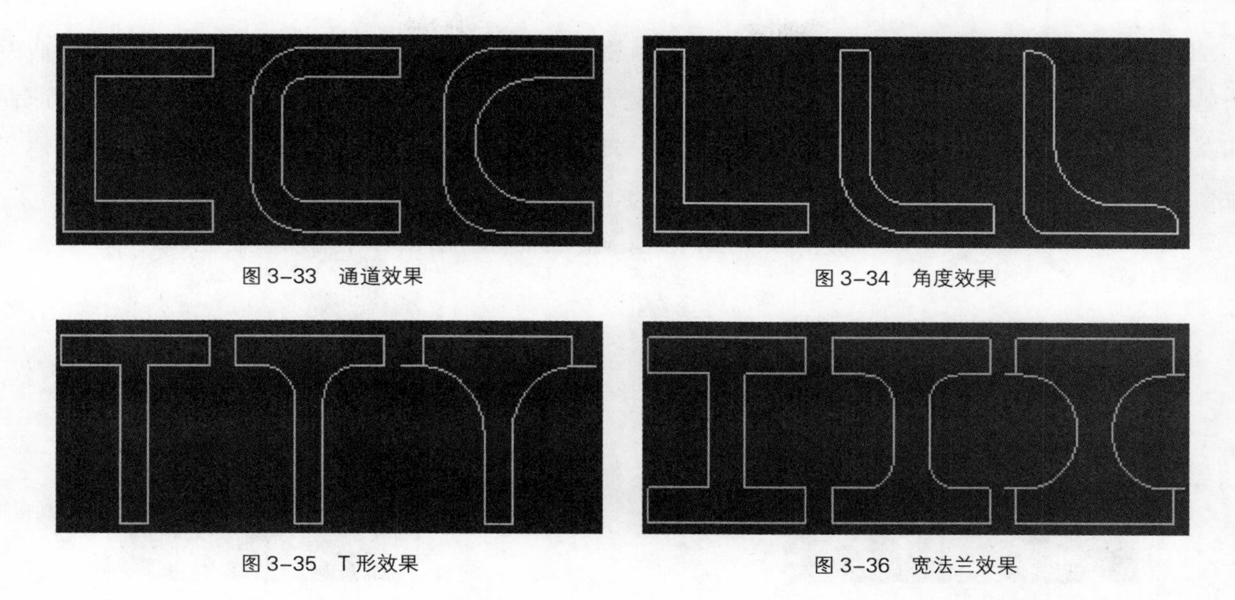

图 3-33 通道效果

图 3-34 角度效果

图 3-35 T 形效果

图 3-36 宽法兰效果

3.5 编辑二维图形

对二维图形进行编辑的方法，通常是先将二维图形转化为可编辑样条线，然后再运用相应的修改器对其进行修改。

在所有的二维图形中线是比较特殊的，它无需转化为可编辑样条线，创建完线对象后就可以在顶点、线段和样条线三个次层级对其进行编辑了。

对于其他二维图形，有两种方法来访问子对象，第一种方法是将它转换成可编辑样条线；第二种方法是应用“编辑样条线”修改器。这两种方法在用法上还是有所不同的：如果将二维图形转换成可编辑样条线，就可以直接在次对象层次设置动画，但是同时将丢失创建参数；如果给二维图形应用“编辑样条线”修改器，则可以保留对象的创建参数，但是不能直接在次对象层次设置动画。二维图像生成可编辑样条线后，将产生三个子对象级别，即“顶点”、“线段”和“样条线”三个子层级。

3.5.1 生成可编辑样条线

在 3ds Max 中创建一个矩形，要将矩形对象转换成可编辑样条线有两种方法：一是在编辑修改器堆栈显示区域的矩形名称上单击鼠标右键，然后从弹出的快捷菜单中选取“可编辑样条线”；二是在场景中被选择的矩形对象上单击鼠标右键，然后从弹出的快捷菜单中选取“转换为 / 转换为可编辑样条线”。（注意：此两种方法都将失去矩形对象的原始参数。）

要给矩形对象应用“编辑样条线”修改器，可以在选择对象后选择修改面板，再从编辑修改器列表中选取“编辑样条线”即可。

3.5.2 修改器堆栈

在任意视图中创建一个矩形，到修改命令面板的“修改器列表”中为其添加一个“编辑样条线”修改器，此时，矩形的修改器堆栈如图 3-37 所示。

（1）塌陷修改器堆栈。修改器堆栈中的每一步都占据内存，塌陷堆栈可占用尽可能少的内存。方法是在堆栈中选择要塌陷的修改器并单击鼠标右键，选择“塌陷到”命令，可以将当前选择的修改器和在它下面的修改器或对象（这里是矩形）塌陷，如图 3-38 所示。如果选择“塌陷全部”，则可以将所有堆栈列表中的编辑修改器对象塌陷。

图 3-37　修改器堆栈

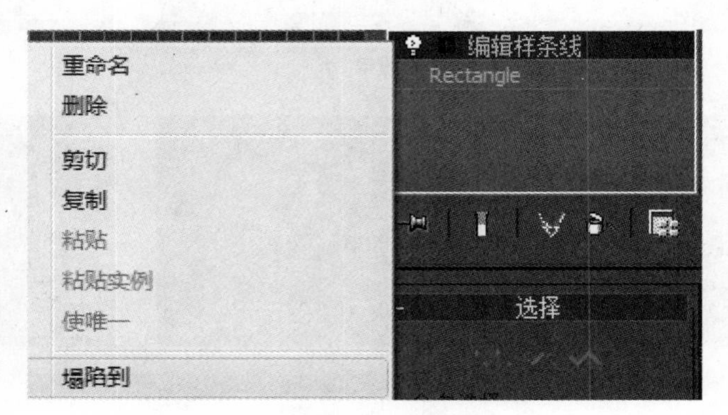

图 3-38　修改器堆栈塌陷方法

（2）控制按钮。位于列表窗口下方有 5 个控制按钮，自左向右依次为（锁定堆栈）、（显示最终结果开 / 关切换）、（使唯一）、（从堆栈中移除修改器）、（配置修改器集）。

1）锁定堆栈。将修改器堆栈列表锁定在当前的状态，再选择其他对象时，修改器堆栈也不会改变，仍显示被锁定的修改器。默认情况下，所选对象不同，修改器堆栈的内容会相应改变。

2）显示最终结果开 / 关切换。该按钮按下时，在选定的对象上显示所有修改结果；弹起时，只显示当前修改器及在它之前为对象增加的修改器的效果。

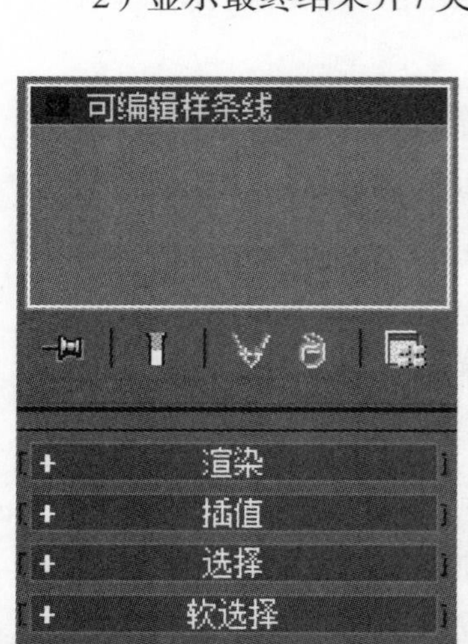

图 3-39　可编辑样条线卷展栏

3）使唯一。使共用的修改命令分离，将关联的修改各自独立，去除关联性；或使实例化对象成为唯一。

4）从堆栈中移除修改器。从堆栈中删除当前的修改器。

5）配置修改器集。改变修改器的布局。

3.5.3　可编辑样条线卷展栏

如图 3-39 所示，为可编辑样条线所有卷展栏。

（1）“渲染”、“插值”卷展栏。其参数的项目和设置与创建二维图形的完全一样。

（2）“选择”卷展栏。选择对象的级别，与在堆栈中选择效果相同。默认是父物体级别，可选“点择”、“线段”、“曲线”三个子级别。

（3）“软选择”卷展栏。单击一个顶点可同时选中多个顶点，且距离越近，选中程度越高。

（4）“几何体”卷展栏。提供各种编辑工具，当选中父物体级别或三个子级别中的一个时，其可用于编辑的项目也不尽相同。

3.5.4　顶点编辑

“顶点”层级命令的参数使用频率较高，为主要的命令参数。进入样条线“修改”命令面板，单击可编辑样条线前面的 ⊞（加号），选择“顶点”子对象层级，如图 3-40 所示。这时对于“顶点”级别的相应命令被激活，其所有卷展栏如图 3-41 所示。

图 3-40　选择“顶点”子级

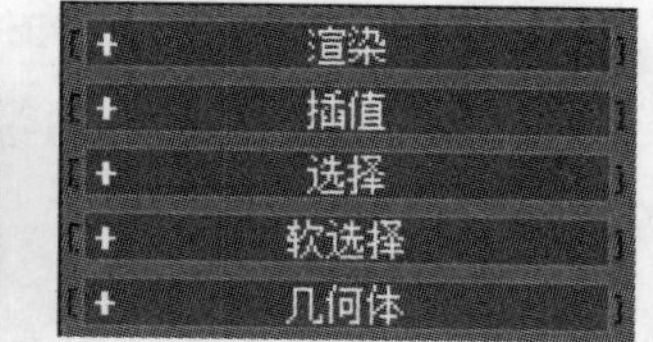

图 3-41　“顶点”卷展栏

（1）“选择”卷展栏，如图 3-42 所示。此卷展栏用于启用或禁用不同的子对象模式、使用命名选择和控制柄、显示设置以及所选实体的信息提供控件。

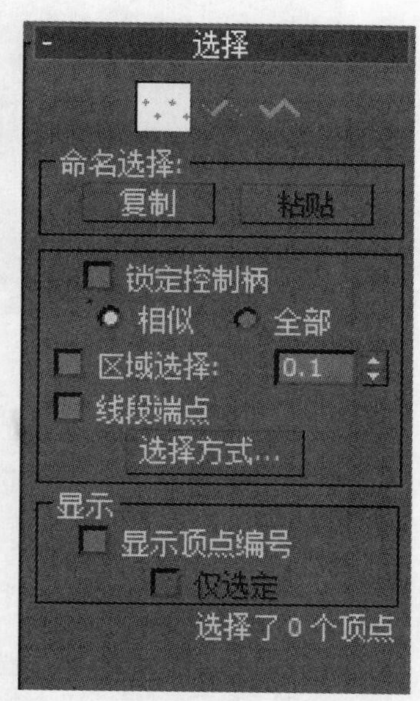

图 3-42　“选择”卷展栏

1）顶点按钮：定义点和曲线切线。线段按钮：连接顶点。样条线按钮：一个或多个相连线段的组合。

2）“命名选择”。“复制”是将“命名选择”放置到复制缓冲区；“粘贴”是从复制缓冲区中粘贴“命名选择”。

3）“锁定控制柄”。选择多个顶点，当节点处于“Bezier”或“Bezier 角点”属性时，选中该复选框，可同时调整选择的各顶点的控制柄；未选中时，只有被选的手柄受影响。“相似”：调节某节点控制柄时，各顶点的同类控制柄都将产生影响；“全部”：调节某节点控制柄时，各顶点的全部控制柄都将产生影响。

4）“区域选择”。设置顶点的选择方式为区域选择，可以在其后边的数值框中输入选择所影响的区域范围。“线段端点”：设置顶点的选择方式为线段端点选择。“选择方式…”：设置顶点的选择方式为线段或样条线方式，点击 选择方式... 按钮，会弹出如图 3-43 所示浮动窗口。

5）“显示顶点编号”。勾选此项后，样条线将显示所有顶点编号，如图 3-44 所示。“仅选定”：仅显示选定顶点编号。

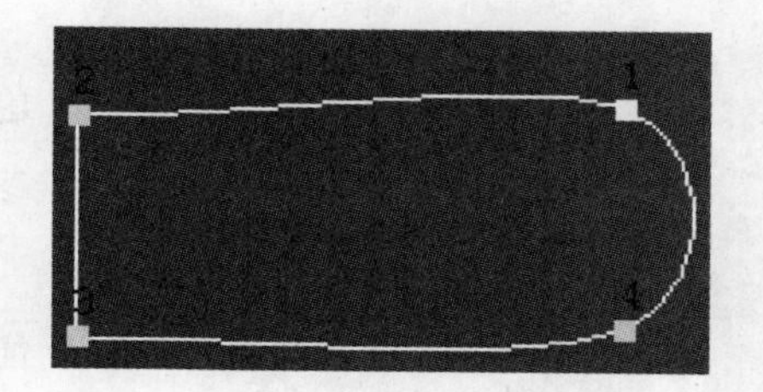

图 3-43　选择方式浮动窗　　图 3-44　勾选“显示顶点编号”效果

6）“选择”卷展栏底部是一个文本显示，提供有关当前选择的信息。

（2）“软选择”卷展栏，如图 3-45 所示。“软选择”卷展栏控件允许部分地选择显示选择邻接处中的子对象，这将会使显示选择的行为就像被磁场包围了一样。在对子对象选择进行变换时，在场中被部分选定的子对象就会平滑地进行绘制，这种效果随着距离或部分选择的“强度”而衰减。这种衰减在视图中表现为选择周围的颜色渐变，由强到弱的颜色变化为 ROYGB（红、橙、黄、绿、蓝）。红色子对象显示选择的子对象；具有最高值的软选择子对象为红橙色，它们与红色子对象有着相同的选择值，并以相同的方式对操纵作出响应；橙色子对象的选择值稍低一些，对操纵的响应不如红色和红橙顶点强烈；黄橙子对象的选择值更低，然后是黄色、绿黄等；蓝色子对象实际上是未选择，并不会对操纵作出响应。如图 3–46 所示，为软选择对象后的衰减效果。

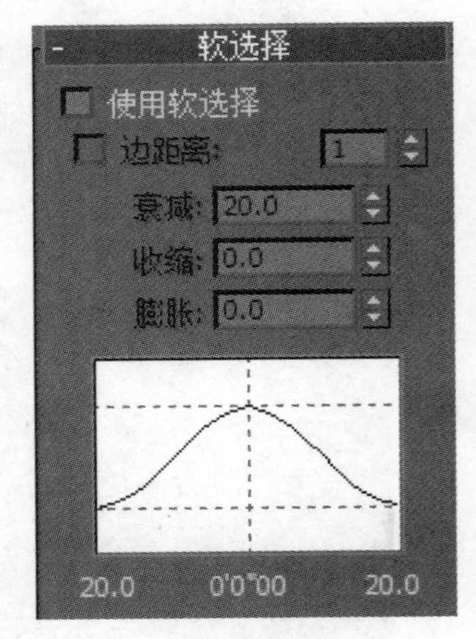

图 3–45 “软选择”卷展栏

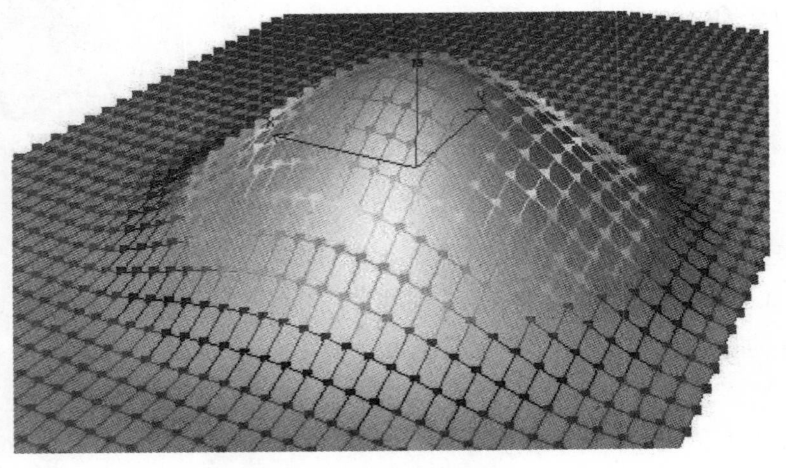
图 3–46 软选择后的颜色变化

1）“使用软选择”。激活此选项，则单击某顶点时，将同时选中某一区域内所有顶点。

2）“边距离”。启用该选项后，将软选择限制到指定的面数，该选择在进行选择的区域和软选择的最大范围之间。影响区域根据“边距离”空间沿着曲面进行测量，而不是真实空间。

3）“衰减”。定义影响区域的距离，从中心到球体边的距离，使用较高的衰减可获得更平缓的倾斜，默认为 20。

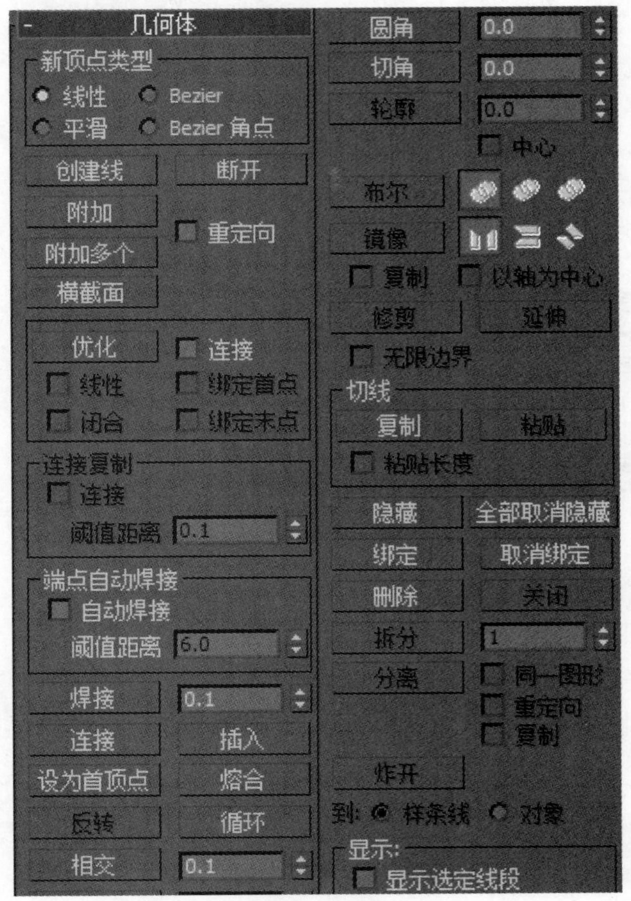

图 3–47 顶点“几何体”卷展栏

4）“收缩”。设置选择曲线的锐化程度，沿着垂直轴升高或降低曲线的最高点。当该值为负，就会产生一个坑而不是一个点；当设置成 0 时，收缩就会在该轴上产生平滑的变换，默认值为 0。

5）“膨胀”。沿着垂直轴展开和收缩曲线。

6）软选择曲线。在“软选择”卷展栏下方白色区域内的曲线，以图形的方式显示“软选择”各参数设置后的操作效果。

（3）“几何体”卷展栏，如图 3–47 所示。“几何体”卷展栏提供了编辑样条线对象和子对象的功能。在“样条线”对象层级（没有子对象层级处于活动状态）可用的功能也可以在所有子对象层级使用，并且在每个层级的作用方式完全相同。如果哪个子对象层级处于活动状态，还可以使用其他功能，同时应用于其他子对象层级的功能不可用。

1）“新顶点类型”。在此项目组中列出了四种顶点类型，即线性（角点）、Bezier（贝塞尔）、平滑、Bezier 角点（贝塞尔角点）。“线性”：顶点两侧的线显示为折线，使节点两端的线段呈现任何一种角度并且没有控制手柄；“Bezier”：两条手柄成一直线并与节点相切，移动一个手柄影响两个手柄，可改变线段方向和曲率；按住 Shift 键移动手柄，只影响选取的手柄端的线段；“平滑”：顶点两侧的线自动变为光滑曲线，但仍和节点保持相切状态并且没有控制手柄；“Bezier 角点”：两条手柄不成一条直线，可单独拖动一个手柄改变线段方向和曲率。

2）“创建线”。可创建独立的曲线或连接所建立的线条端点，使其成为原图形的一部分，所创建的曲线是所选择对象的一部分。

3）“断开”。在选定的一个或多个顶点拆分样条线。选择一个或多个，然后单击 断开 （断开）按钮，以拆分样条线。

4）“附加”、“附加多个”。主要用于将场景中的另一个样条线附加到所选样条线。“附加”：单击要附加到当前选定的样条线对象的对象，要附加的对象也必须是样条线，被附加的对象成为原对象的子对象；“附加多个”：单击此按钮弹出“附加多个”对话框，该框包含场景中的所有其他形状的列表，选择要附加到当前可编辑样条线的形状，然后单击“附加”按钮；若选中“附加多个”按钮右侧的“重定向”复选框，在执行合并操作时，系统会自动调整曲线的方向和位置，使合并曲线的坐标轴与原可编辑样条线的坐标轴对齐。

5）“横截面”。在横截面形状外面创建样条线框架。单击“横截面”按钮，选择一个形状，然后选择第二个形状，将创建连接这两个形状的样条线，继续单击形状，将其添加到框架。

6）“优化”。在曲线的任意位置插入顶点，且不改变曲线形状。其操作是选取 优化 （优化）按钮，在曲线上单击即可增加节点。（注意：新增节点的属性由线段两端的节点属性决定。）“连接”：启用时，通过连接新顶点创建一个新的样条线子对象。使用“优化”添加顶点完成后，“连接”会为每个新顶点创建一个单独的副本，然后将所有的副本与一个新样条线相连。（注意：要使“连接”起作用，必须在单击“优化”之前启用“连接”。）

在启用“连接”之后，开始“优化”操作之前，可以启用以下选项的任何组合。

①“线性”。启用后，通过使用“角点”顶点使新样条直线中的所有线段成为线性；禁用“线性”时，用于创建新样条线的顶点是“平滑”类型的顶点。

②“绑定首点”。将导致优化操作中创建的第一个顶点绑定到所选线段的中心。

③“闭合”。启用后，连接新样条线中的第一个和最后一个顶点，创建一个闭合样条线；如果禁用“闭合”选项，“连接”将始终创建一个开口样条线。

④“绑定末点”。将导致优化操作中创建的最后一个顶点绑定到所选线段的中心。

7）“端点自动焊接”选项组。“自动焊接”：启用后，会自动焊接在与同一样条线的另一个端点的阈值距离内放置和移动的端点顶点。“阈值”：阈值距离微调器是一个近似设置，用于控制在自动焊接顶点之前，顶点可以与另一个顶点接近的程度，默认设置为 6.0。

8）“焊接”。将同一样条线中的两个相邻顶点转化为一个顶点。方法是移近两个要焊接的顶点，然后单击 焊接 （焊接）按钮，如果这两个顶点在由“焊接阈值”微调器设置的单位距离内，将转化为一个顶点。也可以焊接选择的一组顶点，只要每个顶点都在阈值范围内。

9）“连接”。连接两个端点顶点以生成一个线性线段，而无论端点顶点的切线值是多少。单击“连接”按钮，将鼠标光标移过某个端点顶点，直到光标变成一个十字形，然后从一个端点顶点拖动到另一个端点顶点。

10）“插入”。插入一个或多个顶点，以创建其他线段。单击线段中的任意某处可以插入顶点并将鼠标附加到样条线，然后可以选择性地移动鼠标，并单击以放置新顶点；继续移动鼠标，然后单击，以添加新顶点。单击一次可以插入一个角点顶点，而拖动则可以创建一个 Bezier 顶点。

11）“设为首顶点”。指定所选形状中的哪个顶点是第一个顶点。样条线的第一个顶点指定为四周带有小框的顶点。选择您要更改的当前已编辑的形状中每个样条线上的顶点，然后单击“设为首顶点”按钮。在开口样条线中，第一个顶点必须是还没有成为第一个顶点的端点；在闭合样条线中，它可以是还没有成为第一个顶点的任何点。

12）“熔合”。将所有选定顶点移至它们的平均中心位置。（注意：“熔合”不会连接顶点，它只是将它们移至同一位置。）

13）“循环”。选择连续的重叠顶点。选择两个或更多在 3D 空间中处于同一位置的顶点中的一个，然后重复单击，直到选中了您想要的顶点。（注意：观察“选择”卷展栏底部显示的信息，可以查看选择了哪个顶点。）

14）“相交”。在属于同一个样条线对象的两个样条线的相交处添加顶点。单击“相交”按钮，然后单击两个样条线之间的相交点。如果样条线之间的距离在由“相交阈值”微调器（在按钮的右侧）设置的距离内，单击的顶点将添加到两个样条线上。（注意：“相交”不会连接两个样条线，而只是在它们的相交处添加顶点。）

15）“圆角”。允许在线段会合的地方设置圆角，添加新的控制点。可以交互地（通过拖动顶点）应用此效果，也可以通过使用数字（使用“圆角”微调器）来应用此效果。单击“圆角”按钮，然后在活动对象中拖动顶点，拖动时，“圆角”微调器将相应地更新，以指示当前的圆角量。如图 3-48 所示，顶点编号 5、6 形成的为圆角效果。

16）“切角”。允许使用“切角”功能设置形状角部的倒角。可以交互式地（通过拖动顶点）或者在数字上（通过使用“切角”微调器）应用此效果。单击“切角”按钮，然后在活动对象中拖动顶点，“切角”微调器更新显示拖动的切角量。如果拖动一个或多个所选顶点，所有选定顶点将以同样的方式设置切角；如果拖动某个未选定的顶点，则首先取消选择任何已选定的顶点。“切角”操作会“切除”所选顶点，创建一个新线段，此线段将指向原始顶点的两条线段上的新点连接在一起。这些新点沿两条线段上的离原始顶点的距离都是准确的“切角量”距离。同时，新切角线段是使用某个邻近线段（随机拾取）的材质 ID 创建的。如图 3-48 所示，顶点编号 3、4 形成的为切角效果。

17）“切线”选项组。使用此组中的工具可以将一个顶点的控制柄复制并粘贴到另一个顶点。“复制”：启用此按钮，然后选择一个控制柄，将把所选控制柄切线复制到缓冲区。“粘贴”：启用此按钮，然后单击一个控制柄，将把控制柄切线粘贴到所选顶点。“粘贴长度”：启用此按钮后，还会复制控制柄长度。如果禁用此按钮，则只考虑控制柄角度，而不改变控制柄长度。

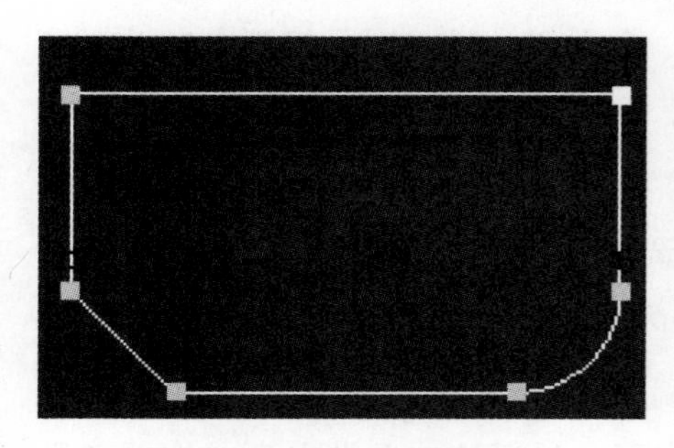

图 3-48　圆角与切角效果

18）“隐藏”。隐藏所选顶点和任何相连的线段。选择一个或多个顶点，然后单击“隐藏”按钮即可。

19）“全部取消隐藏”。显示任意隐藏的子对象。

20）“绑定”。可以创建绑定顶点。单击“绑定”按钮，然后从当前选择中的任何端点顶点拖动到当前选择中的任何线段（但与该顶点相连的线段除外）。拖动之前，当光标在合格的顶点上时，会变成一个十字形光标。在拖动过程中，会出现一条连接顶点和当前鼠标位置的虚线，当鼠标光标经过合格的线段时，会变成一个“连接”符号。在合格线段上释放鼠标按钮时，顶点会跳至该线段的中心，并绑定到该中心。

21）“取消绑定”。可以断开绑定顶点与所附加线段的连接。选择一个或多个绑定顶点，然后单击“取消绑定”按钮。

22）“删除”。删除所选的一个或多个顶点，以及与每个要删除的顶点相连的那条线段。

23）“显示选定线段”。启用后，“顶点”子对象层级的任何所选线段将高亮显示为红色。禁用（默认设置）后，仅高亮显示“线段”子对象层级的所选线段。（相互比较复杂曲线时，此功能较为有用。）

3.5.5 线段编辑

线段是样条线曲线的一部分，在两个顶点之间。在“线段”层级，可以选择一条或多条线段，并使用相应的命令进行编辑。由于“线段”层级的“渲染”、“插值”卷展栏的参数项目和设置与创建二维图形的完全一样，在此将不再赘述。而“选择”、“软选择”卷展栏的参数项目和设置与“顶点”层级的大同小异，在此也不再讲述。在此主要讲解线段“几何体”卷展栏重要的参数设置以及“曲面属性”卷展栏。如图3–49所示，为线段“几何体”卷展栏；如图3–50所示，为线段“曲面属性”卷展栏。

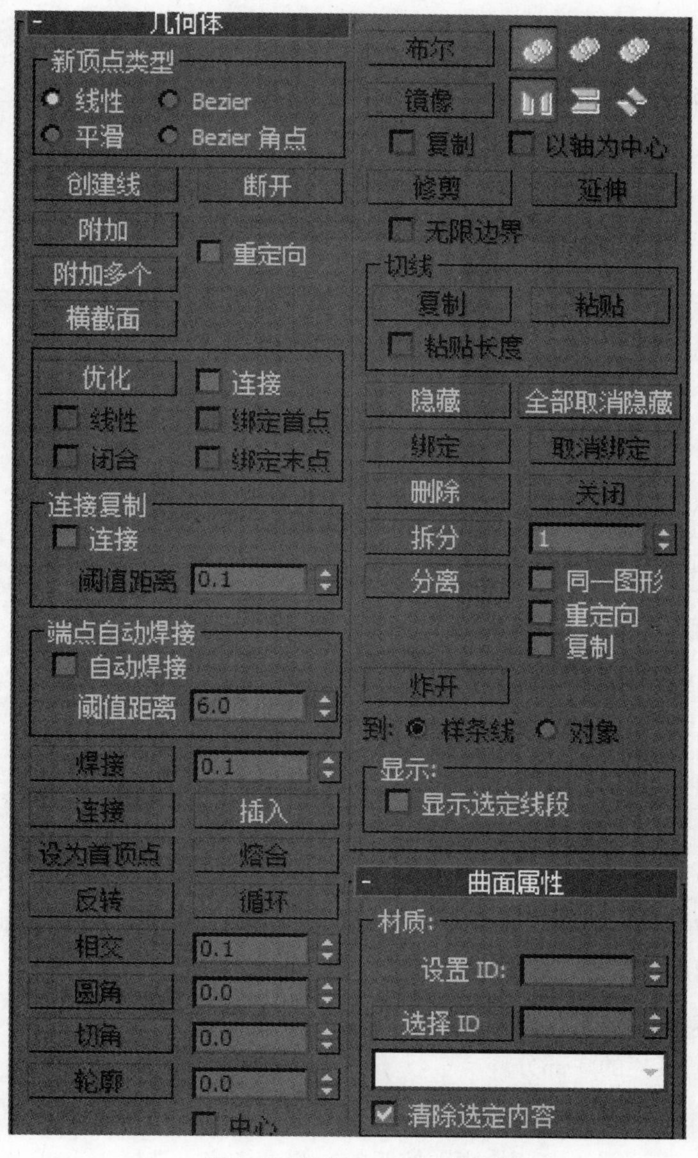

图3–49 线段“几何体”卷展栏

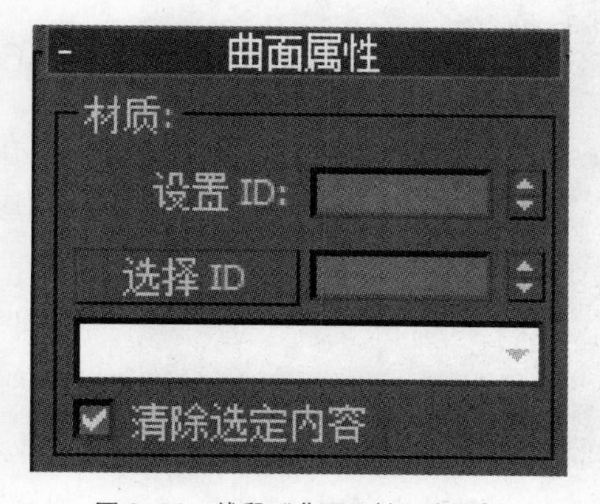

图3–50 线段“曲面属性”卷展栏

（1）“几何体”卷展栏。

1）“重定向”。重定向附加的样条线，使它的创建局部坐标系与所选样条线的创建局部坐标系对齐。

2）“拆分”。通过添加由微调器指定的顶点数来细分所选线段。选择一个或多个线段，设置“拆分”微调器（在按钮的右侧），然后单击“拆分”按钮。每个所选线段将被“拆分”微调器中指定的顶点数拆分。顶点之间的距离取决于线段的相对曲率，曲率越高的区域得到越多的顶点。

3）“分离”。选择不同样条线中的几个线段，然后拆分（或复制）它们，以构成一个新图形。“同一图形”：启用后，将禁用“重定向”，并且“分离”操作将使分离的线段保留为形状的一部分（而不是生成一个新形状），如果还启用了“复制”，则可以结束在同一位置进行的线段的分离副本；“重定向”：分离的线段复制原对象的创建局部坐标系的位置和方向，此时，将会移动和旋转新的分离对象，以便对局部坐标系进行定位，并使其与当前活动栅格的原点对齐；“复制”：复制分离线段，而不是移动它。

（2）“曲面属性”卷展栏。

1）“设置 ID”。将特殊材质 ID 编号指定个给所选线段，用于多维 / 子对象材质和其他应用程序。在右侧微调器中可以用键盘输入数字，可用的 ID 总数是 65535。

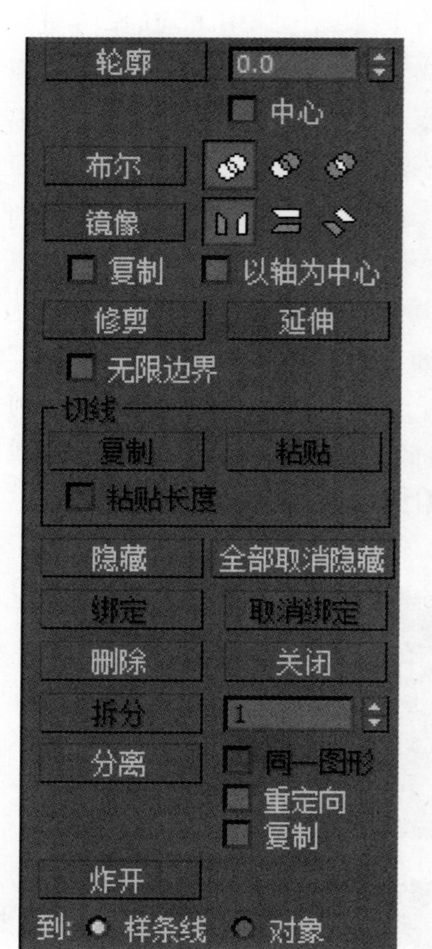

图 3–51　样条线“几何体”卷展栏一部分

2）“选择 ID”。根据相邻 ID 字段中指定的材质 ID 来选择线段或样条线。键入或使用该微调器指定 ID，然后单击“选择 ID”按钮即可。

3）“按名称选择”。如果向对象指定了多维 / 子对象材质，此下拉列表将显示子材质的名称。单击下拉箭头，然后从列表中选择材质。将选定指定了该材质的线段或样条线。如果没有为某个形状指定多维 / 子对象材质，名称列表将不可用。同样，如果选择了多个应用了“编辑样条线”修改器的形状，名称列表也被禁用。

4）“清除选择”。启用后，选择新 ID 或材质名称将强制取消选择任何以前已经选定的线段或样条线。禁用后，将累积选定内容，因此新选择的 ID 或材质名称将添加到以前选定的线段或样条线集合中。默认设置为启用状态。

3.5.6　样条线编辑

在“样条线”层级面板中，可以选择一条样条线或多个样条线用相应的命令进行编辑。在此对“渲染”、“插值”、“选择”、“软选择”、“曲面属性”卷展栏的参数项目和设置将不再赘述，只对“几何体”卷展栏中的独有参数进行讲解。如图 3–51 所示，为样条线“几何体”卷展栏的一部分。

（1）“轮廓”。制作样条线的副本，所有侧边上的距离偏移量由“轮廓宽度”微调器（在“轮廓”按钮的右侧）指定。选择一个或多个样条线，然后使用微调器动态地调整轮廓位置，或单击“轮廓”然后拖动样条线。如果样条线是开口的，生成的样条线及其轮廓将生成一个闭合的样条线。“中心”：如果禁用（默认设置），原始样条线将保持静止，而仅仅一侧的轮廓偏移到“轮廓宽度”指定的距离。如果启用了“中心”，原始样条线和轮廓将从一个不可见的中心线向外移动，距离由“轮廓宽度”指定。（注意：通常使用微调器，必须在使用“轮廓”之前选择样条线。但是，如果样条线对象仅包含一个样条线，则描绘轮廓的过程会自动选择它。）

（2）“布尔”。通过执行更改选择的第一个样条线并删除第二个样条线的 2D 布尔操作，将两个闭合多边形组合在一起。选择第一个样条线，单击“布尔”按钮和需要的操作，然后选择第二个样条线。（注意：2D 布尔只能在同一平面中的 2D 样条线上使用。）

1）“并集”。将两个重叠样条线组合成一个样条线，在该样条线中，重叠的部分被删除，保留两个样条线不重叠的部分，构成一个样条线。

2）“差集”。从第一个样条线中减去与第二个样条线重叠的部分，并删除第二个样条线中剩余的部分。

3）“相交”。仅保留两个样条线的重叠部分，删除两者的不重叠部分。

（3）“镜像”。沿长、宽或对角方向镜像样条线。首先单击以激活要镜像的方向，然后单击“镜像”即可。

1）“复制”。勾选后，在镜像样条线时复制（而不是移动）样条线。

2）“以轴为中心”。启用后，以样条线对象的轴点为中心镜像样条线；禁用后，以它的几何体中心为中心镜像样条线。

（4）“修剪”。使用“修剪”可以清理形状中的重叠部分，使端点接合在一个点上。要执行修剪，需要将样条线相交。单击要移除的样条线部分，将在两个方向以及长度方向搜索样条线，直到找到相交样条线，并一直删除到相交位置。如果截面在两个点相交，将删除直到两个相交位置的整个截面；如果截面在一端开口并在另一端相交，将删除直到相交位置和开口端的整个截面；如果截面未相交，或者如果样条线是闭合的并且只找到了一个相交点，则不会发生任何操作。

（5）“延伸”。使用“延伸”可以清理形状中的开口部分，使端点接合在一个点上。要进行扩展，您需要开口样条线。样条线在最接近所拾取的点的一端进行扩展，直到到达相交样条线。如果没有相交样条线，则不进行任何处理；弯曲样条线以与样条线端点相切的方向进行扩展；如果样条线的端点正好在边界（相交样条线）上，则会寻找更远的相交点。“无限边界”：为了计算相交，启用此选项将开口样条线视为无穷长。例如，此选项可允许相对于实际并不相交的另一条直线的扩展长度来修剪一个线性样条线。

（6）“关闭”。通过将所选样条线的端点顶点与新线段相连，来闭合该样条线。

（7）“炸开”。通过该命令可以将所选样条线分离成样条线或可编辑样条线对象。

3.6 实例1——铁艺窗框

3.6.1 创建矩形

进入 3ds Max 的操作界面，在命令面板选择（创建）→（图形）→“样条线”→ 矩形 ，在

“顶”视图使用“键盘输入”的方法创建两个矩形，其参数如图 3–52、图 3–53 所示，效果如图 3–54 所示。

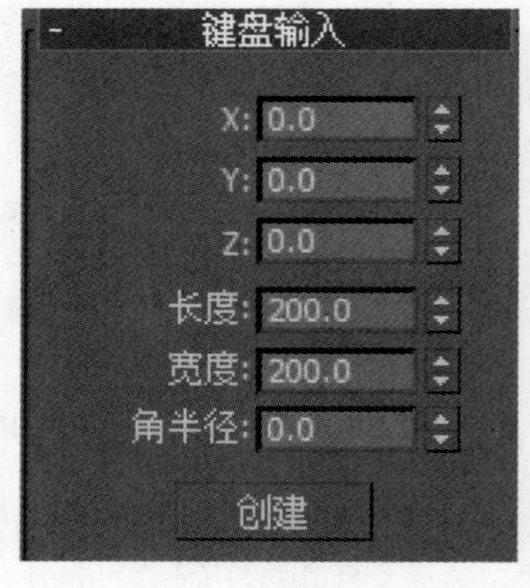

图 3–52　大矩形参数设置

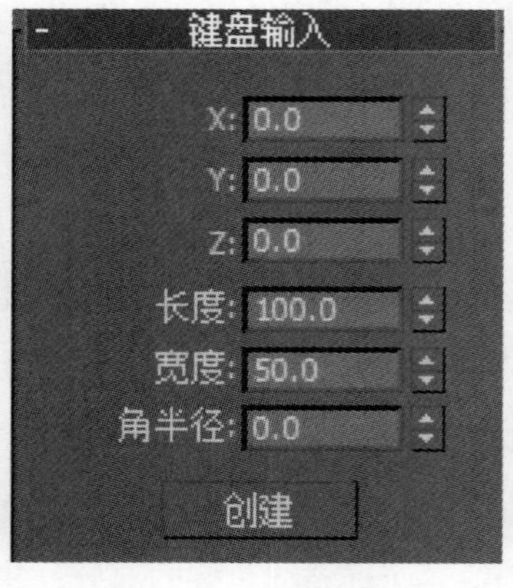

图 3–53　小矩形参数设置

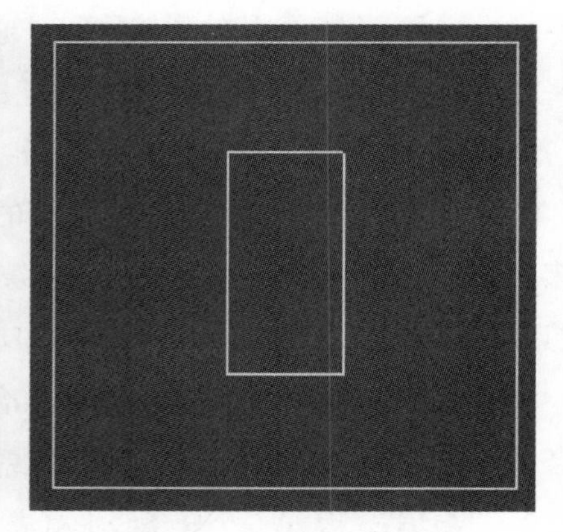

图 3–54　两个矩形效果

3.6.2　附加矩形

将一个矩形转换为可编辑样条线并将另一个矩形附加在一起，此时两个矩形的颜色变成相同了，效果如图 3–55 所示。

3.6.3　复制线段

进入“线段”层级，选择大矩形的竖直边复制两条，水平边复制三条；选择小矩形的竖直边复制一条；同时，将复制的线段移动到合适的位置，如图 3–56 所示。

图 3–55　附件矩形效果

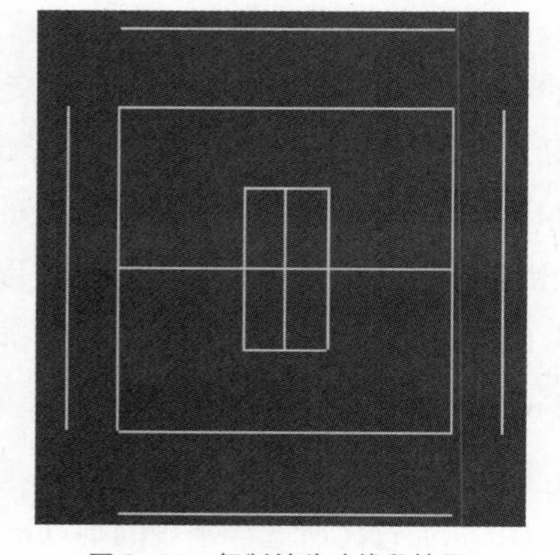

图 3–56　复制并移动线段效果

3.6.4　创建圆形

为了精确定位小矩形四个顶点所绘圆的位置，需要使用（二维捕捉）工具，并设置其捕捉对象为“顶点”，方法是在（二维捕捉）按钮上单击鼠标右键，弹出“栅格和捕捉设置”对话框，如图 3–57 所示，只选中“顶点”类型；而在小矩形中心所绘圆的位置，可以使用创建圆的“键盘输入”卷展栏。以小矩形的四个顶点和中心点为圆心绘制五个圆形，其半径均为 10，效果如图 3–58 所示。

3.6.5 圆形修改

点击视图中的可编辑样条线，在其“几何体”卷展栏中点击 附加多个 按钮，弹出“附加多个”对话框，选择所有圆形，单击“附加”，将所有圆形附加到可编辑样条线上，效果如图 3-59 所示。进入可编辑样条线的“顶点”层级，选择所有圆的顶点，将所有顶点转为“角点”类型，转换后的样条线效果如图 3-60 所示。

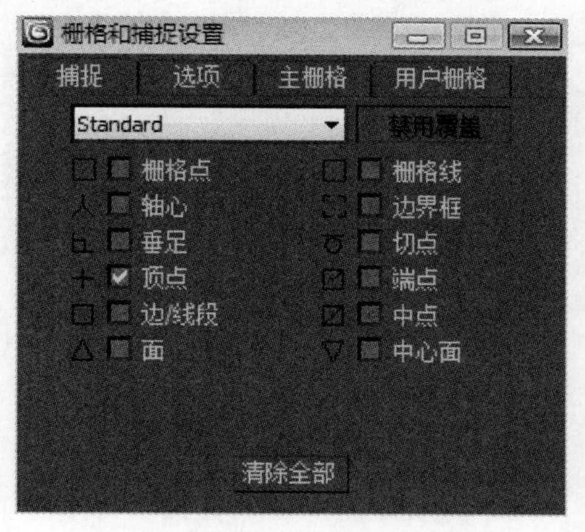

图 3-57 “栅格和捕捉设置”对话框

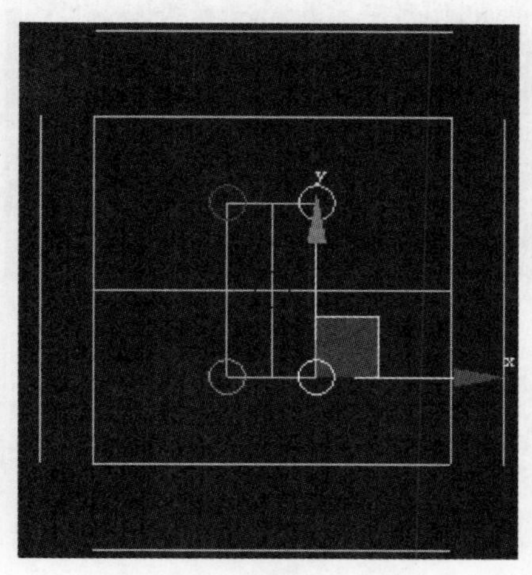

图 3-58 创建圆形后效果

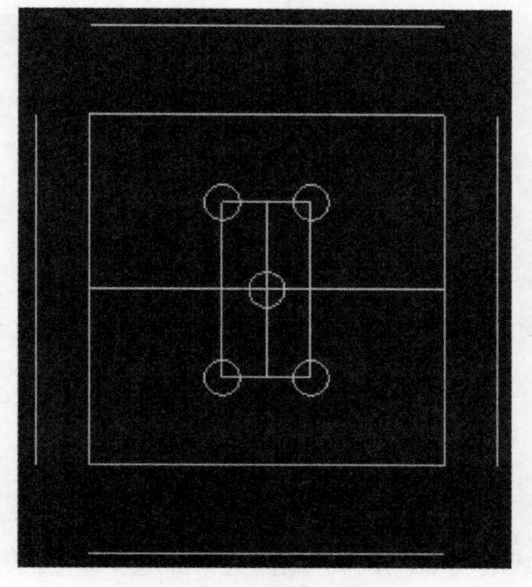

图 3-59 附加圆后的效果

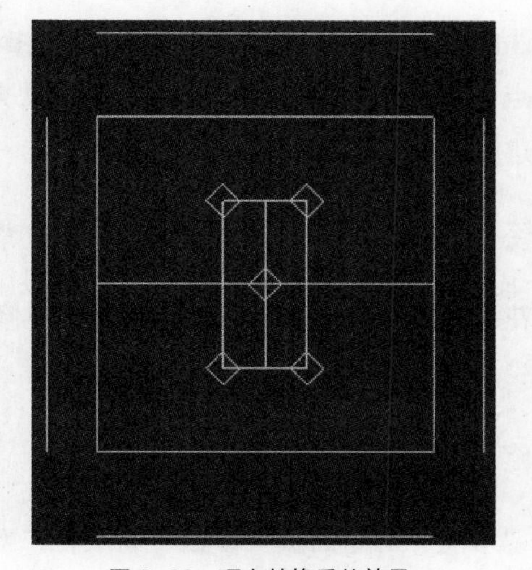

图 3-60 顶点转换后的效果

3.6.6 修改样条线

进入“样条线”层级，使用“修剪”和“延伸”工具，修剪多余线条，延伸部分线条，效果如图 3-61 所示。

3.6.7 设置“渲染”卷展栏

在“可编辑样条线”层级，打开“渲染”卷展栏，勾选“在渲染中启用”，修改“厚度”为 3，渲染效果如图 3-62 所示。

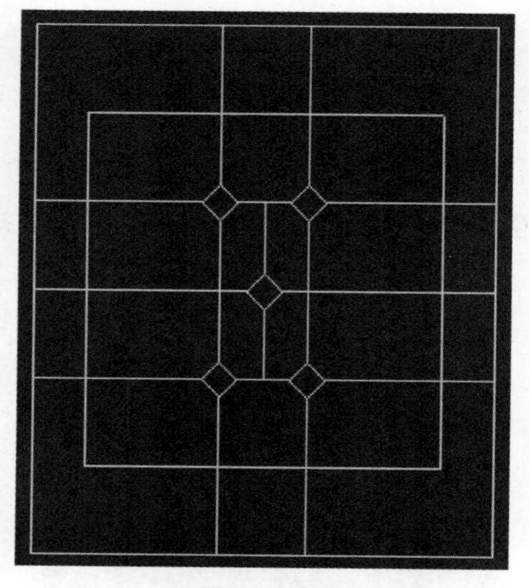

图 3-61　修改后的样条线效果

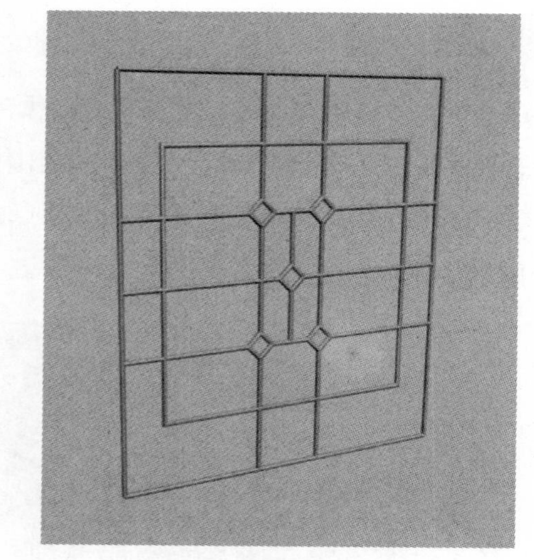

图 3-62　最终渲染效果

3.7　实例 2——花瓶

3.7.1　创建花瓶截面线

进入 3ds Max 的操作界面，在命令面板选择（创建）→（图形）→“样条线”→ 线 ，设置创建时顶点的“初始类型”为“平滑”，“拖动类型”为“角点”，通过单击创建顶点的方法，在“前”视图中创建如图 3-63 所示的闭合曲线。

3.7.2　添加“车削”修改器

选中花瓶截面线，单击“修改”面板的“修改器列表”下拉框，从打开的下拉列表中选择“车削”项，为曲线添加“车削”修改器。

3.7.3　修改“车削”参数

单击“车削”命令面板“参数”卷展栏“对齐”区域的“最小”按钮，然后选中“焊接内核”复选框完成“车削”参数修改，渲染透视图，得到如图 3-64 所示的花瓶效果。

3.7.4　赋予玻璃材质

（1）参照第 1 章的“弹跳的小球”实例，创建一盏目标聚光灯并调整到合适位置，将阴影启用，并调整阴影颜色为 240 左右。为玻璃花瓶创建一个地面，应用（对齐）工具，将花瓶底部与地面对齐。应用 V-Ray 渲染器，并将“材质编辑器”的材质类型设定为“VRayMtl”。

（2）在“VRayMtl”类型的“材质编辑器”对话框中，选定一个没有使用的材质球，设置反射为 240 左右，勾选“菲涅耳反射”；设置折射为 255 ；设定“烟雾颜色”的数值（红：235，绿：249，蓝：248），将调节好的材质赋予花瓶，得到如图 3-65 所示效果。

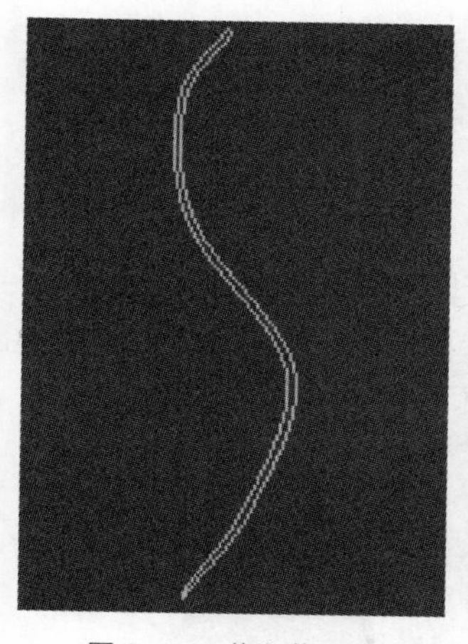
图 3-63　花瓶截面线

图 3-64　花瓶渲染效果

图 3-65　玻璃花瓶效果

3.8　实例 3——垃圾桶

3.8.1　创建圆

进入 3ds Max 的操作界面，在命令面板选择（创建）→（图形）→“样条线”→ 圆 ，在“顶”视图绘制半径为 35、厚度为 2.5 的圆，勾选“在视口中启用”和“在渲染中启用”。

3.8.2　创建曲线

在“前”视图绘制曲线，厚度为 1，勾选“在视口中启用”和“在渲染中启用”，如图 3-66 所示。

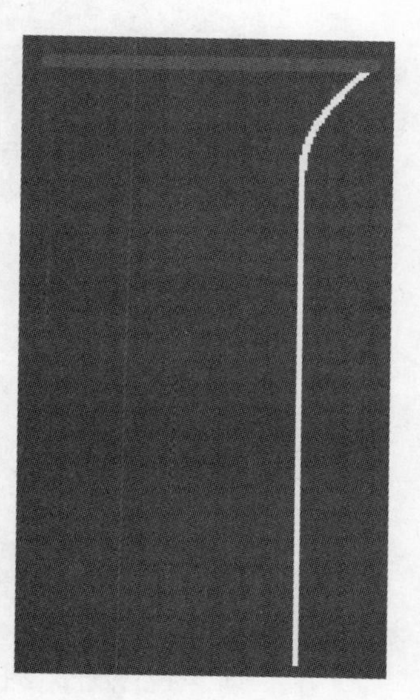
图 3-66　圆与曲线效果

3.8.3　更改曲线轴心

在“前”视图确定曲线被选中，在命令面板上选择（层次），在“调整轴”卷展栏中单击“仅影响轴”按钮，单击工具栏上的（对齐）按钮，到“前”视图中单击圆，将弹出“对齐当前选择”对话框，“对齐位置”选 X、“当前对象”选“轴点”、“目标对象”选“中心”，点击“确定”按钮，再次单击“仅影响轴”按钮完成设置。

3.8.4　阵列曲线

在“前”视图确定曲线被选中，在菜单栏上单击“工具”菜单，在下拉列表中选择“阵列”，将弹出“阵列”对话框，设置如图 3-67 所示，单击“确定”按钮，阵列效果如图 3-68 所示。（注意：这里可以单击“预览”按钮进行查看，如果不合适可以重新设置，不用退出对话框。）

3.8.5　创建管状体

在命令面板选择（创建）→（几何体）→“标准基本体”→ 管状体 ，在“顶”视图绘制半径

1 为 19.2、半径 2 为 18.2、高度为 100 的管状体，应用“对齐”工具，将其调整到如图 3–69 所示效果。（注意：管状体的半径 1、半径 2 和高度的值取决于阵列曲线，这里是将管状体贴合到阵列曲线的内侧。）

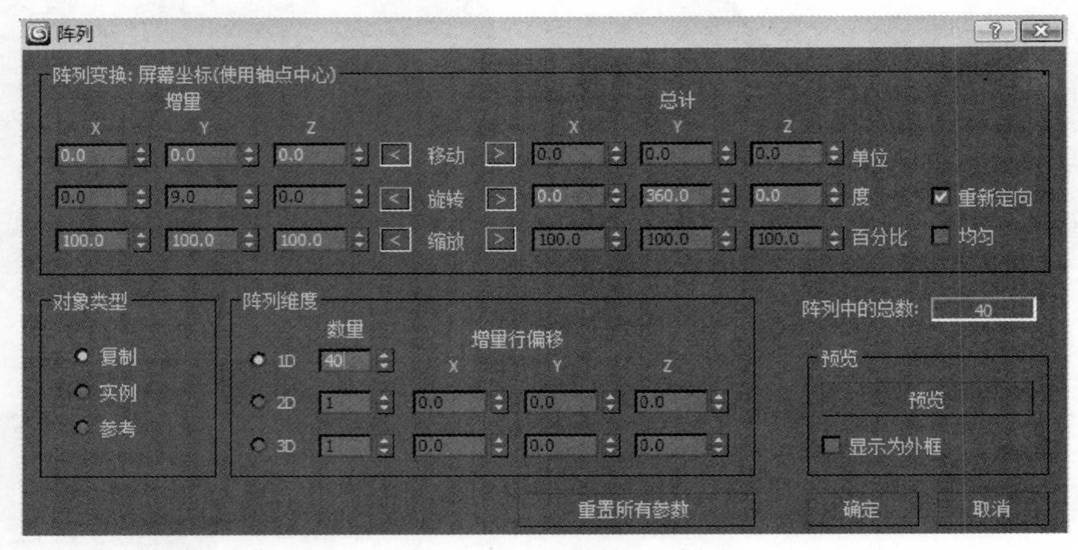

图 3–67　阵列设置

3.8.6　创建圆柱体

在“顶”视图绘制一个圆柱体作为底座，其半径为 30、高度为 2，应用“对齐”工具，将其调整到如图 3–70 所示效果。

3.8.7　创建圆

在“顶”视图绘制圆，其半径为 20.2、厚度为 1，勾选“在视口中启用”和“在渲染中启用”，进行复制并调整到合适位置，如图 3–71 所示。

图 3–68　阵列后效果　　图 3–69　创建管状体后效果　　图 3–70　创建圆柱体后效果　　图 3–71　垃圾桶最终效果

3.9 实例4——齿轮

3.9.1 创建星形

在命令面板选择（创建）→（图形）→“样条线”→ 星形 ，在“顶”视图中创建一个星形，并在创建面板下的“参数”卷展栏中设置星形的参数，参数设置如图3-72所示，效果如图3-73所示。

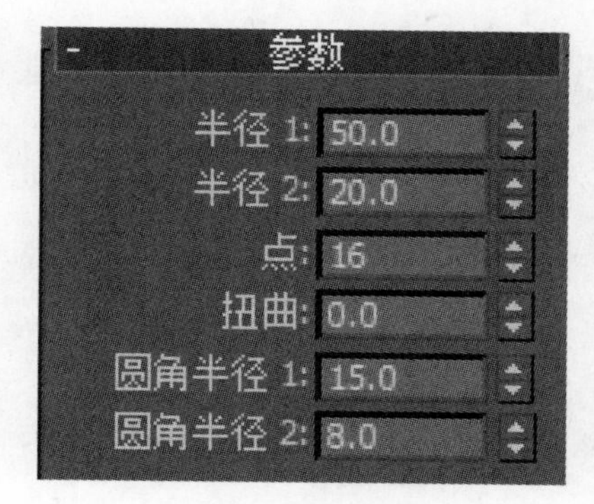

图3-72 参数设置

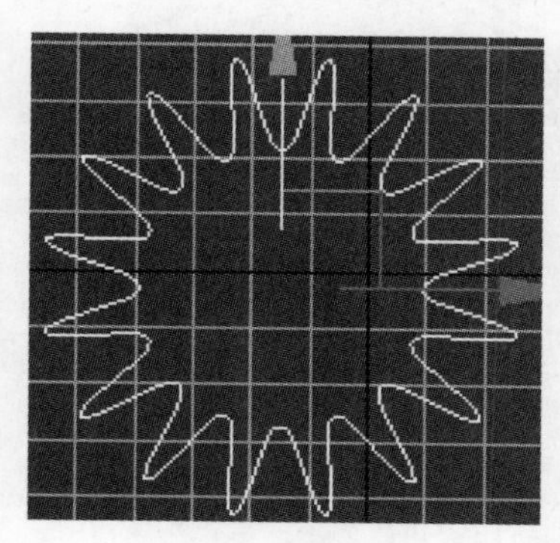

图3-73 星形效果

3.9.2 添加“倒角”修改器

选中星形，单击“修改”面板的“修改器列表”下拉框，从打开的下拉列表中选择“倒角”项，为曲线添加“倒角”修改器，并在“倒角值”卷展栏中进行设置，如图3-74所示，渲染效果如图3-75所示。

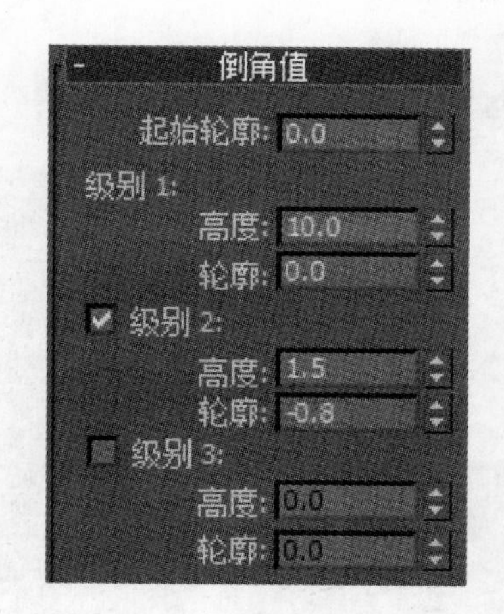

图3-74 “倒角值”卷展栏设置

图3-75 齿轮效果

第4章

Chapter4

高级建模

4.1　复合建模

4.1.1　布尔

下面通过一个实例来讲解布尔运算。

（1）打开配套光盘下第 4 章模型中的“04–01.max”文件，如图 4–1 所示。

（2）选择一个运算对象花瓶 A，单击（创建）图标，进入创建命令面板，在（几何体）面板中，在下拉列表中选择“复合对象”选项，会在下面出现布尔运算各种设置面板。

（3）“拾取布尔”面板形态如图 4–2 所示。点击“拾取操作对象 B”按钮，在视图中拾取另一对象，就可以生成三维布尔运算对象。

（4）“参数”面板形态如图 4–3 所示，在对应的操作选项区域内选择不同的选项，可得到不同效果。

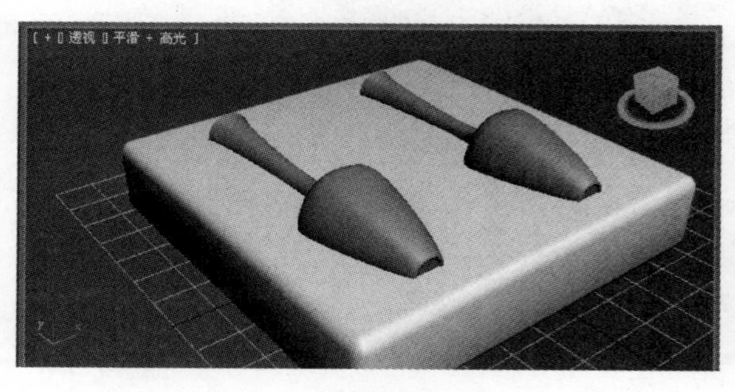

图 4–1　原始文件模型

图 4–2　拾取布尔面板

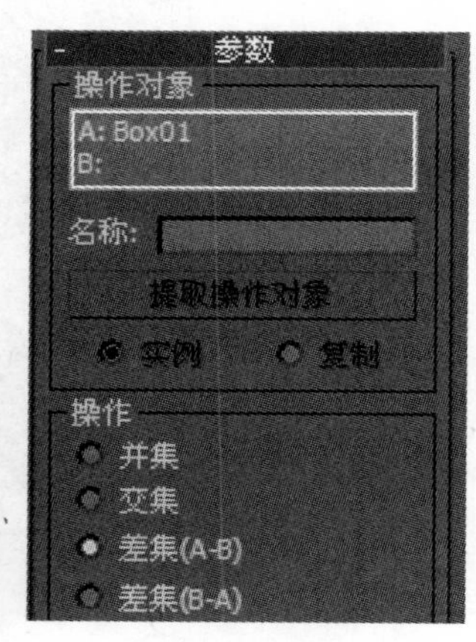

图 4–3　参数面板

1）“并集”。结合两个物体，减去相互重叠的部分。在“操作”区域内选择“并集”选项，点击拾取操作对象 B（拾取操作对象 B）按钮选择花瓶 B，右键结束布尔命令；再次点击布尔按钮，选择并集，再次点击“拾取操作对象 B”按钮，点击底托部分，操作结束后的效果如图 4–4 所示，此时所有的物体颜色变为一样，说明这些物体“布尔”成一个物体了。

2）“交集”。保留两个物体重叠的部分，不相交的部分删除。重新打开 04–01.max 文件，先选择一个运算对象花瓶 A，然后进入“复合对象”的“布尔”命令，在“操作”区域内选择“并集”选项，点击 拾取操作对象 B （拾取操作对象 B）按钮，点选花瓶 B，右键结束布尔操作；再次点击布尔按钮，选择“交集”选项，点击 拾取操作对象 B （拾取操作对象 B）按钮，鼠标点击底托部分，操作结束后的效果如图 4–5 所示。

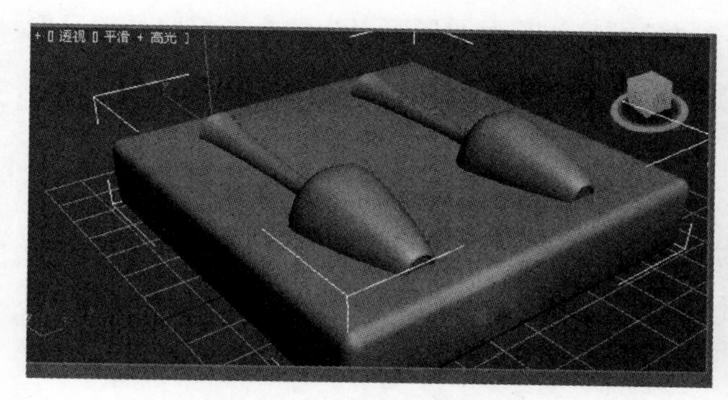

图 4–4 布尔并集运算效果

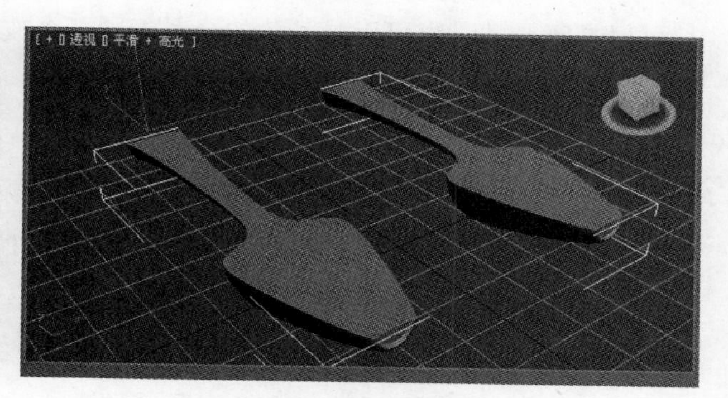

图 4–5 布尔交集运算效果

3）“差集 A–B”。用第一个选择的对象减去与第二个对象重叠的部分，剩余第一个对象的其他部分。重新打开“04–01.max”文件，先选择一个运算对象花瓶 A，在“操作”区域内选择“并集”，点击“拾取操作对象 B”按钮，点选花瓶 B，结束“布尔”操作；再次进入“布尔”命令，选择“差集 A–B”选项，选择花瓶物体后点击“拾取操作对象 B”按钮，点选底托部分，操作结束后的效果如图 4–6 所示。

4）“差集 B–A”。用第二个对象减去与第一个被选择对象相重叠的部分，剩余第二个对象的其他部分。重新打开“04–01.max”格式文件，先选择一个运算对象花瓶 A，进入“布尔”命令，选择“并集”，点击“拾取操作对象 B”按钮，点选花瓶 B，结束“布尔”操作；再次进入“布尔”命令，选择“差集 B–A”选项，点击“拾取操作对象 B”按钮，点击底托部分，操作结束后的效果如图 4–7 所示。

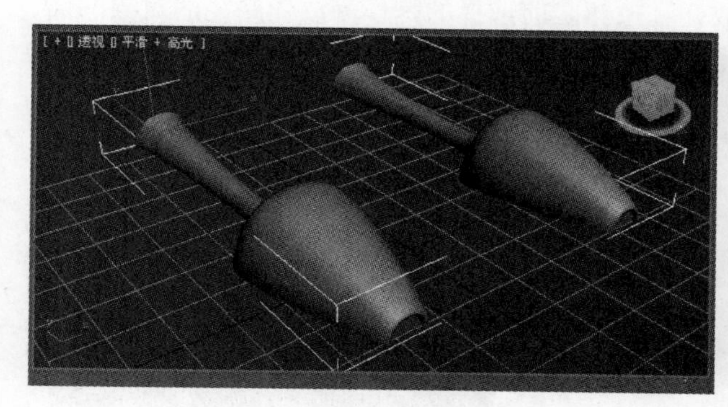

图 4–6 布尔差集 A–B 运算效果

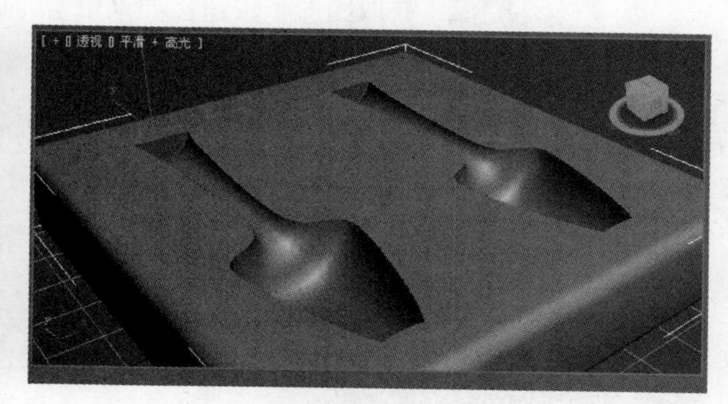

图 4–7 布尔差集 B–A 运算效果

4.1.2 放样

在制作形态各异的现代雕塑、支撑柱等外形复杂的物体造型时，很难通过对基本进行组合或修改而生成，这就用到了“放样”命令，利用该命令可以较为容易的完成这些复杂的造型建模。

在使用“放样”命令时，放样物体中的截面和路径可以是直线，也可以是曲线，可以使用封闭的线段，也可以使用不封闭的线段。

4.1.2.1 放样的重要元素

（1）截面图形。截面图形可以是闭合的，也可以是开放的。生成放样对象时，可以同时在一条放样路径上放置多个不同的截面图形，这样就能得到更为复杂的三维对象。

（2）放样路径。放样路径是一个可容纳截面图形的地方，截面图形就沿着路径进行放样。放样路径可以是闭合的，也可以是开放的。对于同一个放样对象而言，截面图形可以为多个，但路径却只能有一条。

4.1.2.2 放样实例

（1）启动 3ds Max，打开（创建）命令面板下的（图形）命令面板，使用其中 矩形（矩形）命令，在“前”视图中创建一个长度和宽度均为 30 的正方形。

（2）点击“图形”命令面板中的 星形（星形）命令，在“前”视图创建一个“半径 1”为 14、“半径 2”为 11、“圆角半径 1”为 1.5、“圆角半径 2”为 1.5 的星形。

（3）点击“图形”命令面板中的 线（线）命令，利用“键盘输入”栏绘制一条长度为 150 的直线。具体操作方法是：激活“前”视图，点击“线”命令，在“键盘输入”卷展栏设定 XYZ 为（0，0，0），点击 添加点（添加点）按钮，完成第一个点的位置指定；再在 XYZ 栏内输入（0，150，0），点击 添加点（添加点）按钮，完成第二个点的指定，结束画线命令，放样路径和图形如图 4–8 所示。

（4）确定直线为选定状态，打开（创建）命令面板下的（几何体）命令面板，在下拉列表中选择“复合对象”，然后单击“对象类型”卷展栏中的 放样（放样）按钮，“创建方法”卷展栏的设置如图 4–9 所示。

1）获取路径（获取路径）按钮：如果单击“放样”按钮之前选择的是截面图形的话，那么此时应该选择“获取路径”按钮。

2）获取图形（获取图形）按钮：如果单击“放样”按钮之前选择的是作为放样路径的对象的话，那么此时应该选择“获取图形”按钮。

（5）单击 获取图形（获取图形）按钮，把光标移动到矩形上，观察光标的变化，单击矩形获取截面图形，放样效果如图 4–10 所示。

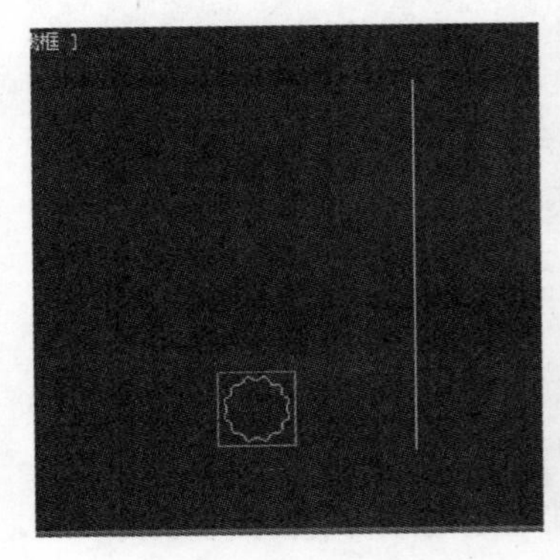

图 4–8 放样路径和图形

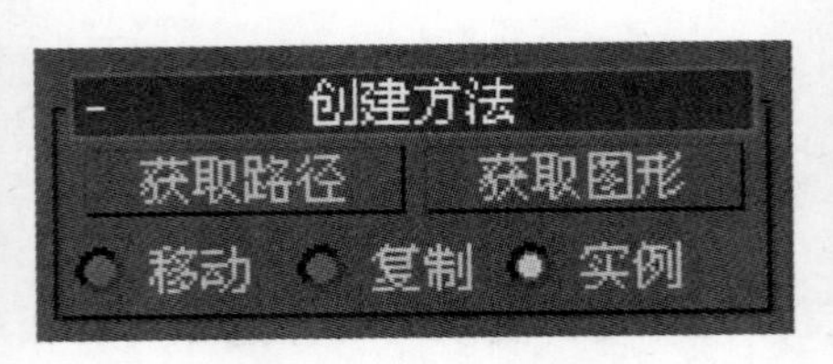

图 4–9 放样“创建方法”卷展栏

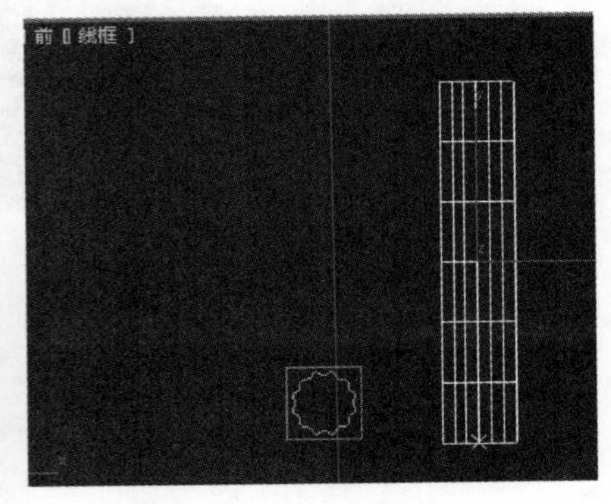

图 4–10 底座放样效果

（6）在“路径参数”卷展栏中，将路径设置为10，单击获取图形（获取图形）按钮再次获取矩形，效果及参数如图4–11所示。

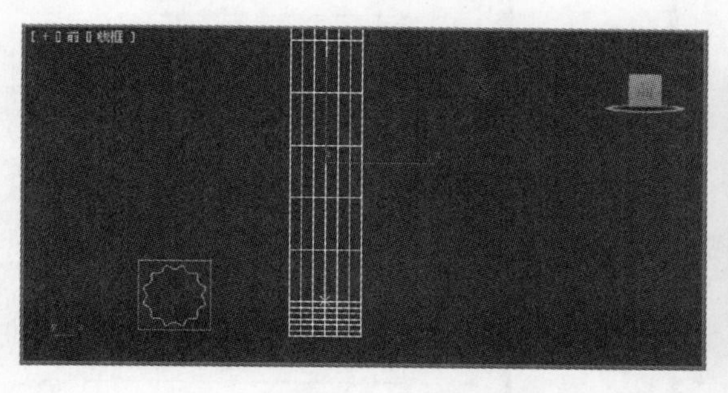

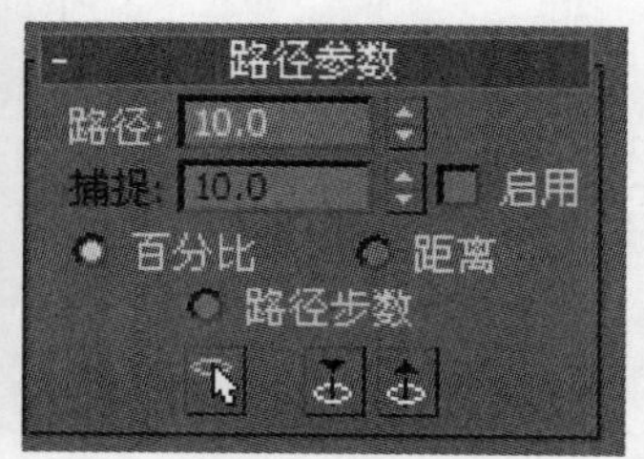

图4–11　底座放样10%的位置效果及参数设置

（7）更改路径设置为12，单击获取图形（获取图形）按钮，单击星形，获取星形作为截面图形，效果及参数如图4–12所示。

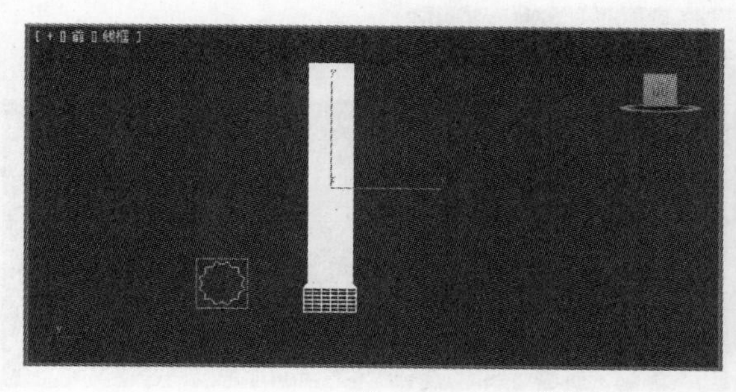

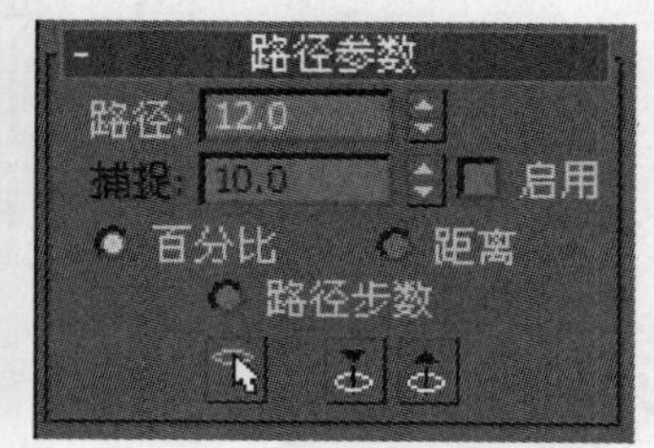

图4–12　罗马柱体放样效果及参数设置

图4–13　罗马柱体错位效果

（8）完成该步操作后，会发现模型底部交叉位置出现了错位，如图4–13所示。需要对模型做一定的调整使其正常显示。方法如下：

单击“修改”命令面板下方的“Loft”前面的“+”号，点选“图形”选项，在“图形命令”卷展栏中单击比较（比较）按钮，在弹出的对话框中单击（拾取图形）按钮，分别在放样好的模型上选择矩形和星形的截面图形，选择完后的效果如图4–14所示。我们发现，矩形和星形截面图形上分别有两个矩形的点，而且两个点的位置发生了错位，这就是图形的起始点位置没有对齐的缘故，下面我们来调整星形截面图形的点，使其与矩形截面图形的点对齐，纠正错位现象。选择旋转工具（键盘的E键），在透视图中选择星形截面图形，然后绕着z轴旋转，使星形的起始点在如图4–15所示的位置上，此时罗马柱的底座变为正常了。

（9）更改路径设置为88，单击获取图形（获取图形）按钮，单击星形，获取星形的截面图形，效果及参数设置如图4–16所示。同上面一样，罗马柱也发生了扭曲，按照上面讲解的方法重新调整星形截面图形。

（10）更改路径设置为90，单击获取图形（获取图形）按钮，单击矩形，获取矩形截面图形，完成整个模型的制作，效果及参数设置如图4–17所示。

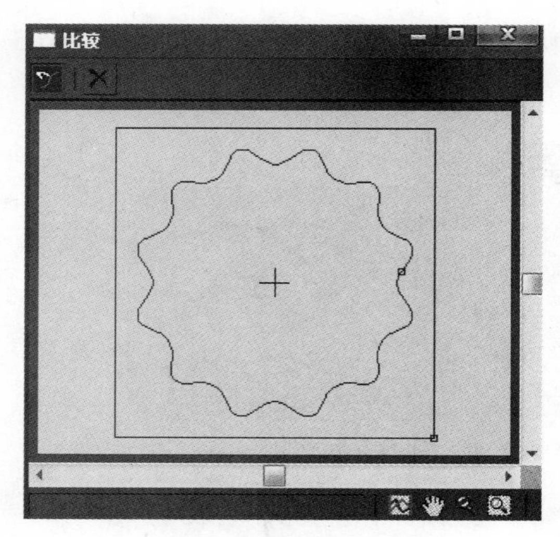

图 4-14 横截面位置调整前

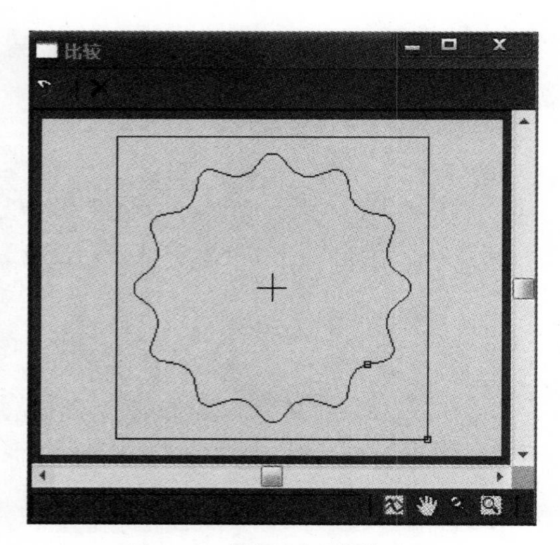

图 4-15 横截面位置调整后

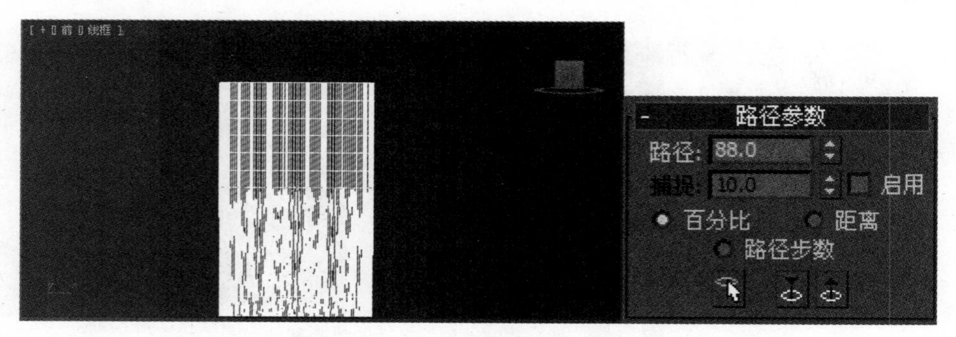

图 4-16 罗马柱体顶部放样效果及参数设置

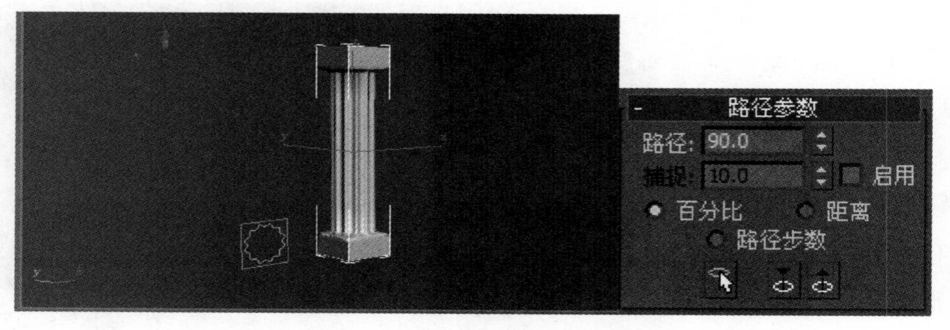

图 4-17 罗马柱顶座放样效果及参数设置

4.1.2.3 变形修饰器

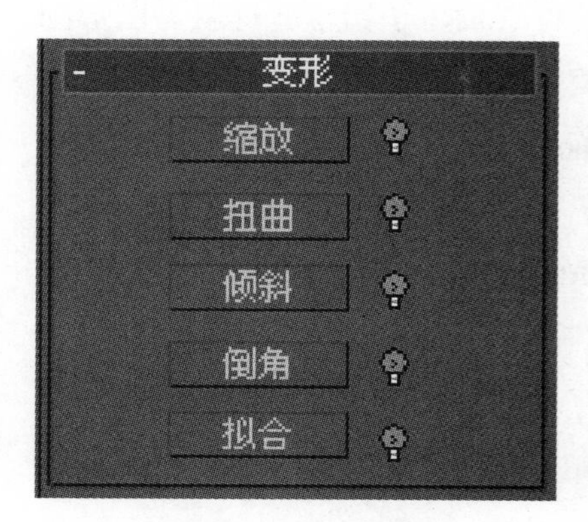

图 4-18 变形修饰器界面

变形修饰器是专门对放样物体进行修饰的修改器，当选择一个放样物体后，在它的修改命令面板中可以找到“变形”卷展栏，如图 4-18 所示，变形中包括“缩放”、“扭曲”、“倾斜”、“倒角”和“拟合” 5 种修饰器。

（1）“缩放”。“缩放”修饰器主要是对放样路径上的截面大小进行缩放，以获得同一造型的截面在路径的不同位置上大小不同的特殊效果。可以利用这一修改器创建花瓶、柱子等类似模型。

（2）“扭曲”。“扭曲”修饰器主要是使放样物体的截面沿截面路径的所在轴旋转，以形成最终的扭曲造型。对放样物体进行扭曲修饰可以创建出钻头、螺丝等扭曲造型。

（3）“倾斜”。使用“倾斜”修饰器是改变放样对象的 X、Y 轴旋转角度的一种工具，可以将造型的局部压扁，使原始的圆柱体形成一个被压扁的效果。

（4）“倒角”。使用“倒角”修饰器，是通过改变放样对象在路径上的等距离偏移量来产生倾斜的效果的一种编辑工具，对放样物体进行倒角处理，可以制作出类似于螺帽的效果。

（5）“拟合”。在所有的放样变形工具中，“拟合变形”工具是功能最为强大的一种变形工具。它的功能是根据物体的三视图拟合出网格体，主要是利用一条或者多条轮廓线将放样物体进行变形。我们只需做出“顶”视图、“前”视图、“侧”视图图形，然后启用“拟合变形”工具，就可以将这个图形拟合成一个三维网格体。

4.1.3 实例 1——制作窗帘

（1）打开光盘附带文件“窗帘初始文件 .max”文件，单击“line02”，选中绘制的曲线，进入（创建）命令面板下的（几何体）命令面板，并在下拉列表中选择复合对象（复合对象），然后单击“对象类型”卷展栏中的放样（放样）按钮，单击“获取路径”按钮，把光标移动到 line01 上单击“获取路径”，在“蒙皮参数”卷展栏下方勾选翻转法线（翻转法线），完成的效果如图 4-19 所示。

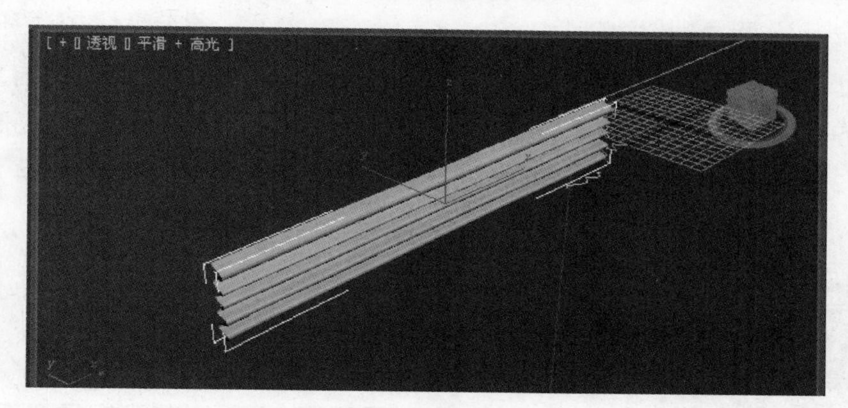

图 4-19　窗帘放样效果

（2）选择放样对象，进入修改面板中的“变形”卷展栏，选择“缩放”修饰器，单击进入“缩放变形”修饰器对话框，每隔 10 个单位添加一个点，框选所有点，将其转换为“Bezier 平滑”类型，将所有点转换为平滑点，按住 Ctrl 键分别点选第 1、3、5、7、9、11 点，选择（缩放控制点）按钮，对选择的点向下调整，如图 4-20 所示，调整后窗帘效果如图 4-21 所示。

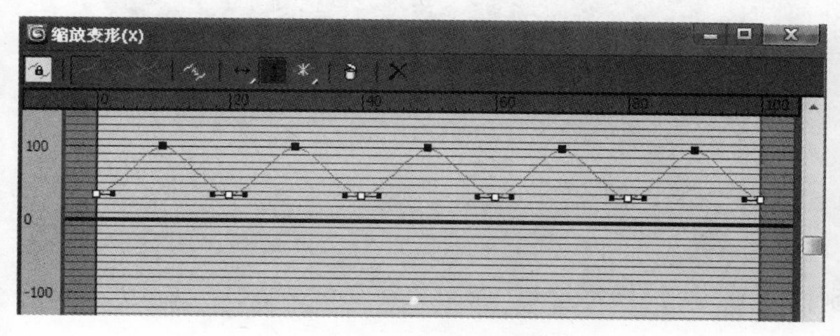

图 4-20　缩放变形调整

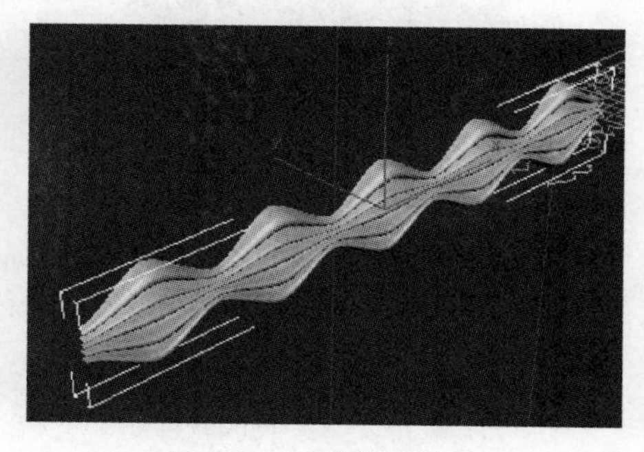

图 4-21　窗帘造型效果

（3）选择放样的对象，展开修改命令面板下方的“Loft”前面的“+”号，点选“图形”选项，在视图中选择放样对象的截面图形“line02”，在“图形命令”卷展栏中的“对齐”选项下选择 底 （底），完成图形截面对齐位置的调整，效果如图 4–22 所示。

（4）单击选择“line05”，选择“放样”命令，单击 获取图形 （获取图形）按钮，把光标移动到 line03 上单击获取截面图形，在“蒙皮参数”选项卡下方勾选 翻转法线 （翻转法线）；在“路径参数”卷展栏中将路径设置为 40，选择 获取图形 （获取图形）按钮，点选“line04”，获取另外一个截面图形，完成操作的效果如图 4–23 所示。

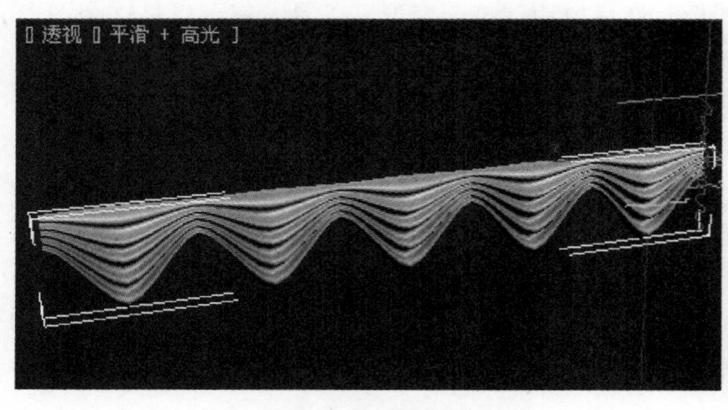

图 4–22　窗帘造型调整效果

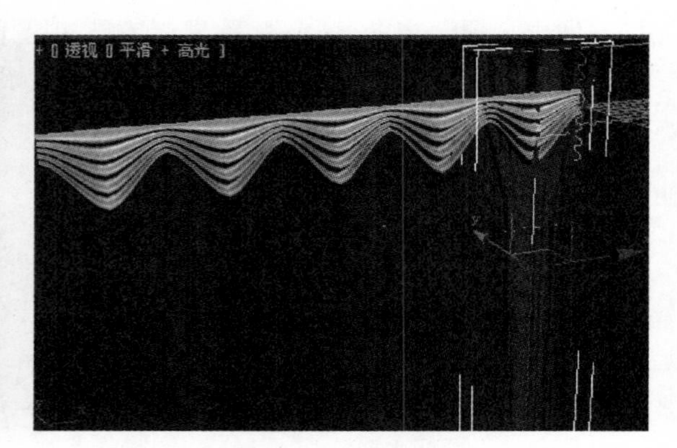

图 4–23　侧面窗帘效果

（5）选择第 2 个放样对象，点选“图形”选项，用鼠标单击它的第一个放样截面，在“图形命令”卷展栏中的“对齐”选项下单击选择 左 （左），选择第二个截面图形，再次单击 左 （左）。

（6）选择第 2 个放样对象，使用工具栏中的 （镜像）命令，设置如图 4–24 所示，得到如图 4–25 所示效果。

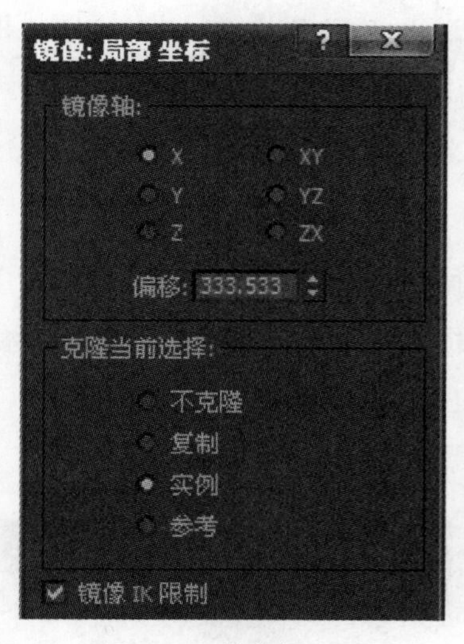

图 4–24　镜像设置

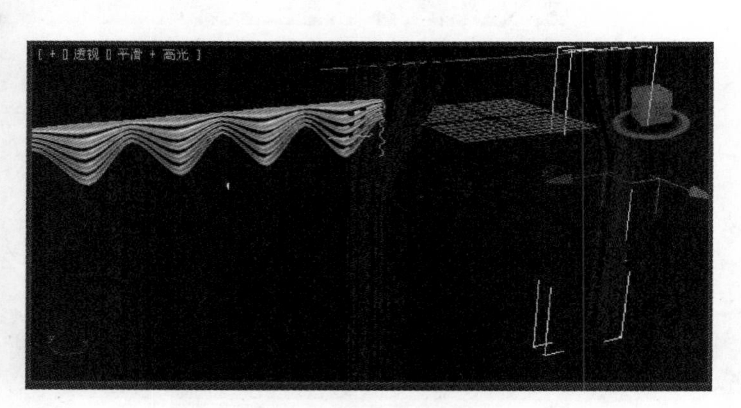

图 4–25　镜像后窗帘效果

（7）调整放样对象的位置，按 M 键弹出“材质编辑器”对话框，选择一个实例球，在“Blinn 基本参数”卷展栏中，单击“漫反射”右侧的方块，选择我们事先准备好的布纹贴图，调整贴图平铺次数，U 向、V 向各 3，将实例球分别拖动到三个放样对象上，给对象指定布纹贴图，完成效果如图 4–26 所示。

4.1.4 实例 2——制作化妆品瓶

（1）启动 3ds Max，打开配套光盘“化妆品瓶初始文件.max”文件，选择“Line02”单击 放样 （放样）按钮，单击 获取图形 （获取图形）按钮，点击“Circle02”截面图形，获得拟合放样的母体，如图 4-27 所示。

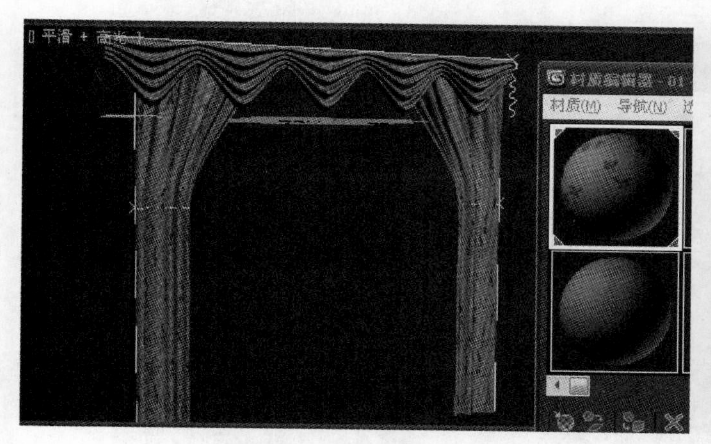

图 4-26　完成的窗帘效果

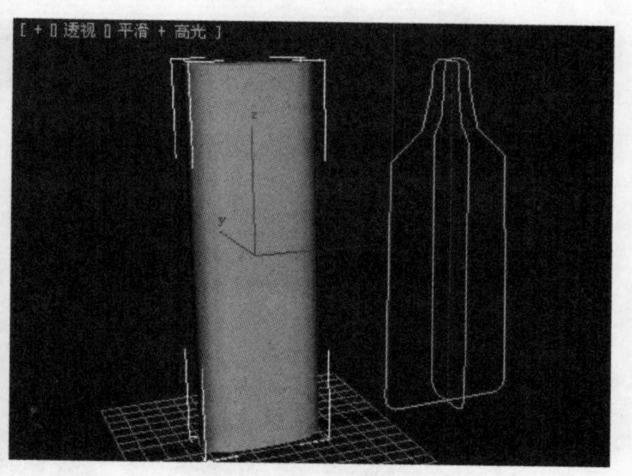

图 4-27　瓶体母体效果

（2）选择修改命令面板，单击“变形”卷展栏，选择“拟合”修饰器，关闭拟合修饰器面板中的 （均衡）按钮，使 X、Y 两轴解除关联，分别为放样母体添加 X 轴向、Y 轴向的截面图形。点选 X 轴向图标 （显示 X 轴），单击拟合修饰器面板中的 （获取图形）按钮，在“Rectangle01”上单击，将截面图形添加到母体上，并按拟合修饰器面板中的旋转按钮，调整加载的截面图形的方向，使其瓶口朝上方，效果如图 4-28 所示。

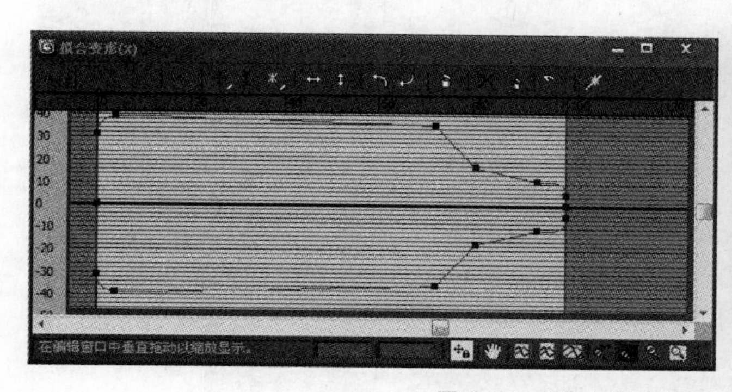

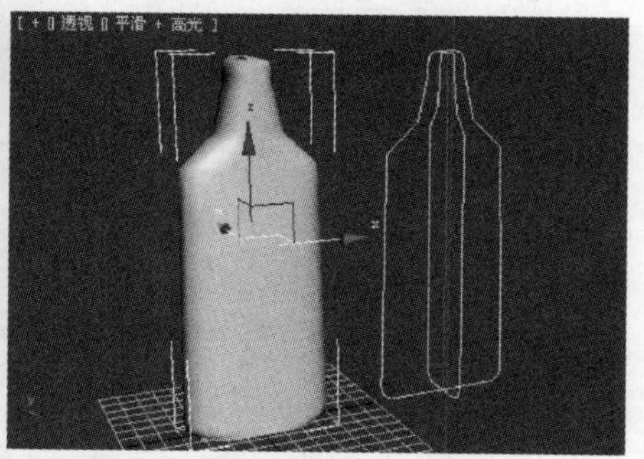

图 4-28　添加 X 轴向截面图形效果

（3）单击修饰器面板中的 （显示 Y 轴）按钮，再次单击 （获取图形）按钮，获取“Line03”，并使用旋转按钮，调整截面图形的方向，效果如图 4-29 所示。

（4）选择放样对象“Loft01”，调整“路径参数”中的路径数值为 77，单击 获取图形 （获取图形）按钮，在“Circle02”单击，将截面图形添加到路径上，重新调整路径数值为 90，单击 获取图形 （获取图形）按钮，在“Circle01”上单击，获取小圆形作为瓶子顶部造型，发现小瓶的顶部出现了问题，如图 4-30 所示；打开拟合修饰器中的 （显示 XY 轴），观看两个轴向的截面图形，发现有些问题，我们通过 （移动控制点）工具来调整点的位置，使瓶口的点变成如图 4-31 所示的效果，则瓶口的错误得以解除。制作完成的效果图如图 4-32 所示。

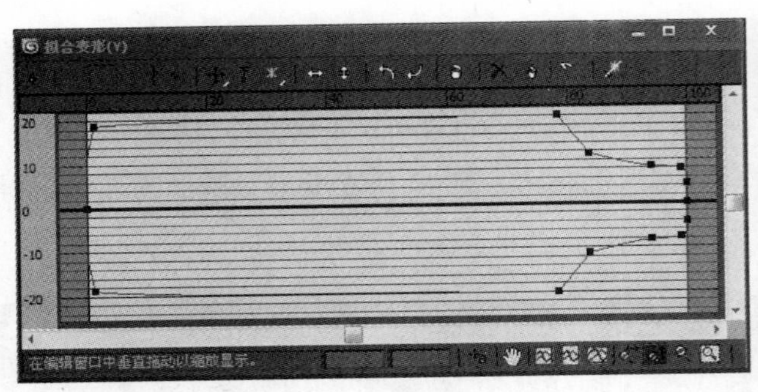

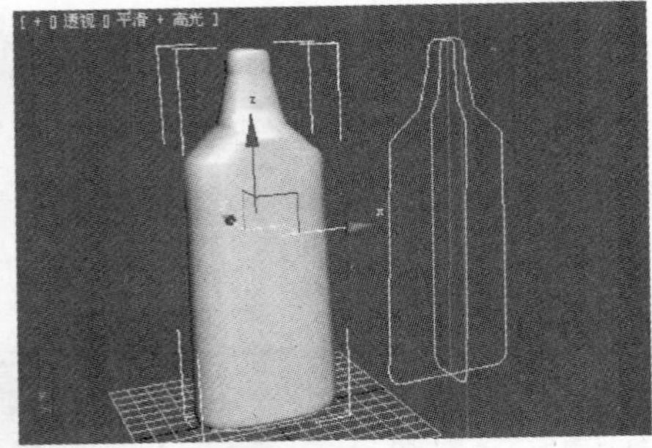

图 4-29　添加 Y 轴向截面图形效果

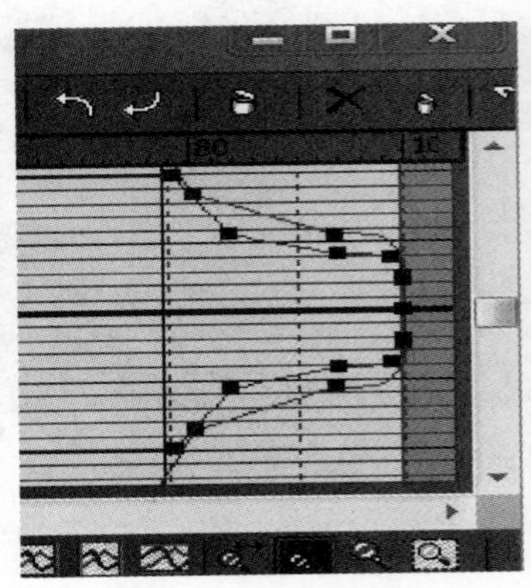

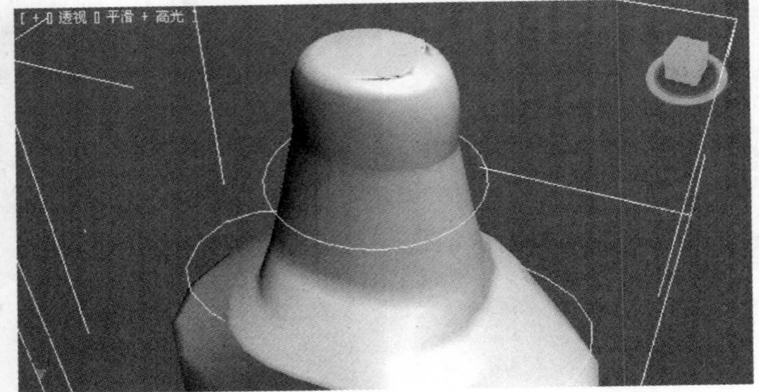

图 4-30　瓶口出现错误效果

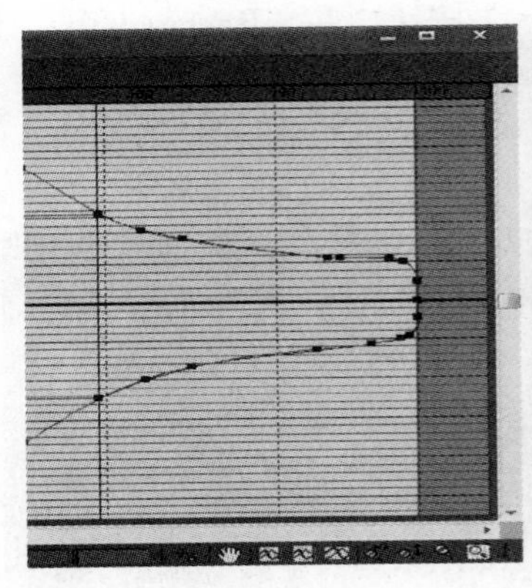

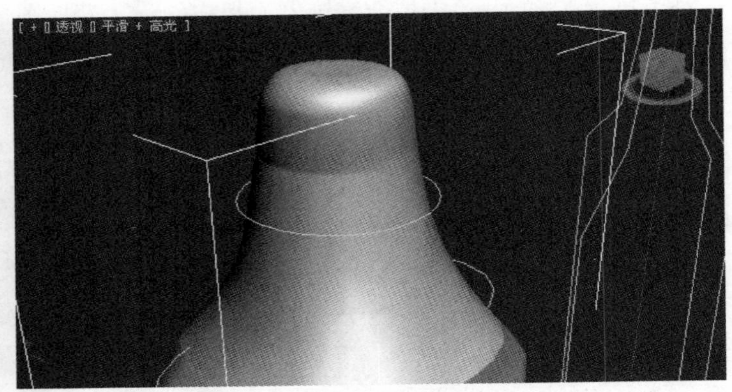

图 4-31　调整后的图形效果

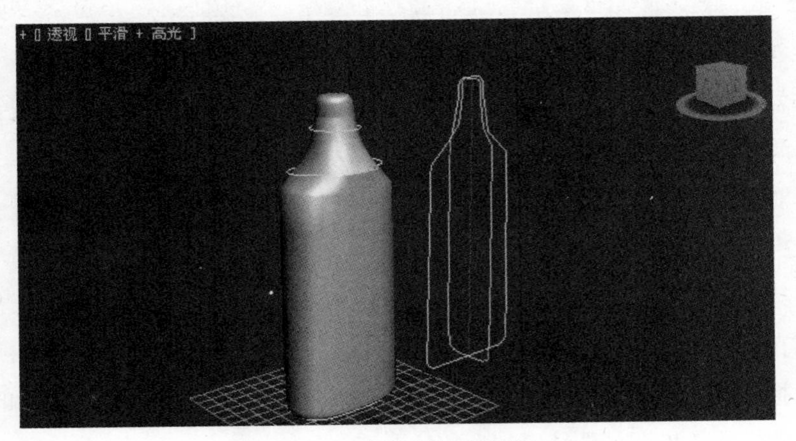

图 4-32　完成后的图形效果

4.2 多边形建模

三维空间中的物体是以面片构成的，而这些面片都是附着在网格线上的，网格线的两端分别连接在节点上，这些节点、网格线、面片都是该物体的子物体，如果要针对这些子对象进行编辑，就必须为原始对象添加编辑修改命令，比如网格编辑、编辑多边形等，造型功能最强的是“编辑多边形修改”命令。

“编辑多边形修改”功能有5种子对象层级可以供我们选择：■（顶点）、■（边）、■（边界）、■（多边形）和■（元素）。通过编辑这些子对象，可以将一个普通的基本体转换成为各种复杂的三维造型，这是一种最为常用的多边形编辑建模方法。

4.2.1 基础知识

“多边形编辑”命令是在编辑网格命令的基础上，吸收了“编辑网格”命令的优势整合出来的，是设计领域应用较为广泛的修改命令。很多圆润的造型，都是经过“多边形”命令调整编辑，整合出最初造型的构架结构，配合自身的光滑系统或者是“网格光滑”命令完善得来的。该建模方法操作较为简单，制作模型速度较快，在制作室内模型和建筑模型等方面较为常用。

下面我们先来看看可编辑多边形的修改面板，整个命令面板如图4-33所示。

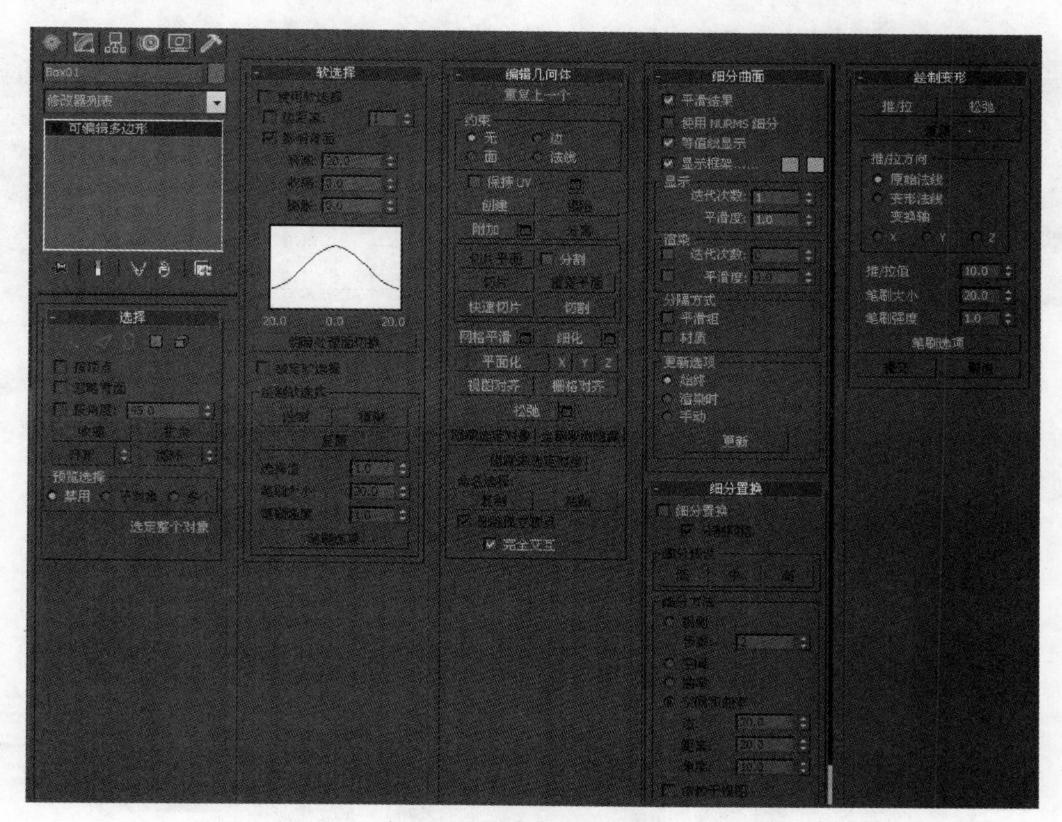

图4-33 可编辑多边形面板

（1）“选择”卷展栏。进行不同层级编辑模式的切换，包含“顶点”、“边”、“边界”、“多边形”、“元素”五种子对象层级和与选择相关的选项和命令的按钮。

（2）“软选择”卷展栏。通过曲线控制影响的范围和强弱。

（3）“编辑几何体”卷展栏。包含对几何体整体修改的选项以及命令按钮。

（4）“细分曲面”卷展栏。选择“使用 NURBS 细分”复选框和“网格平滑”修改器有着相同的效果。

（5）“细分置换”卷展栏。在其中设置细分置换参数。

（6）“绘制变形”卷展栏。绘图变形的操作过程是将鼠标变成一只画笔，然后通过“推 / 拉”、“松弛”模型上面的顶点来达到立体的绘图效果。

（注意：在“选择”卷展栏中，单击进入任意编辑模式将会出现新的卷展栏。）

4.2.2 可编辑多边形的编辑模式

（1）单击“顶点”编辑模式按钮，会多出两个卷展栏，分别是编辑顶点（编辑顶点）卷展栏和顶点属性（顶点属性）卷展栏，如图 4–34 所示。

（2）单击“边”编辑模式按钮，会多出编辑边（编辑边）卷展栏，其中包含与边操作相关的命令按钮，如图 4–35 所示。

（3）单击“边界”编辑模式按钮，会多出编辑边界（编辑边界）卷展栏，其中包含与边界操作相关的命令按钮，如图 4–36 所示。

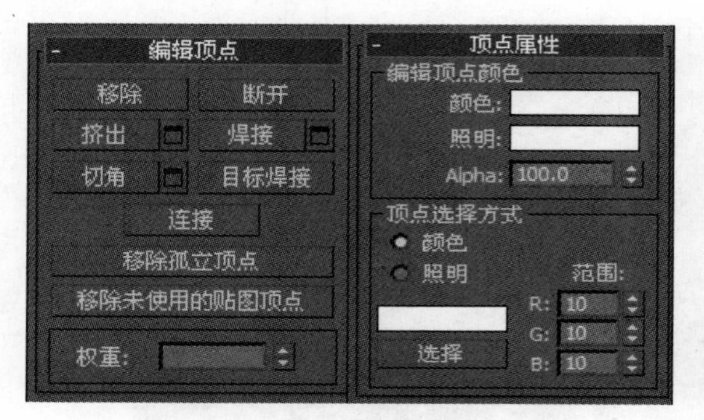

图 4–34 “顶点”编辑模式特有卷展栏

图 4–35 “编辑边”卷展栏

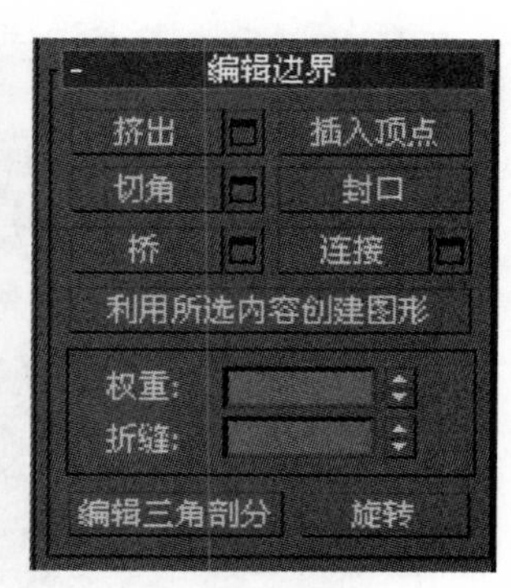

图 4–36 “编辑边界”卷展栏

（4）单击“多边形”编辑模式按钮，会多出编辑多边形（编辑多边形）卷展栏、多边形: 材质 ID（多边形：材质 ID）卷展栏、多边形: 平滑组（多边形：平滑组）卷展栏、多边形: 顶点颜色（多边形：顶点颜色）卷展栏，以及与之相关的操作命令面板，如图 4–37 所示。

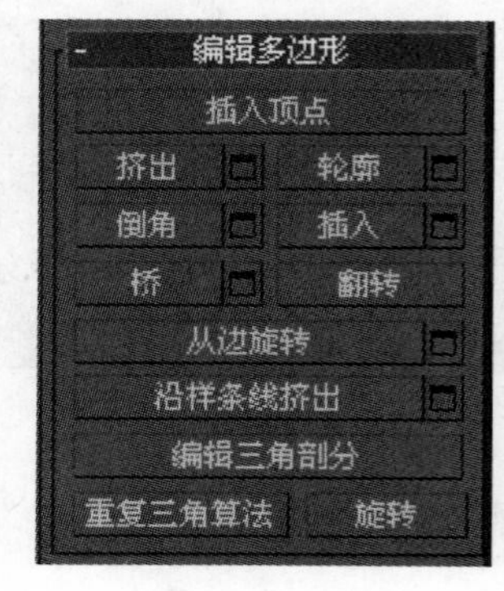

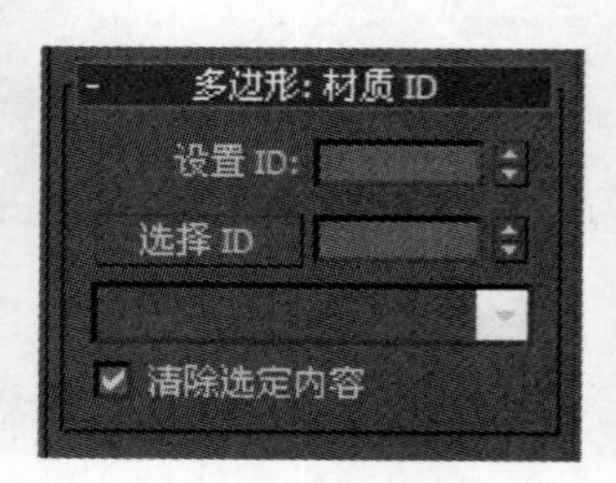

图 4–37 “编辑多边形”卷展栏

（5）单击“元素”编辑模式按钮，会多出编辑元素（编辑元素）卷展栏，其他多出的卷展栏和“多边形”编辑模式下相同，“编辑元素”卷展栏如图 4–38 所示。

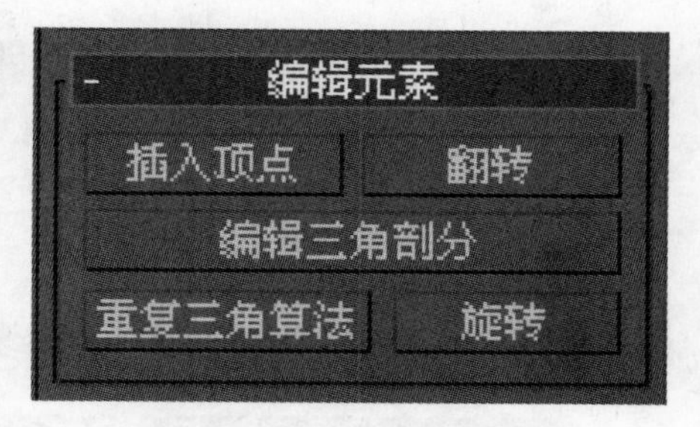

图 4–38 “编辑元素”卷展栏

4.2.3 实例 1——制作水杯

（1）启动 3ds Max 软件，在“顶”视图创建一个圆柱体，相关参数设置及效果如图 4–39 所示。

（2）右键单击圆柱体，选择“转换为”选项下的“转换为可编辑多边形”选项，将圆柱体转换为可编辑多边形。

（3）进入修改面板，单击进入到多边形的（顶点）子对象（也可在英文键盘输入法下按键盘数字键“1”），在透视图中选择顶面上的点，如图 4–40 所示。

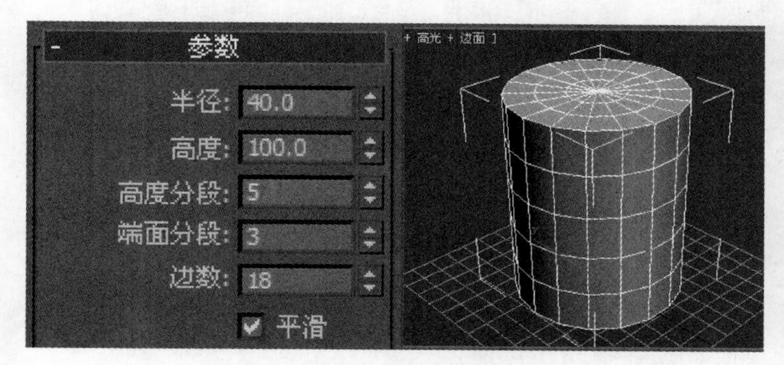

图 4–39 圆柱体参数设置及效果

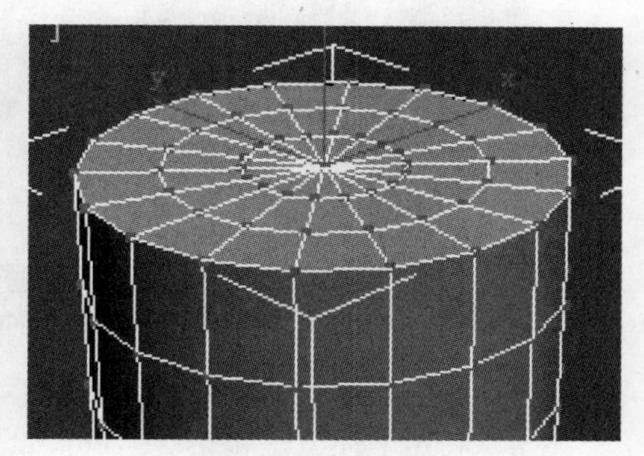

图 4–40 选择顶部点

（4）使用（选择并均匀缩放）命令沿着 XOY 平面进行缩放，效果如图 4–41 所示。

（5）在主工具栏选项中单击（选择）工具，使用（圆形选择区域）工具，在“窗口 / 交叉”模式中选择（窗口）模式，同时在修改命令面板中选择（多边形）子对象，并在“选择”卷展栏中选择忽略背面（忽略背面）选项，在“顶”视图中以圆柱体的圆心为起点绘制一个圆形选择框，选择如图 4–42 所示的多边形子对象。

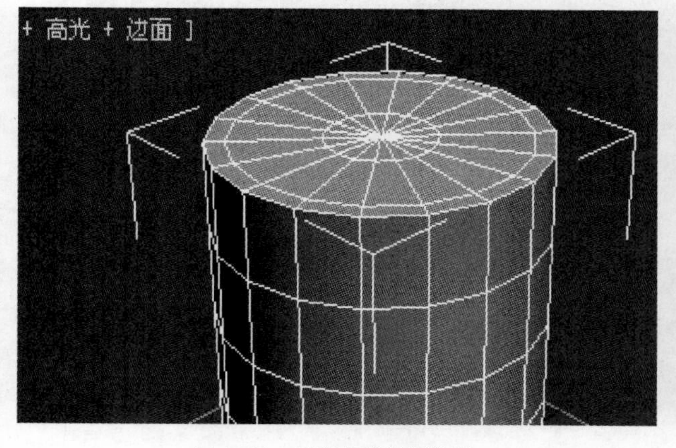

图 4–41 顶部点缩放后效果

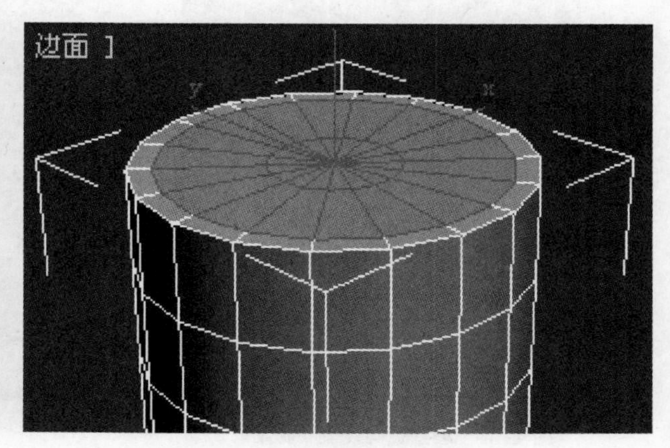

图 4–42 顶部选择多边形效果

（6）单击修改命令面板的编辑多边形（编辑多边形）卷展栏下面的挤出（挤出）按钮右方的

“设置”按钮，将挤出高度设置为 -90，效果如图 4-43 所示。

（7）在主工具栏选项中选择（矩形选择区域）工具，以及在“窗口 / 交叉”模式中选择（窗口）模式，在修改命令面板中选择（边）子对象，并在“选择”卷展栏中取消 忽略背面（忽略背面）选项，在“前”视图中按住 Ctrl 键，选择第 1、4 分段，在选择中心类型中选择（使用选择中心）按钮，利用缩放工具进行缩放，调节到如图 4-44 所示效果。

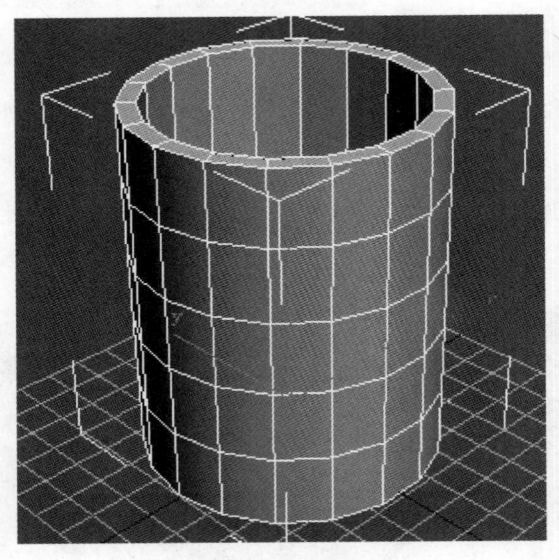

图 4-43 挤出后效果

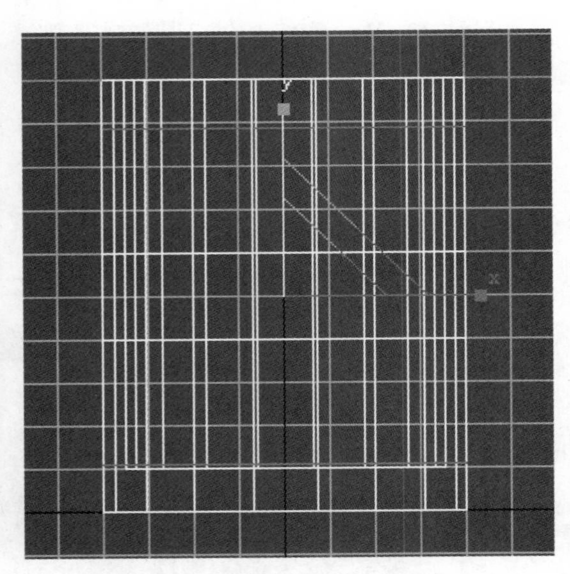

图 4-44 调整纵向线型位置效果 1

（8）利用上述方法将第 2、3 分段也调整至如图 4-45 所示位置。

（9）选择杯体侧面的两个多边形，在“编辑多边形”卷展栏中使用“挤出”命令，“挤出高度”输入 8，点击“应用”按钮，效果如图 4-46 所示。再次输入“挤出高度”为 18，点击应用；再次输入 10，点击确定，效果如图 4-47 所示。

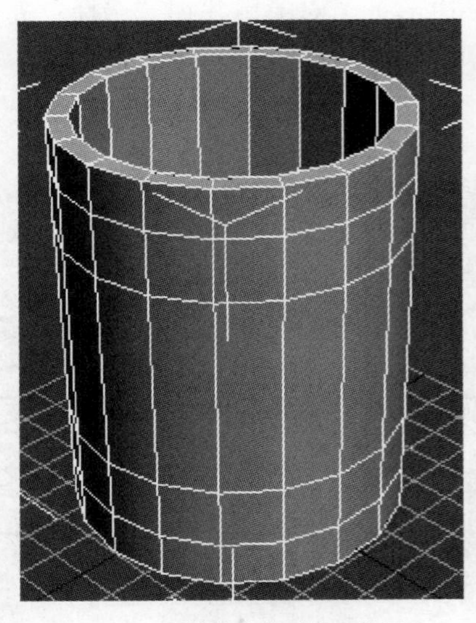

图 4-45 调整纵向线型位置效果 2

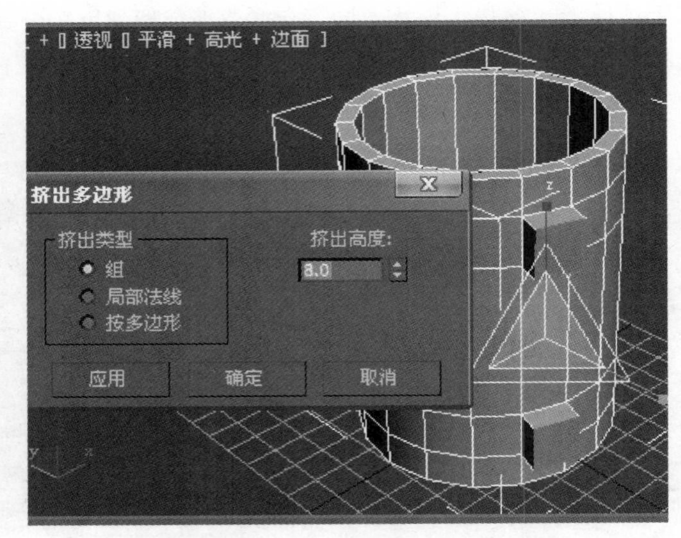

图 4-46 挤出水杯杯柄部分效果 1

（10）选择杯柄内侧部分的上下两个多边形面，利用“桥”命令将两个面进行桥接，效果如图 4-48 所示。

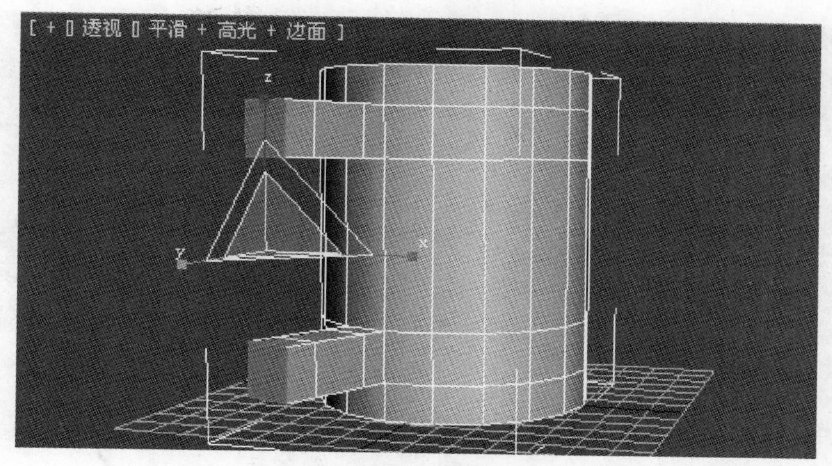

图 4-47　挤出水杯杯柄部分效果 2

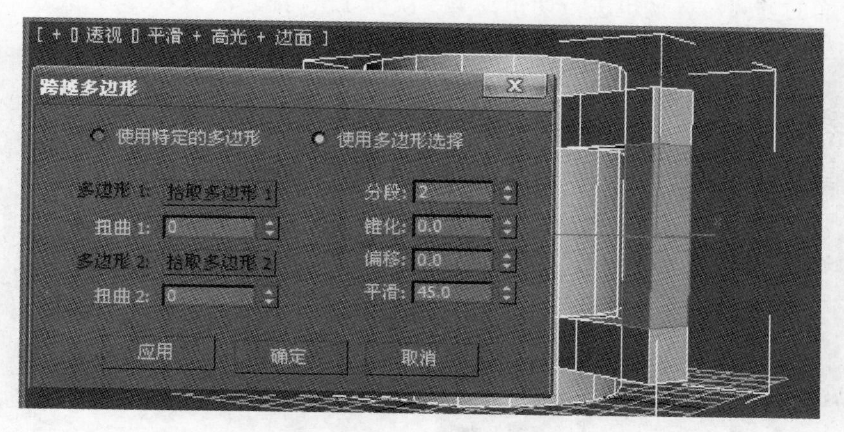

图 4-48　水杯杯柄桥接效果

（11）切换到（边）子对象，选择杯柄上下部分两条线段，利用“切角”命令对其进行切角处理，第一次切角量为 5，单击应用；第二次切角量为 2，单击应用；第三次切角量为 0.8，单击确定，效果如图 4-49 所示。

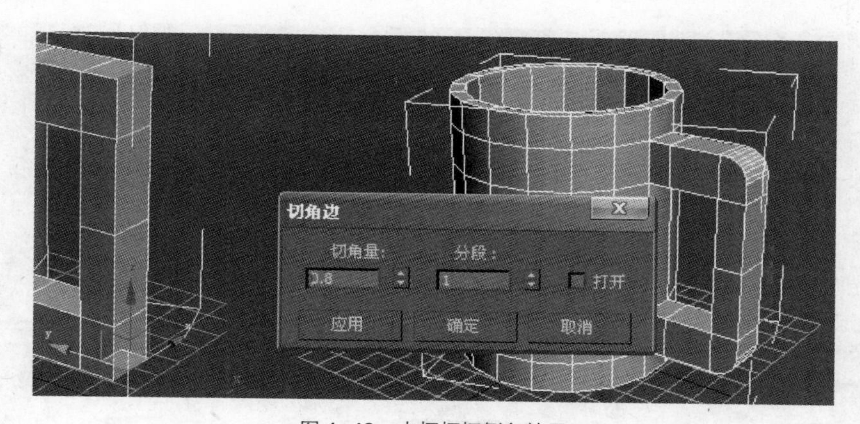

图 4-49　水杯杯柄倒角效果

（12）切换到（边）子对象，点选杯口上的两条线段，然后使用循环（循环）命令完成杯口的两条环绕的圆形线的选择，如图 4-50 所示；利用“切角”命令完成杯口切角，切角量第一次为 1，第二次为 0.3，效果如图 4-51 所示。

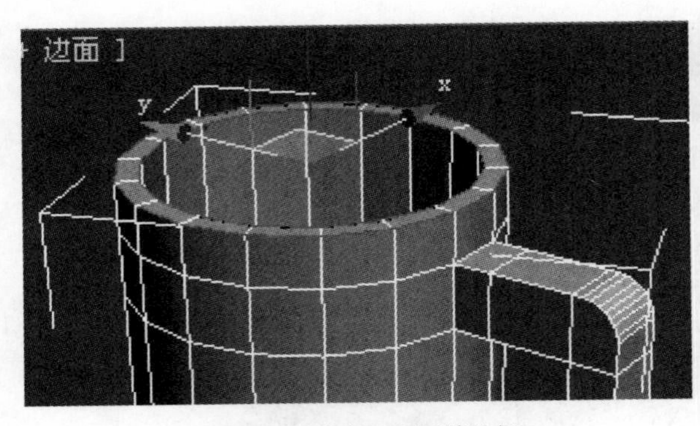

图 4-50　水杯杯口圆形线选择

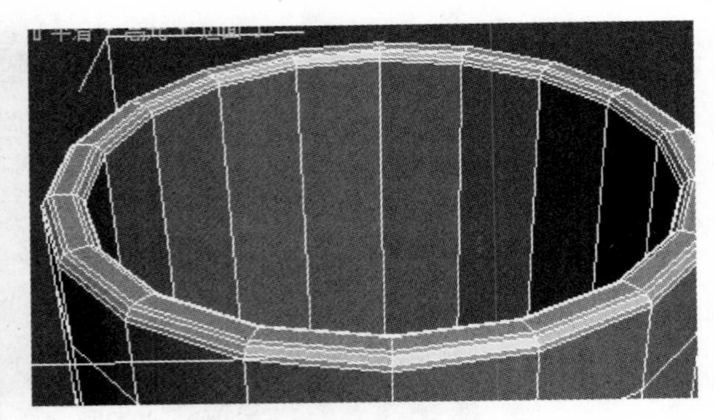

图 4-51　水杯杯口切角效果

（13）利用上面的方法对杯子底部进行切角处理，切角参数第一次为 1.5，第二次为 0.6。

（14）选择“边”子对象，利用“移动”工具调整杯柄的形状。

（15）利用上面的方式对杯柄也进行切角，第一次为 1.5，第二次为 0.6，完成效果如图 4-52 所示。

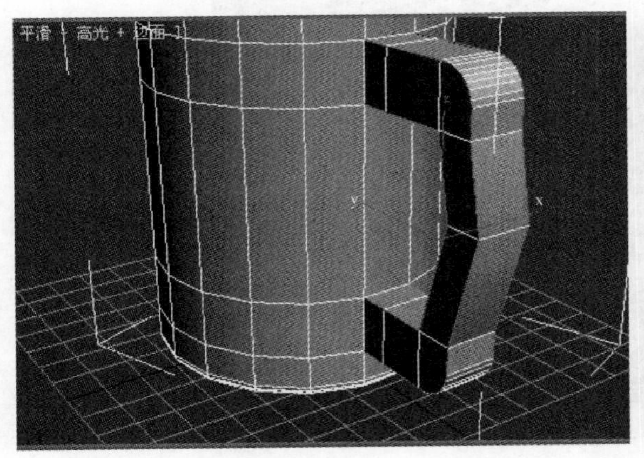

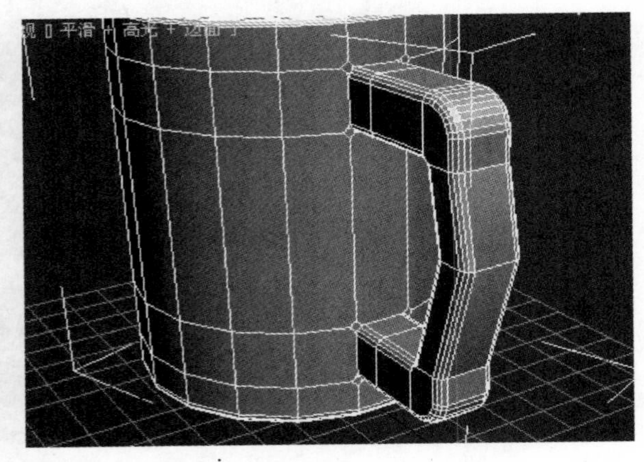

图 4-52　水杯杯柄四周倒角前后效果

（16）选择杯柄与杯体相交的交界线，使用（循环）命令来完成环绕选择，使用“切角”命令完成切角效果，第一次为 2，第二次为 0.8，效果如图 4-53 所示。

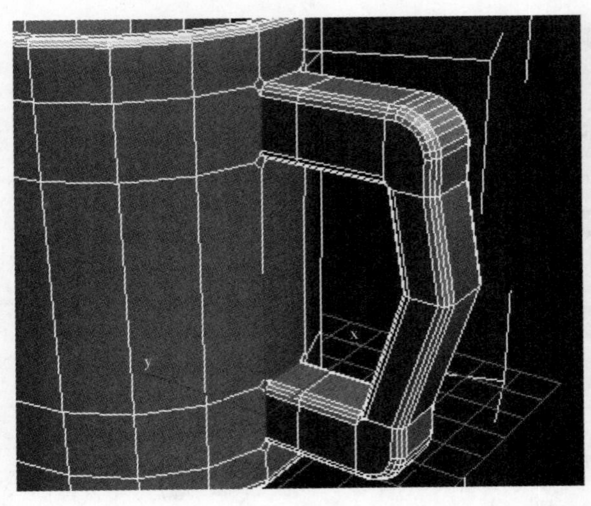

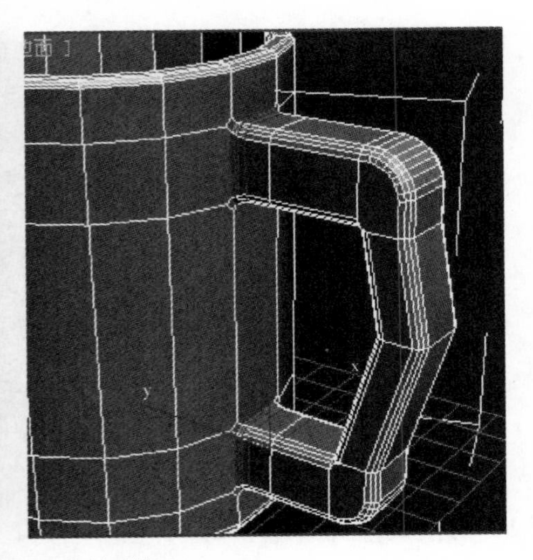

图 4-53　水杯杯柄与杯体衔接处倒角前后效果

（17）进入可编辑多边形对象层级，然后选择修改面板中的“修改器列表”，选择“网格平滑”命令，具体参数如图 4–54 所示，按键盘 F4 键隐藏网格，完成后的效果如图 4–55 所示。

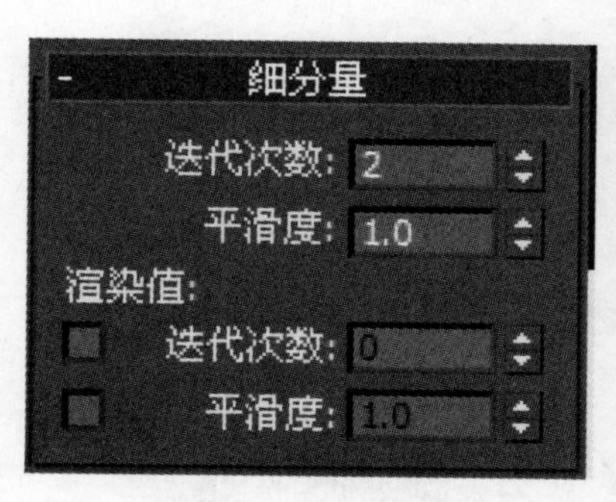

图 4–54　网格平滑“细分量”设置

图 4–55　水杯完成效果

4.2.4　实例 2——制作 IPod

（1）启动 3ds Max，在“前”视图应用键盘输入的方法绘制一个矩形，长度为 130，宽度为 500，角半径为 65。

（2）选择矩形，单击右键将矩形转换为可编辑样条线，选择“顶点”子对象，框选所有顶点，在“几何体”卷展栏中单击 断开 （断开）按钮，将所有点进行断开。然后重新选择所有点，单击 焊接 （焊接）按钮，将所有点进行焊接。将所有点转换为“Bezier”类型，主要目的是为了防止矩形在进行轮廓扩边后出现问题。

（3）选择可编辑样条线，进行“克隆”操作，不要移动位置。选择“Rectangle01”，单击右键将其转换为可编辑多边形，进入到▣（多边形）子对象层级，选择整个面，单击 倒角 （倒角）按钮，将该平面进行倒角，“轮廓量”设为 –10，效果和参数如图 4–56 所示。

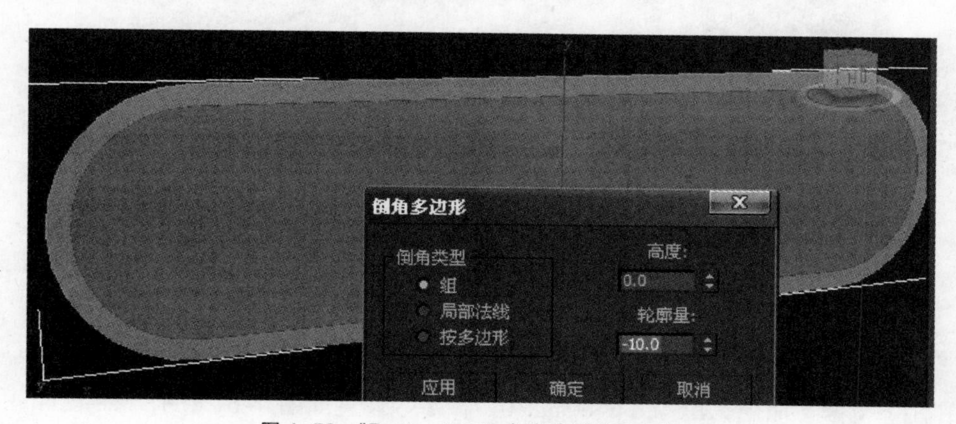

图 4–56　“Rectangle01”倒角参数设置及效果

（4）利用编辑菜单的“反选”命令（Ctrl+I）选择倒角面以外的平面，利用“挤出”命令完成 Ipod 的底座部分制作，“挤出高度”设为 10，效果如图 4–57 所示。

（5）进入到◁（边）子对象，对边缘进行倒角处理。按键盘的 F4 键，显示出物体网格，选择如图 4–58 所示的边缘（可以利用 Ctrl+“循环”快速选择），选择“切角”命令进行“切角”处理，第一次参数为 2，第二次参数为 0.8，切角效果如图 4-59 所示。

图 4-57　挤出参数设置及效果

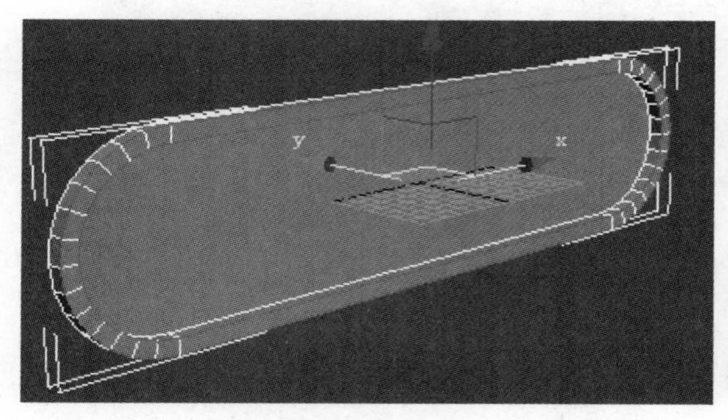

图 4-58　选择的边缘

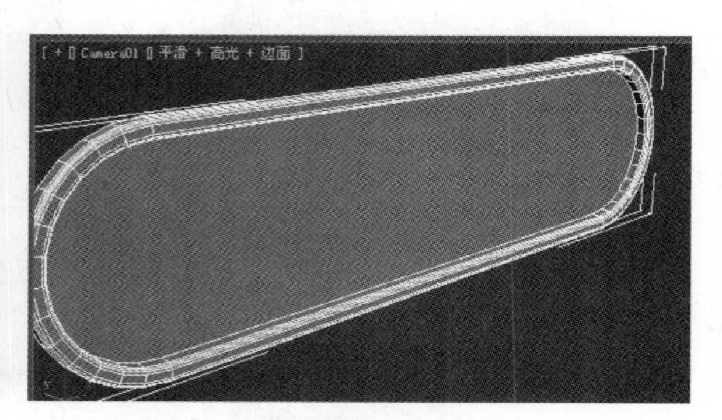

图 4-59　倒角后效果

（6）选择“Rectangle02”，对其添加“挤出”修改器，数量为 -900，并将“Rectangle02”单击右键选择“转换为可编辑多边形”，进入到“多边形”子对象，删除前后顶面，效果如图 4-60 所示。

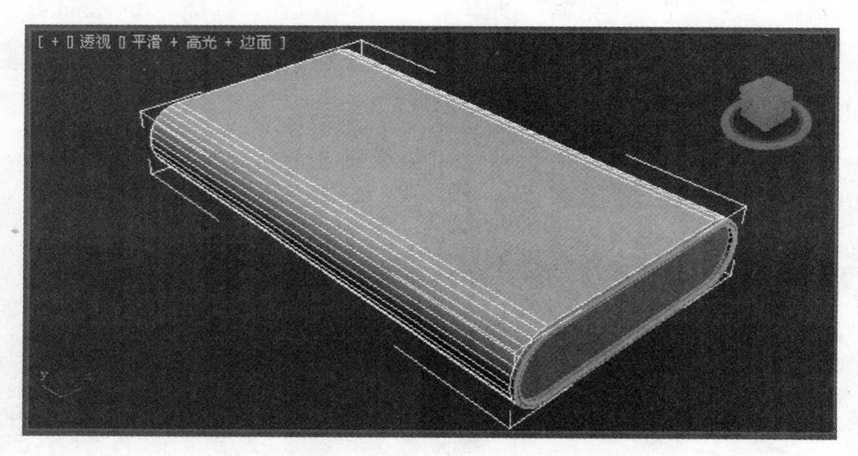

图 4-60　挤出 Ipod 主体部分的效果

（7）利用（镜像）命令，镜像“Rectangle01”，参数设置如图 4-61 所示，效果如图 4-62 所示。

（8）在“顶”视图中利用键盘输入的方法，绘制一个半径为 180 的圆形；一个长度为 250，宽度为 330，角半径为 15 的矩形。利用“移动”工具，将它们大致移动到如图 4-63 所示的位置。

（9）选择“Rectangle02”，进入（创建）命令面板下的（几何体）命令面板，并在下拉列表中选择复合对象（复合对象），点击图形合并（按钮）按钮，单击拾取图形（拾取图形）按钮，单击矩形“Rectangle04”，将 Rectangle04 投射到 Rectangle02 上，单击右键将“Rectangle02”转换成为可编辑多边形，在修改面板中选择“多边形”子对象，对矩形的区域进行“挤出”，数量为 -10，挤出后的效果如图 4-64 所示。

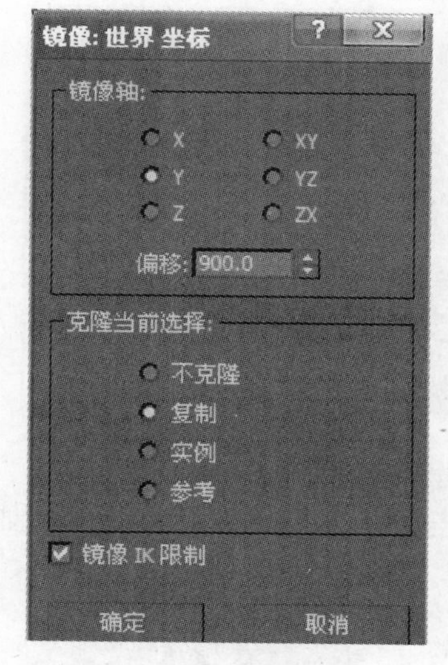

图 4-61　镜像参数设置

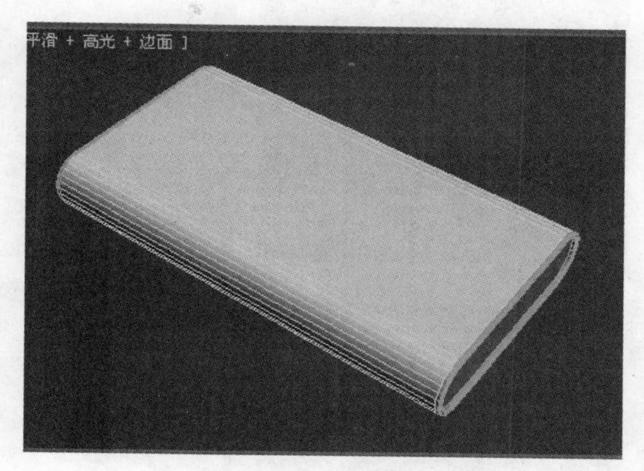

图 4-62　镜像效果

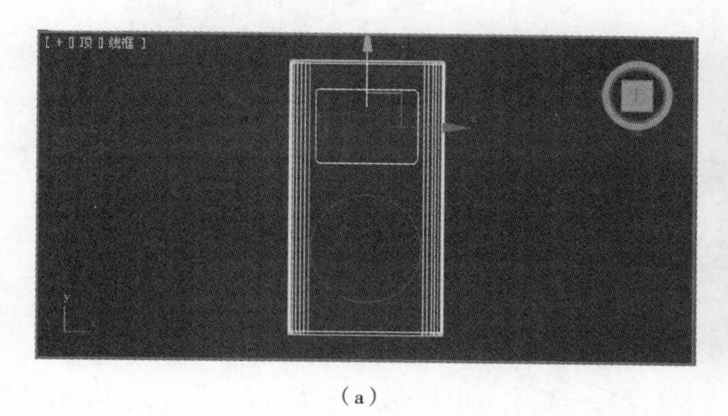

（a）

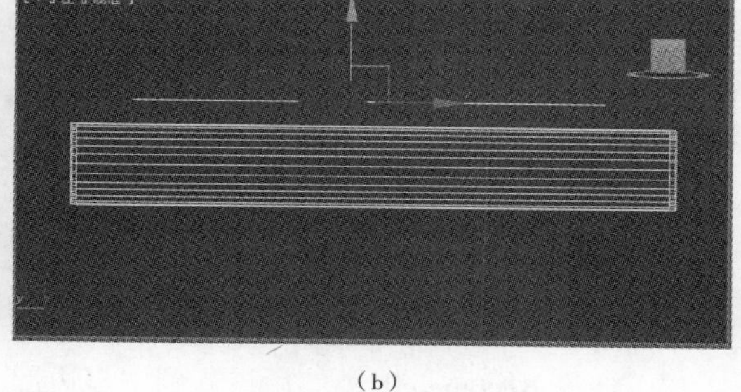

（b）

图 4-63　圆形与矩形位置效果
（a）顶视图位置；（b）左视图位置

（10）取消 Rectangle02“多边形”子对象的选择，再次执行“图形合并”命令，选择圆形，将圆形投射到 Rectangle02 上，单击右键再次将“Rectangle02”转换成为可编辑多边形，在修改面板中选择“多边形”子对象，对圆形的区域进行“挤出”，数量为 -20，效果如图 4-65 所示。

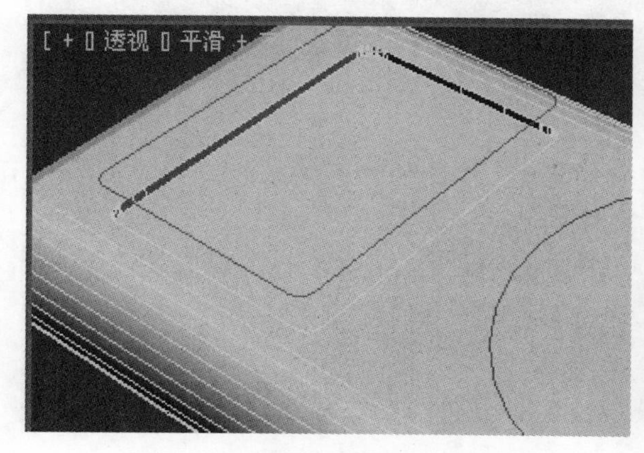

图 4-64　图形合并后的挤出效果 1

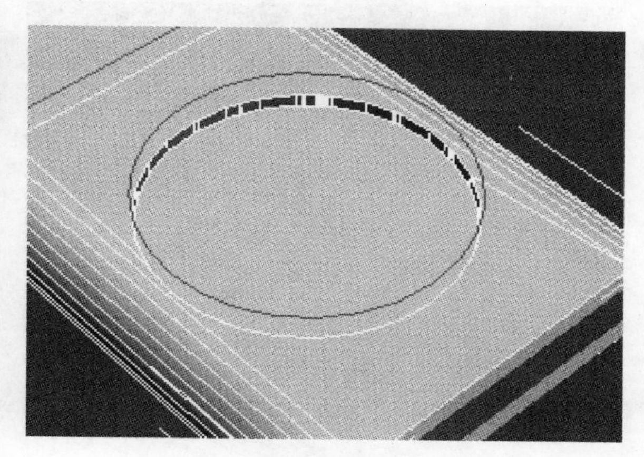

图 4-65　图形合并后的挤出效果 2

（11）在“顶”视图中创建一个管状体，并使用“对齐”命令，使其与圆形对齐。调整位置，使之与 Rectangle02 的挤出圆形位置对应，参数及效果如图 4–66 所示。

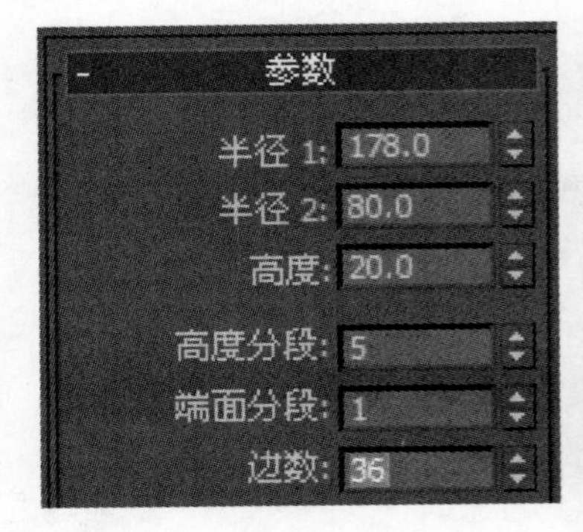

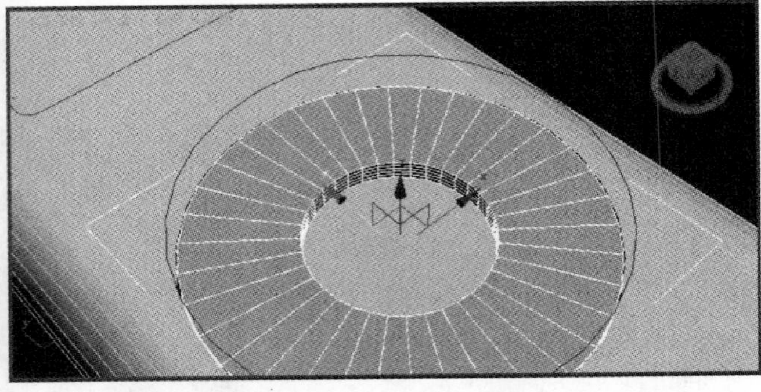

图 4–66　管状体的参数及位置

（12）在“顶”视图绘制一个圆柱体，并使用“对齐”命令与刚才创建的管状体对齐，如图 4–67 所示。

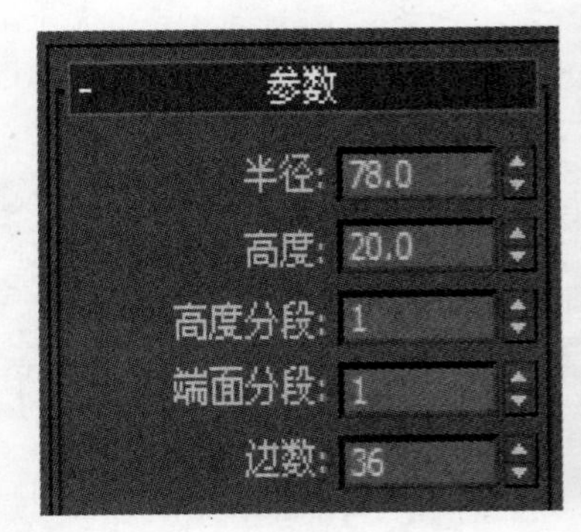

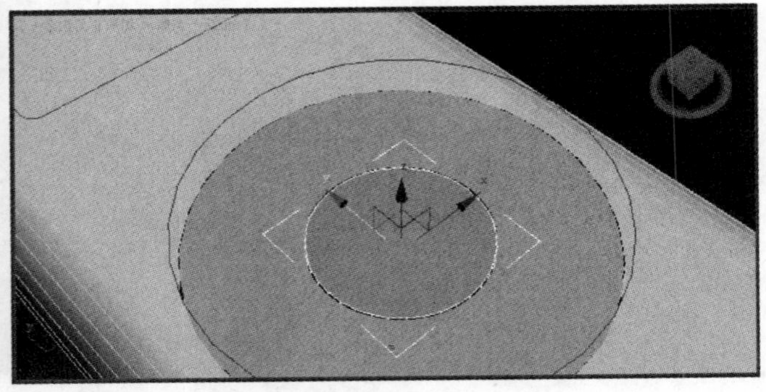

图 4–67　圆柱体参数与位置

（13）选择 Rectangle02，然后进入到“多边形”子对象，选择矩形区域，然后将矩形区域应用“编辑几何体”卷展栏中的“分离”命令将其分离出来，效果如图 4–68 所示。

（14）为 Ipod 指定材质，屏幕指定为“20100201112339513.jpg”，并为屏幕指定“UVW”贴图，并调整“UVW 贴图”的相关参数。按键指定为“20100201112339540.jpg”，并为按钮指定“UVW”贴图，并调整“UVW 贴图”的相关参数，并为 Ipod 其他部分指定不同的材质，效果如图 4–69 所示。

图 4–68　分离出矩形区域的效果

图 4–69　Ipod 渲染效果

4.3 NURBS 建模

NURBS 曲线全称为非均匀有理数 B- 样条线，属于一种高级的建模工具，非常适合于创建一些复杂的、具有光滑表面的三维模型，它能更好地控制物体表面的曲线度，从而能够创建出更逼真、生动的造型，同时它采用新的解析运算来计算 NURBS 曲面，运算速度有很大提升，已经逐渐成为工业曲面设计和建造的标准。

4.3.1 NURBS 曲面与曲线

NURBS 适合于使用复杂的曲线建模曲面，因为他们很容易交互操纵，并且创建他们的算法效率高，计算稳定性好。虽然也可以使用多变形网格或面片来建模曲面，但与 NURBS 曲面作比较，网格和面片具有以下缺点：一是使用多边形很难创建复杂的弯曲曲面；二是由于网格为面状形态，出现在渲染物体的边上会产生棱角效果，为了消除这种硬边，必须用大量的小面来填充，形成平滑的弯曲边，这样就会在无形中增加计算机的负荷。

（1）NURBS 曲面。3ds Max 提供了两种基本 NURBS 曲面造型，类似网格物体中的平面物体，但它们的性质却完全不同，在曲面的调节点上有两种方式：Point 编辑点和 CV 控制点，这两种点的形式有所不同。在对曲线或曲面进行编辑时，可以发现由 Point Vertex 构成的曲线或曲面，这些点是在曲线或曲面上的；而 CV 点则分布在曲线或曲面之外的，点与点之间不是曲线，而是控制曲线的控制点。

（2）NURBS 曲线。有两种方式：点曲线和控制点曲线，单击 点曲线 、 CV 曲线 按钮即可选择曲线创建的方式。

1）点曲线。点曲线是所有的点被强迫限制在曲线上的 NURBS 曲线，它可以是建立完整 NURBS 模型的基础

2）控制点曲线。控制点曲线是指由控制点控制的 NURBS 曲线。

4.3.2 实例——制作玩具车（部分）

本实例之所以没有完整制作出玩具车，主要目的是通过制作玩具车部分构件来详细讲解 NURBS 曲线的一些特性与使用方法，剩余没有制作的部分读者可以根据设置与命令进行制作，方法是相通的。

（1）启动 3ds Max，打开配套光盘的“04-08.max”文件，如图 4-70 所示。

（2）进入修改面板，点击“常规”卷展栏下的（NURBS 创建工具箱）按钮，弹出 NURBS 创建工具箱面板，上面集成了关于 NURBS 曲线点、曲线、曲面相关操作的各个命令，如图 4-71 所示。

（3）进入修改命令面板，选择修改堆栈列表，单击展开 NURBS 曲面前的加号，选择“曲线”子对象，点选如图 4-72 所示的 NURBS 曲线。

（4）单击 NURBS 曲线创建工具箱的（创建镜像曲线）按钮，在“顶”视图中选择上步中的红色线条，设置及效果如图 4-73 所示。

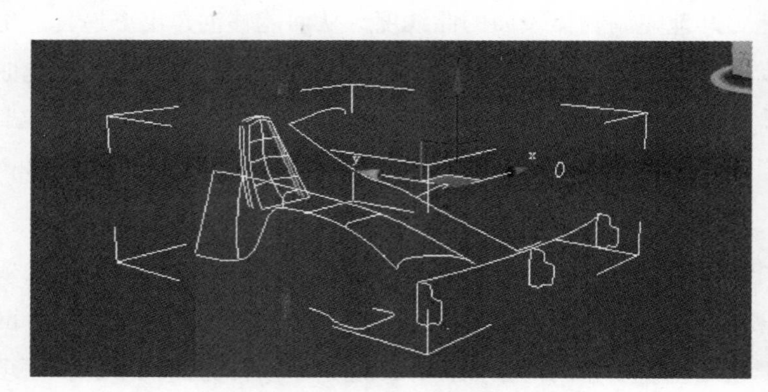

图 4-70　玩具车 NURBS 曲线文件

图 4-71　NURBS 创建工具箱面板

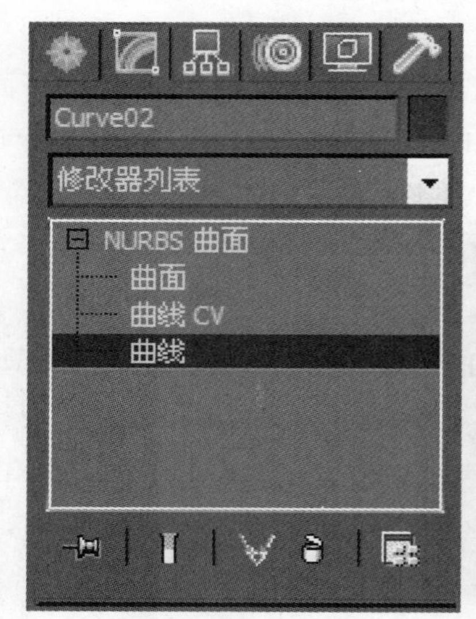

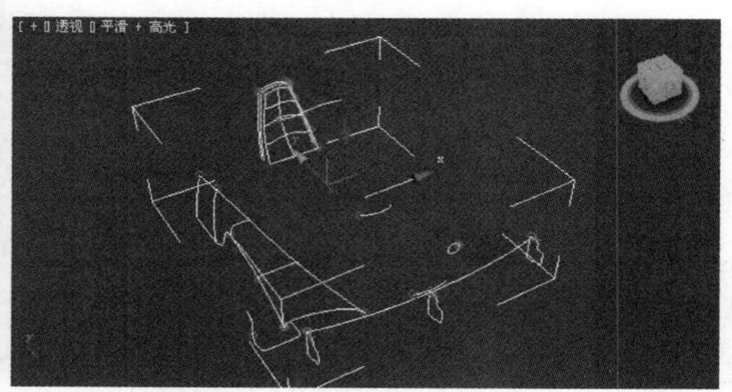

图 4-72　选择 NURBS 曲线效果

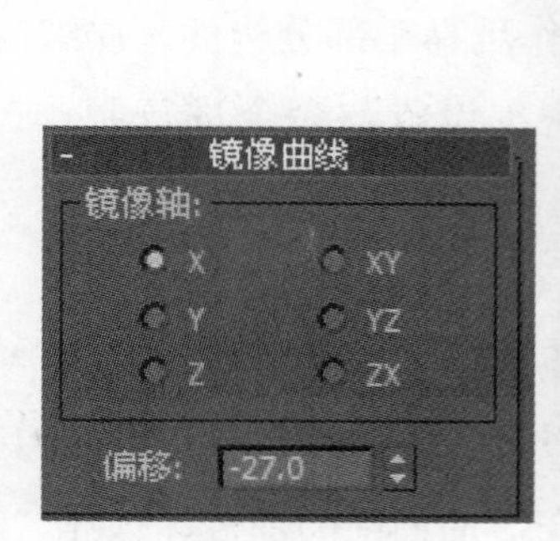

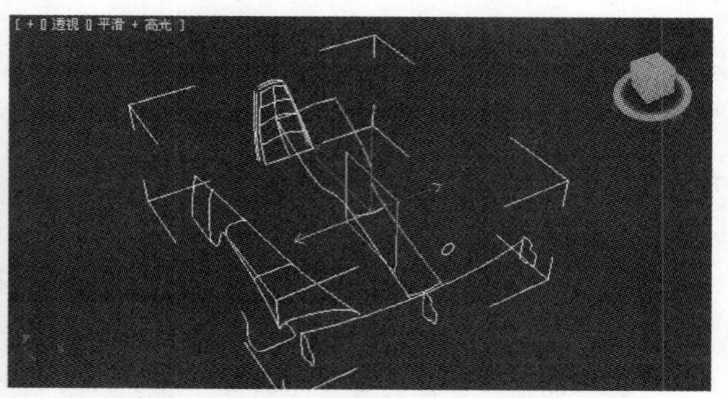

图 4-73　NURBS 曲线镜像设置及效果

（5）选择 NURBS 曲线创建工具箱的（创建 UV 放样曲面）按钮，鼠标单击依次选择车前盖四条围合曲线中的左、右两条曲线，选择两条曲线后单击右键，再依次选择从上到下的三条曲线，右键结束“UV 放样曲面”命令，会得到一个围合的曲面，完成效果后如果没有看到曲面，在“UV 放样曲面”卷展栏中，勾选“翻转法线”复选框，则可得到如图 4-74 所示效果。

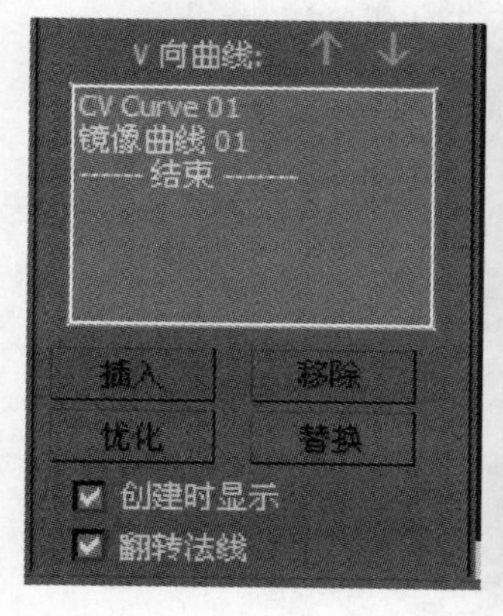

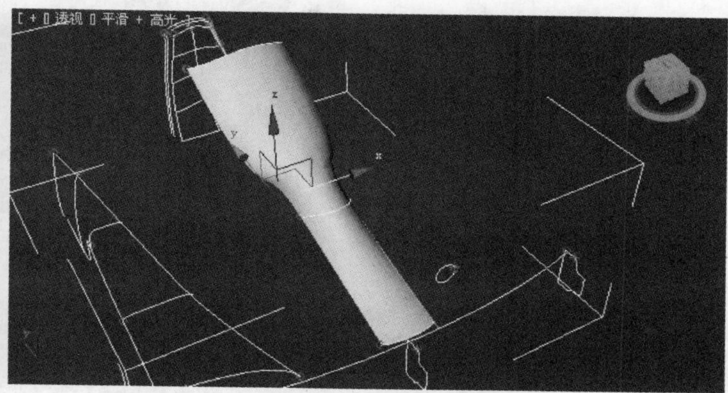

图 4-74　车顶盖效果

（6）选择 NURBS 曲线创建工具箱的（创建双轨扫描）按钮，选择玩具车右侧的车侧面轮廓线完成车的侧面车体创建。方法是依次选择侧面下、上轮廓线，再以此从后向前分别选择截面图形线，全部点选完成后单击右键结束任务，效果如图 4-75 所示。（注意：完成效果如果没有看到曲面，在“UV 放样曲面”卷展栏中，勾选“翻转法线”复选框。）

（7）选择 NURBS 曲线创建工具箱的（创建单轨扫描）按钮，来完成前保险杠的制作。方法与创建双轨扫描操作类似，首先选择单轨扫描的“路径”，然后依次从左到右选择轮廓线，单击右键结束单轨扫描任务，完成的效果如图 4-76 所示。

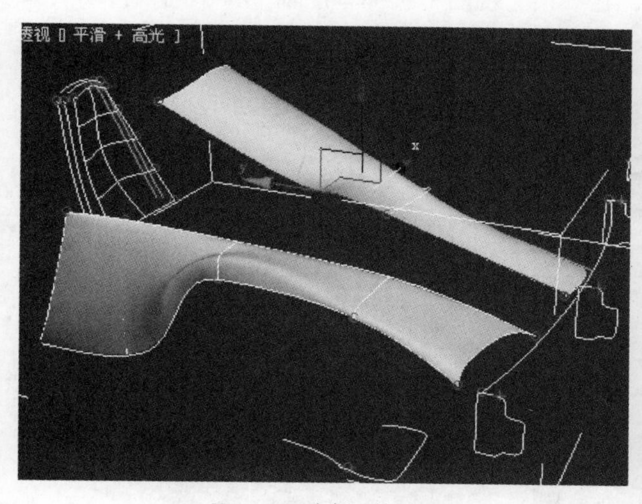

图 4-75　车侧面效果

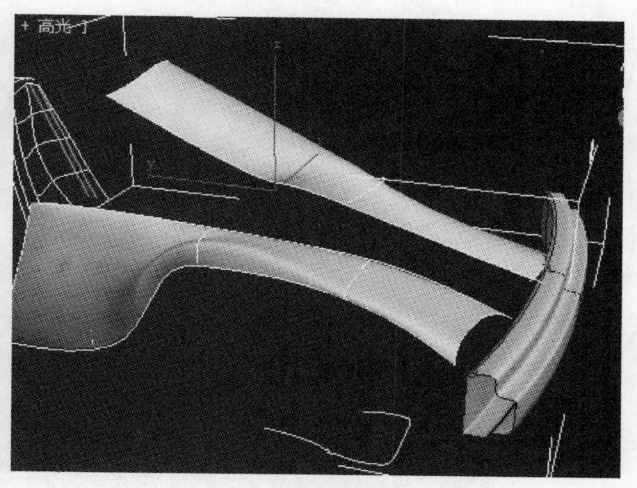

图 4-76　车前保险杠效果

（8）对保险杠的左右两侧进行封口处理，完成保险杠的模型创建。选择工具箱中的（创建封口曲面）按钮，在保险杠两侧的轮廓线上单击，完成封口处理，如没有显示出封口面，更改封口曲面法线则可完成封口制作，效果如图 4-77 所示。

（9）下面利用创建车削曲面来完成车轮制作。具体操作如下，选择工具箱中的（创建车削曲面）按钮，在透视图中选择轮胎的截面图形，在 车削曲面 （车削曲面）卷展栏中，选择车削轴向为 X 轴，效果如图 4-78 所示。

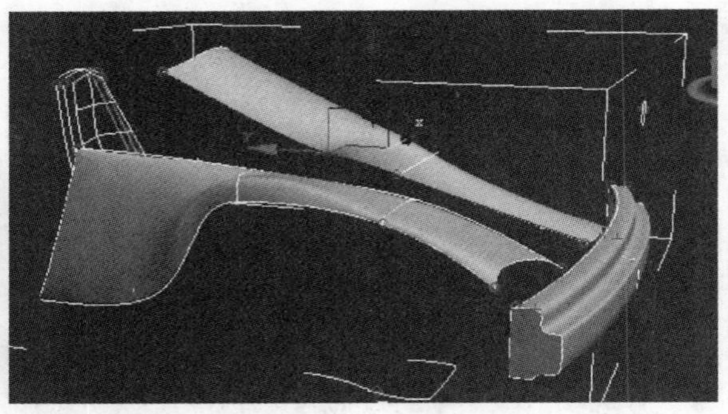

图 4-77　车前保险杠封口效果

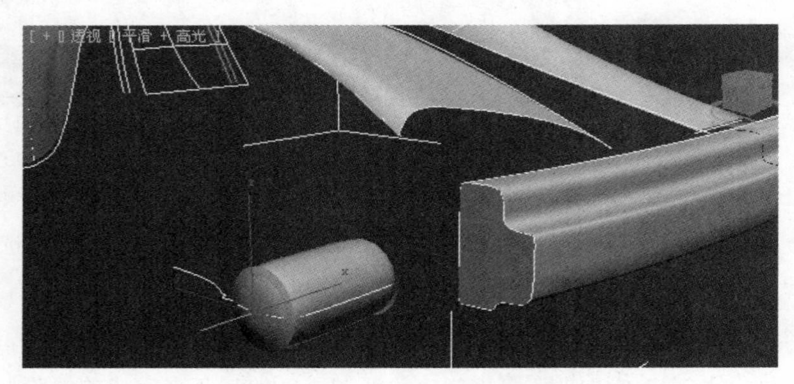

图 4-78　车削轮胎部分效果

（10）我们发现车轮部分形状不对，下面我们来更改一下车轮的车削轴，选择修改器堆栈列表中的“曲面”选项，然后按键盘的 H 键选择“车削曲面”，在“顶”视图中选择车削轴，将车削轴移动到如图 4-79 所示位置，完成车轮车削轴的调整。

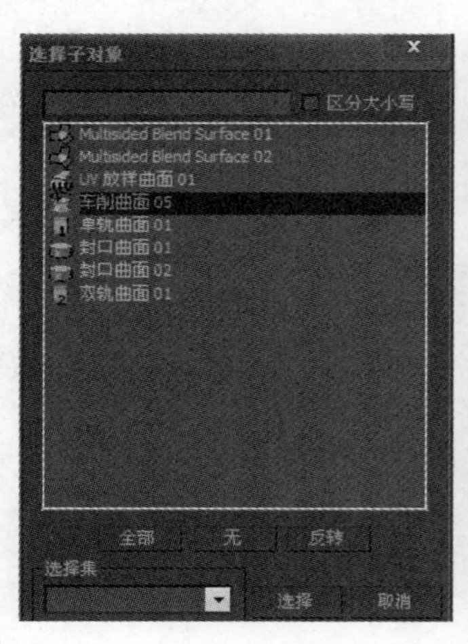

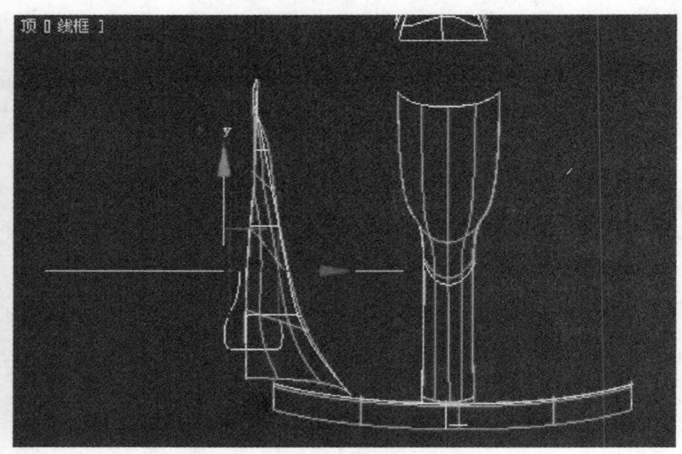

图 4-79　车削轴调整的位置效果

（11）接着依然使用“车削”命令对轮胎的截面图形进行车削操作，并调整车削轴向为 X 轴，按照上一步的方法调整车削轴，效果如图 4-80 所示。

（12）玩具车座椅的制作。先制作靠背部分，利用 NURBS 曲线创建工具箱（创建 UV 放样曲面）按钮，鼠标单击车座椅从左到右的三条轮廓线，单击右键，再依次选择从上到下的 5 条曲线，右键结束“UV 放样曲面”命令，完成的效果如图 4-81 所示。

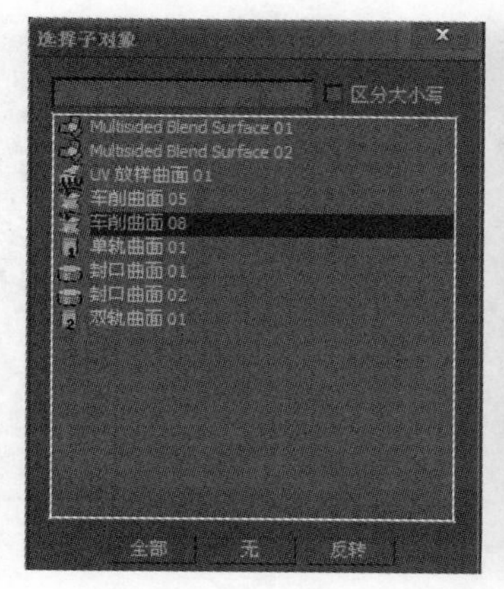

图 4-80　轮胎整体效果

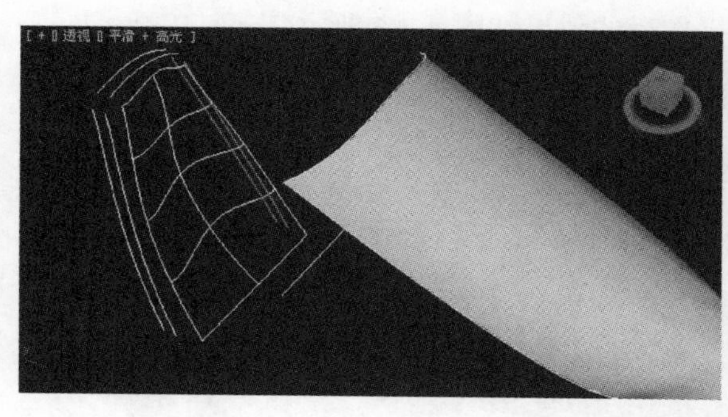

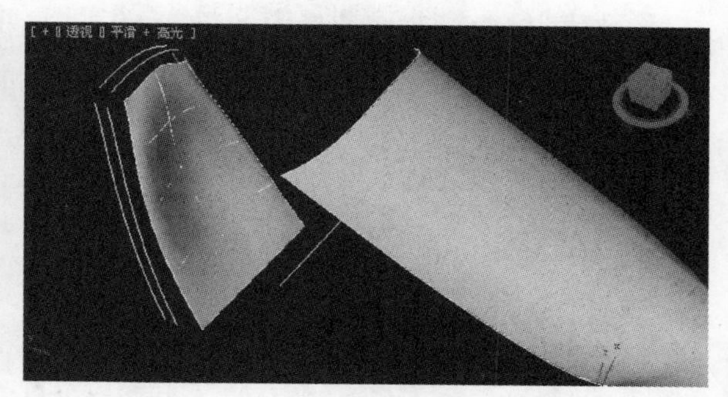

图 4-81　座椅靠背效果 1

（13）单击 NURBS 曲线创建工具箱中的（创建规则曲面）按钮，依次制作左侧和上方座椅的轮廓部分。依次单击两条相邻平行曲线，会形成一个 NURBS 曲面，效果如图 4-82 所示。

（14）单击 NURBS 曲线创建工具箱（创建混合曲面）按钮，选择第（13）步操作的曲面图形，并靠近右侧，使靠近靠背正面一侧的线型呈现蓝色，鼠标单击一下，然后将鼠标移动到靠背正面靠近刚才选择的蓝色曲线侧，再次单击，完成曲面连接。靠背上部用相同的方法，最终效果如图 4-83 所示。（注意：法线问题。）

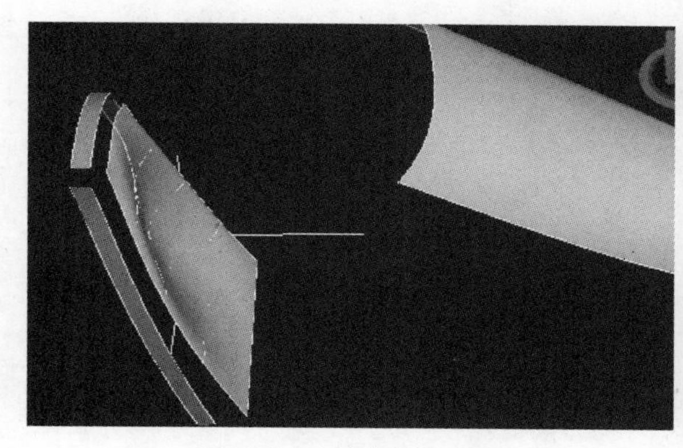

图 4-82　座椅靠背效果 2

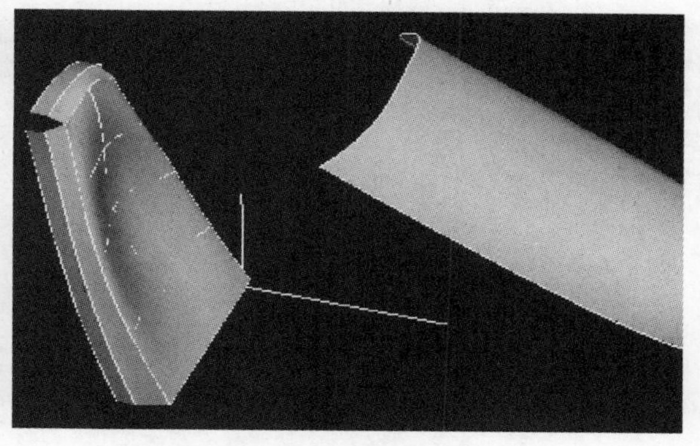

图 4-83　座椅靠背效果 3

（15）利用第（14）步的操作方法，完成上下两个面的曲面连接，效果如图 4-84 所示。

（16）单击 NURBS 曲线创建工具箱（创建多边混合曲面）按钮，分别点选 NURBS 曲面围合的空缺部分相连的三条 NURBS 曲线，右键单击结束命令，完成的效果如图 4-85 所示。

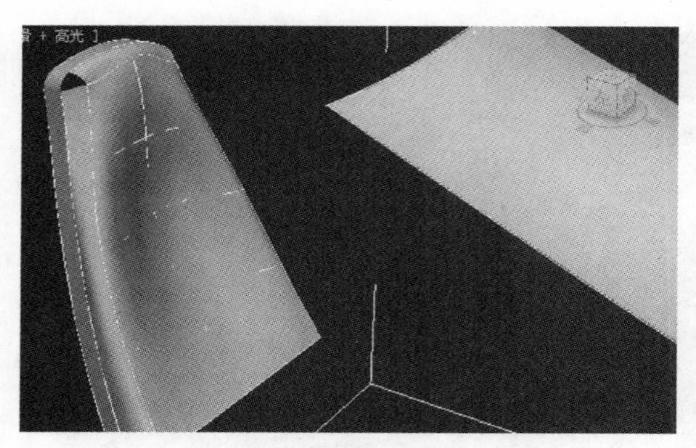

图 4-84　座椅靠背效果 4

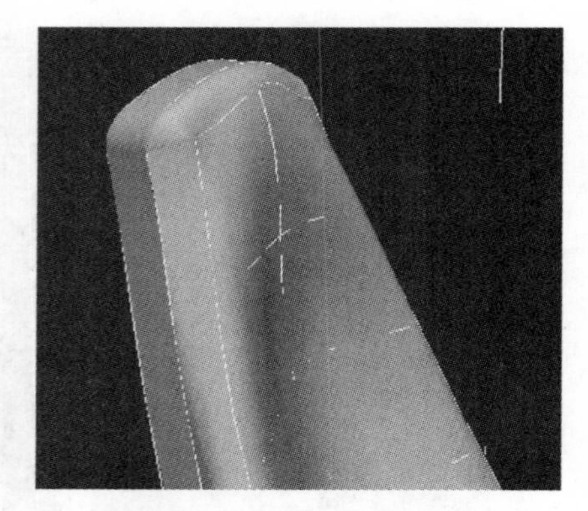

图 4-85　座椅靠背效果 5

（17）将车的右侧车轮和侧车盖用（创建镜像曲面）工具进行复制，完成玩具车另一侧对象的创建，镜像数值为 -25，轴向选择为 X 轴向，完成该步操作后的效果如图 4-86 所示。

（18）利用上述各个步骤的操作方法可额外添加 NURBS 曲线，完成最终效果，如图 4-87 所示。

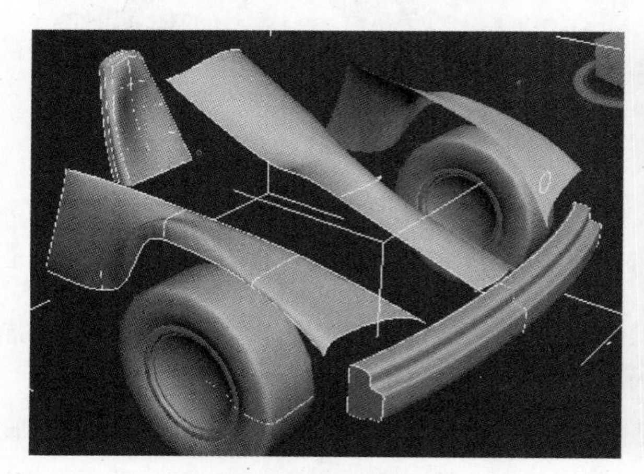

图 4-86　镜像后效果

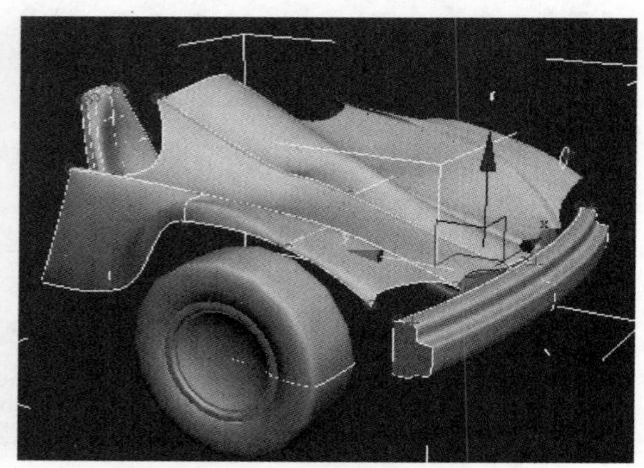

图 4-87　添加额外车顶盖效果

第5章

Chapter5

材质与贴图

5.1 材质编辑器简介

材质编辑器在整体上可以分为 3 个功能区域：示例窗口（材质球）、示例窗口控制工具栏及材质控制工具栏、参数控制区。

5.1.1 示例窗口（材质球）

在工具栏中打开如图 5–1 所示的黄色表示符 1，就可以打开“材质编辑器”对话框，在默认状态之下，材质编辑器中显示有 6 个材质编辑球，总共有 24 个材质编辑球。如图 5–1 所示，示例窗周围有一个白框，表示它处于选中状态，如果示例窗被指定到场景中，周围就出现三角形标识。

图 5–1　材质编辑器

5.1.2 示例窗口控制工具栏及材质控制工具栏

（1）材质球窗口右侧的窗口控制工具栏。

1）（采样类型）。可选择样品为球体、圆柱或立方体。

2）（背光）。按下此按钮可在样品的背后设置一个光源。

3）（背景）。按下此按钮在样品的背后显示方格底纹。

4）（采样 UV 平铺）。可选择 2×2、3×3、4×4。

5）（视频颜色检查）。可检查样品上材质的颜色是否超出 NTSC 或 PAL 制式的颜色范围。

6）（生成预览）。主要是观看材质的动画效果。

7）（选项）。对材质进行一些预设值。

8）（材质 / 贴图导航器）。单击之后弹出对话框，对话框中显示的是当前材质的贴图层次，在对话框顶部选取不同的按钮可以用不同的方式显示。

（2）示例窗口下方的材质编辑工具栏。

1）（获取材质）。单击该按钮可以打开材质 / 贴图浏览器窗口，在浏览器中可以选择所需要的材质与贴图。

2）（将材质放入场景）。可以在编辑材质之后更新场景中的材质。

3）（将材质指定给选定对象）。可将活动示例窗中的材质应用于场景中当前选定的对象。

4）（重置贴图 / 材质为默认设置）。用于清除当前活动示例窗中的材质，使其恢复到默认状态。

5）（生成材质副本）。通过复制自身的材质生成材质副本，“冷却”当前热示例窗。示例窗不再是热示例窗，但材质仍然保持其属性和名称，可以调整材质而不影响场景中的该材质。如果获得想要的内容，单击“将材质放入场景”按钮，可以更新场景中的材质，再次将示例窗更改为热示例窗。

6）（使唯一）。可以使贴图实例成为唯一的副本，还可以使一个实例化的子材质成为唯一的独立子材质，可为该子材质提供一个新材质名。该命令可以防止对顶级材质实例所做的更改影响“多维 / 子对象”材质中的子对象实例。

7）（放入库）。可将选定的材质添加到当前库中。

8）（材质 ID 通道）。按住该按钮打开“材质 ID 通道”弹出按钮，选择相应的材质 ID 通道将其指定给材质，该效果可以被 Video Post 过滤器用来控制后期处理的位置。

9）（转到父对象）。可以在当前材质中向上移动一个层级。

10）（转到下一个同级）。按住该按钮将移动到当前材质中相同层级的下一个贴图或材质。

5.1.3 参数控制区

在 3ds Max 中“材质编辑器”对话框中的参数控制是调节材质的主要控制区域，下面对其进行简单介绍。

（1）两个按钮。

1）（从对象拾取材质）。在视图中选择已经赋予材质的造型，可以把造型上的材质拾取到示例窗。

2）Standard（Standard）。单击该按钮，在弹出的对话框中可以选择材质与贴图的类型，显示的是当前层级材质与贴图类型。

（2）主要卷展栏。

1）明暗器基本参数。如图 5–2 所示，在下拉列表中可以选择不同的材质明暗编辑器，不同的明暗方式代表不同的参数设置。在 3ds Max 中，系统提供了八种明暗器，分别为："各向异性"、"Blinn"、"金属"、"多层"、" Oren–Nayar–Blinn"、"Phong"、"Strauss"、"半透明明暗编辑器"。

明暗编辑器类型及其参数主要对不同材质感觉进行调节，反映不同质感效果，这个在以后的练习中会分别介绍。

2）贴图。如图 5–3 所示，此卷展栏主要有两个控制区，一个是贴图类型，一个是数量。

①环境光贴图。这个贴图取代了环境色，使得对象的阴影看起来像贴图。

②漫反射贴图。这个贴图取代了漫反射颜色，这是用于对象的主要颜色，是最常用的贴图通道。

③高光颜色贴图。使用高光色取代高光颜色，高光级别和光泽度贴图也会影响高光。

④自发光贴图。这个贴图确定了哪些区域是透明的，哪些区域是可见的。贴图上黑色区域代表没有自发光的区域，白色区域代表自发光最强的区域。

⑤不透明度贴图。这个贴图确定了哪些区域是透明的，哪些区域是可见的。贴图上黑色的区域是透明的，白色区域是不透明的，但是要注意，即使透明区域完全透明，也仍然接受高光。这个特性对于制作纱棉布类的材质有举足轻重的作用。

⑥凹凸贴图。凹凸贴图通过位图的颜色使对象的表面凸起或者凹陷。贴图的白色区域凸起，黑色区域凹陷，通过改变数量值改变凹凸的程度。

⑦反射贴图。反射贴图是制作反射效果经常使用的一种贴图。

⑧折射贴图。是弯曲光线并通过透明的对象显示变形的图像，这与透过水面看物体是一个效果。可以更改扩展参数来调节效果。

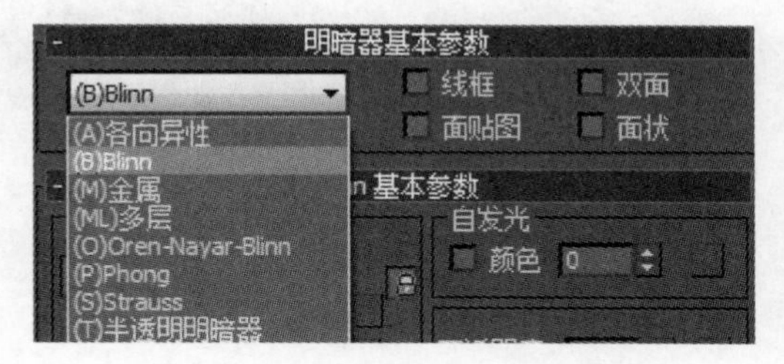

图 5–2 "明暗器基本参数"卷展栏

贴图

	数量	贴图类型
环境光颜色	100	None
漫反射颜色	100	None
高光颜色	100	None
高光级别	100	None
光泽度	100	None
自发光	100	None
不透明度	100	None
过滤色	100	None
凹凸	30	None
反射	100	None
折射	100	None
置换	100	None
....	100	None
....	100	None

图 5–3 "贴图"卷展栏

此外，3ds Max 的材质编辑器中提供了 14 种类型的材质，在制作效果中经常用到建筑材质、标准材质、光线跟踪材质、双面材质、多维材质、融合材质及 30 多种贴图类型，这在后面通过实例练习讲解来完成。

5.2 基本材质

5.2.1 金属材质实例 1——黄金材质

（1）启动 3ds Max 系统，打开配套光盘提供的“第 5 章 \ 台标 .max”场景文件，场景是一段金属台标的动画。

（2）打开材质编辑器，选择第一个材质球，在明暗选择器里面选择类型为“金属”，设定金属的基本参数：环境光（R：31、G：15、B：0），漫反射颜色（R：255、G：255、B：0）；设定反射高光：高光级别为 100，光泽度为 80；设定贴图类型里面的“反射”贴图为配套光盘里面的“第 5 章 \Glod.tga”文件，渲染效果如图 5-4 所示。

5.2.2 金属材质实例 2——不锈钢材质

（1）启动 3ds Max 软件，打开配套光盘提供的“第 5 章 \ 不锈钢材质初始文件 .max”场景文件，在场景中有几个简单几何体，用以调节材质，同时在场景中设置了灯光。

（2）打开材质编辑器，选择一个材质球，在“明暗器基本参数”卷轴栏里面选择类型为“金属”，设定金属的基本参数：环境光、漫反射的颜色均为灰色（RGB 均为 166）；设定反射高光：高光级别为 107，光泽度为 70。设定贴图类型里面的“反射”贴图为“光线跟踪”贴图，在“光线跟踪器参数”卷展栏中的“背景”选项组里面设定贴图类型为“衰减”贴图，衰减贴图为灰色（数值为 174）到黑色（数值为 0）过渡，渲染效果如图 5-5 所示。

图 5-4 渲染效果

图 5-5 不锈钢材质效果

5.2.3 半透明材质实例 1——蜡烛材质

（1）启动 3ds Max 软件，打开配套光盘提供的“第 5 章 \ 蜡烛初始文件 .max”场景文件。

（2）打开材质编辑器，选择一个材质球，在明暗选择器里面选择类型为“半透明明暗器”。设定半透明基本参数：环境光颜色为黑色（数值为 0）、漫反射颜色为灰色（数值为 145）；设定反射高光：高光级别为 89，光泽度为 30；设定半透明颜色为灰色（数值为 170）。渲染效果如图 5-6 所示。

（3）另一种制作蜡烛材质的方法是可以用光线跟踪材质来实现半透明材质效果。在材质编辑器中点击 Standard （Standard）按钮，选择“光线跟踪”类型。设定“光线跟踪基本参数”：“明暗处理”选择“phong”，“漫反射”颜色为红色（R：255、G：51、B：51），“高光颜色”为灰色（数值为203），“高光级别”为78，“光泽度”为40。设定“扩展参数”：半透明贴图类型为渐变贴图，在“渐变参数中”设置颜色1为深红（R：255、G：85、B：57）、颜色2为浅红（R：255、G：94、B：94）、颜色3为黑色（R：0、G：0、B：0）。渲染效果如图5-7所示。

图5-6　蜡烛渲染效果1

图5-7　蜡烛渲染效果2

5.2.4　半透明材质实例2——玉石材质

（1）启动3ds Max软件，打开配套光盘提供的“第5章\玉石初始文件.max”场景文件。

（2）打开材质编辑器，选择第一个材质球，在明暗选择器里面选择类型为“半透明明暗器”，设定“半透明基本参数”：环境光和漫反射颜色为墨绿色（R：51、G：106、B：55），高光反射颜色为亮绿色（R：58、G：224、B：81），“反射高光”的“高光级别”为260，“光泽度”为50，设定“半透明颜色”为绿色（R：0、G：159、B：62）。

（3）设定“反射”贴图类型为“光线跟踪”，“数量”为80；同时设定漫反射颜色和自发光贴图类型为“衰减”贴图，“漫反射颜色”贴图的“衰减参数”为深绿（R：34、G：98、B：25）到浅绿（R：56、G：176、B：91）；“自发光”贴图的“衰减参数”为黑色（R：0、G：0、B：0）到灰色（R：157、G：157、B：157）。最终渲染效果如图5-8所示。

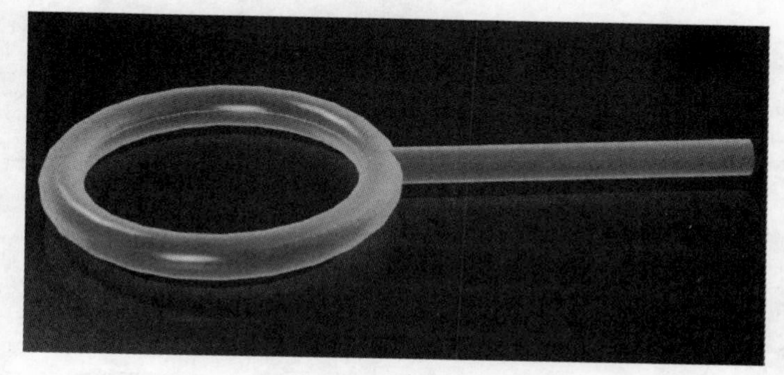

图5-8　玉石最终渲染效果

5.3 其他材质

在 3ds Max 中，除了基本材质外，另外常用的材质效果还有复合材质、双面材质、混合材质、多维子物体材质、光线跟踪材质等，其效果如图 5-9 所示。

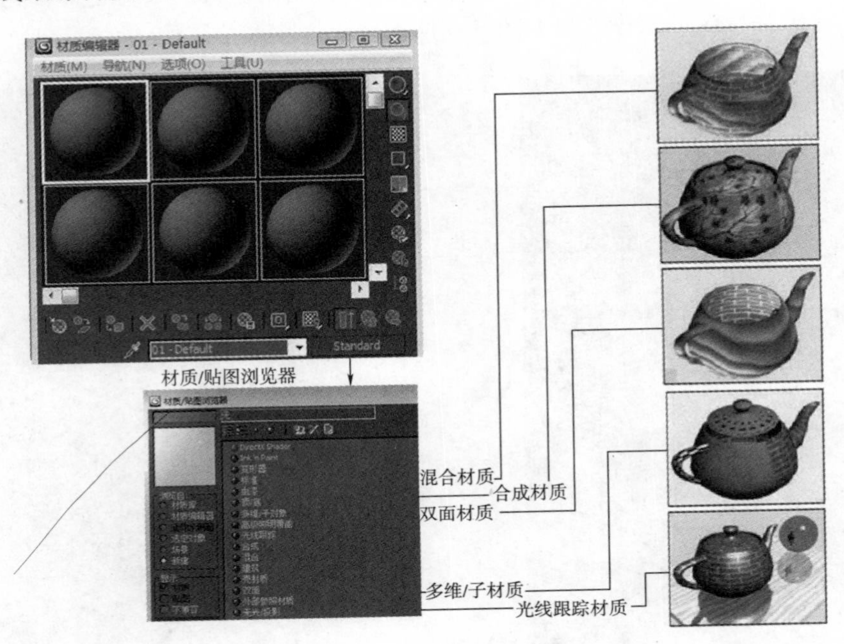

图 5-9 其他类型材质效果

5.3.1 双面材质

此类型材质可以分别对物体的内、外面进行不同的材质设置，如图 5-10 所示。

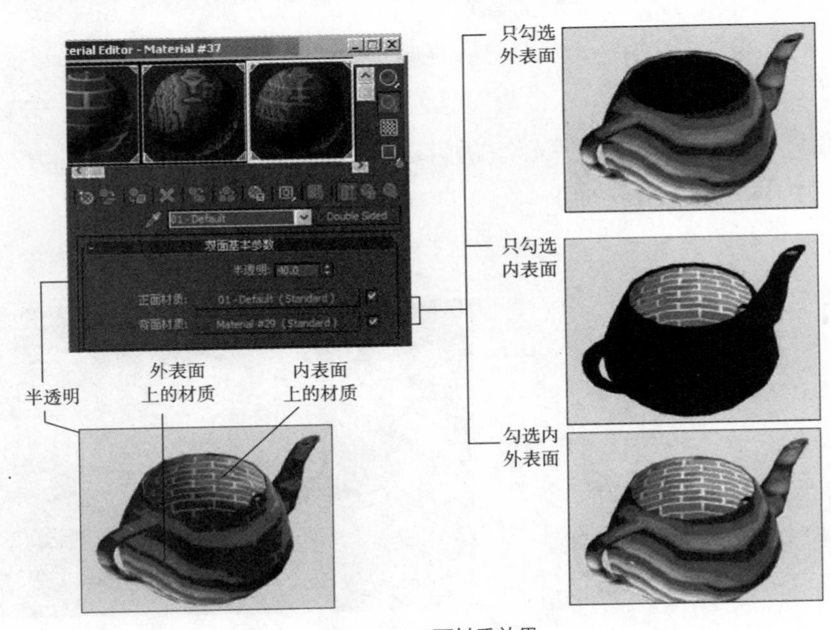

图 5-10 双面材质效果

5.3.2 混合材质

混合材质常用来制作一个物体具有的不同质感，它可以用一个“图层遮罩”来把不规则的形状赋予在有底纹的物体上，如图 5-11 所示。

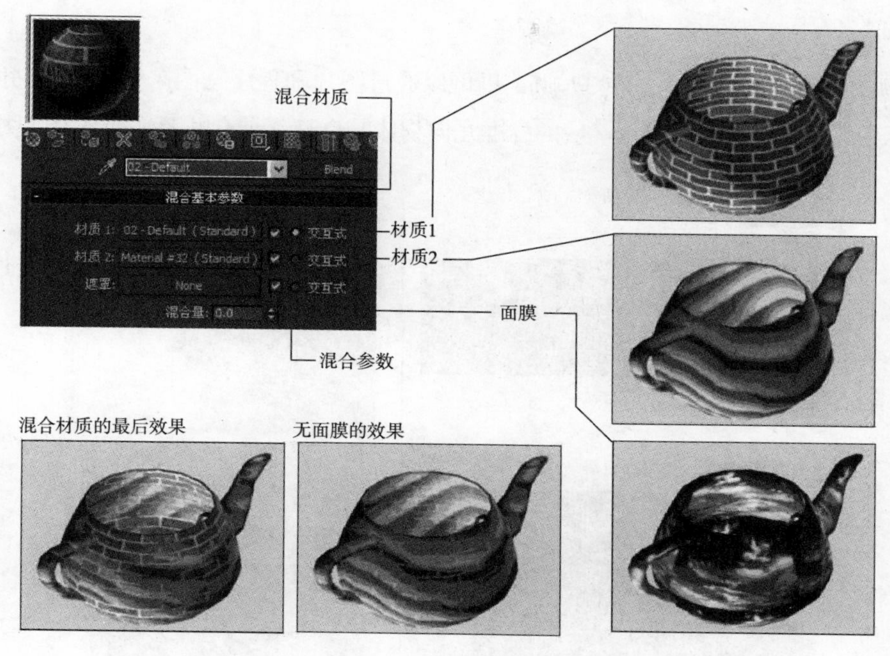

图 5-11 混合材质效果

5.3.3 多维子物体材质

多维子物体材质可根据物体表面不同区域的 ID 号来分别设置材质，如图 5-12 所示。

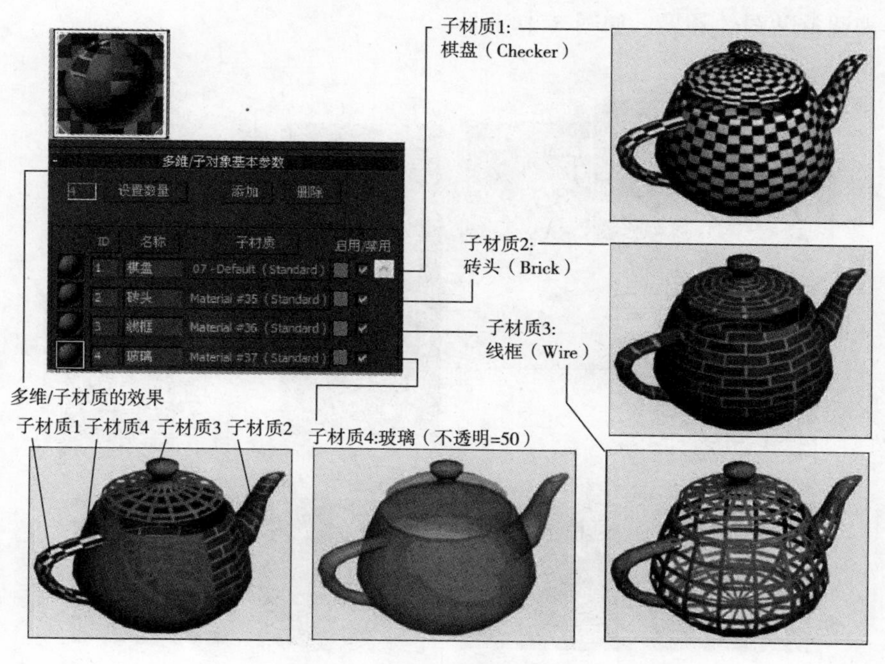

图 5-12 多维子物体材质效果

5.4 贴图坐标系及贴图类型

5.4.1 贴图坐标系

贴图是指物体表面的图案肌理。在 3ds Max 里可以通过图片和程序贴图来实现。在贴图的过程中，应该考虑贴图坐标系的设置。在贴图时，一般的标准几何物体其自身都带有贴图坐标系，如图 5-13 所示。

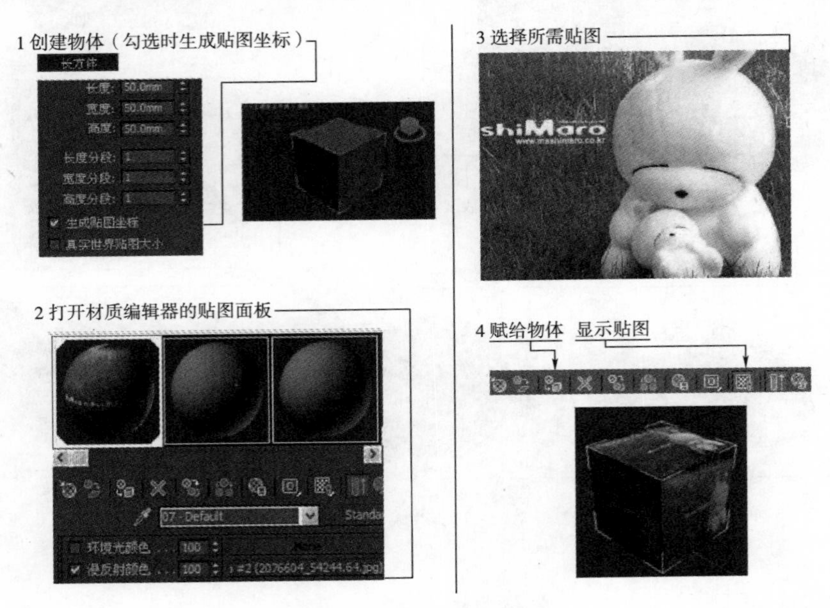

图 5-13 物体自身贴图坐标

贴图坐标系的调整一般有两种方法：一种是通过调节面板直接调整重复和拼贴，一种是通过“UVW”修改器来调整贴图的效果，如图 5-14 所示。

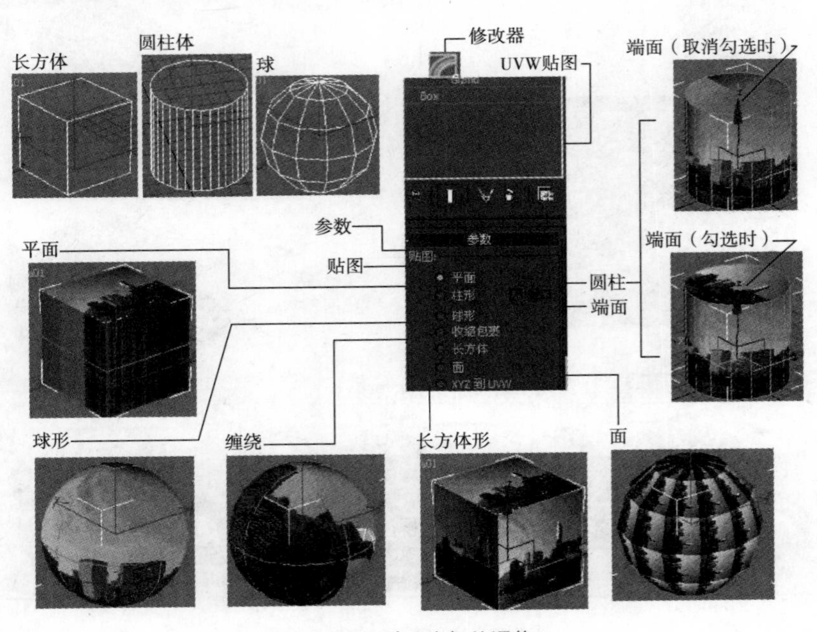

图 5-14 贴图坐标的调整

5.4.2 贴图类型

贴图的常见类型有：漫反射颜色贴图、反射贴图、光线跟踪贴图、凹凸贴图、不透明度贴图、自发光贴图、噪波贴图、渐变贴图、环境光颜色贴图等效果，其效果如图 5-15 所示。

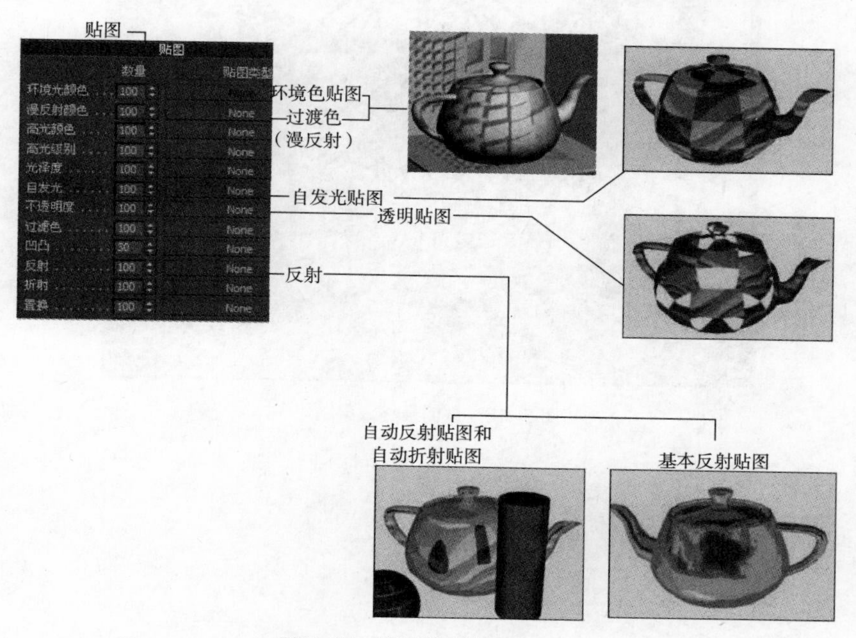

图 5-15 常见贴图的几种类型

5.5 材质与贴图实例——铁门场景

（1）打开 3ds Max 软件，打开配套光盘提供的“铁门场景 .max”文件。

（2）分别对场景中的各个物体设定材质和贴图。设定地面的材质效果为沙石地面，其主要设定参数为：明暗基本编辑器为“Blinn”，漫反射贴图类型为位图，选择图片“沙石地面”；“不透明度”贴图上贴一个程序贴图“渐变坡度”，设定渐变坡度参数：0，位置的颜色设定为纯白色，46% 位置的颜色为灰色（R：207、G：207、B：207），65% 位置的颜色为灰色（R：137、G：137、B：137），73% 位置也为灰色（R：128、G：128、B：128），100% 位置为黑色，渐变类型为“径向”。采用这个贴图主要是为了实现沙石地面和背景图片的融合。黑白灰过度主要由渐变过程中不透明贴图的穿透特点所决定，其参数可以根据实际情况来调整。

（3）铁门两边的砖墙材质参数设置为：明暗基本编辑器为“Blinn”，设定“高光级别”为 60，“光泽度”为 37，设定漫反射贴图为位图，选择石头图片“石材 .jpg”。

（4）铁门的材质设定：明暗基本编辑器为“Blinn”，“漫反射”颜色为黑色，勾选“双面”选项；设定“不透明度”贴图为位图，选择位图“铁门 .jpg”，在“位图参数”卷展栏点击“查看图像”按钮，并用选择框把图片周围的黑色排除掉，勾选“裁剪”和“应用”选项。这样贴图就不会出现空隙。

（5）在“渲染”菜单下选择“环境”，设定环境贴图为位图，选择图片“33787129.jpg”，这个主要用来设定场景背景效果。

（6）渲染场景，最终效果如图 5-16 所示。

图 5-16　铁门最终效果制作

5.6　V-Ray 材质

5.6.1　V-Ray 材质的调用

（1）在 3ds Max 中按下 F10 键打开“渲染设置”面板，在“公用”栏中的“指定渲染器”卷展栏下，点击“产品级：”右侧的...（指定渲染器）按钮，在弹出的对话框中选择 V-Ray 渲染器，完成渲染器的更改设置，如图 5-17 所示。（注意：此处在 3ds Max 中安装的是 V-Ray2.0 中文版。）

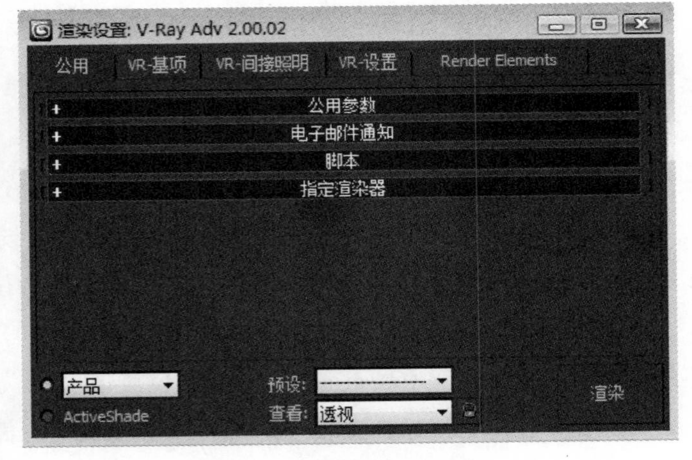

图 5-17　V-Ray 渲染器面板

（2）按下键盘中的 M 键，打开“材质编辑器”对话框，点击材质球参数面板中的 Standard（Standard）按钮，在“材质 / 贴图浏览器”中选择“V-RayMtl”，进入 V-Ray 材质面板，如图 5-18 所示。

5.6.2　V-Ray 材质编辑器面板

5.6.2.1　“基本参数”卷展栏

如图 5-19 所示，为 V-Ray 的“基本参数”卷展栏。

（1）“漫反射”选项组。

漫反射。材质的漫反射颜色，能在纹理贴图部分的漫反射贴图通道凹槽里使用一个贴图替换这个倍增器的值。

图 5-18 V-Ray 材质编辑器面板

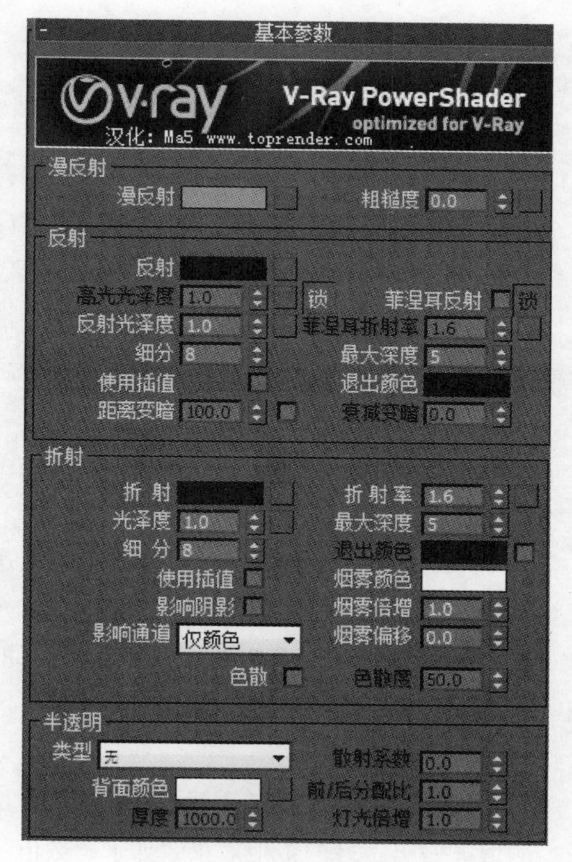

5-19 V-Ray 的“基本参数”卷展栏

（2）“反射”选项组。

1）“反射”。是个反射倍增器，通过颜色来控制反射的值。同样，也能在纹理贴图部分的反射贴图通道凹槽里使用一个贴图来替换这个倍增器的值。

2）“高光光泽度”。控制反射效果的高光区域大小，必须先调整反射值。

3）“反射光泽度”。这个值表示材质的光泽度大小，也就是反射模糊。值为 0 时意味着得到非常模糊的反射效果；值为 1 时将关掉光泽度，V-Ray 将产生非常明显的完全反射。（注意：打开反射光泽度将增加渲染时间。）

4）“细分”。控制光线的数量，作出有光泽的反射估算。当反射光泽度值为 1 时，这个细分值会失去作用，V-Ray 不会发射光线去估算反射光泽度。将“反射光泽度”也就是反射模糊调小，再调整该值为 1，可以看到效果，由此可以得出它起到控制反射模糊的作用。

5）“菲涅耳反射”。当这个选项打开时，反射将具有真实世界的玻璃反射。这意味着当角度在光线和表面法线之间角度值接近 0 度时，反射将衰减；当光线几乎平行于表面时，反射可见性最大；当光线垂直于表面时几乎没反射发生。如图 5-20 所示，为是否勾选菲涅耳反射的效果对比。

（a）

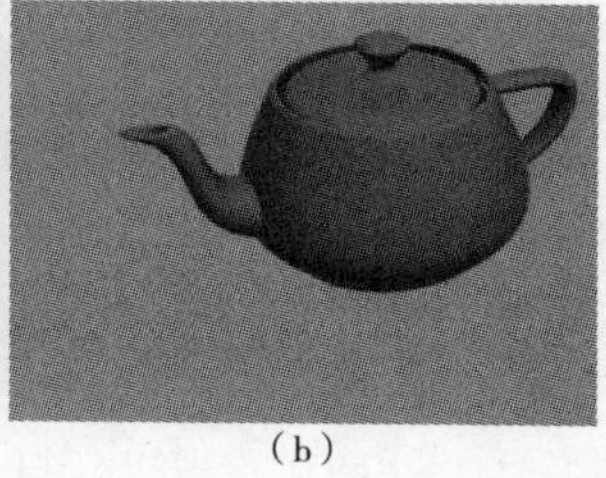
（b）

图 5-20 菲涅耳反射效果对比
（a）不勾选菲涅耳反射的效果；（b）勾选菲涅耳反射的效果

6）“最大深度”。光线跟踪贴图的最大深度。光线跟踪更大的深度时贴图将返回黑色。该值控制了物体反射周围环境的景深层次，数值代表可进行反射的次数。设反射颜色为纯白，并将该值设置为 1，然后渲染，你会注意到很多区域变黑了。该值是用来控制在计算结束前光线反射的次数。该值为 1 表示仅仅反射 1 次，2 则表示在反射中有两个反射存在，依次类推。

7）“使用插值”。选择此项可以使用下面“反射插值”卷展栏中的功能。效果在于柔化粗糙的反射效果，可以提高渲染速度，但同时也降低了图像质量。在表现反射模糊的时候很有用。

8）“退出颜色”。光线在场景中的反射达到最大深度时会停止。而停止后以什么颜色反馈，也就是表示物体在表面颜色下反射所溢出颜色以该色为主。

（3）“折射”选项组。

1）“折射”。是个折射倍增器，能在纹理贴图部分的折射贴图通道凹槽里使用一个贴图替换这个倍增器的值。

2）“光泽度”。这个值表示材质的光泽度大小，也就是折射模糊。值为 0 时意味着得到非常模糊的折射效果；值为 1 时将关掉光泽度，V–Ray 将产生非常明显的完全折射。

3）“细分”。控制光线的数量，作出有光泽的折射估算。当光泽度值为 1 时，这个细分值会失去作用，V–Ray 不会发射光线去估算光泽度。配合上面“光泽度”的设置，增加该值可使模糊效果更加平滑，减少噪点，但模糊程度不变。

4）“折射率”。这个值确定材质的折射率，用来区分入射光透过物体表面后发生的方向偏移。设置适当的值能做出很好的折射效果，如水（数值为 1.33）、水晶（数值为 2）、钻石（数值为 2.4）、玻璃（数值为 1.5）、空气（数值为 1.0）等等。如图 5–21 所示，为普通玻璃的折射效果。

5）“最大深度”。控制光线透过物体产生折射的次数。

6）“退出颜色”。光线透过物体进行折射时，当达到所设置最大深度的次数时，最终停止后以该颜色显示。

7）“使用插值”。选择此项可以使用下面“折射插值”卷展栏中的功能。

8）“烟雾颜色”。V–Ray 允许你用雾来填充折射的物体，这是物体内部的颜色。如图 5–22 所示，为利用烟雾颜色制作的有色玻璃效果。

图 5–21　普通玻璃的折射效果

图 5–22　有色玻璃的效果

9）“影响阴影”。打开后可使物体产生透明阴影，可使光线穿透透明物体产生的阴影与“烟雾”的颜色相似。

10）“烟雾倍增”。烟雾的颜色倍增器，可以控制烟雾的亮度。较小的值产生更透明的烟雾，而值越大就越暗。

11）“烟雾偏移”物体内部烟雾颜色的偏移大小。

（4）“半透明”选项组。

1）“散射系数”。定义物体内部的散色数量。值为0代表在任何方向都有散色，也就是光线达到物体内部一个随机的散色，效果重些；值为1代表当前光线在内部进行一个保持原始方向进行向外投射，这种方式比较直接些，但效果不是那么均匀，所以一般为0或小于1的数值。

2）前/后分配比。控制光线散射的方向。这个值控制在半透明物体表面下的散射光线多少将相对于初始光线，向前或向后传播穿过这个物体。值为1时意味着所有的光线将向后传播；值为0时，所有的光线将向前传播；值为0.5时，光线在向前/向后方向上等向分配。

3）“灯光倍增”。透明的倍增值，也就是灯光分散用的倍增器。用它来描述穿过材质下的面被反、折射的光的数量。

4）“厚度”。限定光线在表面下最终的一个深度，也就是确定半透明层的厚度。当光线跟踪深度达到这个值时，V-Ray不会跟踪光线下面的面。

5.6.2.2 “BRDF-双向反射分布功能”卷展栏

此卷展栏是用来分配物体反射光活动范围的，如图5-23所示。

（1）“各向异性”。控制高光的扭曲程度，通过值的大小来改变高光趋向，取值范围-1~1之间。如图5-24所示，为利用“各向异性”制作的拉丝不锈钢材质效果。

（2）“旋转”。控制高光旋转的角度。

（3）“UV矢量源”选项组。选择通过坐标或通道来反映高光。

1）“局部轴”。可以选择X、Y、Z三个轴向来反映高光范围，一般选择Z轴。

2）“贴图通道”。通过指定材质通道编号控制高光。

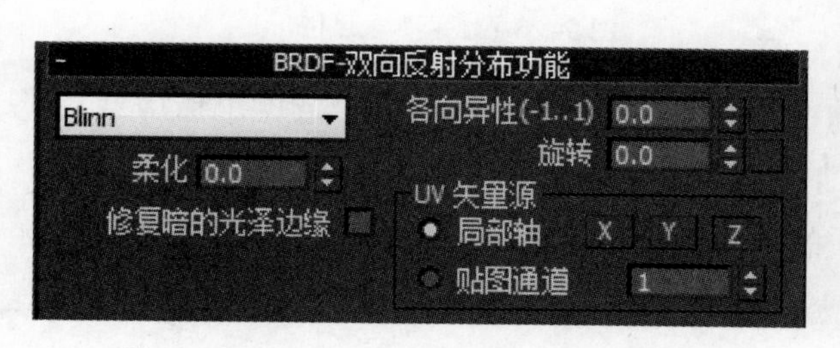

图5-23 “BRDF-双向反射分布功能”卷展栏

图5-24 不锈钢的效果

5.6.2.3 “选项”卷展栏

如图5-25所示，为“选项”卷展栏所列参数面板。

（1）“跟踪反射”。控制光线是否追踪反射，选中就可以产生反射，不选就不能产生。

（2）“跟踪折射”。控制光线是否追踪折射，选中就可以产生折射，不选就不能产生。

（3）“双面”。是否打开材质的双面特性，与3ds Max默认材质中的“双面”相同。

（4）“背面反射”。这个选项强制V-Ray总是跟踪反射（甚至表面的背面），打开后会多计算很多看不到面的反射，增加渲染时间。

（5）“使用发光贴图”。为了完成这些要求，需要关掉使用发光贴图选项。否则 GI 为了物体使用这个材质将使用光子图。（注意：除非 GI 被打开并且设置了光子贴图，不然这个选项不起作用。）

（6）“把光泽光线视为全局光线”。这里有三个选项，即“从不”、“仅全局光线”、“始终”。当打开 V-Ray 的反射和折射材质时，如果选择“从不”选项，V-Ray 将使用一部分光线来追踪物体的光泽度，而另外一部分光线计算漫反射；当选择“仅全局光线”选项时，V-Ray 会在使用间接照明时强制对当前材质使用一束光线来追踪漫反射和反射光泽度，在这种情况下会自适应分配某些光线来追踪漫反射和反射光泽度，建议保持默认选择该项。

5.6.2.4 “贴图”卷展栏

如图 5-26 所示，为“贴图”卷展栏面板。在这里可以设置不同的纹理贴图。在每个纹理贴图通道凹槽都有一个“倍增器”、“状态复选框”和一个“长按钮”。这个倍增器控制纹理贴图的强度，状态复选框是贴图开关，长按钮让你选择自己想要的贴图或是选择当前贴图。

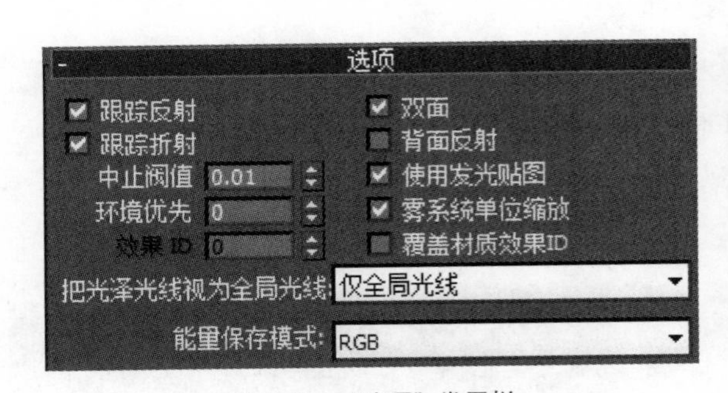

图 5-25 “选项”卷展栏

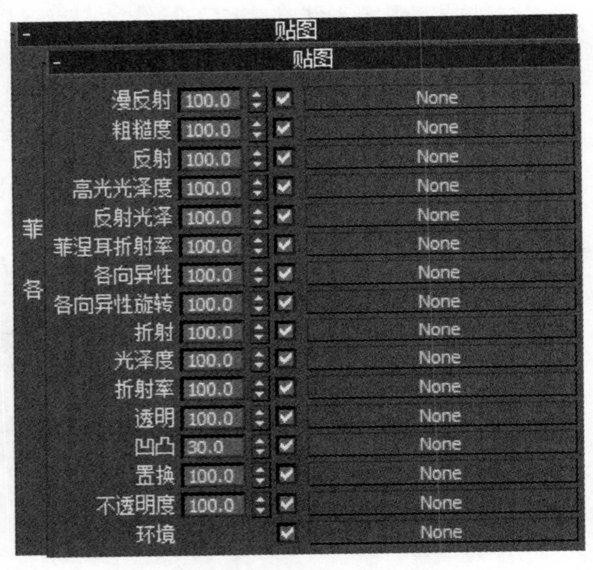

图 5-26 “贴图”卷展栏

（1）“漫反射”。通道凹槽控制着材质的漫反射颜色。如果你仅仅需要一个简单的颜色倍增器，那么你可以不使用这个通道凹槽，可以使用“基本参数”卷展栏里“漫反射”的设置来替代它。

（2）“反射”。纹理贴图在通道凹槽中控制着材质的反射颜色倍增器。如果仅仅需要一个简单的颜色倍增器，可以用“基本参数”卷展栏“反射”的设置来替代它。

（3）“高光光泽度”。选择位图文件或程序贴图，以将图像指定给材质的高光颜色组件。贴图的图像只出现在反射高光区域中，当数量微调器处于 100 时，贴图提供所有的高光颜色。（注意：高光光泽度贴图会改变高光的颜色。）

（4）“反射光泽”。可以选择影响反射高光显示位置的位图文件或程序贴图。指定给光泽度，决定曲面的哪些区域更具有光泽，哪些区域不太有光泽，具体情况取决于贴图中颜色的强度。贴图中的黑色像素将产生全面的光泽，白色像素将完全消除光泽，中间值会减少高光的大小。（注意：反射光泽贴图会改变高光的位置。）

（5）“折射”。纹理贴图在通道凹槽里控制材质的折射颜色倍增器。可以使用“基本参数”卷展栏里的“折射”设置来替代它。

（6）“光泽度”。纹理贴图在通道凹槽里作为有光泽、平滑的反射的一个倍增器。

（7）“透明”。选择位图文件或程序贴图来设置过滤色组件的贴图。此贴图基于贴图像素的强度应用透明颜色效果。

（8）“凹凸”。在凹凸贴图通道凹槽，凹凸贴图被用来模拟表面凹凸不平的粗糙度，不用在场景中真的添加更多的几何体来模拟表面的粗糙感。

（9）“置换”。在位移贴图通道凹槽，位移贴图被应用到表面造型中，所以它显得更起伏不平。不像凹凸贴图，位移贴图实际上执行的是表面的细分和节点位移，它相对于凹凸贴图渲染减慢。

（10）“不透明度”。选择位图文件或程序贴图来生成部分透明的对象。贴图的浅色区域渲染为不透明，深色区域渲染为透明，两者之间的色域渲染为半透明。（注意：将“数量”设置为0相当于禁用贴图。）

（11）“环境”。它可以针对不同材质的表面映射出相应的环境。而“渲染”面板“环境”卷展栏中的参数，针对整个场景中所有的反射、折射物体映射出相应的环境。

5.6.3 V-Ray 渲染设置面板

5.6.3.1 “V-Ray-基项”面板

（1）“帧缓存”卷展栏。如图5-27所示，为“帧缓存”卷展栏。

“启用内置帧缓存”：使用内建的帧缓存。勾选这个选项将使用V-Ray渲染器内置的帧缓存。当然，3ds Max自身的帧缓存仍然存在，也可以被创建，不过在这个选项勾选后，V-Ray渲染器不会渲染任何数据到3ds Max自身的帧缓存窗口。为了防止过分占用系统内存，可以把3ds Max的自身分辨率设为一个比较小的值，并且关闭虚拟帧缓存，即“公用”→“公用参数”→“渲染帧窗口”选项。

（2）“全局开关”卷展栏。如图5-28所示，为“全局开关”卷展栏。

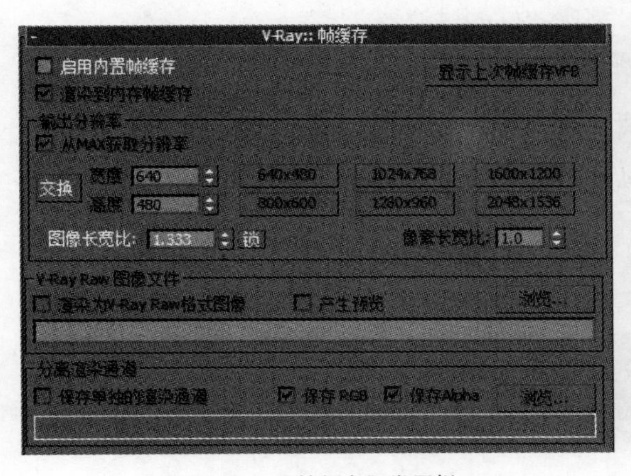

图5-27 “帧缓存”卷展栏

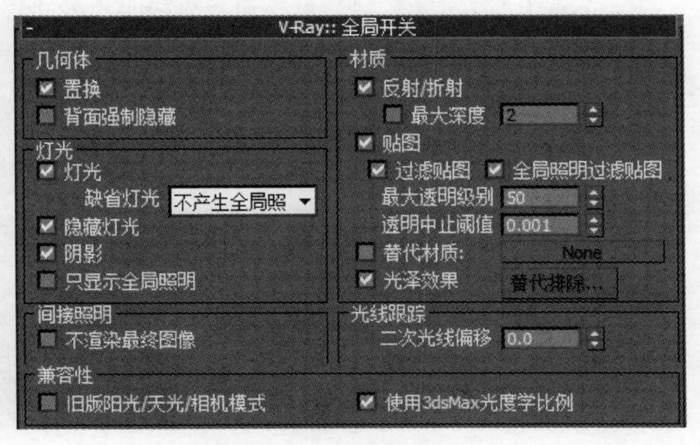

图5-28 “全局开”卷展栏

1）“几何体”选项组。“置换”：决定是否使用V-Ray自己的置换，无需添加“置换”修改器。这个选项不会影响3ds Max自身的置换贴图，使用时只需在“材质编辑器”中加一张“置换”贴图即可。

2）“灯光”选项组。“灯光”：决定是否使用灯光，也就是说这个选项是V-Ray场景中的直接灯光的总开关，当然这里的灯光不包含 3ds Max 场景的默认灯光；如果不勾选的话，系统不会渲染手动设置的任何灯光，只会使用场景默认灯光渲染场景。“缺省灯光”：是否使用 3ds Max 的默认灯光。“隐藏灯光”：勾选的时候，系统会渲染隐藏的灯光效果而不会考虑灯光是否被隐藏。“阴影”：决定是否渲染灯光产生的阴影。“只显示全局照明”：影响渲染出来的图像光照关系（即亮度级别），而且选中此项投影将被隐藏，渲染出来的只是场景所产生的间接光的效果，也就是直接光照基本被过滤掉了。（注意：场景中必须设置 V-RayMtl 材质，“只显示全局照明”才会对其起作用。）

3）“材质”选项组。“反射 / 折射”：是否考虑计算 V-Ray 贴图或材质中的光线的反射 / 折射效果。“最大深度”：用于设置 V-Ray 贴图或材质中反射 / 折射的最大反弹次数。在不勾选的时候，反射 / 折射的最大反弹次数使用材质 / 贴图的局部参数来控制；当勾选的时候，所有的局部参数设置将会被它所取代。“贴图”：是否渲染场景中模型指定的纹理贴图。不选择此项将以材质中“漫反射颜色”进行渲染。“过滤贴图”：对场景中模型指定的纹理贴图进行过滤，起到一种平滑作用，使贴图的效果更好。不过效果比较微弱，一般勾选即可。“最大透明级别”：控制透明物体被光线追踪的最大深度，一般设置为 50。“透明终止域值”：控制对透明物体的追踪何时中止。如果光线透明度的累计低于这个设定的极限值，将会停止追踪。“替代材质”：勾选这个选项时，允许用户通过使用后面的材质槽指定的材质来替代场景中所有物体的材质来进行渲染。“光泽效果”：材质的光滑属性，一般选择此项。

4）“间接照明”选项组。“不渲染最终图像”：勾选的时候，V-Ray 将不渲染最终的图像，V-Ray 只计算相应的全局光照贴图（光子贴图、灯光贴图和发光贴图），对他们进行光子的保存，并且如果使用此功能还得设置其他选项。

（3）“图像采样器（抗锯齿）”卷展栏。如图 5-29 所示，为“图像采样器（抗锯齿）”卷展栏。

“抗锯齿过滤器”选项组。

V-Ray 支持所有 3ds Max 内置的抗锯齿过滤器。“开启”：是否启用抗锯齿过滤器，常用于测试渲染。“大小”：值增大时会对边缘进行模糊处理，感觉会柔和些，在列表中选择过滤器时这个值会自动设置好。

“Mitchell-Netravali”过滤器：可得到较平滑的边缘，是比较好的过滤器。

“Catmull-Rom”过滤器：得到非常锐利的边缘，常用于最终渲染。

“柔化”过滤器：设置“大小”为 2.5 时，会得到较平滑的效果和较快的渲染速度。

（4）“自适应图像细分采样器”卷展栏。如图 5-30 所示，为“图像采样器（抗锯齿）”卷展栏。

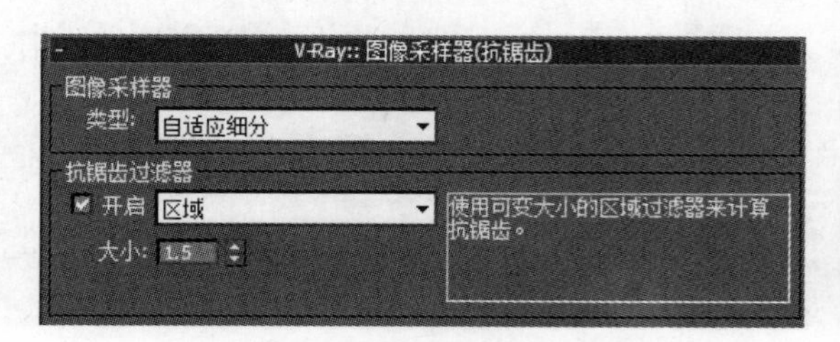

图 5-29 “图像采样器”卷展栏

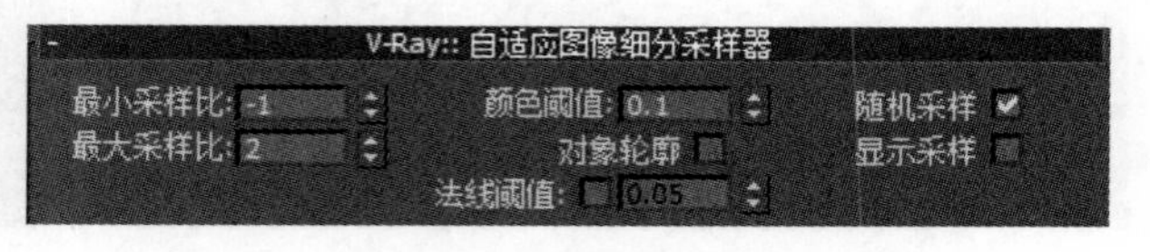

图 5-30 “自适应图像细分采样器”卷展栏

1）“最小采样比”。决定每个像素使用的样本的最小数量。值为 0 意味着一个像素使用一个样本，–1 意味着每两个像素使用一个样本，–2 则意味着每四个像素使用一个样本，采样值越大效果越好。

2）“最大采样比”。决定每个像素使用的样本的最大数量。值为 0 意味着一个像素使用一个样本，

1 意味着每个像素使用 4 个样本，2 则意味着每个像素使用 8 个样本，采样值越大效果越好。通常情况下最小采样比为 -1、最大采样比为 2 时就能得到较好的效果，如果要得到更好的质量可以设置最小采样比为 0、最大采样比为 3，这样渲染时间会长一些。

3）“颜色阈值”。表示像素亮度对采样的敏感度的差异。值越小效果越好，渲染所花时间也会较长；值越高效果越差，边缘颗粒感越重。一般设为 0.1 就可以得到较为清晰平滑的效果。（注意：这里的颜色指的是色彩的灰度。）

4）“随机采样”。略微转移样本的位置以便在垂直线条或水平线条附近得到更好的效果，默认情况下为勾选状态。

5）“对象轮廓”。勾选的时候表示采样器强制在物体的边进行高质量超级采样，而不管它是否需要进行超级采样。（注意：这个选项在使用景深或运动模糊时不起作用。）

6）“法线阈值”。勾选后将使超级采样取得好的效果。同样，在使用景深或运动模糊的时候会失效。此项决定自适应细分在物体表面法线的采样程度，当达到此值以后就停止对物体表面进行判断，也就是分辨哪些是交叉区域，哪些不是交叉区域，一般设为 0.04 即可。

（5）“环境”卷展栏。打开全局光环境后用以代替 3ds Max 默认的环境。

（6）“颜色映射”卷展栏。如图 5-31 所示，为“颜色映射”卷展栏面板。

颜色映射主要用以控制场景曝光。

“类型”主要是用来定义色彩转换的类型，控制图形曝光的方式。

1）“线性倍增”。这种模式将基于最终色彩图像亮度进行一个简单的倍增。这种模式靠近光源点位置会过亮。

2）“指数”。这种模式将基于亮度来使之更饱和一些，以预防非常明亮的区域有曝光效果。靠近光源点不会过亮，为较柔和的过渡。

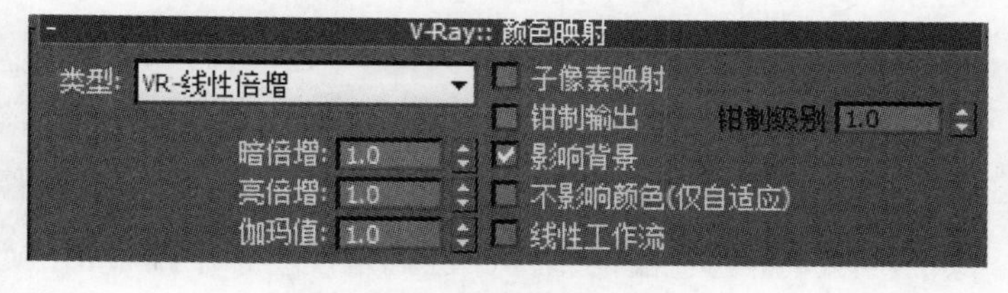

图 5-31 “颜色映射”卷展栏

3）“HSV 指数”。与“指数”类似，会保持色彩的饱和度，使之更加柔和，不那么亮。

4）“亮度指数”。过渡分阶段的，不那么柔和。

5）“伽玛校正”。与“线性倍增”相似，有高亮点，过渡分阶段，也不是那么柔和。

6）“亮度伽玛”。它的参数“反向伽玛”控制图像的明亮度，值越小越亮。

7）“Reinhard”。介于“线性倍增”和“指数”模式之间的一种平衡模式。当“暗倍增”为 0 时，与“指数”的效果是一样的；当“暗倍增”为 1 时，相当于“线性倍增”效果。

（7）“相机”卷展栏。如图 5-32 所示，为“相机”卷展栏面板。

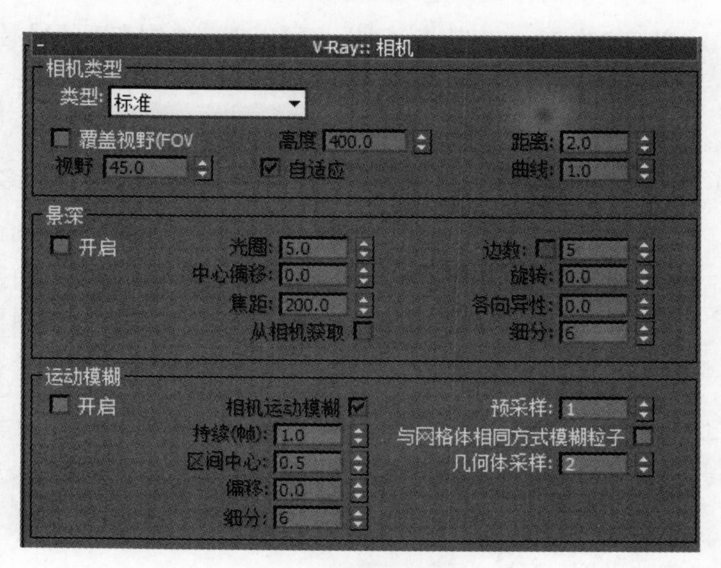

图 5-32 “相机”卷展栏

“相机”其实就是将一个三维场景以什么样的方式显示在一个平面上。

一般情况下，V-Ray 中的相机是定义发射到场景中的光线，从本质上来说是确定场景是如何投射到屏幕上的。

V-Ray 支持几种相机的类型：标准、球形、圆柱（中点）、圆柱（正交）、盒、鱼眼和包裹球形（旧式），同时也支持正交视图，其中最后一种类型只是为兼容以前版本的场景而存在的。

5.6.3.2 “V-Ray- 间接照明”面板

（1）“间接照明（全局照明）”卷展栏。如图 5-33 所示，为“间接照明（全局照明）”卷展栏面板。

1）“开启”。决定是否计算场景中的间接光照明。

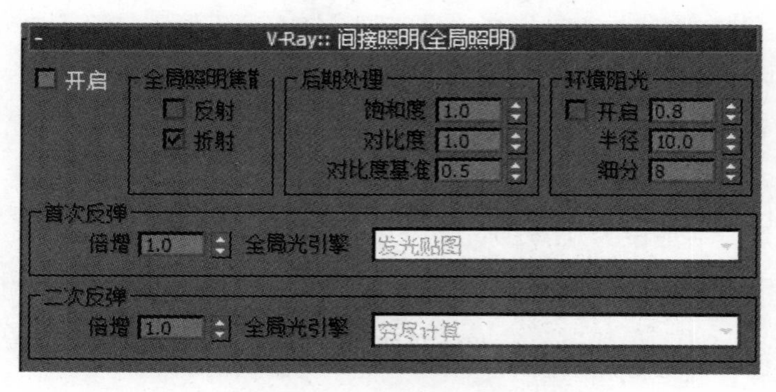

图 5-33 “间接照明”卷展栏

2）“全局照明焦散”选项组。全局照明焦散描述的是间接光照产生焦散的光学现象，它可以由天光、自发光物体等产生。这种焦散比直接光照产生的焦散在渲染上会多用很多时间。“反射”：间接光照射到镜射表面的时候会产生反射焦散。默认情况下，它是关闭的，不仅因为它对最终的 GI 计算贡献很小，而且还会产生一些不希望看到的噪波。“折射”：间接光穿过透明物体（如玻璃）时会产生折射焦散。注意这与直接光穿过透明物体而产生的焦散是不一样的。（注意：在室内场景中一般使用“反射”焦散，不使用“折射”焦散。）

3）“后期处理”选项组。这里主要是对间接光照明在增加到最终渲染图像前进行的一些额外的修正。这些默认的设定值可以确保产生物理精度效果，当然用户也可以根据自己的需要进行调节，建议一般情况下使用默认参数值。“饱和度”：在二维的图像中是图像颜色的一种饱和程度，而在三维图像中可以理解为色溢的增加，也就是使场景中携带出的颜色更多些。一般设置为 0.8 左右即可。“对比度”：明亮的区域更亮，较暗的区域更暗些。如果没有对比度的话，所有的颜色都会很相近，一般设置为 1~1.2 左右。“对比度基准”：可以理解为饱和度的强弱，一般设置为 0.5。

4）“首次反弹”选项组。“倍增”：反弹的明亮程度，也就是光线从一个表面弹到另一个表面能保留多少光线，如为 1 时将全部保留，当为 0.9 时表示从一个表面弹到另一个表面时为 1，再弹到另一个表面时就为 0.9 了。这个参数决定为最终渲染图像贡献多少初级漫射反弹。（注意：默认的取值 1 可以得到一个很好的效果，其他数值没有默认值精确，而且值越小图像会变得越暗。）“全局光引擎”：包括“发光贴图”、“光子贴图”、“穷尽计算”、“灯光缓存”四种类型，每一种对应相应卷展栏的相关设置。

5）“二次反弹”选项组。“倍增”：确定在场景照明计算中次级漫射反弹的效果。默认的取值 1 可以得到一个很好的效果。“全局光引擎”：包括“无”、“光子贴图”、“穷尽计算”、“灯光缓存”四种类型，每一种对应相应卷展栏的相关设置。

（2）“发光贴图”卷展栏。如图 5-34 所示，为“发光贴图”卷展栏面板。

此卷展栏是在“间接照明（全局照明）”卷展栏→“首次反弹”选项组→“全局光引擎”中选择“发光贴图”后才出现。

这种方法是基于发光缓存技术的，其基本思路是仅计算场景中可以看到的表面，而其余的表面不进行计算，只进行插值计算。它的速度远远快于其他的渲染引擎，尤其是大量平坦区域的场景，而且所产生的噪波很少。同时，它的发光贴图文件可以被保存和调用，特别对相同场景不同方位的场景或动画可加快渲染速度，它还可以加速从面光源产生直接漫反射灯光的渲染速度。

由于它采用的是差值计算（也就是看不到的面以黑色显示，也就是不计算），在一些细节或再换一下角度会产生或撕裂、或模糊、或颜色丢失等不良效果。如果参数设置较低的话，渲染动画时会产生闪烁，也就是我们常说的跳帧现象。另外，它要保存自己计算的一些程序，所以占用内存较大。而且在渲染运动模糊物体时，可能不会完全正确，有时会有一些小的噪波产生，如果不仔细观察，基本看不出来。“发光贴图”也会产生边界偏移（边界产生黑斑）的缺陷，但由于它有自适应的本性，会大大减弱黑斑。

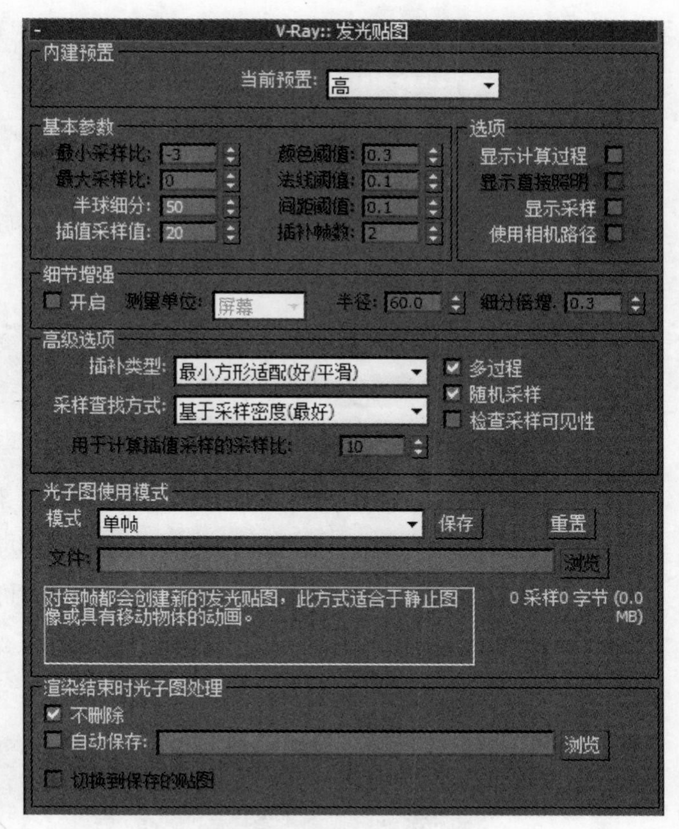

图 5-34 “发光贴图”卷展栏

（3）“全局光子贴图”卷展栏。如图 5-35 所示，为“全局光子贴图”卷展栏面板。

此卷展栏是在“间接照明（全局照明）”卷展栏→“首次反弹”选项组→“全局光引擎”中选择“光子贴图”后才出现。或者在“间接照明（全局照明）”卷展栏→“二次反弹”选项组→“全局光引擎”中选择“光子贴图”后也会出现。

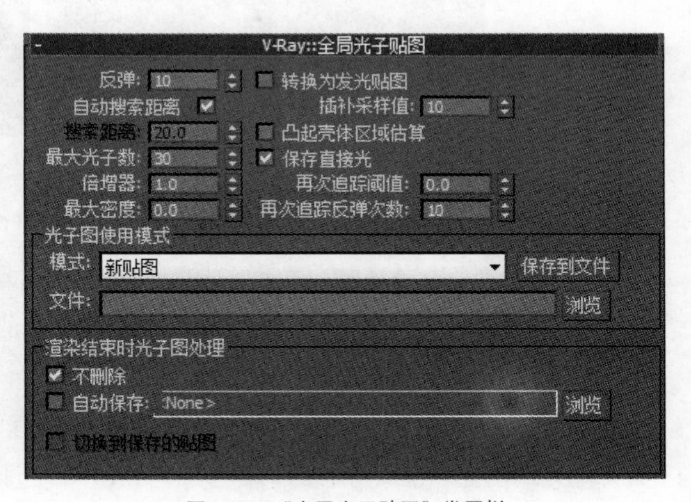

图 5-35 “全局光子贴图”卷展栏

光子贴图类似“发光贴图”，也是用于表现场景中的光效，是一种三维空间中点的集合，也被称为点源。但光子贴图的产生使用另外不同的方法，它是建立在追踪场景中真实发光体（光源）光线微粒（即光子）的基础上产生的。这些光子在场景中来回反弹撞击各种不同的表面，这些碰撞点被存储在光子贴图中。

在光子贴图中我们需要评估一个特定点的光子密度，密度评估的概念是光子贴图的核心，V-Ray可以使用不同方法来完成光子贴图密度的评估，各有各的优缺点，这些方法都是建立在最终搜寻最靠近材质点的光子基础上的。需要注意的是，一般情况下由光子贴图产生的场景照明的精确性要低于发光贴图，特别是在具有大量细节的场景中。发光贴图是自适应的，而光子贴图不是自适应的，并且光子贴图会产生边界偏移（也就是边界会产生黑斑）。

（4）“穷尽—准蒙特卡罗”卷展栏。如图 5-36 所示，为“穷尽—准蒙特卡罗”卷展栏面板。

此卷展栏是在“间接照明（全局照明）”卷展栏→“首次反弹”选项组→“全局光引擎”中选择“穷尽计算”后才出现。或者在“间接照明（全局照明）”卷展栏→“二次反弹”选项组→“全局光引擎”中选择“穷尽计算”后也会出现。

图 5-36 “穷尽—准蒙特卡罗”卷展栏

使用穷尽—准蒙特卡罗算法来计算间接照明是一种强有力的方法，它会单独地验算每一个 Shaded（材质）点的全局光照明，因而速度很慢，但是效果也是最精确的，尤其是需要表现大量细节的场景。

为了加快穷尽—准蒙特卡罗的速度，用户在使用它作为一次反弹引擎的时候，可以在计算二次反弹的时候选择较快速的方法，例如使用光子贴图或灯光贴图渲染引擎。如图 5-37 所示，为应用穷尽—准蒙特卡罗计算方式的前后对比。

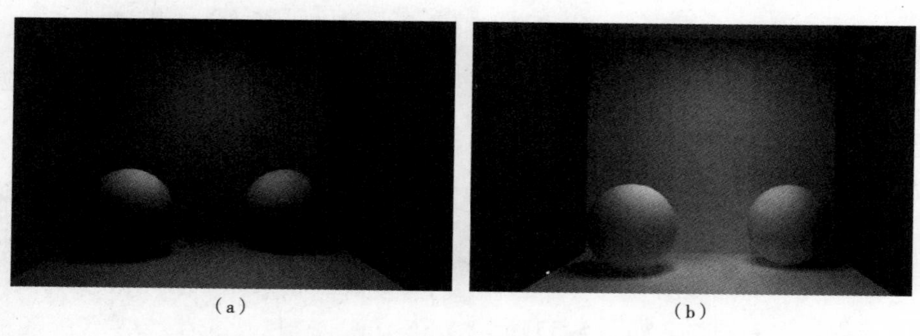

（a）　　　　　　（b）

图 5-37 启用穷尽—准蒙特卡罗计算方式的前后对比
（a）未启用穷尽—准蒙特卡罗；（b）启用穷尽—准蒙特卡罗

1）“细分”。设置计算过程中使用的近似的样本数量。该值越高效果越差。（注意：这个数值并不是 V-Ray 发射的追踪光线的实际数量，这些光线的数量近似于这个参数的平方值，同时也会受到“DMC 采样器”的限制。

2）“二次反弹”。次级反弹深度，它设置计算过程中次级光线反弹的次数。

（注意：“穷尽—准蒙特卡罗”不适合单独使用，也不适合首次、二次反弹都使用。较好地搭配方式有：“穷尽—准蒙特卡罗”作为首次反弹，“发光贴图”、“灯光缓存”、“光子贴图”作为二次反弹效果都不错。）

（5）“灯光缓存”卷展栏。如图 5-38 所示，为“灯光缓存”卷展栏面板。

此卷展栏是在“间接照明（全局照明）”卷展栏→“首次反弹”选项组→“全局光引擎”中选择“灯光缓存”后才出现。或者在“间接照明（全局照明）”卷展栏→“二次反弹”选项组→“全局光引擎”中选择“灯光缓存”后也会出现。

灯光缓存是一种近似于场景中全局光照明的技术，与光子贴图极其类似，但是没有光子贴图那么多的局限性。灯光缓存是建立在追踪摄像机可见的许许多多的光线路径的基础上的，是逆向进行的，与光子贴图正好相反，最终存储照明信息。每一次沿路径的光线反弹都会储存照明信息，它们组成了一个三维的结构，这一点非常类似于光子贴图。灯光缓存是一种通用的全局光照解决方案，广泛地用于室内和室外场景的渲染计算。它可以直接使用，也可以被用于使用发光贴图或直接计算时的光线二次反弹计算。

灯光缓存对细小物体的周边角落可以产生正确效果。大多数情况下灯光缓存可以快速平滑地显示场景中灯光的预览效果。

灯光缓存也是独立于视口的，它为间接可见的部分产生近似值。例如在一个封闭的房间内，使用一个灯光贴图就可以完全计算全局光照，但目前灯光贴图只支持 V-Ray 材质，对凹凸贴图支持得不太好。若要用凹凸贴图达到一个较好的效果，需要使用发光贴图或直接计算全局光的方式。另外，它很难完全正确计算运动模糊中的物体。

（6）“焦散”卷展栏。如图 5-39 所示，为“焦散”卷展栏面板。

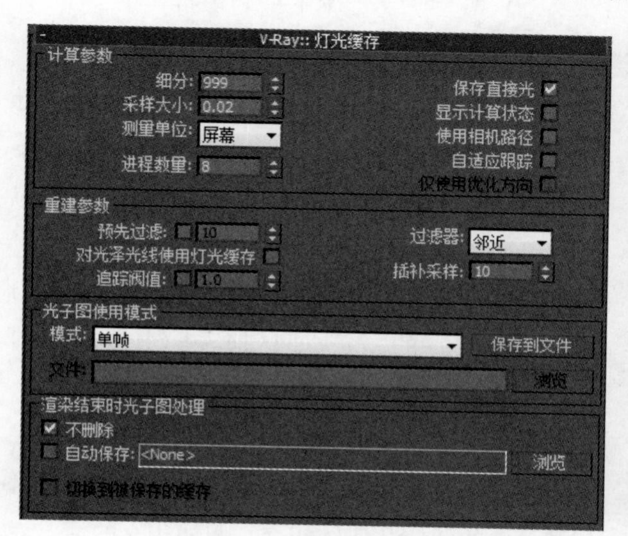

图 5-38 “灯光缓存”卷展栏

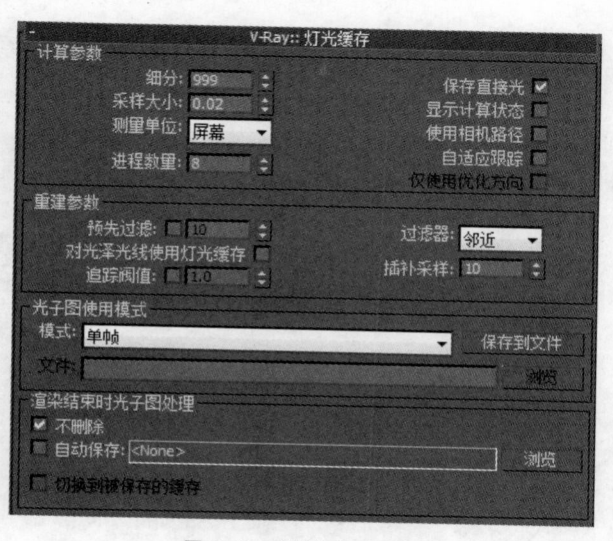

图 5-39 “散焦”卷展栏

焦散必须使用 V-Ray 材质，同时必须得有灯光才可以产生。

1）“倍增器”。控制焦散的强度，它是一个全局控制参数，对场景中所有产生焦散特效的光源都有效。

2）“搜索距离”。当 V-Ray 追踪撞击在物体表面的某些点的某个光子的时候，会自动搜寻位于周围区域同一平面的其他光子，实际上这个搜寻区域是一个中心位于初始光子位置的圆形区域，其半径是由这个搜寻距离确定的。该值越大，焦散延伸距离会越远；值越小就会越生硬，为 0 时将没有焦散。

3）“最大光子数”。当 V-Ray 追踪撞击在物体表面的某些点的某一个光子的时候，也会将周围区域的光子计算在内，然后根据这个区域内的光子数量来均分照明。如果光子的实际数量超过了最大光子数的设置，V-Ray 也只会按照最大光子数来计算，该值为 1~3 都不会产生效果。值越大越模糊，效果越好些。

4）“最大密度”。值过大会模糊得看不到焦散效果。

5）“模式”选项组。“新贴图”：选用这种模式的时候，光子贴图将会被重新计算，其结果将会覆盖先前渲染过程中使用的焦散光子贴图。“从文件”：允许将“*.Vrpmap”类型焦散光子贴图文件导入进来渲染。“保存到文件”：可以将当前内存中使用的焦散光子贴图以“*.Vrpmap”类型保存在指定文件夹中。

5.6.3.3 “V-Ray- 设置”面板

（1）“DMC 采样器”卷展栏。如图 5-40 所示，为“DMC 采样器”卷展栏面板。

DMC 采样器就是前面曾经提到过的穷尽—准蒙特卡罗采样器。它可以说是 V–Ray 的核心，贯穿于 V–Ray 的每一种“模糊”评估中，如抗锯齿、景深、间接照明、面积灯光、模糊反射 / 折射、半透明、运动模糊等等。DMC 采样一般用于确定获取什么样的样本，最终哪些样本被光线追踪。

（2）“默认置换”卷展栏。如图 5–41 所示，为“默认置换”卷展栏面板。

“默认置换”卷展栏，让用户控制使用置换材质而没有使 V–Ray Displacement Mod 修改器的物体的置换效果。

图 5–40 “DMC 采样器”卷展栏

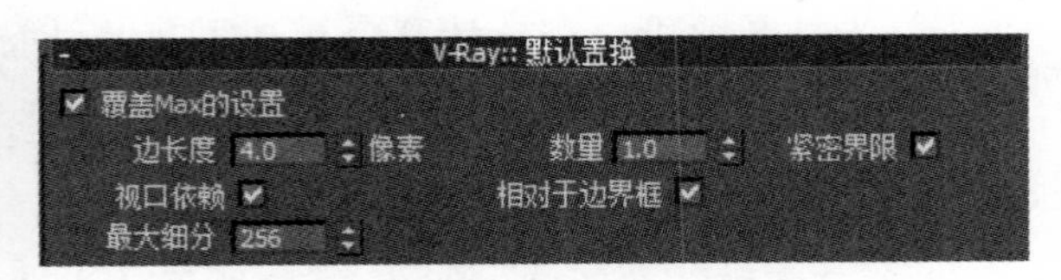

图 5–41 “默认置换”卷展栏

（3）“系统”卷展栏。如图 5–42 所示，为“系统”卷展栏面板。

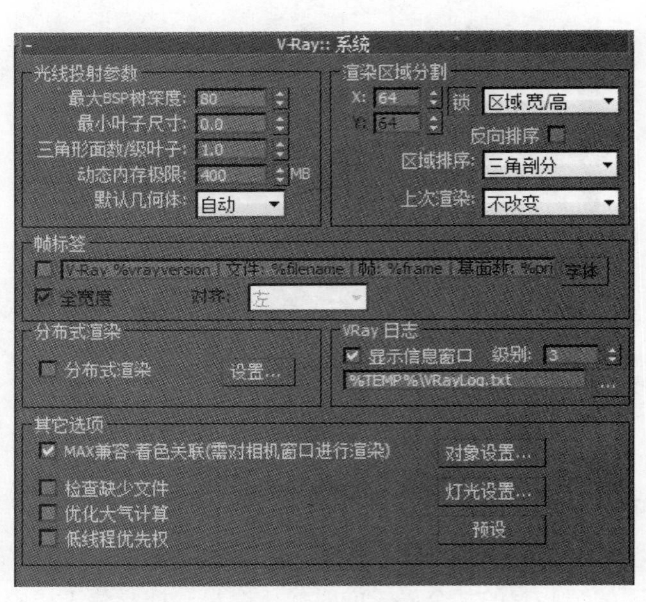

图 5–42 “系统”卷展栏

此展卷栏中的参数将对 V–Ray 渲染器进行全局控制，包括光线投射、渲染区块分割、分布式渲染、物体属性、灯光属性、场景检测、水印的使用等内容。

1）“光线投射参数”选项组。这里允许用户控制 V–Ray 的二元空间划分树（BSP 树）的各种参数。

作为最基本的操作之一，V–Ray 必须完成的任务是光线投射——确定一条特定的光线是否与场景中的任何几何体相交，假如相交的话，就鉴定那个几何体。实现这个过程最简单方法是测试场景中逆着每一个单独渲染的原始三角形的光线，一般场景中可能包含成千上万个三角形，那么这个测试将是非常缓慢的，为了加快这个过程，V–Ray 将场景中的几何体信息组织成一个特别的结构，这个结构我们称之为二元划分树（BSP 树）。

BSP 树是一种分级数据结构，是通过将场景细分成两个部分来建立的，然后在每一个部分中寻找，依次细分它们，这两个部分我们称之为 BSP 树的节点。在层级的顶端是根节点——表现整个场景的限制框。在层级的底部是叶节点——它们包含场景中真实三角形的参照。

2）“渲染区域分割”选项组。这个选项组允许你控制渲染区域（块）的各种参数。

渲染块的概念是 V–Ray 分布式渲染系统的精华部分，一个渲染块就是当前渲染帧中被独立渲染的矩形部分，它可以被传送到局域网中其他空闲机器中进行处理，也可以被几个 CPU 进行分布式渲染。

3）“帧标签”选项组。

就是我们经常说的“水印”，可以按照一定规则以简短文字的形式显示关于渲染的相关信息，它是显示在图像底端的一行文字。

4）“V-Ray 日志”选项组。

在渲染过程中，V-Ray 会将各种信息记录下来并保存在“C:\VrayLog.txt”文件中。信息窗口根据你的设置显示文件中的信息，免得你手动打开文本文件查看。信息窗口中的所有信息分成 4 个部分并以不同的字体颜色来区分：错误（以红色显示）、警告（以绿色显示）、情报（以白色显示）、调试信息（以黑色显示）。

5.7 V-Ray 材质实例——摩托车

下面以一款摩托车的渲染实例来认识一下 V-Ray 的实际应用。首先打开配套光盘里的“摩托车初始模型 .max”文件，其效果如图 5-43 所示。

5.7.1 制作车漆材质

（1）按 M 键打开“材质编辑器”对话框，选择一个空白材质球，将其设置为“V-RayMtl”类型，并且将材质球名称改为“车漆材质”。

（2）单击“漫反射”颜色通道，将颜色改为纯黑色，并且把“反射”颜色通道改为灰色（RGB 均为 124），以增强反射值，将“反射光泽度”改成 0.7，勾选“菲涅尔反射”，“细分”值为 24。

（3）点击 VRayMtl （V-RayMtl）按钮，将此材质球的类型改为“虫漆”类型，并且将车漆材质保存为子材质，如图 5-44 所示。

（4）将“虫漆颜色混合”改为 50，单击“虫漆材质”右侧按钮，回到材质编辑器初始界面，将其材质类型改为“V-RayMtl”，并将名称改为“覆盖材质”。

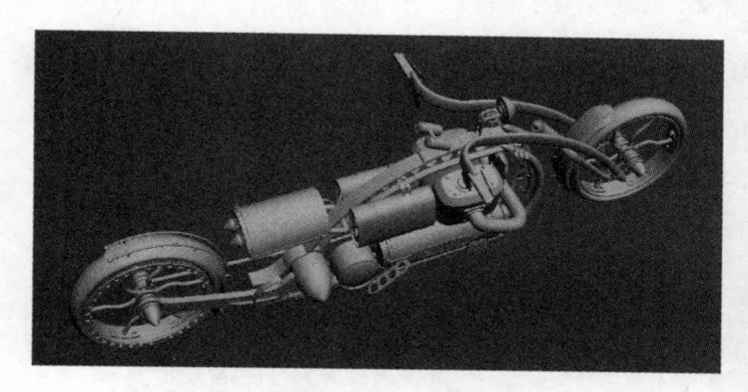

图 5-43　摩托车初始模型

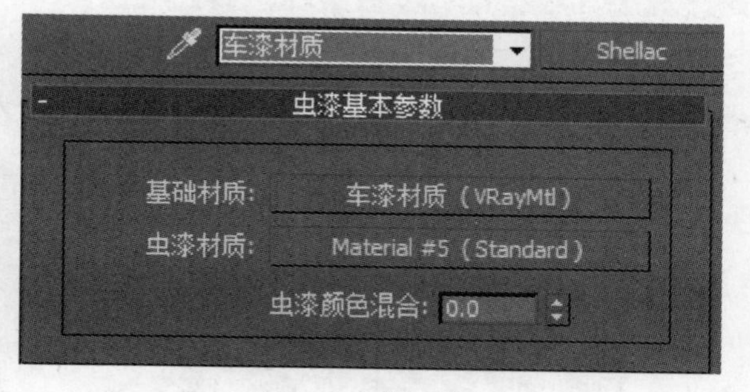

图 5-44　虫漆材质

（5）修改“覆盖材质”的参数，将“漫反射”改为黑色（RGB 均为 10），反射改为灰白（RGB 均为 190），勾选“菲涅尔反射”，将设置好的车漆材质赋予给组名为“1”的对象，渲染效果如图 5-45 所示。

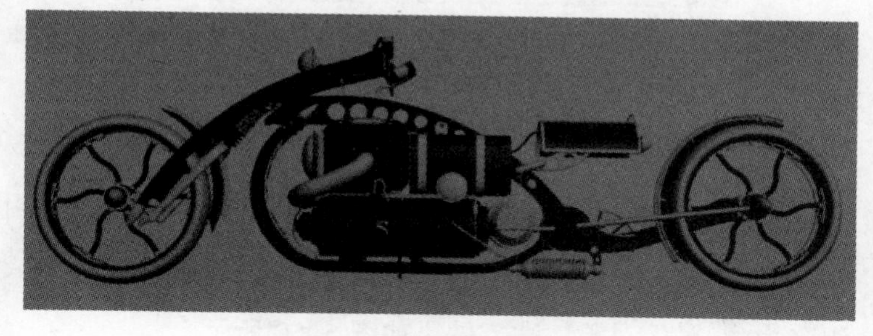

图 5-45　车漆材质效果

5.7.2 制作黄铜材质

（1）选择一个空白材质球，将其命名为“黄铜”，选择“V-RayMtl”材质类型，将“漫反射”改为黄色（R：157、G：106、B：52），“反射”改为淡黄色（R：193、G：164、B：101），“反射光泽度”为0.9；在“BRDF-双向反射分布功能”卷展栏中进行一定的设置，如图5-46所示。

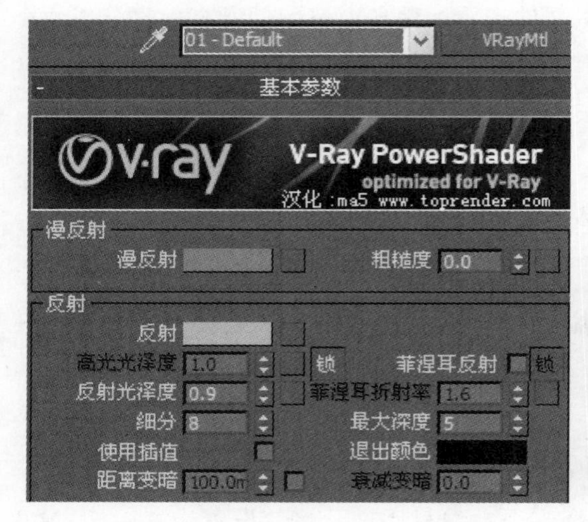

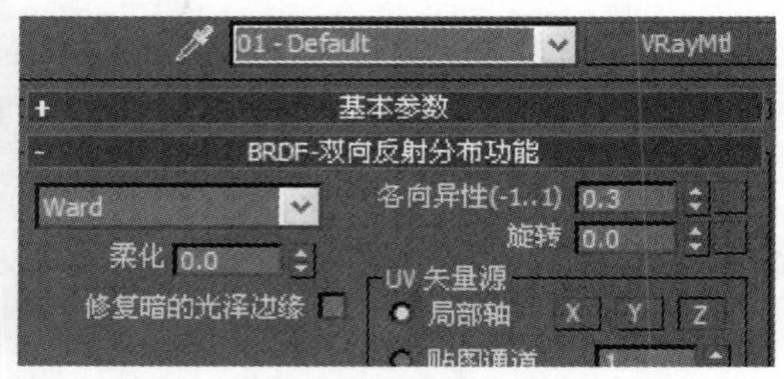

图5-46 黄铜材质设置

（2）在 VRayMtl （V-RayMtl）按钮上单击，选择“V-Ray混合材质”类型，并且将黄铜材质保存为子材质，效果如图5-47所示。

图5-47 V-Ray混合材质的调用

（3）点击第一个按钮 1: None ，选择“V-Ray材质”类型，将“漫反射”改为黄色（R：157、G：106、B：52），“反射”改为淡黄色（R：193、G：164、B：101），“反射光泽度”为0.9，勾选“菲涅耳反射”，如图5-48所示。将黄铜材质赋予组名称为“2”的对象，渲染效果如图5-49所示。

图5-48 V-Ray混合材质设置

5.7.3 制作轮胎材质

选择一个空白材质球，将其命名为“轮胎”，这种材质用3ds Max默认材质类型做即可。调节其环境光和漫反射皆为深灰色（RGB均为25），高光级别为42，光泽度为4，柔化为1.0，将轮胎材质赋予组名为“3”的对象，渲染效果如图5-50所示。

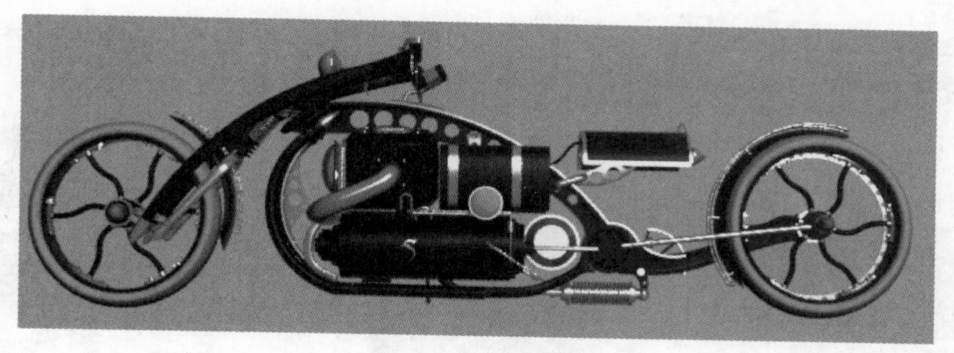

图 5-49　黄铜材质效果

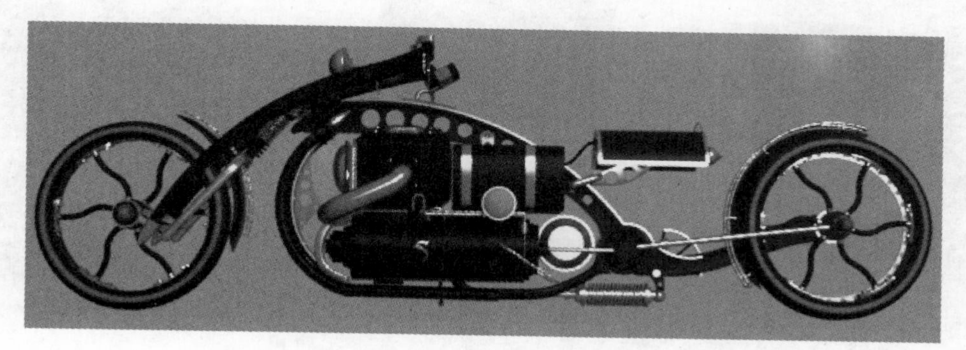

图 5-50　轮胎材质效果

5.7.4　制作车灯材质

选择一个空白材质球，将其命名为“玻璃”，材质类型设置为“V-RayMtl”，漫反射为 240，反射为 190，高光光泽度为 0.85，细分为 24，勾选“菲涅耳反射”；折射为 230，细分为 24。将制作好的玻璃材质赋予组名为“4”的对象，效果如图 5-51 所示。

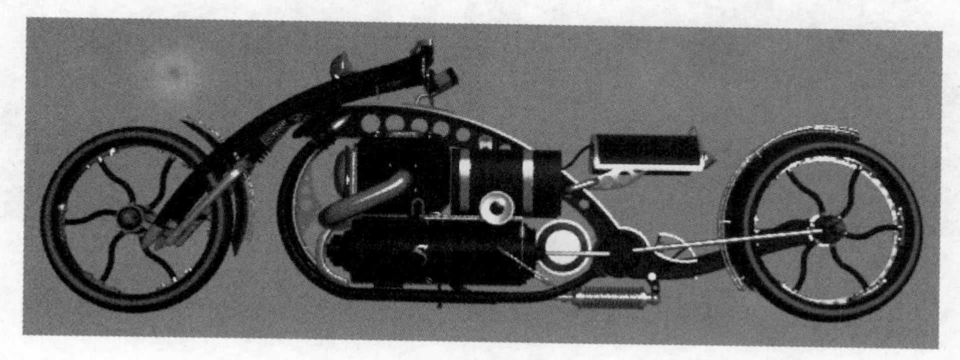

图 5-51　玻璃材质效果

5.7.5　制作后视镜材质

选择空白材质球，更改为“V-RayMtl”材质，反射设为 245 即可，将其赋予组名为“5”的对象。

5.7.6　创建灯光

在创建灯光面板，选择灯光类型为“V-Ray”，点击“VR_ 光源”按钮，并且选择平面类型，如图

5-52 所示。在摩托车的顶部和侧面各打一盏主光源，并且参数设置如图 5-53 所示。接下来再创建三盏小光源，参数设置如图 5-54 所示。所有灯光分布如图 5-55 所示。

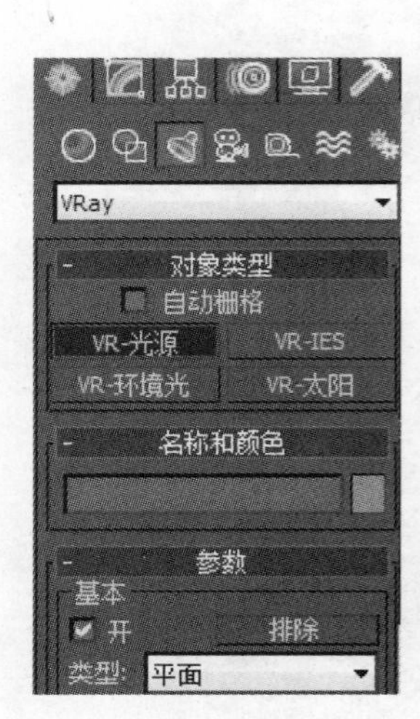

图 5-52　创建 V-Ray 面光源

图 5-53　主光源参数设置

图 5-54　小光源参数设置

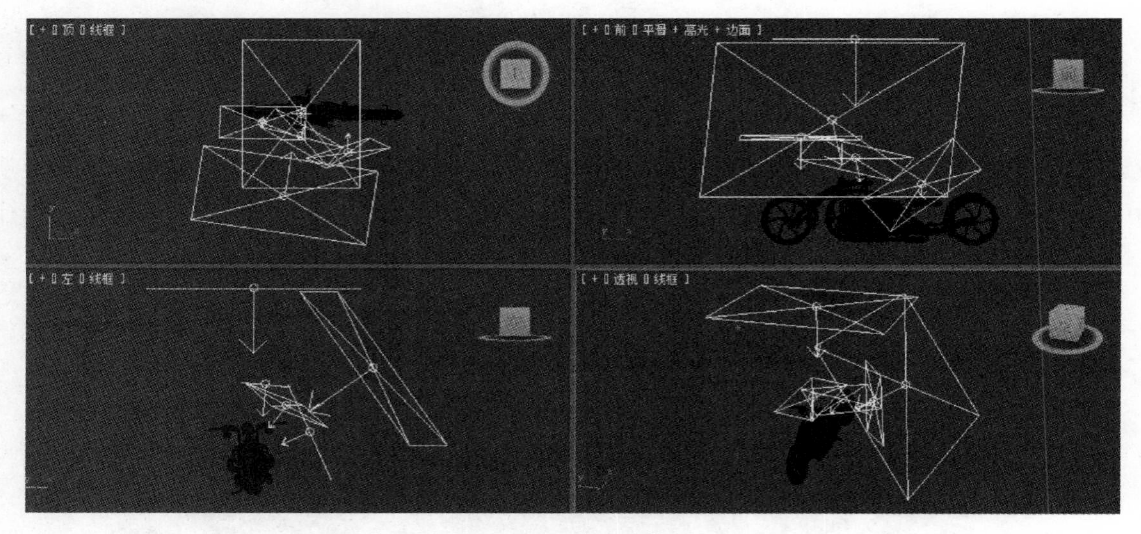

图 5-55　灯光分布

5.7.7　草渲设置

（1）打开渲染设置面板，指定为“V-Ray”渲染器，在“公用”面板中选择“时间输出”为“单帧”，将输出大小设置为 320×240。

（2）在“VR- 基项”面板中选择“图像采样器”卷展栏，将图像采样类型设置为“固定”，抗锯齿过滤器关掉，如图 5-56 所示。

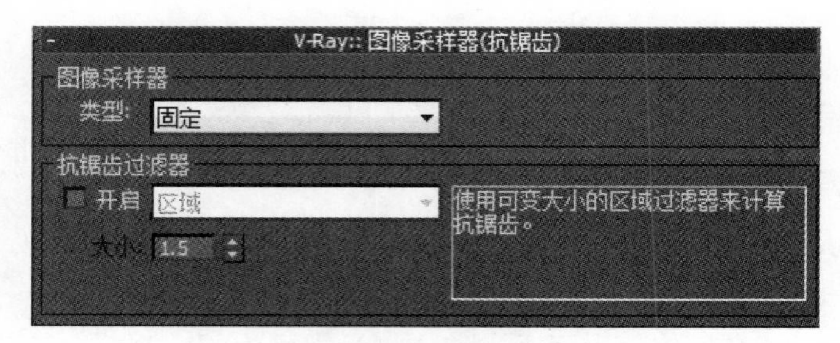

图 5-56　图像采样设置

（3）打开“间接照明”卷展栏，勾选“开启”选项，将首次反弹和二次反弹的模式分别设置为“发光贴图”和“灯光缓存”；在“发光贴图”卷展栏中将“当前预置”设为“低”；在“灯光缓存”卷展栏中将“细分”设为“200”。

（4）在“DMC采样器”卷展栏中，将“自适应数量”改为1.0，将“噪波阈值”改为0.1。渲染效果如图5-57所示。（注意：草渲的目的是根据草图的效果发现一些问题，从而对前面的参数设置进行一些更改，当觉得草渲效果没问题以后就可以出产品级的效果图了。）

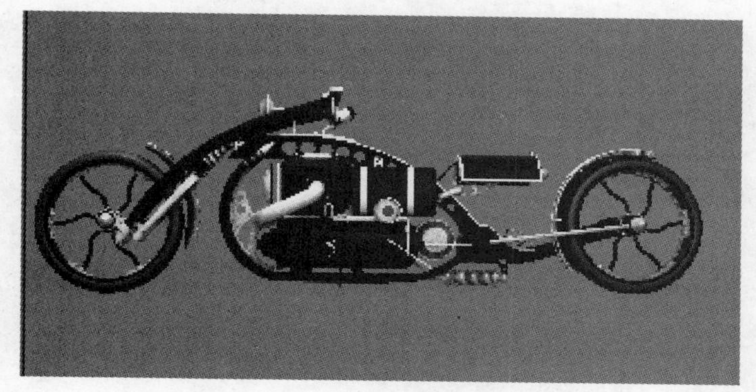

图5-57　草渲效果

5.7.8　产品级渲染参数设置

（1）接着上面的操作，在“发光贴图”卷展栏中将“当前预置”改为“高”；在“灯光缓存”卷展栏中将“细分”改为1500；在“DMC采样器”卷展栏中将“自适应数量”改成0.85，将“噪波阈值”改成0.01，进行渲染。

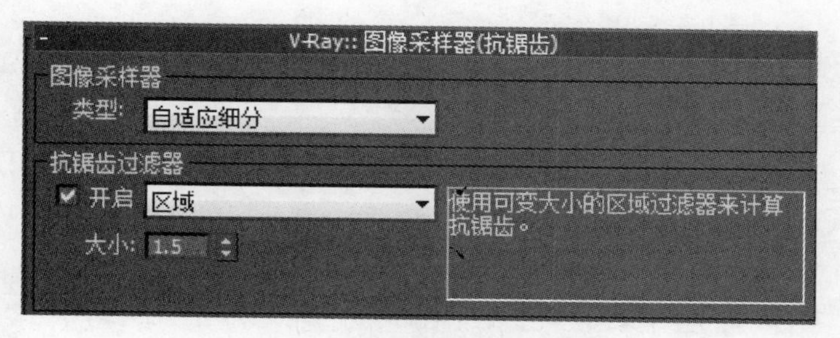

图5-58　图像采样器设置

（2）渲染完成后，进入“发光贴图”卷展栏，在“光子图使用模式”选项组中，点击“保存”，命名为“摩托车.vrmap”文件。

（3）将“模式”设置为“从文件”，导入我们刚刚存储的发光贴图。

（4）在“图像采样器”卷展栏中设置高级抗锯齿方式，如图5-58所示。

（5）将输出大小设置为1600×1200。最终渲染如图5-59所示。

图5-59　最终渲染效果图

第6章
Chapter6
灯光与摄影机

6.1 灯光

3ds Max 默认情况下提供了两种灯光类型，分别为“光度学”和“标准”，它们拥有共同的创建参数，包含阴影生成器。在安装了 V-Ray 插件后，会出现 V-Ray 类型的灯光。

6.1.1 光度学灯光

光度学灯光是一种较为特殊的灯光类型，它能根据设置光能值定义灯光，常用于模拟自然界中各种类型的照明效果，就像在真实世界一样。并且可以创建具有各种分布和颜色的特性灯光，或导入照明制造商提供的特定光度学文件。

单击命令面板中的（创建）按钮，打开创建命令面板。在创建命令面板中，单击（灯光）按钮，显示出灯光源的命令面板，并在下拉列表中选择“光度学”命令，其创建面板如图 6-1 所示。光度控制灯始终使用平方倒数衰减方式，其亮度可以在特定距离处用烛光单位、流明单位或勒克斯单位表示。（注意：在使用光度控制灯时，使用真实世界物体尺度的单位来建模是非常重要的。）

6.1.1.1 目标灯光

目标灯光分为目标点光源、线光源、面光源等类型。目标光源可用来向一个目标点投射光线，其光线的分布属性有等向、聚光灯、光域网（Web）三种。自由点光源的功能和目标点光源一样，只是没有目标点，用户可以自行变换灯光的方向。同样自由点光源也具有上述三种控制光线分布的属性。

（1）“常规参数”卷展栏。

“常规参数”卷展栏如图 6-2 所示，它对所有类型的灯光都是通用的，常规参数卷展栏用来设定灯光的开启和关闭、灯光的阴影及其类型、包括或排除对象以及改变灯光的类型等。

1）“灯光属性”选项组。“启用”：用于控制灯光的打开与关闭。“目标”：取消对该复选框的选择，在其右边显示出目标数值框，可以设置灯光的发射点与目标点之间的距离。

2）“阴影”选项组，用于设置灯光投射的阴影及阴影的类型。“启用”：用于控制阴影的打开与关闭，选中该复选框，可以打开灯光的阴影，并可在其下面的阴影下拉列表框中选择阴影的类型；“使用全局设置”：可以用公用卷展栏设置灯光阴影的参数；“排除”按钮：单击该按钮，用于选择排除或包含要照射的物体。

（2）“图形 / 区域阴影”卷展栏。

在如图 6–3 所示的卷展栏中，可以通过选择具体的灯光类型以及灯光属性设置来实现目标点光源、目标线光源、目标面光源等的创建。

图 6–1　光度学灯光创建面板

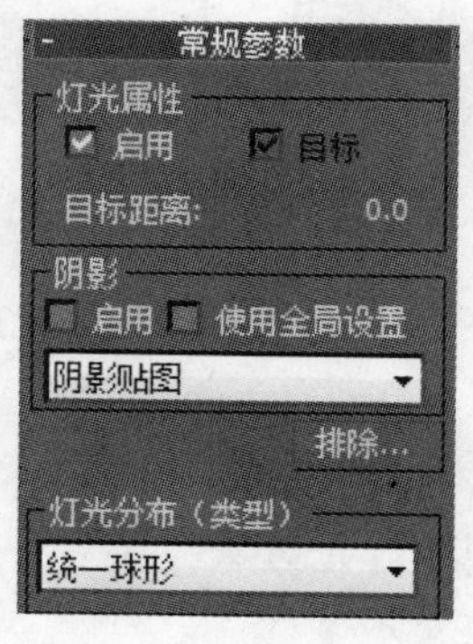

图 6–2　“常规参数”卷展栏

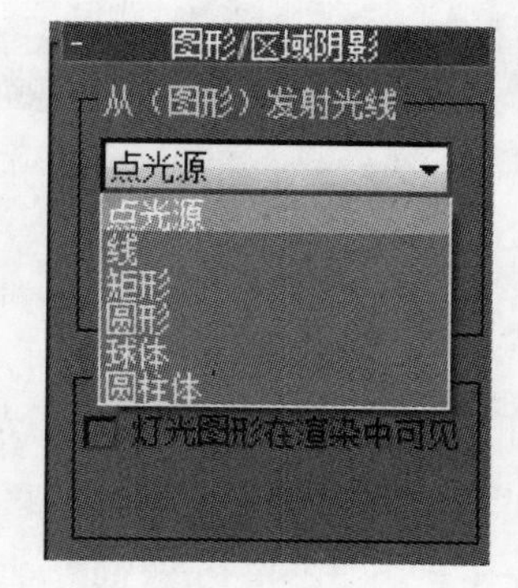

图 6–3　“图形 / 区域阴影”卷展栏

（3）“强度 / 颜色 / 衰减”卷展栏。

如图 6–4 所示，为“强度 / 颜色 / 衰减”卷展栏。此栏主要用来设定灯光的强弱、灯光的颜色以及灯光的衰减情况。

1）“颜色”。可从中选择预定义的标准灯光来设定灯光的颜色。过滤颜色旁的颜色样本值也可影响所选择的灯光颜色。

2）“开尔文”。通过调整色温参数来设置灯光的颜色。

3）“过滤颜色”。通过过滤颜色来模拟放在灯前的彩色滤光纸的效果。

4）“强度”选项组。用来设置光度控制灯光的强度和亮度。

6.1.1.2　线光源

线光源分为目标线光源和自由线光源两种类型。目标线光源可以用来向一个目标物体投射光线，其光线分布属性有漫反射和光域网（Web）两种。自由线光源的功能和目标线光源一样，只是没有目标物体，用户可自行变换灯光的方向。同样自由线光源也具有上述的两种控制光线分布的属性。

在线光源的修改面板中，仅增加了线光源的长度设置，如图 6–5 所示，用来设置线光源的尺寸。其他参数与点光源中的相应参数相同。

6.1.1.3　面光源

面光源分为目标面光源和自由面光源两种类型。目标面光源可以用来向一个目标物体投射光线，其光线的分布属性有漫反射和光域网（Web）两种。自由面光源的功能和目标面光源的功能一样，只是没有目标物体，用户可自行变换灯光的方向。同样自由面光源也具有上述的两种控制光线分布的属性，其中光线的漫反射分布将在某个角度以最大的强度向表面投射光线，随着角度的倾斜光线强度减弱。Web 分布类型允许用于自定义灯光的发射强度，在这里，用户需要一个光域网文件。

自由面光源的修改面板中，仅增加了区域光源长度与宽度栏，如图 6–6 所示，用来设置面光源的尺寸。其他参数都与点光源中的相应参数相同。

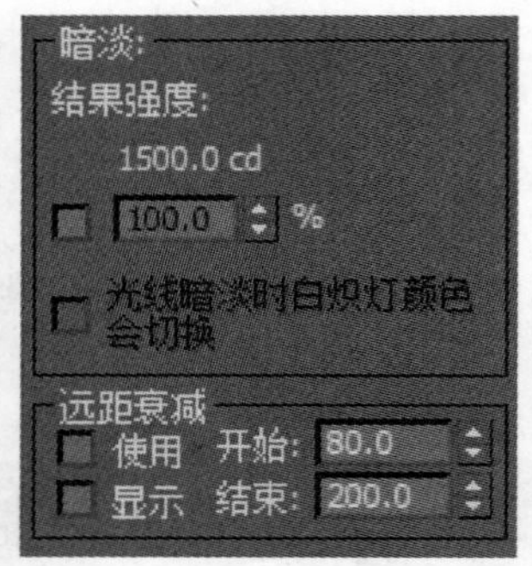

图 6-4 “强度 / 颜色 / 分布”卷展栏

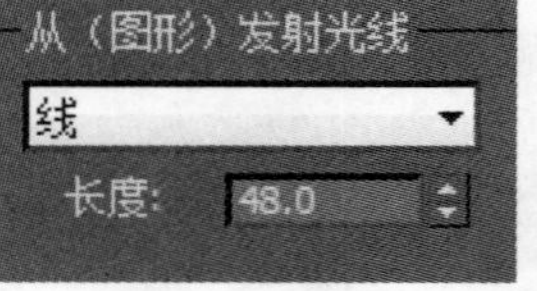

图 6-5 线光源长度栏

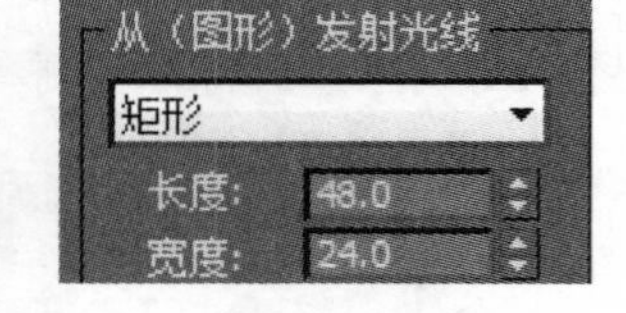

图 6-6 区域光源长度和宽度栏

6.1.2 标准灯光

如图 6-7 所示，为标准灯光创建面板。标准灯光类型有 8 种，利用标准灯光类型的命令按钮即可在视图场景中创建灯光对象。

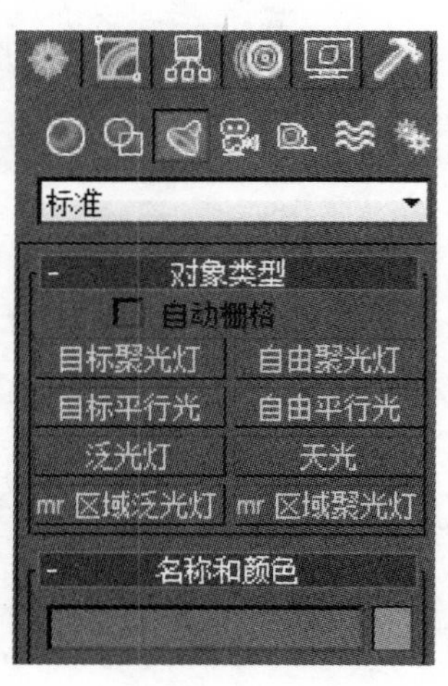

图 6-7 标准灯光创建面板

6.1.2.1 “对象类型”卷展栏

（1）“目标聚光灯”。目标聚光灯是用一束光线从一点向指定的目标物体发散投射，产生锥形的照射区域，照射区域以外的物体不受影响。这种灯光具有光源的投射点和目标点，它始终照射在目标点上。即使移动目标聚光灯的位置，也不会影响其对目标点的聚焦。

（2）“自由聚光灯”。自由聚光灯与目标聚光灯的功能基本相同，只是没有目标点。要将自由聚光灯对准照射的物体，可以通过旋转照射光锥的方法进行调整。

（3）“目标平行光”。目标平行光是一束光线沿同一方向向指定的目标物体平行投射，产生柱形的照射区域。通常用于模拟太阳光的照射效果。这种灯光与目标聚光灯除照射区域不同外，也具有光源的投射点和目标点，可以调整照射的方向和范围，并具有很好的照射方向性。

（4）“自由平行光”。自由平行光与目标平行光的功能基本相同，只是没有目标点。要将自由平行光对准照射的物体，可以通过移动、旋转照射光柱的方法进行调整。

（5）“泛光灯”。泛光灯是一种向所有的方向发射光线的点光源，以发散的方式照射场景中的物体。这种光源是一种简单的灯光类型，主要作为辅助光源使用，可以照亮场景。

（6）“天光”。天光是一种专用于模拟环境日光照射效果的光源，这种光源将光线均匀地分布于对象的表面，能逼真地模拟自然光。

（7）“mr 区域泛光灯”。区域泛光灯是一种与泛光灯照射方式基本相同的点光源，除增加的区域灯光参数卷展栏外，其他参数均与泛光灯相同。创建方法也与泛光灯完全相同。

（8）“mr 区域聚光灯”。区域聚光灯是一种与目标聚光灯照射方式基本相同的光源，除增加的区域灯光参数卷展栏外，其他参数均与目标聚光灯相同。创建方法也与目标聚光灯完全相同。

6.1.2.2 “常规参数”卷展栏

该卷展栏中的参数可以控制灯光的打开与关闭，设置灯光投射的阴影及阴影的类型，如图 6-8 所示。

（1）“灯光类型”选项组，用于选择灯光的类型，控制灯光的打开与关闭。

1）“启用”。用于控制灯光的打开与关闭。

2）灯光类型下拉列表框。用于改变灯光的类型。

3）“目标”。用于灯光的目标化，选中该复选框，即可在其右边显示出灯光的发射点与目标点之间的距离；取消对该复选框的选择，在其右边显示出目标数值框，可以设置灯光发射点与目标点之间的距离。

（2）“阴影”选项组，用于设置灯光投射的阴影及阴影的类型。

1）“启用”。用于控制阴影的打开与关闭。选中该复选框，可以打开灯光的阴影，并可在其下面的阴影下拉列表框中选择阴影的类型。

2）“使用全局设置”。选中后，可以用公用卷展栏设置灯光阴影的参数。

3）“排除”按钮。单击该按钮，用于选择排除或包含要照射的物体。

6.1.2.3 “强度／颜色／衰减”卷展栏

该卷展栏如图 6–9 所示，可以控制灯光的强度、颜色和衰减效果。

（1）“倍增”。用于设置灯光的强度。将该数值与右边颜色框中的 RGB 值相乘即可得到灯光输出的颜色。数值小于 1 时，亮度减小；数值大于 1 时，亮度增加；数值较大时，将削弱右边颜色框中设置的灯光颜色。

（2）“衰退”选项组。用于设置灯光在照射方向上的衰减类型。

1）“类型”下拉列表。用于选择衰减类型，可以选择的衰减类型为无、反向和反向平方。

2）“开始”数值框。用于设置衰减的开始位置。

3）“显示”。用于在视图中显示衰减的开始位置。

（3）“近距衰减”选项组。

1）“使用”。使用设置的近端衰减区范围。

2）“显示”。用于在视图中显示设置的近端衰减区范围。

（4）“远距衰减”选项组。用于设置灯光在远端衰减区衰减的起止位置。

6.1.2.4 “聚光灯参数”卷展栏

该卷展栏如图 6–10 所示，在该卷展栏中可以控制聚光灯光锥的聚光区和分散区的范围。

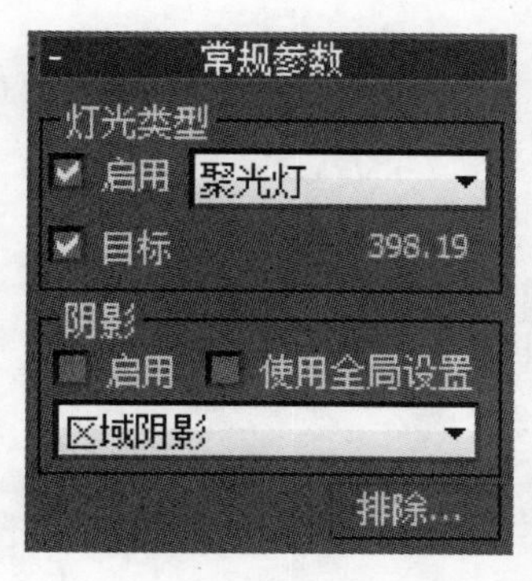

图 6–8 “常规参数”卷展栏

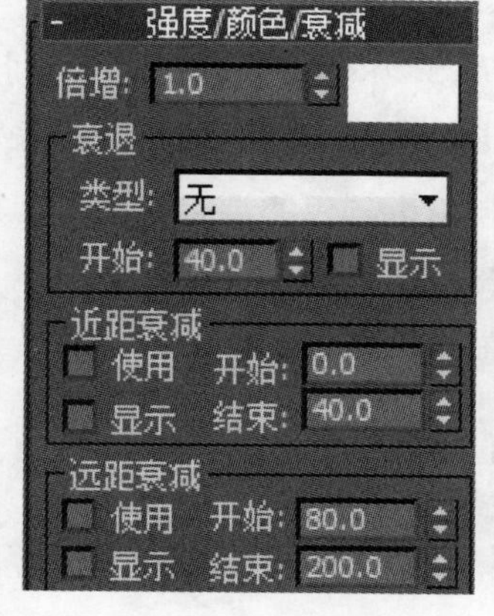

图 6–9 “强度／颜色／衰减”卷展栏

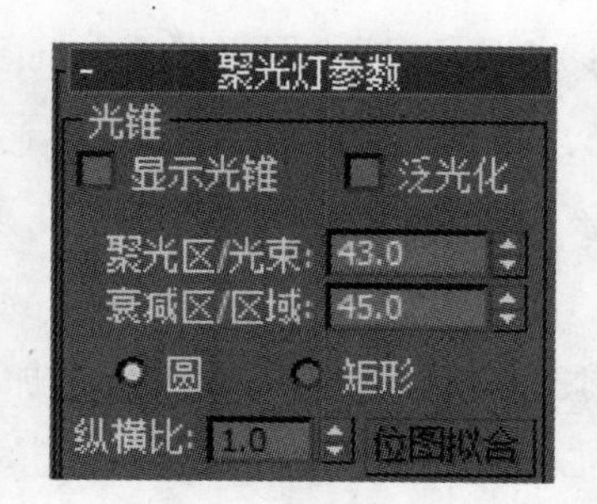

图 6–10 “聚光灯参数”卷展栏

（1）“显示光锥”。用于在视图中显示聚光灯的光锥。

（2）“泛光化”。用于将灯光泛光化，使灯光沿任何方向发出光线。

（3）“聚光区 / 光束”。用于设置灯光聚光区光锥的角度。

（4）“衰减区 / 区域”。用于设置灯光分散衰减区光锥的角度。

（5）“圆”和“矩形”。设置灯光光锥的形状是圆形还是矩形。

6.1.2.5 “高级效果”卷展栏

该卷展栏如图 6–11 所示，在该卷展栏中可以控制灯光对照射表面的作用效果，并提供了设置灯光投影贴图的功能。

（1）“影响曲面”选项组，用于调整灯光照射表面的效果。

1）“对比度”。用于调整表面漫反射光与环境光之间的对比度。

2）“柔化漫反射边”。用于柔化表面漫反射光与环境光之间的边界区域。

3）“漫反射”。用于设置灯光是否影响物体表面的漫反射特性。

4）“高光反射”。用于设置灯光是否影响物体表面的高光特性。

5）“仅环境光”。用于设置灯光是否只影响环境光，选中该复选框，该栏中的其他参数就会失去作用。

（2）“投影贴图”选项组。用于设置灯光的投影贴图效果。

1）“贴图”。用于选择是否使用投影贴图。

2）“无”按钮。用于设置要使用的投影贴图。

6.1.2.6 “阴影参数”卷展栏

该卷展栏如图 6–12 所示，在该卷展栏中可以对灯光照射物体的阴影和大气环境阴影进行设置。

（1）“对象阴影”选项组。用于设置灯光照射对象的阴影效果。

1）“颜色”。用于设置阴影的颜色。

2）“密度”。用于设置阴影的浓度。

3）“贴图”。用于控制阴影是否使用贴图。

4）“无”按钮。用于设置要使用的贴图。

5）“灯光影响阴影颜色”。控制是否用光照效果改变阴影的颜色效果，选中该复选框，可以将阴影的颜色加入光照效果，使阴影的颜色变浅、变亮。

（2）“大气阴影”选项组，用于设置大气环境投射的阴影效果。

1）“启用”。用于选择是否使用大气阴影效果。

2）“不透明度”。用于设置大气阴影的透明程度，用百分比表示。

3）“颜色量”。用于设置大气颜色与阴影颜色的混合程度，也用百分比表示。

6.1.2.7 “大气和效果”卷展栏

该卷展栏如图 6–13 所示，在该卷展栏中可以给灯光增加大气效果和照射的特殊效果。

（1）“添加”。单击该按钮，调出“添加大气或效果”对话框，用于添加体积光和镜头效果等，并可在添加大气和效果中显示出添加的大气效果选项。

（2）“删除”。用于删除灯光的大气效果。在该按钮下面的列表框中单击要删除的大气效果选项，再单击该按钮，即可删除选定的大气效果。

（3）“设置”。用于设置已添加的大气效果的参数。在该按钮上面的列表框中单击要设置的大气效果选项，再单击该按钮，可以在弹出的环境与效果对话框中对大气效果的参数进行设置。

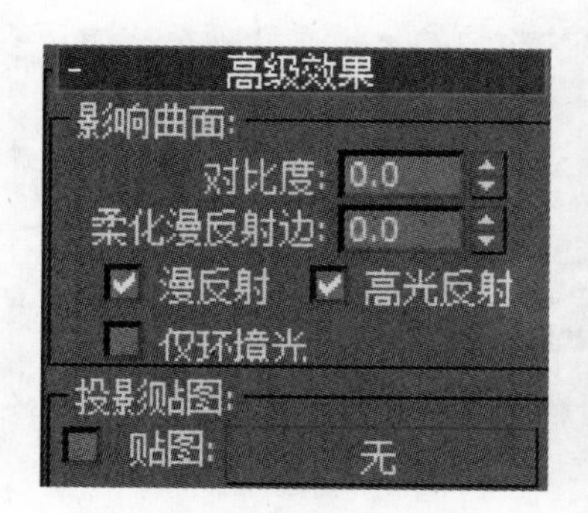

图 6-11 “高级效果”卷展栏

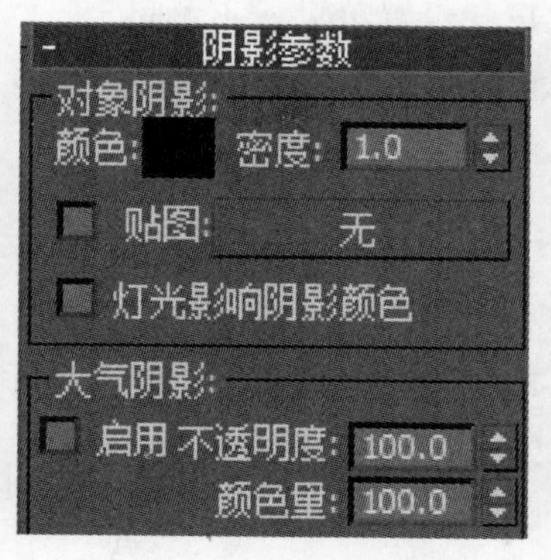

图 6-12 “阴影参数”卷展栏

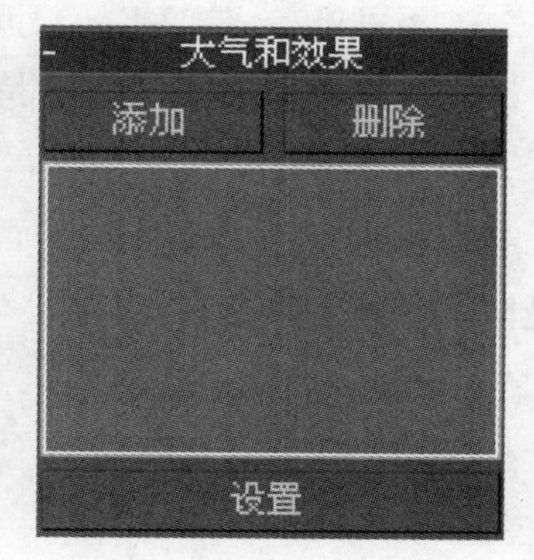

图 6-13 “大气和效果”卷展栏

6.1.3 V-Ray 灯光

V-Ray 灯光创建面板如图 6-14 所示。V-Ray 灯光类型有 4 种：“V-Ray- 光源”、“V-Ray- 环境光”、“V-Ray-IES”和“V-Ray- 太阳”。用户可以利用 V-Ray 灯光控制灯光的光度值来精确定义灯光，并创建具有不同分布和颜色特征的灯光，也可以直接下载真实的光量参数来模拟真实世界的灯光效果。V-Ray 灯光用于模拟点光源、面光源及半球天光光源。V-Ray 灯光必须使用 V-Ray 渲染器，V-Ray 灯光渲染效果真实，渲染参数设置较为简单，被业界誉为“散焦之王”。（注意：需要安装 V-Ray 插件才会有 V-Ray 灯光。）

如图 6-15 所示，为“VR- 光源”类型灯光的“参数”卷展栏一部分，这里对此进行一定的讲解。

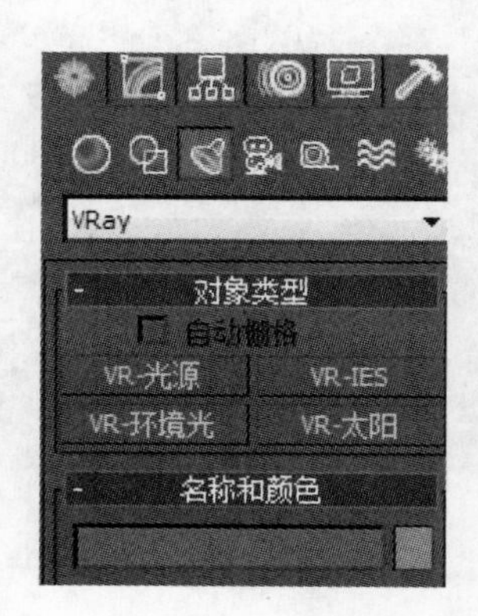

图 6-14 V-Ray 灯光创建面板

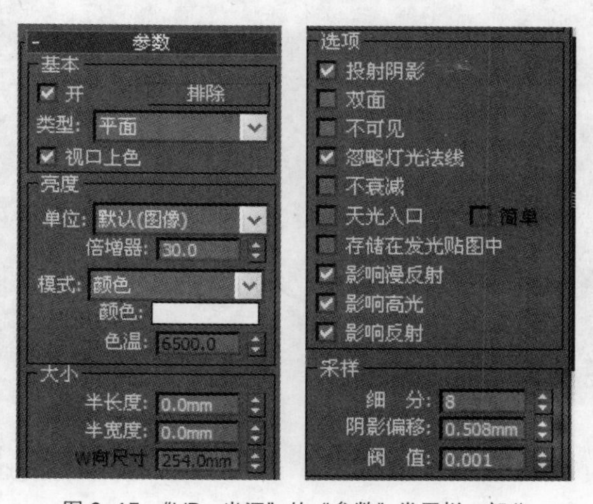

图 6-15 “VR- 光源”的“参数”卷展栏一部分

（1）“基本”选项组。

1）“开”。开启该选项，V-Ray 灯光对场景物体产生照明效果。

2）“排除”按钮。排除按钮可以选择可以设置 V-Ray 灯光是否打开、排除或包括指定的对象及灯光类型的选择。

（2）“亮度”选项组。提供 V-Ray 灯光的强度及灯光的颜色设置。

（3）“大小”选项组。可以设置不同类型 V-Ray 灯光的大小。

（4）“选项”选项组。提供了对 V-Ray 灯光的一些辅助设置。

1）“双面”。使平面的两边都产生光线效果。

2）“不可见”。对 V-Ray 灯光的形状设置可见或不可见。

3）“忽略灯光法线”。通常情况下，光线在空间中发射的光线都是均匀的，勾选此项会产生更多的光线，使场景更明亮一些。

4）“不衰减”。设置光线是否产生衰减。不勾选此项，灯光会产生衰减效果，对象离灯光越远，光线越暗。

5）“天光入口”。勾选此项，V-Ray 灯光作为环境光来控制灯光的亮度及颜色等。

6）“存储在发光贴图中”。使用发光贴图来计算间接照明，在勾选了这个选项后，发光贴图会存储灯光的照明效果。

7）“影响漫反射”。勾选此项，灯光的照明将影响对象的表面。

8）“影响高亮”。勾选此项，灯光的照明将影响对象的表面，并影响到高光效果。

（5）“采样”选项组。提供了 V-Ray 灯光照明的采样参数值细分参数及阴影偏移参数。

6.1.4 灯光实例 1——投射阴影

（1）启动 3ds Max，打开配套光盘中的“06-01.max”文件。

（2）单击（创建）面板中的（灯光）选项中的“标准”选项，点击“目标聚光灯”按钮，设置灯光的位置如图 6-16 所示。

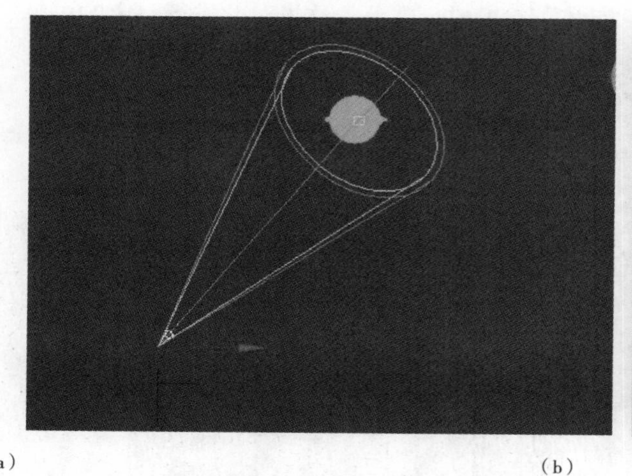

（a）

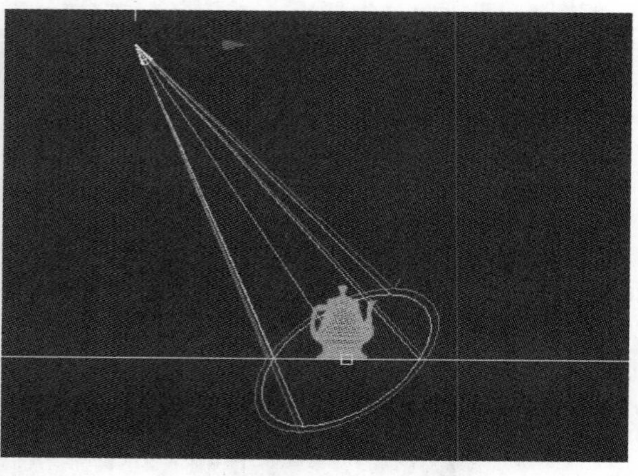

（b）

图 6-16 目标聚光灯的位置

（a）“顶”视图位置；（b）“前”视图位置

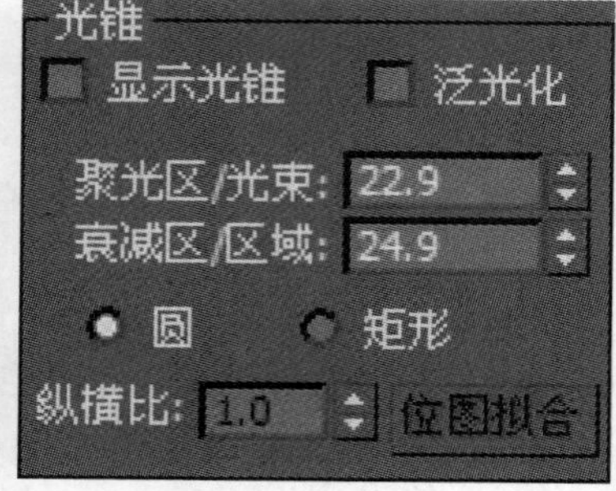

图 6-17 目标聚光灯相关参数设置

（3）调整目标聚光灯光参数“倍增”值为 0.6，颜色设置为 R：235、G：204、B：170，其他参数如图 6-17 所示。

（4）再创建一盏泛光灯，设置其“倍增”值为 0.4，颜色值为 R；169、G：206、B：223，在“高级效果”卷展栏中只勾选“漫反射”选项；灯光的位置如图 6-18 所示。

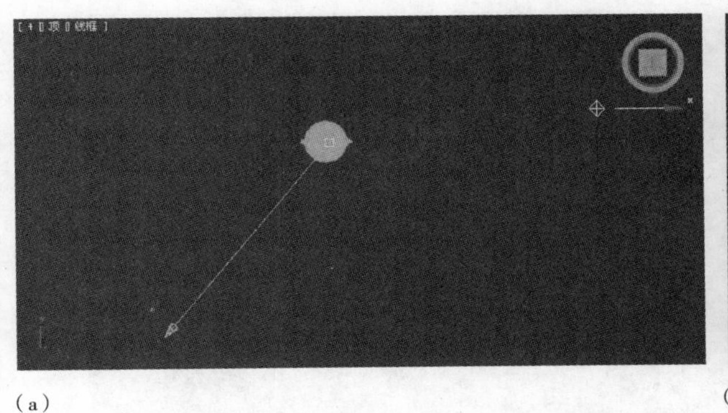

（a）

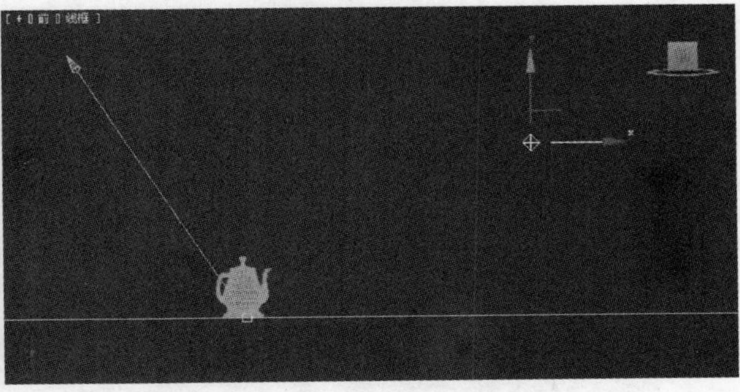

（b）

图 6–18　泛光灯位置
（a）顶视图位置；（b）前视图位置

（5）选择目标聚光灯，选择“高级效果”卷展栏下方的“投射阴影”贴图选项中的投影贴图的按钮，为其添加配套光盘中的位图“leaf.jpg”贴图，点击确定按钮；并在“大气和效果”卷展栏中添加“体积光”效果，透视图渲染后效果如图 6–19 所示。

图 6–19　最终渲染效果

6.1.5　灯光实例 2——灯光阵列

（1）启动 3ds Max，打开配套光盘中的“06-02.max”文件。

（2）创建一盏“目标平行光”，设置灯光的位置如图 6–20 所示，使摄影机与目标平行光在“顶”视图上呈现出入射角的关系。

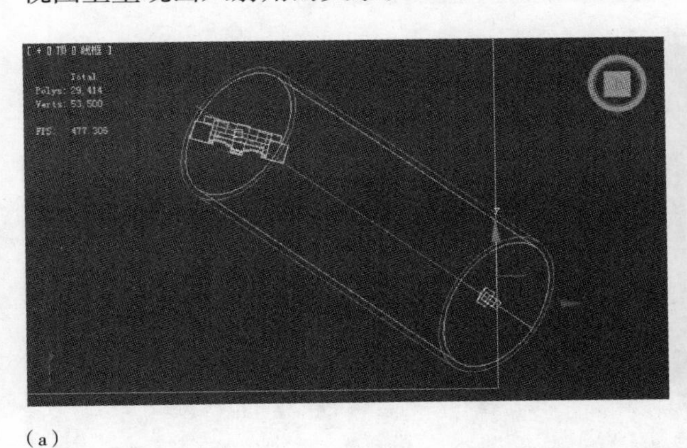

（a）

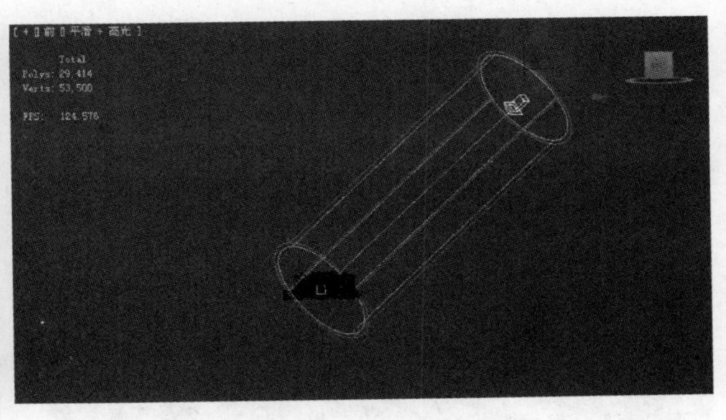

（b）

图 6–20　目标平行光位置
（a）顶视图位置；（b）前视图位置

（3）选择“前”视图，按键盘 Shift+4 键，选择“Direct01”，进入“灯光”视图，按住鼠标滚轮使灯光照射中心完全包裹住建筑物，效果如图 6–21 所示。

（4）设置目标平行光相关参数，“倍增”值为 1.2，“颜色”为 R：249、G：245、B：226，其他参数设置如图 6–22 所示。

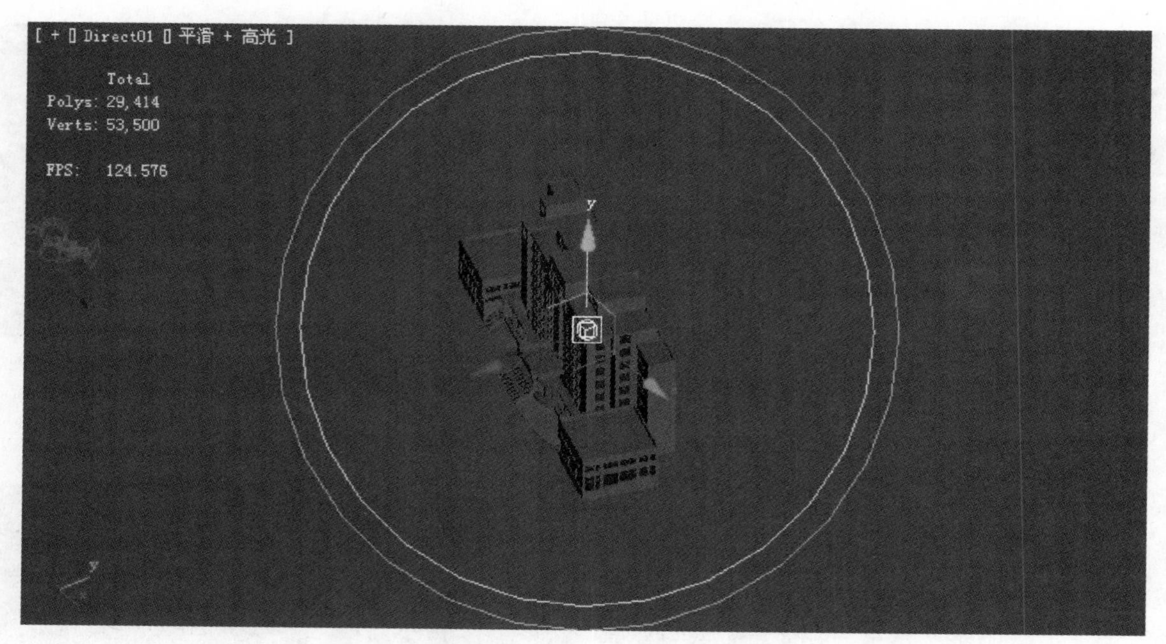

图 6–21 调整平行光照射区域

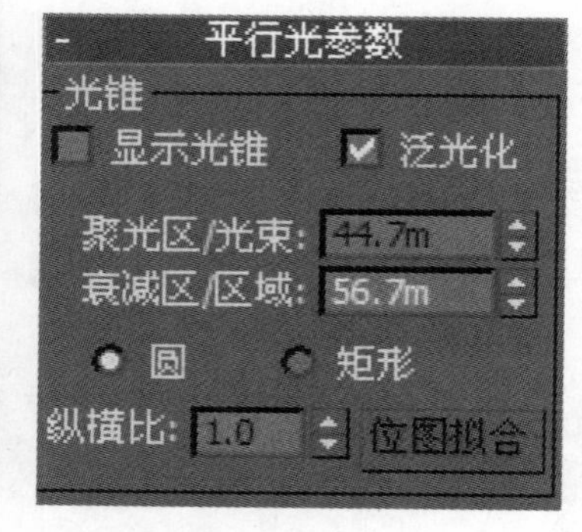

图 6–22 目标平行光其他参数设置

（5）再创建一盏目标聚光灯，设置灯光的位置如图 6–23 所示。

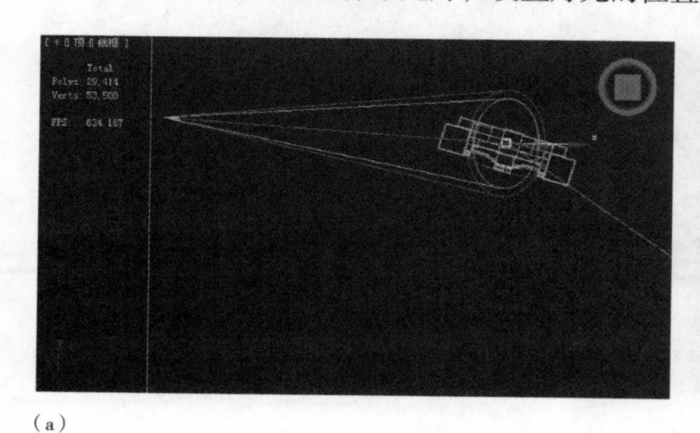

（a）

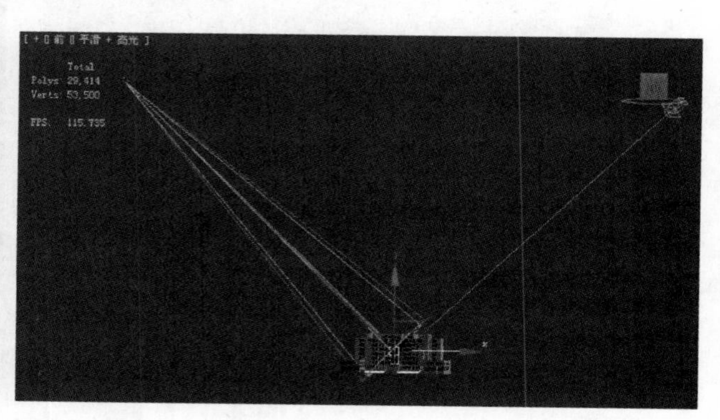

（b）

图 6–23 目标聚光灯位置
（a）“顶” 视图位置；（b）“前” 视图位置

（6）更改目标聚光的相关参数，如图 6–24 所示。

（7）利用复制及移动命令以实例的方式复制目标聚光灯完成顶层局部灯光阵列效果，如图 6–25 所示。

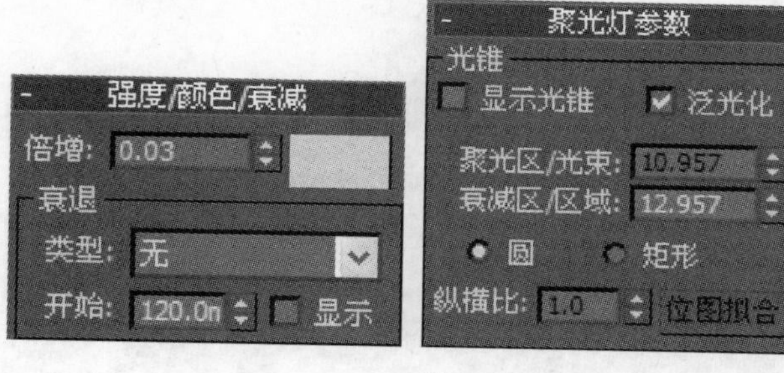

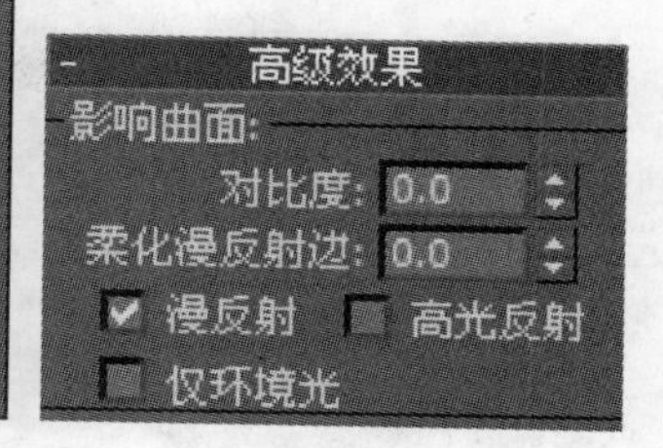

图 6-24　目标聚光灯参数设置

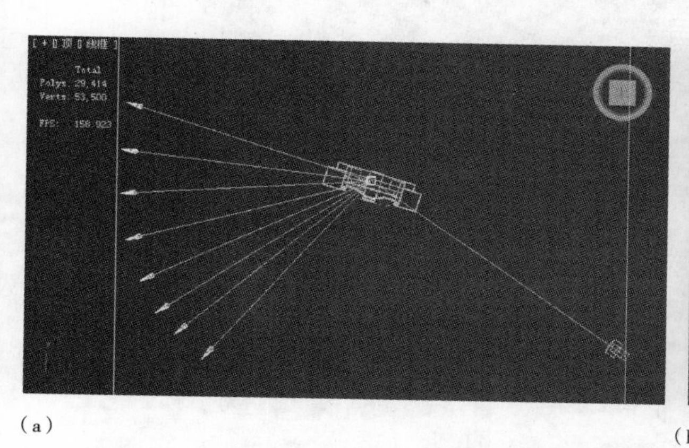

（a）

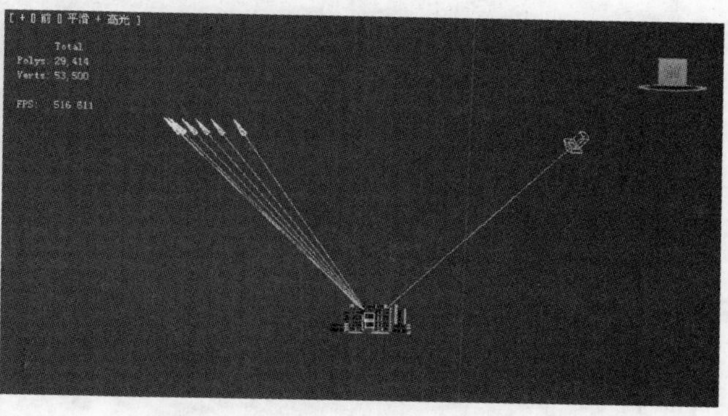

（b）

图 6-25　复制目标聚光灯调整位置
（a）“顶”视图位置；（b）“前”视图位置

（8）框选顶层的八盏目标聚光灯以“实例”方式向下复制两排，具体位置如图 6-26 所示。

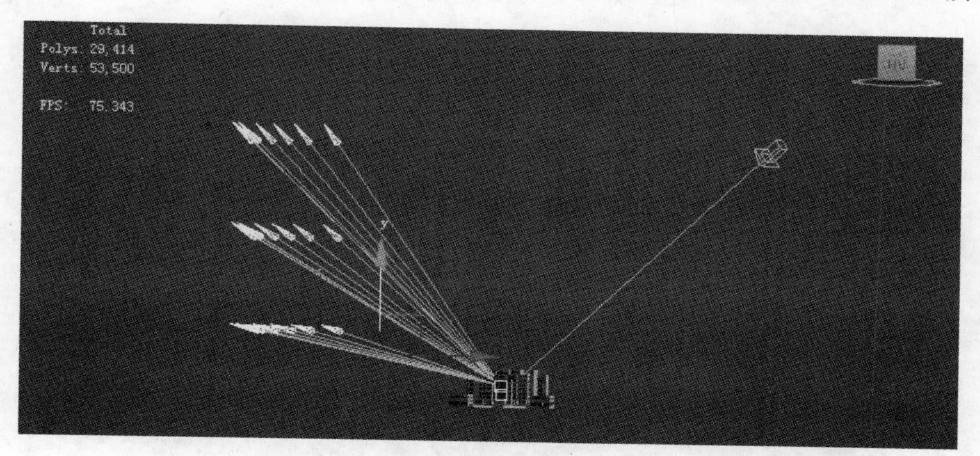

图 6-26　三排目标聚光灯位置（“前”视图）

（9）框选最下方的一排目标聚光灯，以“复制”方式复制一排放置在建筑物下方，如图 6-27 所示。

（10）调整最下方一排的灯光的参数，“倍增”值为 0.05，“颜色”值为 R：89、G：124、B：148。

（11）按键盘“8”键，点击环境面板中的“环境贴图”按钮，选择渐变贴图，点击确定按钮。按键盘 M 键，打开材质编辑器面板，用鼠标将环境贴图按钮拖动到任意一个空白示例球中，并选择“实例”方式，如图 6-28 所示。

（12）在“材质编辑器”对话框中选择“渐变参数”卷展栏，点击“颜色 1”，设置颜色为 R：0、G：78、B：196；“颜色 2”为 R：117、G：160、B：223；“颜色 3”为 R：255、G：255、B：255。渲

染透视图，效果如图 6-29 所示。

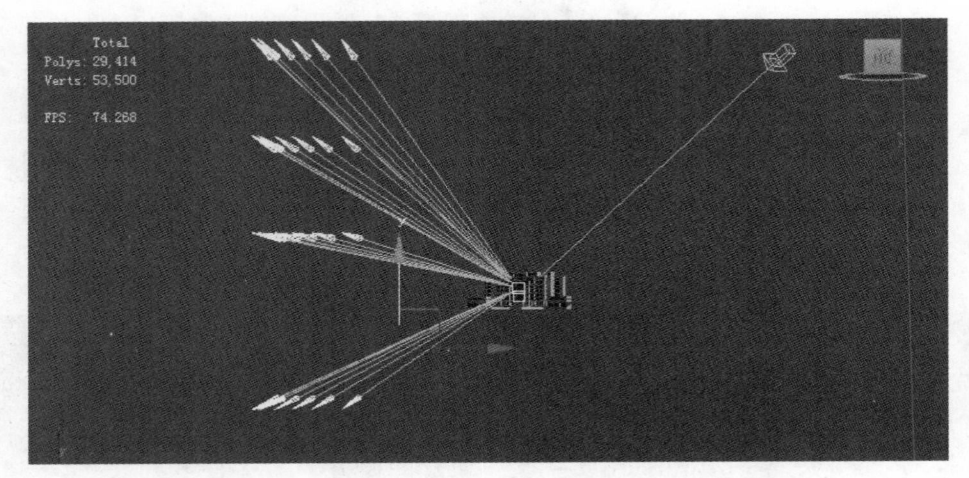

图 6-27 第四排目标聚光灯位置（“前”视图）

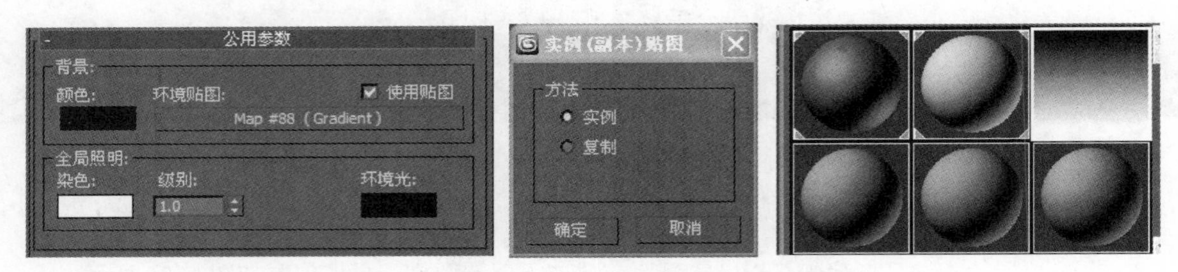

图 6-28 以“实例”方式复制环境贴图到材质球上

图 6-29 渲染效果

6.1.6 灯光实例 3——V-Ray 阳光

（1）启动 3ds Max 软件，打开配套光盘中的“06-03.max”文件。

（2）在“顶”视图创建一盏“V-Ray 太阳”灯光，在弹出的对话框中选择“是”按钮，同时调整灯光所在的位置如图 6-30 所示，使摄像机与 V-Ray 阳光在“顶”视图上呈现出入射角的关系。

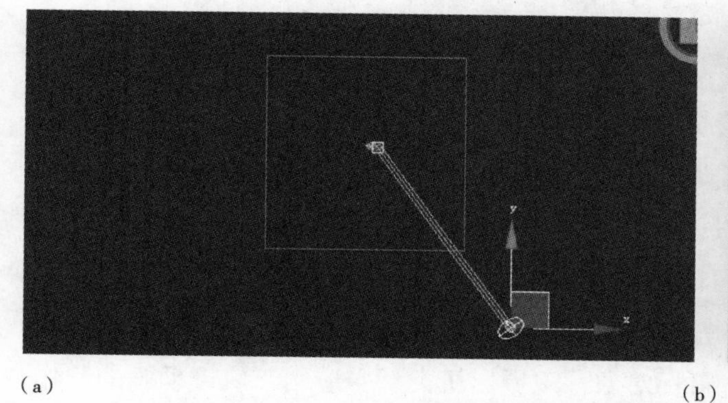

（a）

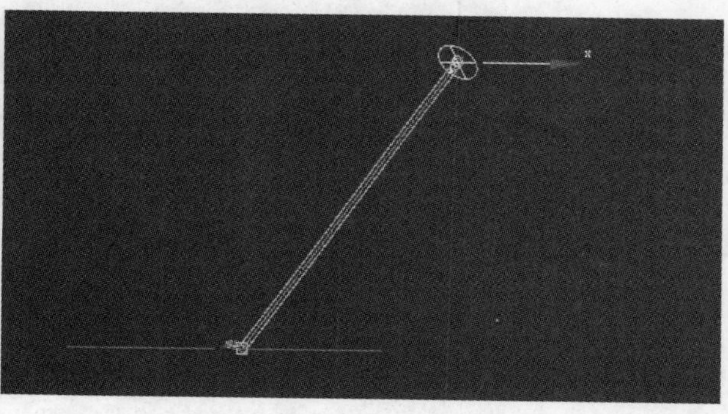

（b）

图 6-30　设置 V-Ray 阳光位置
（a）顶视图位置；（b）前视图位置

（3）选择 V-Ray 阳光，进入修改命令面板，更改“强度倍增”为 0.02。

（4）按键盘 F10 键开启“渲染设置”对话框，在“公用”选项卡中点击“指定渲染器”卷展栏，为场景添加 V-Ray 渲染器。

（5）选择“间接照明”选项卡，开启间接照明（GI），如图 6-31 所示。再次选择“V-Ray”选项卡，选择“V-Ray 环境”卷展栏，开启“反射 / 折射环境覆盖”选项，并为其指定一张配套光盘中的天空贴图“sky.jpg”。对场景进行渲染，渲染后效果如图 6-32 所示。

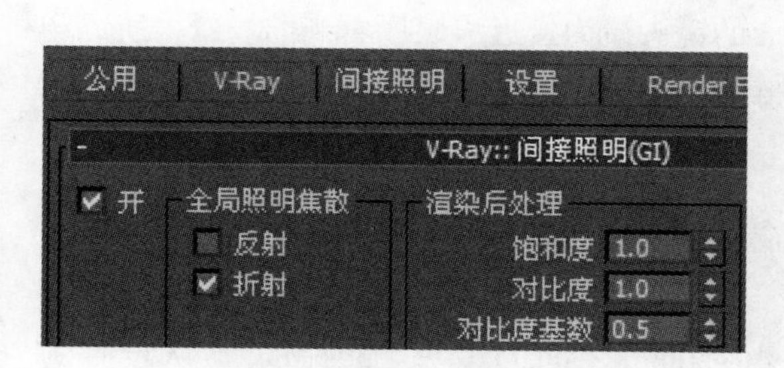

图 6-31　开启间接照明（GI）

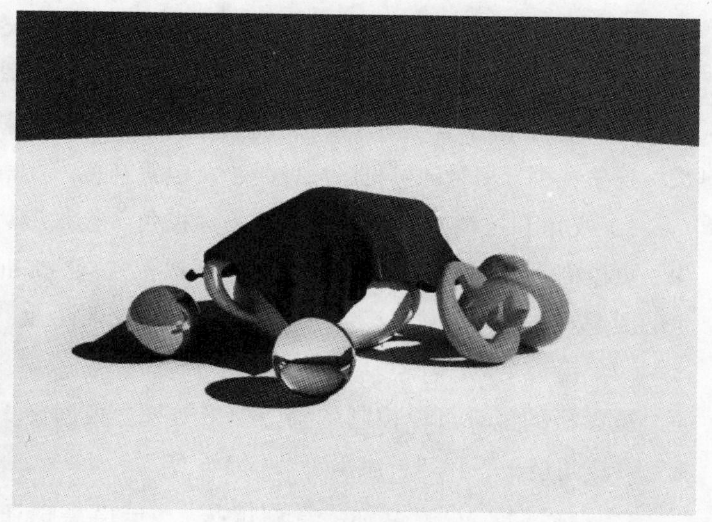

图 6-32　最终渲染效果

6.2　摄影机

摄影机是一种特殊的对象，在视图中创建了摄影机后，可以将视图转换为“摄影机”视图。“摄影机”视图也是一种透视图，它的显示效果可以通过摄影机的参数进行控制，能够更好地表现场景的特殊效果及制作动画。

摄影机的创建方法比较简单，单击命令面板中的（创建）→（摄影机）按钮，显示出摄影机创建命令面板，其下有两种类型的摄影机，即“目标”和“自由”。

6.2.1 摄影机的类型

在 3ds Max 中有两种摄影机，分别为目标摄影机和自由摄影机。

（1）目标摄影机。目标摄影机用于观察目标点附近的场景内容，它包含摄影机和目标点两部分，这两部分可以同时调整也可以单独进行调整。通过调整摄像点和目标点可以改变摄像的方位和渲染效果，能够实现跟踪拍摄。摄影机和摄影机目标点可以分别设置动画，从而产生各种有趣的效果。

（2）自由摄影机。自由摄影机用于观察所指方向内的场景内容，与目标摄影机的参数基本相同，只是没有目标点，所以只能通过旋转操作来对齐目标对象。该摄影机类型多应用于轨迹动画的制作，例如建筑物中的巡游，车辆移动中的跟踪拍摄效果等。自由摄影机图标与目标摄影机图标看起来相同，但是不存在要设置单独目标点的动画。当要沿一个路径设置摄影机动画时，使用自由摄影机要更方便一些。

6.2.2 摄影机的特征及镜头类型

（1）摄影机的特征。

在现实世界中，摄影机的特征主要表现为焦距和视野范围。

1）“焦距”。是指镜头与焦平面之间的距离，也就是透镜与光表面之间的距离。它影响在画面帧中显示的场景区域大小。焦距越大，在画面帧中显示的场景越大，包含的场景内容越多；焦距越小，在画面帧中显示的场景越小，包含的场景内容越少，但可以表现场景的局部特性，能够看到更多的细节。

2）“视野范围”。是指摄影机镜头的视角范围，也就是场景的可见区域。它与焦距有关，镜头越长，视角越小，场景的可见区域就越小；镜头越短，视角越大，场景的可见区域就越大。

3）视角和透视的关系。短焦距（大视角）会加剧场景的透视失真，使对象朝向观察者看起来更深、更模糊。长焦距（小视角）能够降低透视失真。50mm 的镜头最为接近人眼所看到的场景，所以产生的图像效果比较正常，该镜头多用于快照、新闻图片、电影制作中。

（2）镜头类型。

摄影机的镜头可以控制场景的拍摄效果。根据镜头焦距的大小不同，可以将镜头分为“标准镜头”、“广角镜头”和“长焦镜头”3 种类型。

1）“标准镜头”。也称“常用镜头”，是指焦距在 40~50mm 之间的镜头。3ds Max 默认设置为 43.456mm，即人眼的焦距，这种镜头最接近人眼睛的视野范围，是最常用的镜头。

2）“广角镜头”。也称“短焦镜头”，是指焦距小于 50mm 的镜头，又称鱼眼式镜头。广角镜头的特点是景深大、视野宽，前、后景物大小对比鲜明，使场景中纵深方向上的对象之间的距离更为夸张。广角镜头拍摄的画面范围比标准镜头拍摄的画面范围更大。

3）“长焦镜头”。也称“窄角镜头”，是指焦距大于 50mm 的镜头。其特点是视野窄，只能看到场景正中心的对象，而且对象看起来离摄影机非常近，场景中的空间距离变短了，场景的纵深和空间感减弱。

6.2.3 “摄影机”视图

在创建完摄影机后，我们可以通过“摄影机”视图进行观察，在任意一个视图名称上单击鼠标右键，在弹出的菜单上可以看见有一个“摄影机”选项，选择其中的一个即可。也可以在任意视图上按C键，将这个视图转换为摄影机视图。（注意：如果创建了多个摄影机，按C键会弹出“选择摄影机”对话框，选择想要的即可。）

当视图切换到摄影机视图后，可发现视图控制区的按钮发生了改变，如图6–33所示为透视图改变为“摄影机”视图后的对比效果。

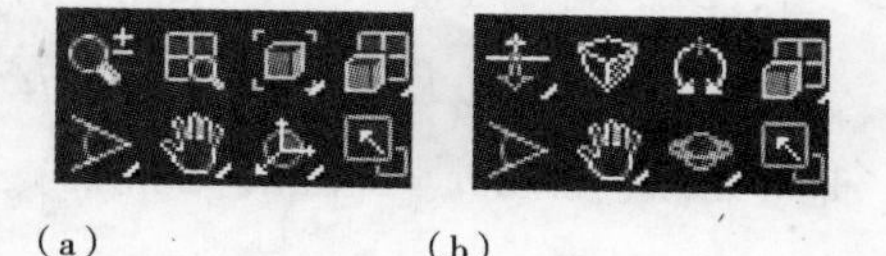

（a）　　（b）

图6–33　视图控制区按钮对比
（a）“透视图”的视图控制区按钮；
（b）“摄影机视图”的视图控制区按钮

（1）“推拉摄影机”按钮。单击该按钮，可以用前后移动摄影机的方式调整拍摄的范围。

（2）“透视”按钮。单击该按钮，可以移动摄影机改变拍摄范围，但保持摄影机的视野范围不变，可突出场景的目标物体。

（3）“摇动摄影机”按钮。单击该按钮，可以绕摄像点与目标点的连线旋转摄影机，使水平面产生倾斜。

（4）“平移摄影机”按钮。保持相机点与目标点相对位置不变。

（5）“环游摄影机”按钮。绕目标点转动摄影机。

6.2.4 目标摄影机

目标摄影机是一种能够控制目标点的摄影机。创建了目标摄影机后，可以通过设置或调整目标摄影机的参数使其达到最好的渲染效果。单击修改按钮，打开修改命令面板，并显示出目标摄影机的“参数”卷展栏，在这里可以完成目标摄影机参数的设置操作。

6.2.4.1 “参数”卷展栏

如图6–34所示，是目标摄影机的“参数”卷展栏。

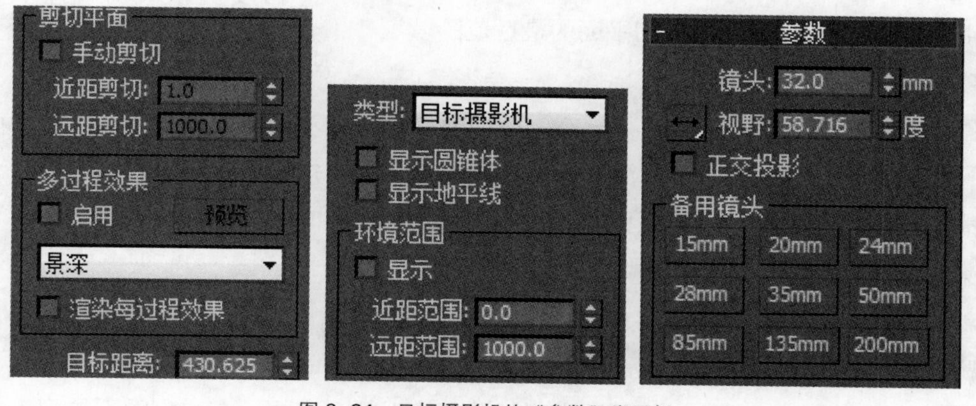

图6–34　目标摄影机的“参数”卷展栏

（1）“镜头设置和视野”选项组。

1）“镜头”。用于设置摄影机镜头的大小，即可以设置以毫米为单位的摄影机的焦距。

2）（调节视野）按钮。设置摄影机的视野方式。将鼠标指针移到该按钮上，按下鼠标左键，就会弹出下拉按钮并显示出其他的视野方式按钮，拖曳鼠标指针到一个按钮上，再释放鼠标按键，即可选择该按钮的视野方式。↔按钮表明摄影机的视野方式为水平方式；↕按钮表明摄影机的视野方式为垂直方式；↗按钮表明摄影机的视野方式为对角方式。

3）“视野”。可以设置摄影机显示的区域的宽度，该值以度为单位指定。

4）“正交投影”。类似于任何正交视口（如顶、左或者前视口）的方式显示“摄影机”视图。这样将消除场景中更靠后的任何透视失真并显示场景中所有边的真实尺寸。单击并选中该复选框，将以正交投影的方式拍摄；否则，以透视方式拍摄。

5）“备用镜头”。用于选择系统提供的备用镜头。该栏以按钮的方式提供了9种常用的镜头，分别是15mm、20mm、24mm、28mm、35mm、50mm、85mm、135mm和200mm镜头。单击相应数值的按钮，即可将当前的镜头更换为选定的备用镜头。

（2）“类型和显示”选项组。

1）“类型下拉列表框”。可以在“自由摄影机”和“目标摄影机”之间来回切换。

2）“显示圆锥体”。可以显示摄影机的圆锥体，当未选定摄影机时，显示摄影机视图的边界。

3）“显示地平线”。设置是否在摄影机视图中显示地平线，以深灰色显示地平线。

（3）“环境范围”选项组。

设置环境大气的影响范围，通过下面的近距范围和远距范围确定。

1）“显示”。用于在视图中显示摄影机的取景范围。

2）“近距范围”。用于设置取景作用的最近范围。

3）“远距范围”。用于设置取景作用的最远范围。

（4）“剪切平面”选项组。

剪切平面是平行于摄影机镜头的平面，以红色带交叉的矩形表示。剪切平面可以排除场景中一些几何体的视图显示或控制只渲染场景的某些部分。

1）“手动剪切”。用于选择以手动方式设置摄影机剪切平面的范围。

2）“近距剪切”。用于设置手动剪切平面的最近范围。

3）“远距剪切”。用于设置手动剪切平面的最远范围。

（5）“多过程效果”选项组。

用于摄影机指定景深或运动模糊效果。它的模糊效果是通过对同一帧图像的多次渲染计算并重叠结果产生的，因此会增加渲染时间。景深和运动模糊效果是相互排斥的，由于它们都依赖于多渲染途径，所以不能对用一个摄影机对象同时指定两种效果。当场景同时需要两种效果时，应当为摄影机设置多过程景深，再将它们与对象运动模糊相结合。

1）“启用”。用于使设置的特效发生作用。

2）“预览”按钮。用于在视图中显示设置的特效，否则只能在渲染时才能显示特效。

3）“景深”下拉列表。用于选择特效的类型，单击该下拉列表框，在弹出的下拉列表中，可以选择的特效类型有“景深（mental ray）”和“运动模糊”，默认的选项为“景深”类型。

4）“渲染每个过程效果”。用于选择是否在每个通道中渲染设置的景深或运动模糊效果。

（6）“目标距离”。用于设置摄影机的摄像点与目标点之间的距离。

6.2.4.2 “景深”卷展栏

如图 6-35 所示，为“景深参数”卷展栏。

（1）“焦点深度”选项组。用于设置摄影机的焦点位置。

1）“使用目标距离”。选择是否用摄影机的目标点作为焦点，单击并选中该复选框，将激活并使用摄影机的目标点。

2）“焦点深度”数值框。用于设置摄影机的焦点深度位置，取消对使用目标点复选框的选择，可以激活该数值框，并可设置焦点的距离。

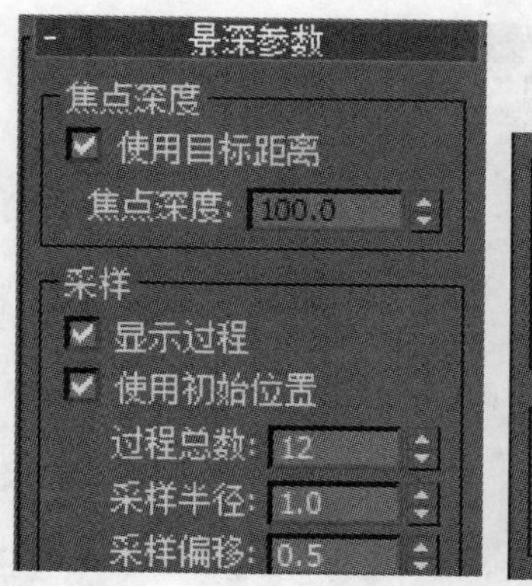

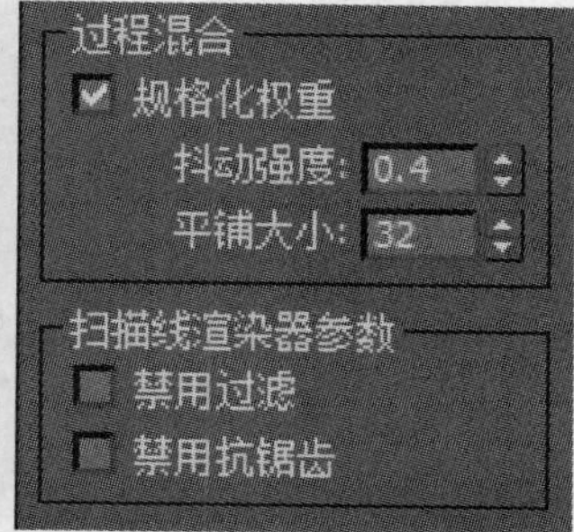

图 6-35 “景深参数”卷展栏

（2）“采样”选项组。用于设置摄影机景深效果的样本参数。

1）“显示过程”。用于选择是否显示在渲染时景深效果的叠加过程。

2）“使用初始位置”。用于选择是否在原始位置进行渲染。

3）“过程总数”数值框。用于设置景深模糊的渲染次数，决定景深的层次，数值越大，景深效果越精确，但渲染时间也会越长。

4）“采样半径”数值框。用于设置景深效果的模糊程度。

5）“采用偏移”数值框。用于设置景深模糊的偏移程度，数值越大，景深模糊偏移越均匀；反之，越随机。

（3）“过程混合”选项组。用于设置景深层次的模糊抖动参数，控制模糊的混合效果。

1）“规格化权重”。用于选择是否使用标准的模糊融合效果。

2）“抖动强度”数值框。用于设置景深模糊抖动的强度值。

3）“平铺大小”数值框。用于设置模糊抖动的百分比。

（4）“扫描线渲染器参数”选项组。用于控制扫描线渲染器的渲染效果。

1）“禁用过滤”。用于选择在渲染时是否禁止使用过滤效果。

2）“禁用抗锯齿”。用于选择在渲染时是否禁止使用抗锯齿效果。

6.2.5 摄影机实例

（1）启动 3ds Max，打开配套光盘中的“摄影机实例初始文件 .max”文件。

（2）切换到“顶”视图，绘制一条样条曲线，调整到如图 6-36 所示形状。切换到“前”视图，调整样条线的高度，如图 6-37 所示。

（3）切换到“顶”视图，单击（创建）命令面板中的（摄影机）命令，任意创建一个自由摄影机，切换到透视图并按 Ctrl+C 键来匹配摄影机，按 C 键切换到“摄影机”视图。

（4）确定摄影机被选中，在菜单栏上选择“动画”→“约束”→“路径约束”命令，到视图中点击样条线，在右侧命令面板中的“路径参数”卷展栏中勾选“跟随”选项，利用“旋转”命令对摄影机进行调整，效果如图 6-38 所示。

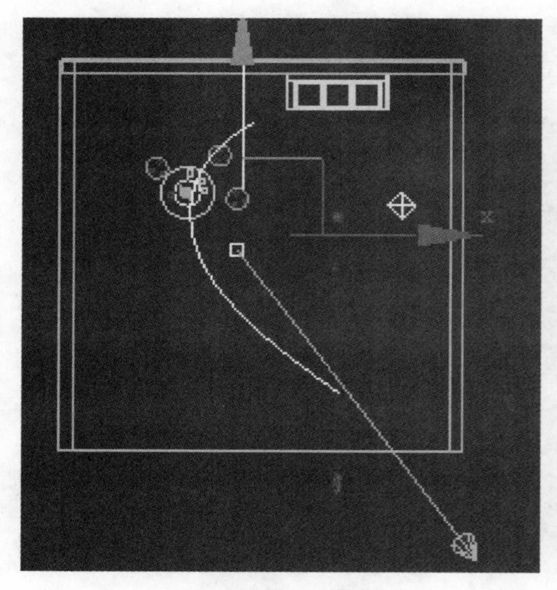

图 6-36　绘制样条曲线

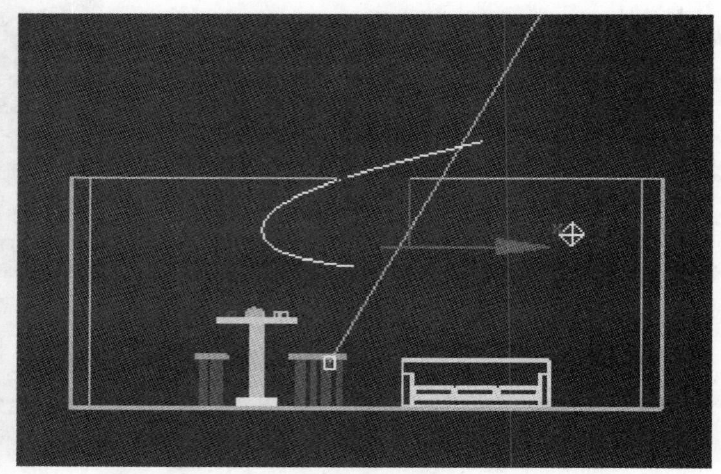

图 6-37　调整样条曲线高度

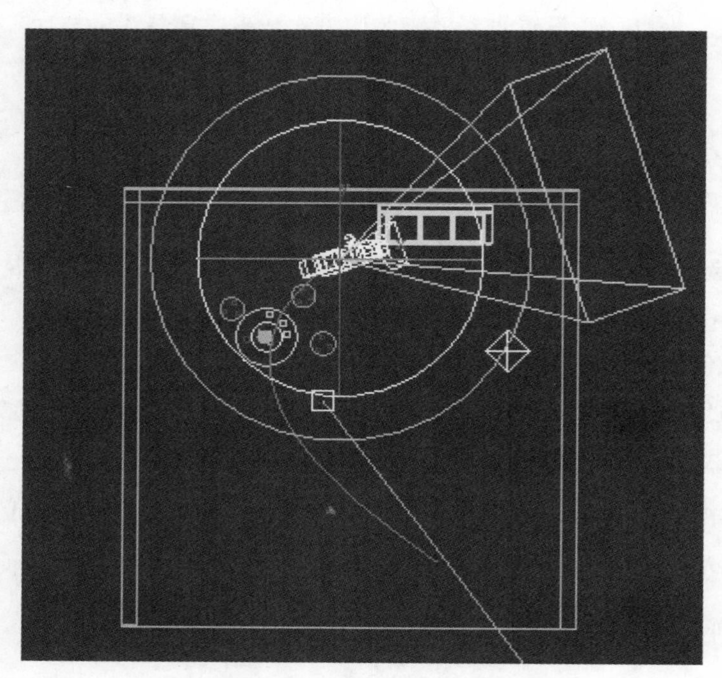

图 6-38　调整摄影机位置

（5）切换到“摄影机”视图，拖动时间滑块会发现有动画产生。按键盘数字 F10，打开“渲染设置”对话框，在“公用”→“公用参数”→“时间输出”中选择“活动时间段：0 到 100”选项；在“渲染输出”中点击“文件”按钮，将保存文件命名“摄影机跟踪动画”，保持类型选择“*.avi”格式，最后渲染输出即可。

至此，摄影机跟踪动画案例就制作完成了。

第7章

Chapter7

环境与效果

7.1 环境

在现实的世界中，所有的对象都被一些特定的环境所包围着，环境对场景氛围的营造起到了很大的作用。现实中的雾、火、体积光之类的环境效果，可以通过 3ds Max 的环境和效果面板进行模拟，来达到现实生活中的效果。如图 7-1 所示，为“环境和效果”对话框，可以通过“渲染”菜单下面的“环境”命令打开，也可以按键盘“8”快捷键打开。

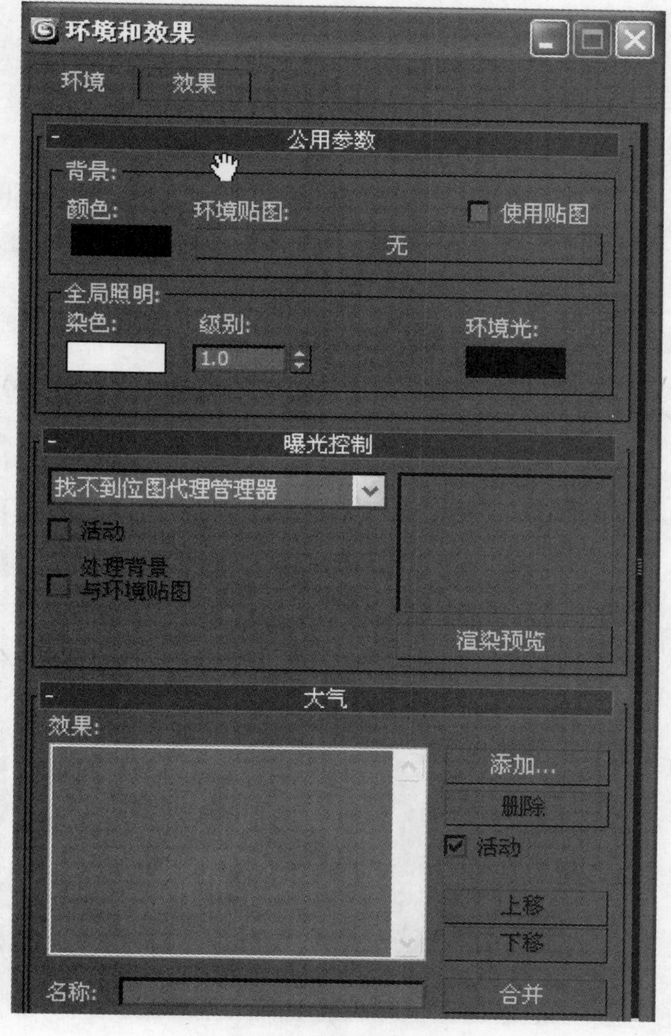

图 7-1 “环境和效果”对话框

在“环境”面板中一共包含三个卷展栏，分别是“公用参数”卷展栏、“曝光控制”卷展栏以及“大气”卷展栏。下面将分别介绍各个卷展栏的参数意义。

7.1.1 “公用参数”卷展栏

（1）“背景”选项组。

1）“颜色”。用来设置渲染时的背景颜色，在测试渲染时为了区分场景与背景时，经常需要调整不同的背景颜色，利用颜色选项下方的色块可以调整背景的色彩；当然也可以利用该颜色块制作颜色变化的动画背景，比如开启动画控制面板中的“自动关键点”按钮，在第 0 帧位置调整颜色块颜色，再将时间滑块调整到第 100 帧，再次调整颜色块颜色，可以完成动画背景的设置。

2）“环境贴图”。用来指定一个环境贴图，环境贴图必须使用环境贴图坐标。如果需要使用位图来模拟环境贴图时，则需要为环境贴图按钮指定一张位图，并将环境贴图按钮拖动到材质编辑器的示例球上，选择实例方式点击确定，如图 7–2 所示。“使用贴图”：是否启用环境贴图。

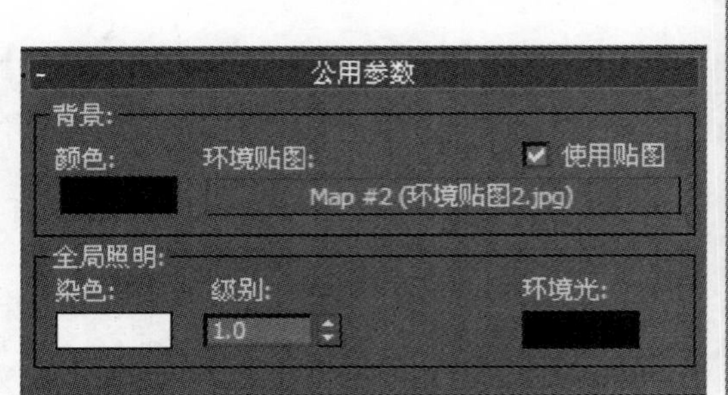

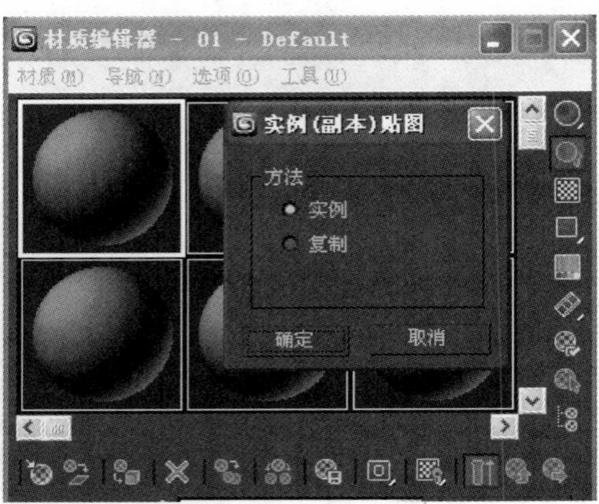

图 7–2　环境贴图设置

a. 在材质编辑器中，在“坐标”卷展栏中可以对环境贴图的相关参数进行设定，如果该图是作为环境贴图使用，应该在“坐标”卷展栏中选择“环境”选项，在贴图下拉列表中选择“屏幕”方式。同时可以对环境贴图进行“偏移”、“平铺”、“镜像”、“旋转”等操作，如图 7–3 所示。

b. 要使环境贴图显示在视图中，可通过选择“视图”菜单下的“视口背景”或者按“Alt+B”快捷键，打开“视口背景”对话框，如图 7–4 所示。勾选“使用环境背景”，则将环境贴图应用到背景中，再勾选显示“背景选项”，并设定“应用源并显示于”选项组中的相关选项，使环境贴图显示在对应的视图中。

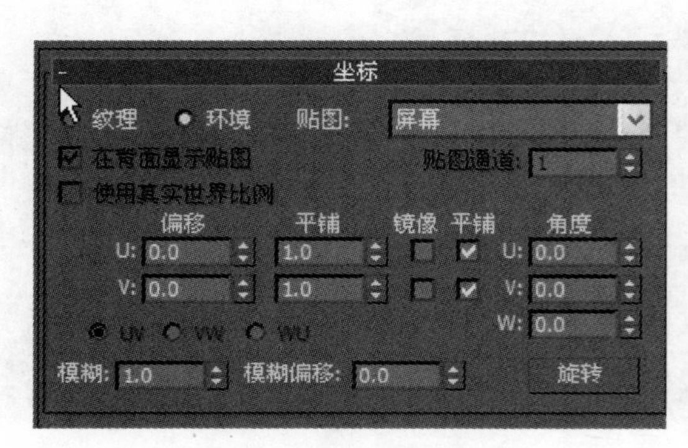

图 7–3　环境贴图坐标设定

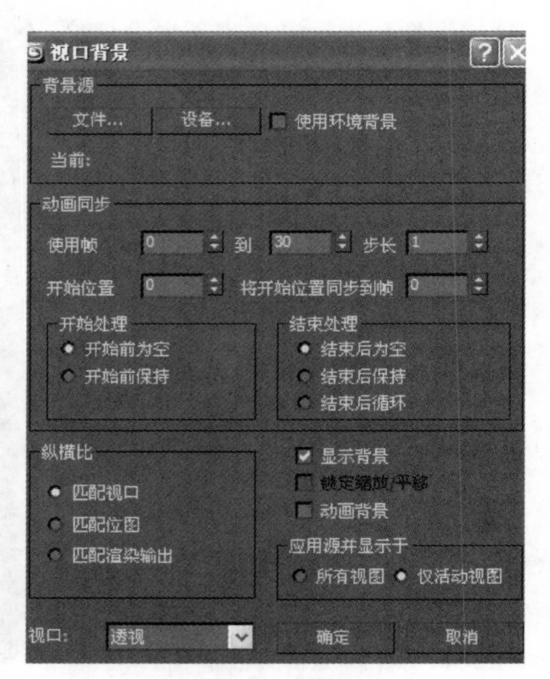

图 7–4　视口背景面板

（2）“全局照明”选项组。

1）“染色”。为场景中设置的所有的灯光指定同一染色的颜色，该色彩也可以指定动画效果，设置方法参照“背景选项组”中的“颜色”选项的设置方法。

2）“级别”。设定场景中灯光的亮度值，数值越大灯光亮度越大。

3）“环境光”。更改环境光颜色，会影响场景中的物体颜色，环境光的颜色会叠加到场景物体中，主要控制场景中灯光照射不到的区域色彩，默认色彩是黑色。

7.1.2 “曝光控制”卷展栏

“曝光控制”卷展栏主要是用来调节场景的颜色范围和输出级别，类似于照相机的胶片曝光。其中默认的曝光控制方式包括“线性曝光控制”、“对数曝光控制”、“伪彩色曝光控制”和“自动曝光控制”四种方式。在使用高级渲染器，如V-Ray渲染器时，曝光控制方式中会相应添加新的曝光方式，如图7-5所示，为选定了“线性曝光控制”后的面板形式。

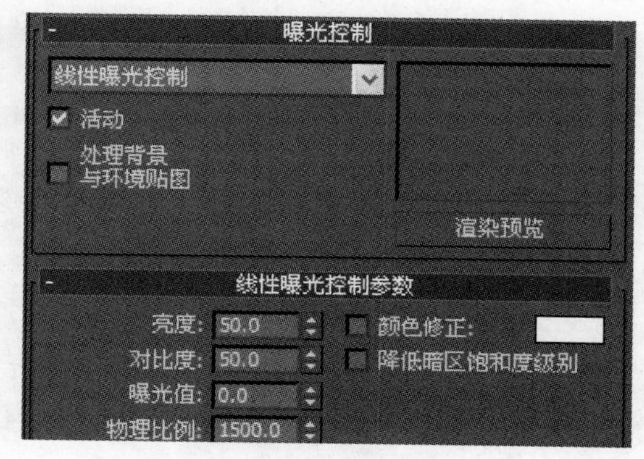

图7-5 “曝光控制”卷展栏

（1）“活动”。选中表示渲染场景时使用曝光控制。未勾选时曝光控制只影响场景中的对象，不影响背景。

（2）“处理背景与环境贴图”。勾选时，则场景的背景和环境贴图应用曝光控制。

（3）“渲染预览”。单击渲染预览按钮可以在渲染预览窗口中查看调整后的结果，便于更改相关曝光参数。

当选择某种曝光控制方式时，下方的曝光控制参数开启，调整相应参数可以有效控制曝光量。

7.1.3 “大气”卷展栏

（1）“效果列表”。这里显示场景中添加的大气效果名称。当添加了大气效果后，在其下方就会适时增加相关的参数设置卷展栏。

（2）“名称”。用来对选中的大气效果进行重命名，可以为场景添加多个相同类型的大气效果，便于后期更改参数。

（3）“添加”。为场景添加大气效果。

（4）“删除”。用来删除在效果列表中选择的大气效果。

（5）“活动”。取消勾选时，则对应选择的大气效果失效。

（6）“上移/下移”。用来改变效果列表中的大气效果顺序。

（7）“合并”。将其他场景中的效果合并到当前场景中，合并效果时，灯光或大气也会一起合并到场景中，如果合并的效果与当前的效果同名的话，将会出现提示对话框。

7.1.4 环境特效添加方法

（1）直接添加法。

直接添加法就是可以直接为场景添加一些效果，不需要特别设置，直接添加即可。一般的步骤是：启动 3ds Max 软件后，选择菜单栏中的“渲染”菜单下方的“环境”命令，打开“环境和效果”对话框，单击“大气”卷展栏中的“添加”按钮，在弹出的“添加大气效果”对话框中选择其中的一种特效选项即可。

（2）大气装置法。

在进行大气效果添加的时候，有些特效需要为特效制定一个“容器”，而这个“容器”就是大气装置，其目的是限定环境特效的产生范围，通过这些大气装置，可以自由地在场景中安排环境特效的位置。大气装置所在的位置在命令面板的（创建）→（辅助对象）选项的下拉列表“大气装置”中，其中包含“长方体 Gizmo”、“球体 Gizmo”、“圆柱体 Gizmo”三种类型，如图 7–6 所示。比如火特效就需要大气装置作为特效产生的范围限定。

（3）大气装置法的应用实例。

1）启动 3ds Max 软件，在“顶”视图中建一个“球体 Gizmo”，半径设置为 300。

2）按键盘“8”键，打开“环境和效果”对话框，为其加入“火效果”特效，此时在“大气”卷展栏中出现“火效果”特效。

3）在“火效果参数”卷展栏中单击“拾取 Gizmo”按钮，在视图中选择球体线框，在“图形”中选择“火舌”选项，设置“拉伸”值为 1，“规则性”参数为 0.2，在“特性”中设置“火焰大小”为 35，“密度”为 30，“火焰细节”为 3，“采样数”为 15。

4）渲染视图得到最终效果，如图 7–7 所示。

图 7–6　大气装置面板

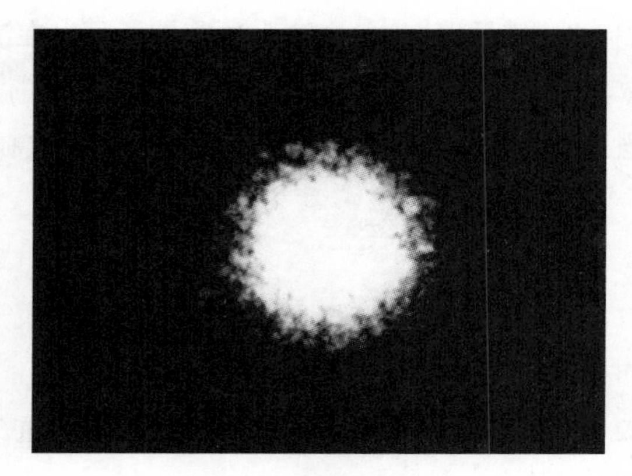

图 7–7　火特效渲染效果

7.1.5　雾实例

（1）启动 3ds Max，打开配套光盘文件“07–01.max”的场景文件。

（2）按键盘“8”键，打开“环境和效果”面板，在“大气”卷展栏中点击“添加”按钮，选择“雾”选项，单击“确定”按钮，渲染效果如图 7–8 所示。

图 7–8　雾特效渲染效果

（3）修改“雾参数”卷展栏的设置，如图 7–9 所示，渲染后的效果如图 7-10 所示。

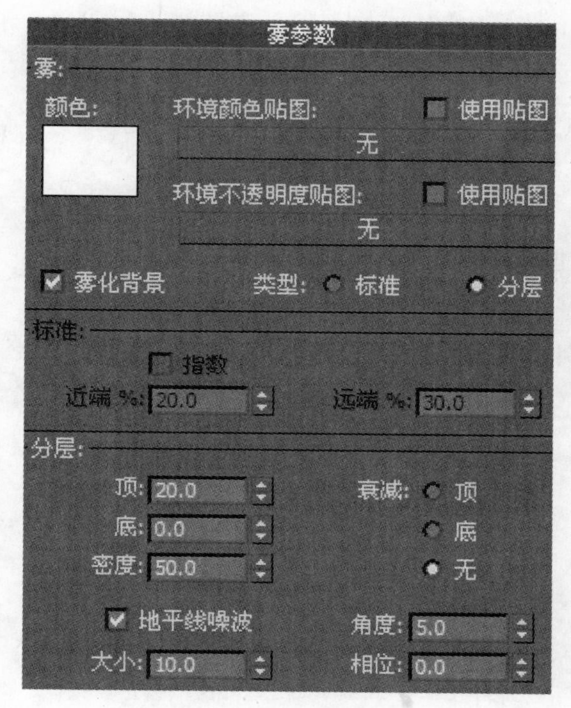

图 7-9　雾参数设置

图 7-10　修改参数后，雾特效渲染效果

7.1.6　体积光

体积光可以模拟光线透过玻璃窗拉出光线的效果，或者模拟探照灯发射出的超强光柱。这与 3ds Max 自身灯光只能照明物体不同。体积光的添加依然是通过“环境和效果”对话框中的“大气”卷展栏，“体积光参数”卷展栏如图 7-11 所示。

7.1.6.1　“体积光参数”卷展栏

（1）“灯光”选项组。

1）“拾取灯光”。点击拾取需要添加体积光的光源。

2）“移除灯光”。移除所选添加体积光的光源。

（2）“体积”选项组。

1）“雾颜色”。选择体积光的颜色。

2）“衰减颜色”。体积光衰减颜色，勾选使用衰减色选项时才生效。

3）“密度”。指雾的密度，值越大，在光的体积内反射的光线越多，默认值为 5。

4）“最大亮度 %/ 最小亮度 %”。定义体积光的最大亮度和最小亮度。

5）“衰减倍增”。控制颜色衰减的强度。

6）“过滤阴影”。包括低、中、高及使用灯光采样范围四项，设置阴影的精确程度。

（3）“衰减”选项组。

“开始 %/ 结束 %”。灯光开始衰减和结束衰减的百分比。只有打开灯光的衰减，这两个选项才能起作用。

（4）“噪波”选项组。

1）“启用噪波”。将噪波添加到体积光上。

2）“数量”。控制噪波的强度。

3）“链接到灯光”。使体积光与光源一起移动。

4）“类型”。四种噪波类型。

5）“噪波阈值”。通过参数设置，更改噪波效果。

6）“风力来源”。通过设置风的吹向，风力强度和相位来影响体积光的移动。

7.1.6.2　体积光实例

（1）启动 3ds Max，打开配套光盘“07-02.max”文件，初步渲染效果如图 7-12 所示。

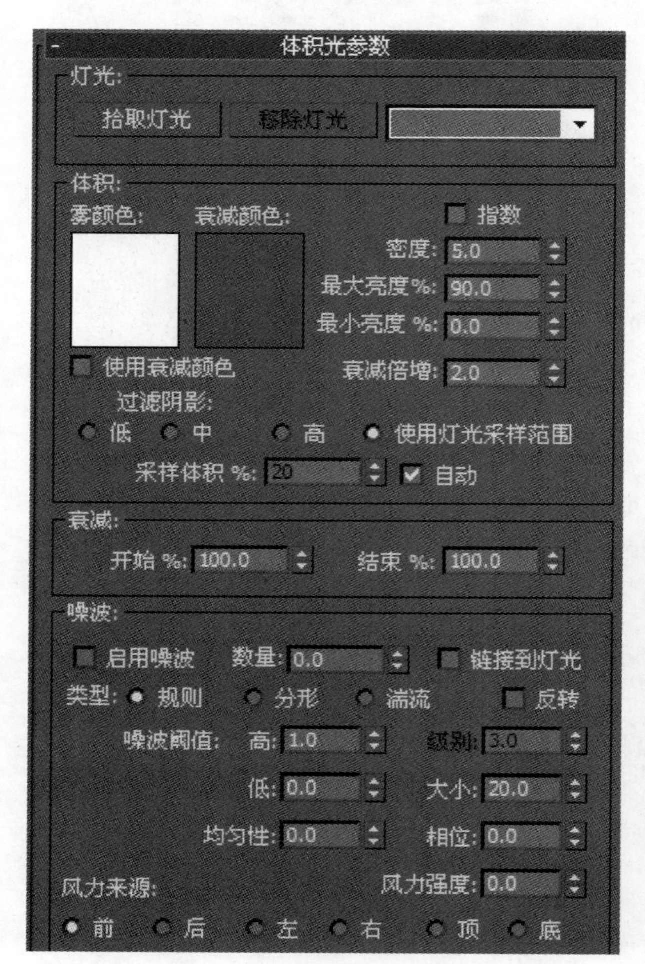

图 7-11　“体积光参数”卷展栏

图 7-12　初步渲染效果

（2）在“前”视图从左上至右下创建一盏目标平行光，调整灯光的位置如图 7-13 所示。

（3）设定灯光参数，灯光颜色值为 R：252、G：248、B：232，其他参数如图 7-14 所示。

（4）按键盘“8”键，打开“环境和效果”对话框，在“大气”卷展栏中为场景添加“体积光”选项。

（5）选择“体积光参数”下方的“灯光”选项，点击 拾取灯光 （拾取灯光）按钮，选择创建的目标平行光，选择摄影机视图，按照默认的参数进行渲染，效果如图 7-15 所示。（注意：此处用的是 V-Ray 渲染器。）

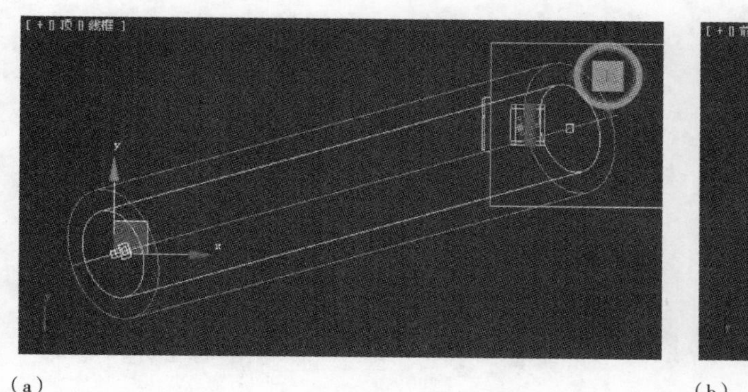

（a）

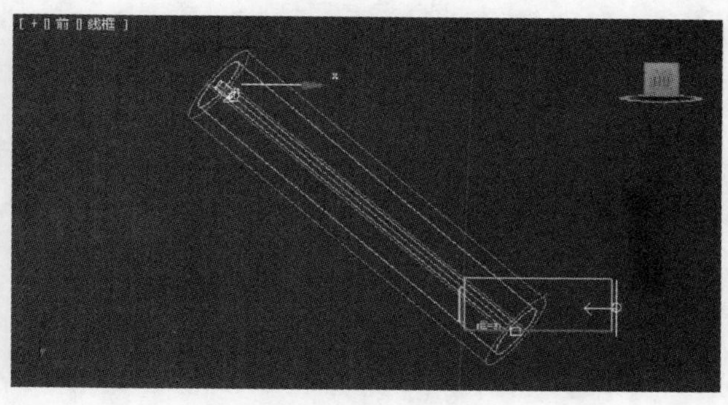

（b）

图 7–13　目标平行光位置
（a）灯光在顶视图位置；（b）灯光在前视图位置

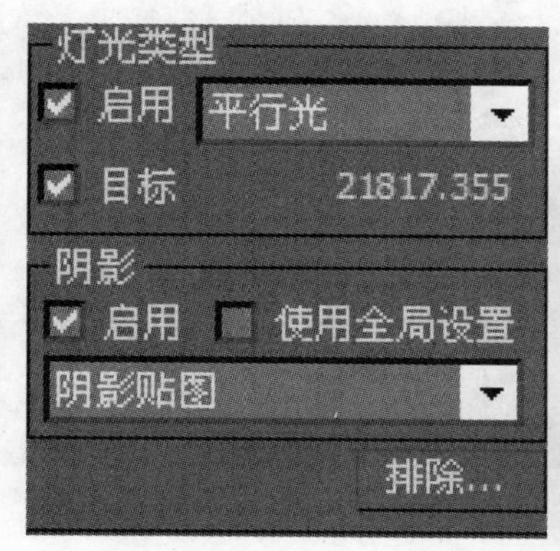

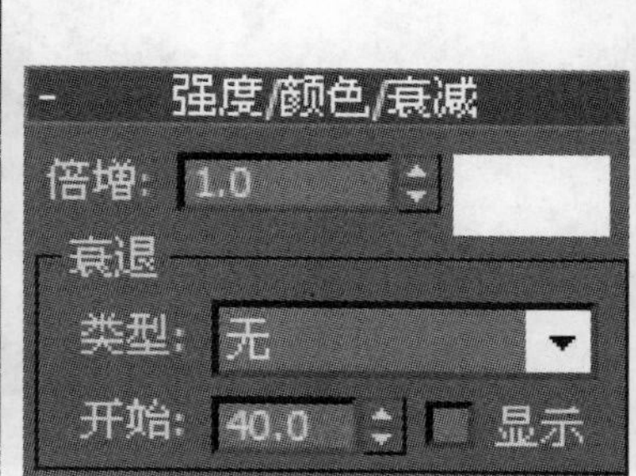

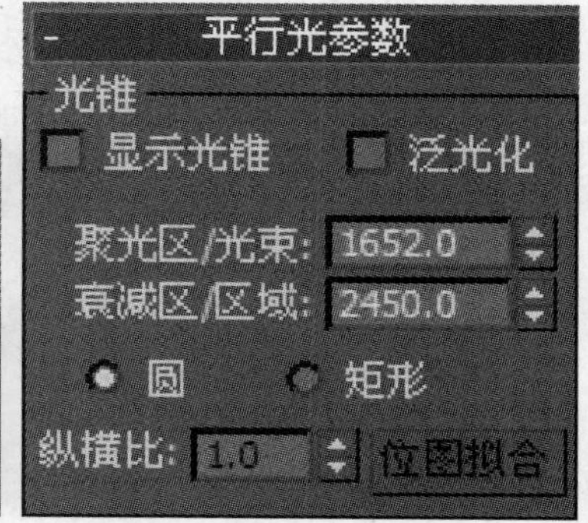

图 7–14　灯光相关参数设置

7.1.7　火效果

在三维场景创建的时候，经常需要模拟一些真实的火焰、火球、烟雾或爆炸的效果，3ds Max 自身的“火效果”就可以完成这种特效，火效果参数卷展栏如图 7–16 所示。

7.1.7.1　“火效果参数”卷展栏

（1）“颜色”选项组。用于调节火焰的颜色，“内部颜色 / 外部颜色 / 烟雾颜色”分别设置火焰焰心的颜色、火苗外围的颜色和烟的颜色，其中“烟雾颜色”只有在激活爆炸和烟雾后才会生效。

（2）“图形”选项组。主要控制火焰的形状。火焰类型内有“火舌”和“火球”两种方式。

1）“拉伸”。控制火焰沿 Gizmo Z 轴缩放的程度。

2）“规律性”。规则性是用来设置火焰大气装置中的填充情况，数值范围在 0~1 之间。数值为 0 时，火焰不能充满 Gizmo，火焰效果较乱；数值为 1 时，火焰能充满 Gizmo，火焰效果较规则。

（3）“特性”选项组。用来控制火焰的细节和密度。

1）“火焰大小”。大的火焰要求有较大的大气装置 Gizmo，如果此项数值设置太小，那么采样数的数值就要增加以获得更多的细节。

2）“密度”。控制火焰的稀薄和透明程度，数值越小越透明。

3）“火焰细节”。数值越大，火焰的细节越清晰。

4）“采样数”。采样数值越大，火焰越模糊，渲染时间越长。

图 7–15　渲染效果

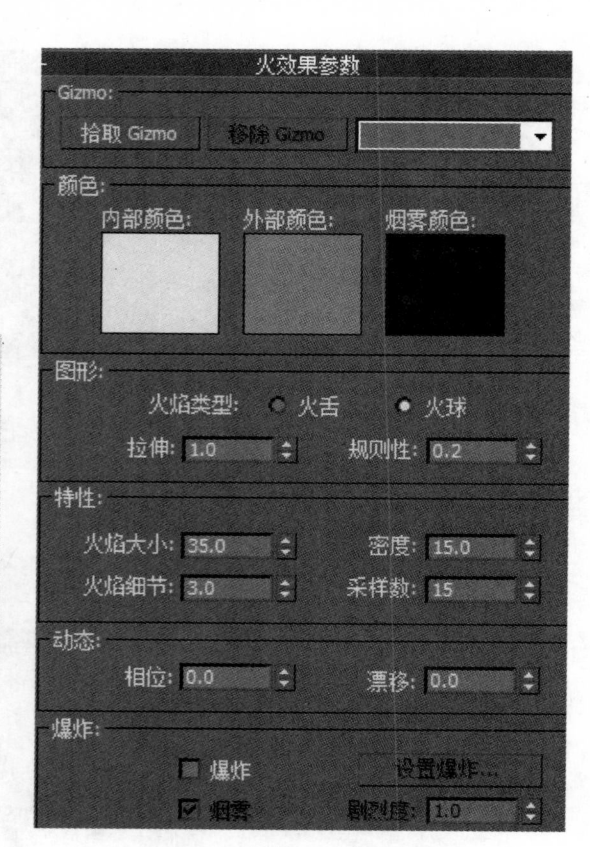

图 7–16　火效果“参数”卷展栏

（4）“动态”选项组。控制火焰的动画设置。

1）“相位”。调整火焰的相位，随着数据的变化，火焰形态也会发生相应的变化。

2）“漂移”。此数值越大，火焰的跳动越剧烈。

（5）“爆炸”选项组。主要控制爆炸效果。

1）“爆炸”。处于选中状态时，即会产生爆炸效果。

2）“烟雾”。处于选中状态时，将会产生烟雾效果。

3）“剧烈度”。设置爆炸的猛烈强度，数值越大，爆炸越猛烈。

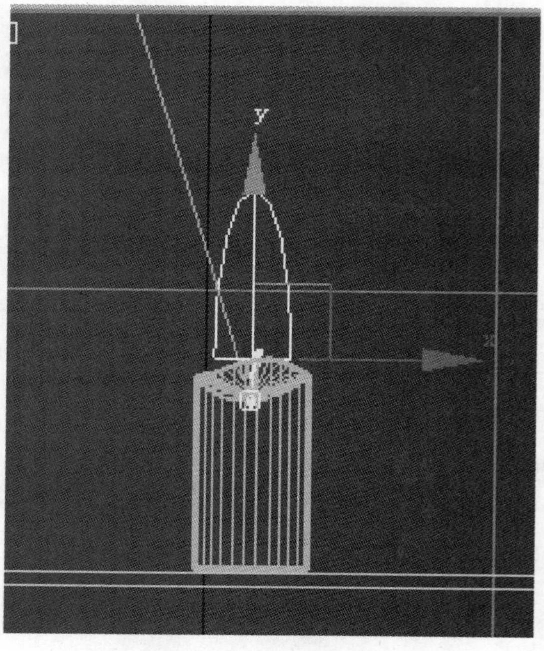

7.1.7.2　火效果实例

（1）启动 3ds Max，打开配套光盘“07–03.max”的场景文件。

（2）单击（创建）→（辅助对象）按钮，进入辅助对象面板，在下拉列表中选择“大气装置”选项，单击球体 Gizmo（球体 Gizmo）按钮，在“顶”视图中创建一个球体 Gizmo，并勾选“半球”选项，然后用移动和缩放工具对其进行修改，效果如图 7–17 所示。

图 7–17　球体 Gizmo 设置效果

（3）进入球体 Gizmo 修改命令面板，在“大气和效果”卷展栏中单击“添加”按钮，在弹出的“添加大气”

对话框中选择“火效果”选项，单击确定。

（4）按键盘“8”键，这时“环境和效果”对话框中出现“火效果参数”卷展栏，设置其参数如图7-18所示。

（5）渲染透视图得到最终效果，如图7-19所示。

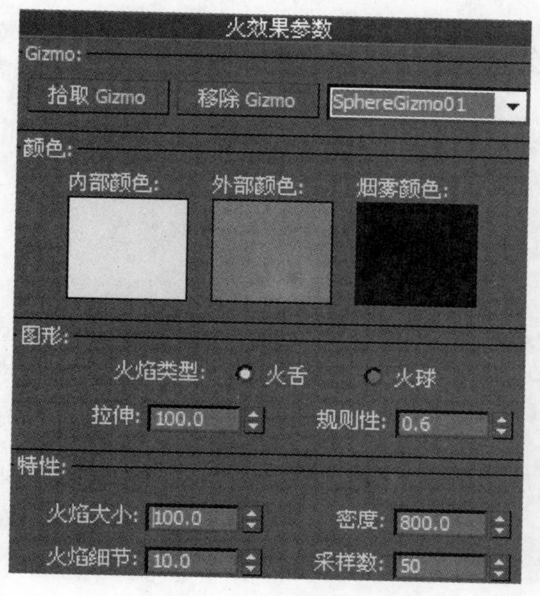

图7-18　火效果参数设置

图7-19　渲染效果

7.2　效果

除了上面讲解的几类常用的大气效果外，3ds Max还集成了很多其他类型的特效，比如镜头特效、模糊、亮度和对比度、色彩平衡、景深等等，如图7-20所示。

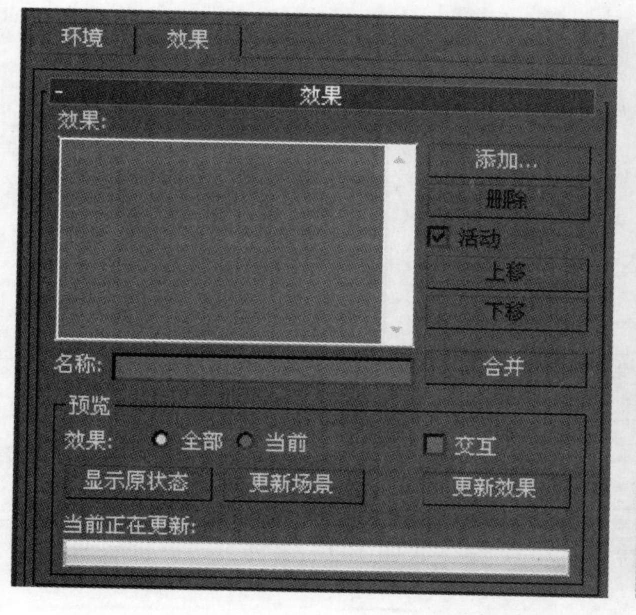

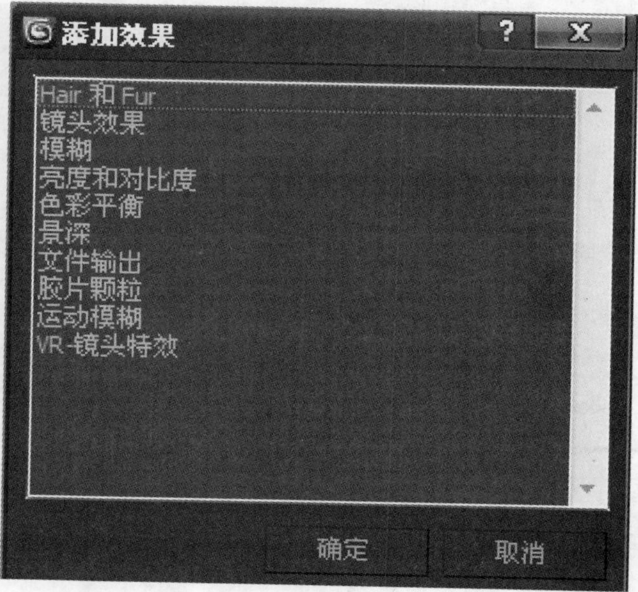

图7-20　“效果”中可添加的特效

7.2.1 效果类型

（1）“镜头效果”。主要用于创建包括光晕、光环、射线、自动二级光斑、手动二级光斑、星形和条纹等显示效果的系统。

（2）“模糊”。通过渲染对象或摄影机移动形成的幻影来提升动画真实感。模糊特效包括三类：均匀型、方向型和放射型，通过调整各个参数来更改图片的模糊程度，同时也可以作用于非背景对象，使场景对象模糊。

（3）“亮度和对比度”。使用“亮度和对比度”可以调整图像的整体对比度和亮度，便于渲染出的对象图像与背景图像或动画的色彩方面进行调整匹配。

（4）“色彩平衡”。使用颜色平衡特效可以通过独立控制 RGB 通道操纵相加 / 相减颜色，从而更改整个渲染场景图像的色彩，用以在后期处理时与其他场景匹配，或营造特定的气氛。

（5）“景深”。将场景沿 Z 轴次序分为前景、背景和焦点图像，景深效果是假定观看者通过摄影机镜头观看，图像的焦点位置是清晰的，前景和背景的场景对象会按照设定的参数自然模糊。从而使前景、背景以及焦点图像经过处理合成最终图像。

（6）“文件输出”。使用“文件输出”可以根据“文件输出”在“渲染效果”堆栈中的位置，在应用部分或所有其他渲染效果之前，获取渲染的“快照”。在渲染动画时，可以将不同的通道（例如亮度、深度或 Alpha）保存到独立的文件中。

（7）“胶片颗粒”。为场景渲染的文件重新添加胶片颗粒。使用“胶片颗粒”还可以将作为背景使用的源材质中（例如 AVI）的胶片颗粒与在 3ds Max 中创建的渲染场景相匹配，达到画面一致。

（8）“运动模糊”。通过模拟实际摄影机的工作方式，当物体快速移动时，拍摄的图像会出现运动模糊的效果，应用该命令可以增强渲染动画的真实感。通过该命令可以使运动对象或整个场景变得模糊，使渲染的图像文件具有运动模糊的效果。

7.2.2 镜头特效实例

（1）启动 3ds Max，打开配套光盘“07-04.max”文件。

（2）在透视图中创一盏泛光灯，如图 7-21 所示。

（3）按键盘“8”键，打开“环境和效果”对话框。在“效果”卷展栏中单击 添加... （添加）按钮，打开“添加效果”对话框，选择“镜头效果”选项，单击确定按钮，完成镜头效果的添加。

（4）选择“镜头效果全局”卷展栏中的 拾取灯光 （拾取灯光）按钮，在视图中点击之前创建的泛光灯。

（5）在“镜头效果参数”卷展栏内左侧列表中选择“Glow”（光晕）选项，单击 > （右移）按钮，将它添加到右侧的列表中，并在“光晕元素”卷展栏中设置参数如图 7-22 所示，渲染效果如图 7-23 所示。

（6）在“镜头效果参数”卷展栏内左侧列表中选择“Ring”（光环）选项，单击 > （右移）按钮，将它添加到右侧的列表中，在“光环元素”卷展栏中设置参数如图 7-24 所示，渲染效果如图 7-25 所示。

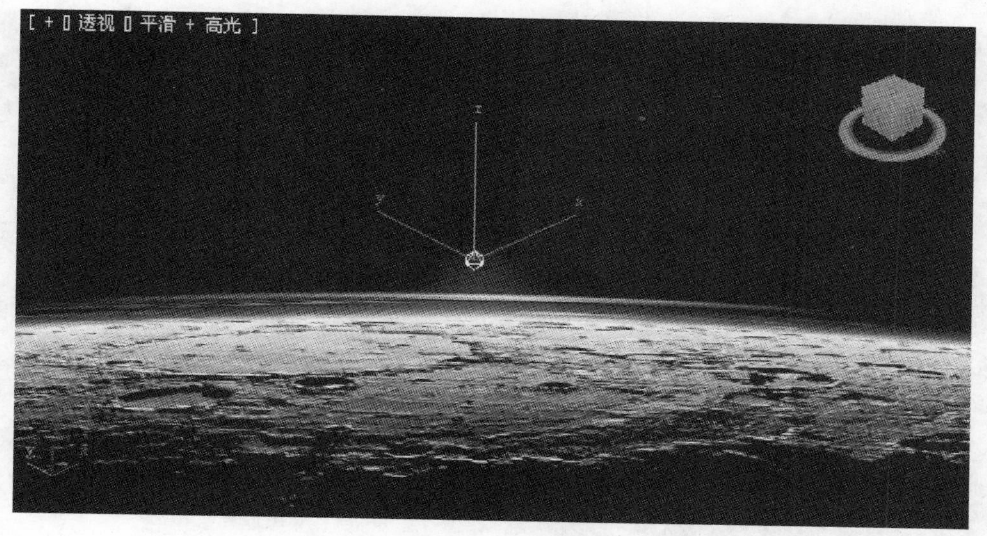

图 7-21　泛光灯位置

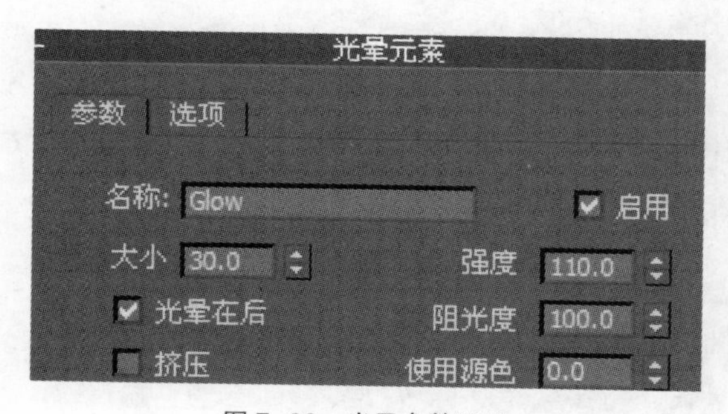

图 7-22　光晕参数设置

图 7-23　渲染效果

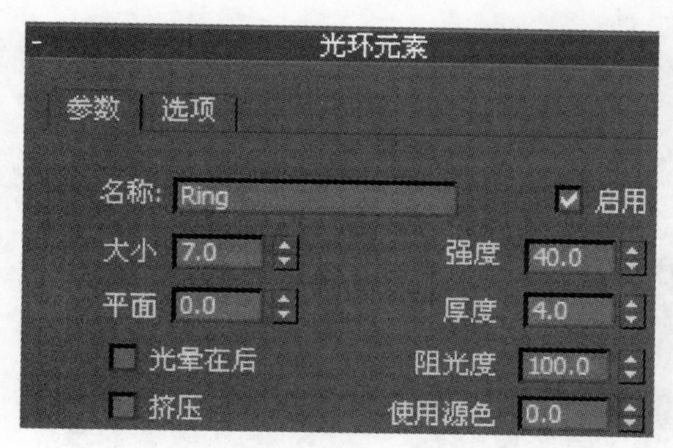

图 7-24　光环参数设置

图 7-25　渲染效果

（7）在列表中选择“Ray”（射线）选项，将它添加到右侧的列表中，在泛光灯所在的位置出现了叠加的射线效果，参数设置如图 7-26 所示，效果如图 7-27 所示。

（8）在列表中选择“Auto Secondary”（自动二级光斑）选项，将它添加到右侧的列表中，具体参数设置如图 7-28 所示，渲染效果如图 7-29 所示。

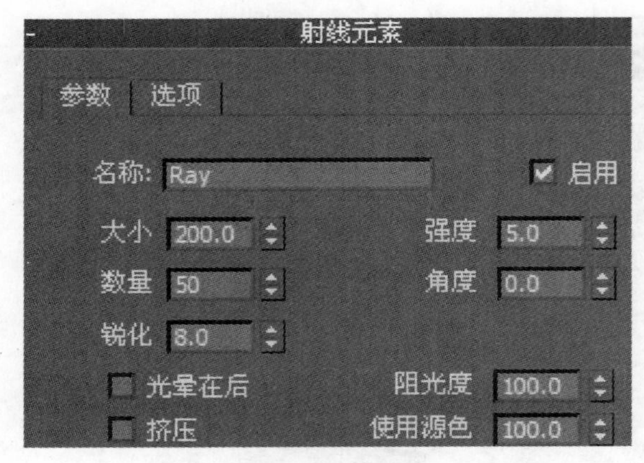

图 7–26　射线参数设置

图 7–27　渲染效果

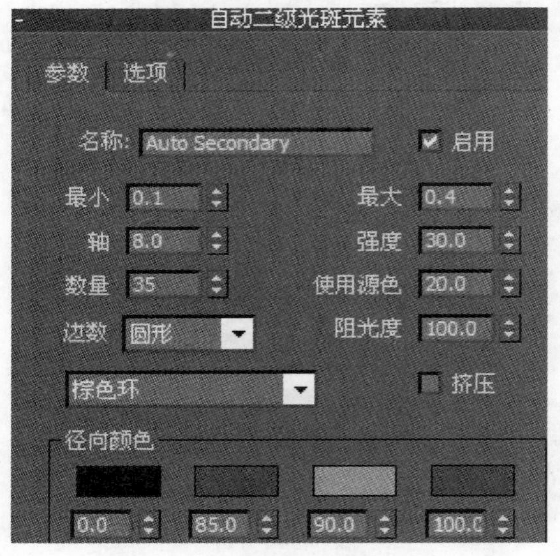

图 7–28　自动二级光斑元素设置

图 7–29　渲染效果

（9）在列表中选择“Streak”（条纹）选项，将它添加到右侧的列表中，参数设置如图 7–30 所示，渲染效果如图 7–31 所示。

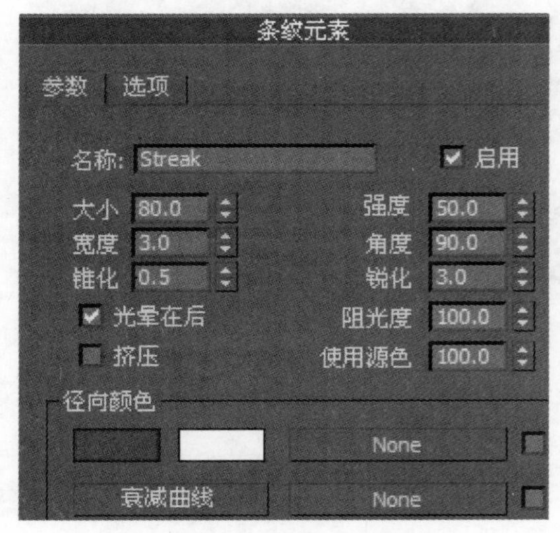

图 7–30　条纹参数设置

图 7–31　渲染效果

第8章

Chapter8

渲染与动画

8.1 渲染

8.1.1 渲染工具介绍

3ds Max 软件的界面主工具栏右侧提供了几个专门用于渲染工作的按钮，分别是（渲染设置）按钮、（渲染帧窗口）按钮和（渲染产品图标组）按钮。

（1）（渲染设置）按钮。该按钮用来进行场景渲染参数设置。点击该按钮，会弹出渲染设置窗口，对渲染参数进行设定，其默认快捷键为 F10。

（2）（渲染帧窗口）按钮。点击该按钮会弹出渲染窗口，该窗口集成了 3ds Max 9 之前的区域渲染选框内的内容，其中包括“视图”、“选定”、“区域”、“剪裁”、“放大”等，为场景渲染提供便利，可以完成局部渲染，节约渲染时间，其默认快捷键为 F9。

（3）（渲染产品图标组）按钮。该按钮中集成了三个按钮，分别是（渲染产品）按钮、（渲染迭代）按钮、（ActiveShade/ 实时渲染）按钮，分别可以完成产品级别的渲染效果、可在迭代模式下渲染场景、可以与场景进行实时交互渲染。

8.1.2 “公用参数”卷展栏

单击（渲染设置）按钮，打开“渲染设置”对话框，如图 8-1 所示，为“公用参数”卷展栏。

（1）时间输出栏。时间输出栏主要是设置渲染帧数。“单帧”，只对场景的当前帧数进行渲染，得到静态的图像。“活动时间段”，对当前活动的时间段进行渲染，当前时间段以视图下方时间滑块显示时间帧范围为依据；同时可以设置“每 N 帧”选项，设置该参数可保证在渲染时每隔 n 帧渲染一张静态图片，在使用高级渲染器渲染发光贴图时，可以节约大量的渲染时间。“范围”，手动设定渲染范围。“帧”，手动设置渲染的范围，用逗号可以区分单帧静帧图像，用短破折号表示渲染的范围，比如“5–12”表示渲染的是 5 至 12 帧范围内的静帧图像。

（2）输出大小栏。该栏可以设定渲染图像的尺寸大小。在这里除了使用系统列出的四种常用渲染尺寸外，还可以通过在按钮上点击右键设置渲染的宽度、高度以及像素纵横比，在该栏的图像纵横比和像素纵横比可以进行锁定。

图 8–1 “公用参数”卷展栏

（3）选项栏。对渲染方式进行设置。在渲染一般场景时，该栏的设置最好不要更改。当渲染输出视频时，应根据实际情况决定是否勾选“渲染为场”选项。

（4）高级照明栏。对高级照明的相关设置，当使用高级照明的时候可以进行相关设定。

（5）渲染输出栏。用于选择视频输出格式，并通过单击 文件... （文件）按钮来设置渲染输出的文件输出路径、名称及格式。

8.1.3 渲染输出文件格式

在 3ds Max 中可以将渲染结果以多种文件格式保存，包括静态图像格式和动画格式。针对每种格式，都有其对应的设置参数。

（1）AVI 格式。Windows 平台通用的动画格式。

（2）BMP 格式。Windows 平台标准位图格式，支持 8bit256 色和 24bit 真彩色两种模式，不能保存 Alpha 通道信息。

（3）CIN 格式。柯达的一种格式，无参数设置。

（4）EPS、PS 格式。一种矢量图形格式。

（5）FLC、FLI、CEL格式。它们都属于8bit动画格式，整个动画共用了256色调色板，尺寸很小，但是易于播放，只是色彩稍差，不适合渲染有大量渐变色的场景。

（6）JPEG格式。一种高压缩比的真彩色图像文件，常用于网络图像的传输。

（7）PNG格式。一种专门为互联网开发的图像文件。

（8）MOV格式。苹果机IOS平台标准的动画格式，无参数设置。

（9）RLA格式。一种SGI图形工作站图像格式，无参数设置。

（10）TGA、VDA、ICB、VST格式。真彩色图像格式，有16bit，24bit，32bit等多种颜色级别，它可以带有8bit的Alpha通道图像，并且可以无损质量地进行文件压缩处理。

（11）TIF格式：一种位图图像格式，用于应用程序之间和计算机平台之间交换文件。

8.2 动画

8.2.1 帧与关键帧

（1）帧。全球范围电视制式的区分是通过动画的帧数来作为重要的参照依据。全球范围的电视制式包括三种，分别是NTSC制式、PAL制式和SECAM制式。

（2）关键帧。关键帧是计算机动画特有的概念，计算机动画由很多帧组成。在动画拐点上调整图像，过渡动画则由计算机自动生成，这个拐角点的帧被称为关键帧，中间的过渡帧被称为中间帧或者是普通帧。关键帧的设置应适当，太少不容易达到动画效果，太多会增加计算机运算时间和制作成本。

8.2.2 时间配置

时间配置窗口主要用于帧速率设定、时间滑块显示、播放设定、动画长度设定以及关键点设置。在3ds Max界面的动画控制区点击右键或者点击（时间配置）按钮，会弹出如图8-2所示界面效果。

（1）帧速率区。可设定动画不同的帧播放速率，进行相互切换，或者通过自定义进行人为制定。

1）NTSC。美国和日本使用的制式，每秒钟播放30帧。

2）电影。电影采用的制式，每秒钟播放24帧。

3）PAL。欧洲和中国常用的制式，每秒钟播放25帧。

4）自定义。自定义播放帧数，可以通过FPS来设定每秒钟播放的帧数。

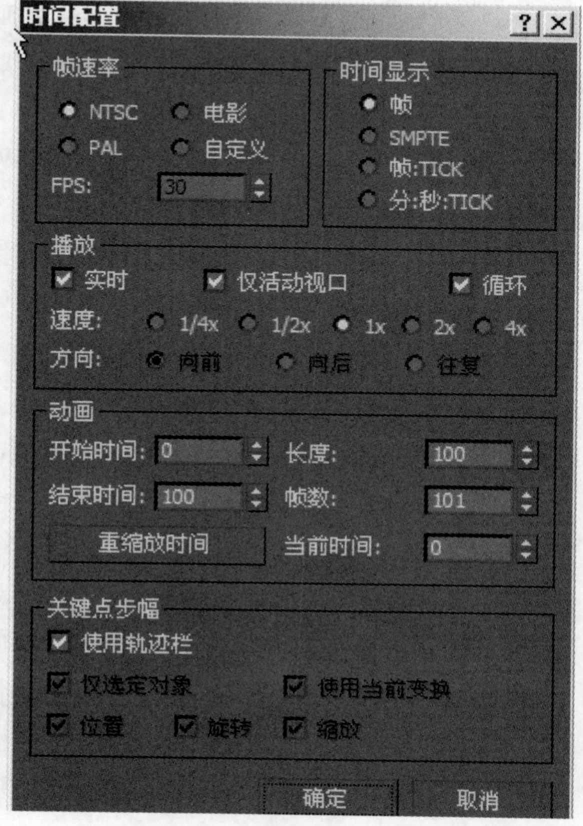

图8-2 “时间配置”面板

（2）时间显示区。时间显示选项内有四种方式，分别是“帧”、“SMPTE”、“帧：TICK”、“分：秒：TICK”。

（3）播放区。该区域可以设定播放速度、播放方向等内容。

（4）动画区。可以设定动画起始和结束的时间，时间的显示类型受时间显示区设定的影响。当设定好时间后，会在相应的选项中显示出长度和帧数的总体数值，点击“重缩放时间”按钮会弹出设定的对话框。

（5）“关键点步幅”选项区。该区域通常保持默认即可，也就是说动画关键点的设定，可以通过拖动时间滑块来设定关键帧的位置。当取消“使用轨迹栏”选项后，下方的按钮方可进行再次设定，可以完成场景中物体的平移、旋转、缩放等动画效果的记录。

8.2.3 常用的动画制作工具

在3ds Max软件中常用的动画制作工具主要包括（轨迹试图）、（轨迹栏）、（运动面板）、（层次面板）、运动混合器、Reactor反应器以及其他一些时间控件。

（1）轨迹试图。在一个浮动窗口中提供细致调整动画的工具，在这个视窗中可对物体的动画轨迹进行编辑、修改、设定。

（2）轨迹栏。也称“迷你曲红编辑器”，它是轨迹视图的“迷你版”，默认情况下内嵌在3ds Max界面的下边，也可以将其移动成浮动窗口，其界面为简化的“轨迹视图”，与“轨迹视图”窗口的功能一样。

（3）运动面板。通过运动面板可以调整变换控制器影响动画的位置、旋转和变化。

（4）层次面板。通过该面板可以调整两个或者两个以上链接对象的所有控制参数。

（5）运动混合器。能够使Biped和非Biped对象组合运动数据。

（6）Reactor反应器。用它控制并模拟3ds Max中复杂的物理场景，Reactor支持完全整合的刚体和软体动力学、Cloth模拟和流体模拟。

8.3 实例1——蝴蝶飞舞

（1）启动3ds Max 2010软件，单击（创建）面板的（几何体）选项卡，点击 平面 （平面）按钮，在“顶”视图上创建一个平面，参数如图8-3所示。

（2）点击主工具栏中的（三维捕捉）按钮，单击右键（三维捕捉）按钮，设置“捕捉”选项如图8-4所示。

（3）选择移动工具（或按键盘W键），选择“顶”视图，将鼠标移动到左下角捕捉到左下角的顶点，按住Shift键移动到右下角的点上，复制出另外一个平面，如下图8-5所示。

（4）选择两个平面，点击（修改）面板，在修改器列表中选择“UVW贴图”，为两个平面指定一个UVW贴图。

（5）按键盘的M键，或点击主工具栏中的（材质编辑器）按钮，选择一个未使用的材质球，选择配套光盘中的“蝴蝶.png”图片文件，将图片拖动到空的材质球上，效果如图8-6所示。

图 8-3　平面参数

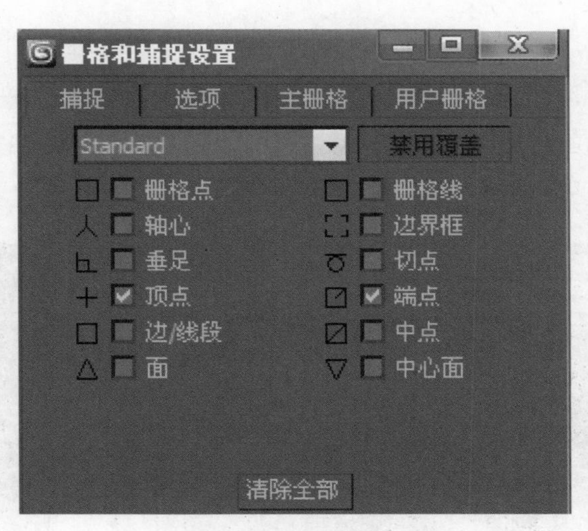

图 8-4　捕捉面板设置

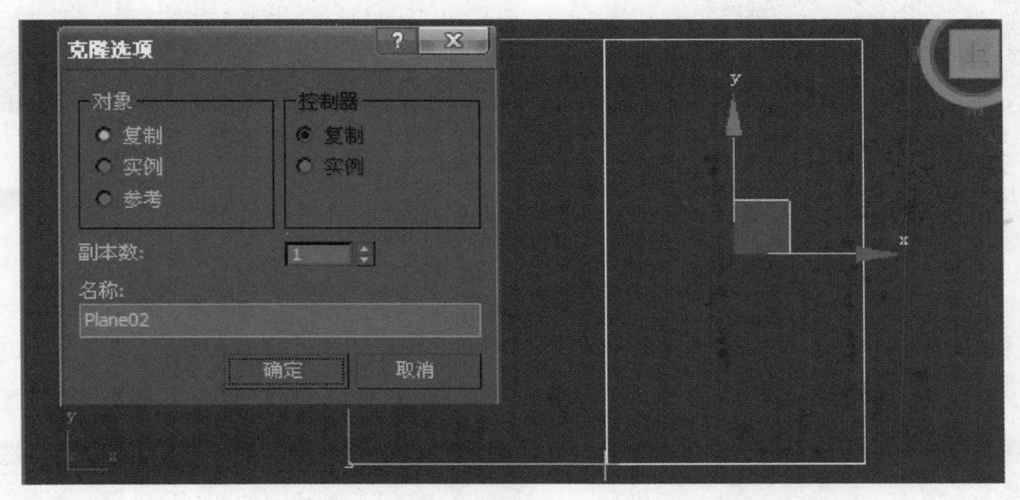

图 8-5　复制平面

（6）点击材质编辑器窗口下方的 贴图 （贴图）卷展栏，将“漫反射颜色”的贴图复制到“不透明度”上，选择“实例”复制类型，如图 8-7 所示。

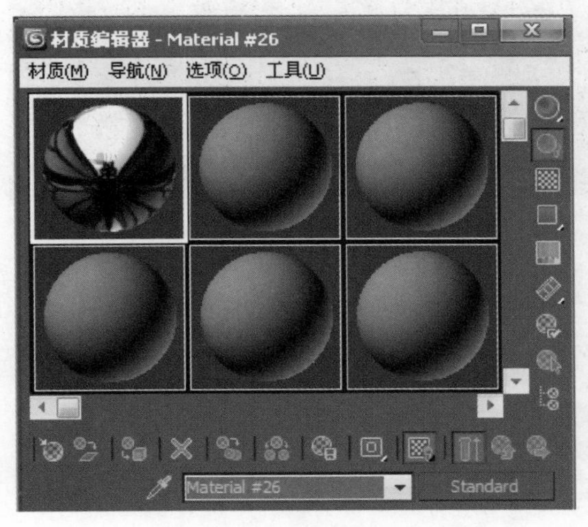

图 8-6　指定贴图

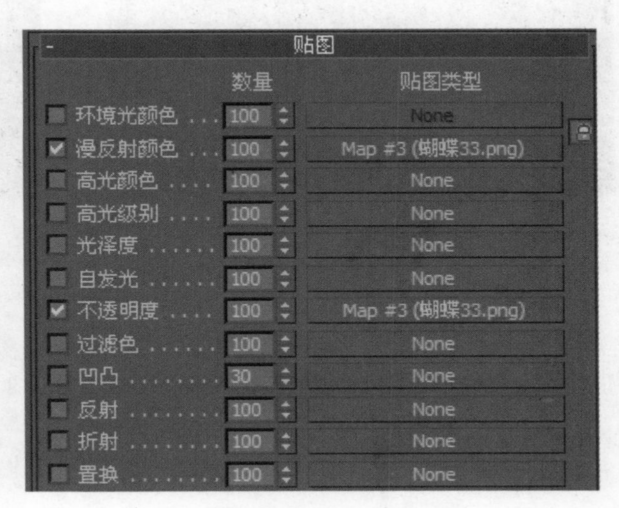

图 8-7　贴图面板

（7）点击“不透明度”右侧的贴图按钮，进入到“贴图”选项，选择“位图参数”卷展栏，在“单通道输出”选项中选择“Alhpa”选项，效果如图 8-8 所示。

（8）在透视图中框选两个平面，点击材质编辑器窗口的（将材质指定给选定对象）按钮，将贴图指定给两个平面，效果如图 8-9 所示。

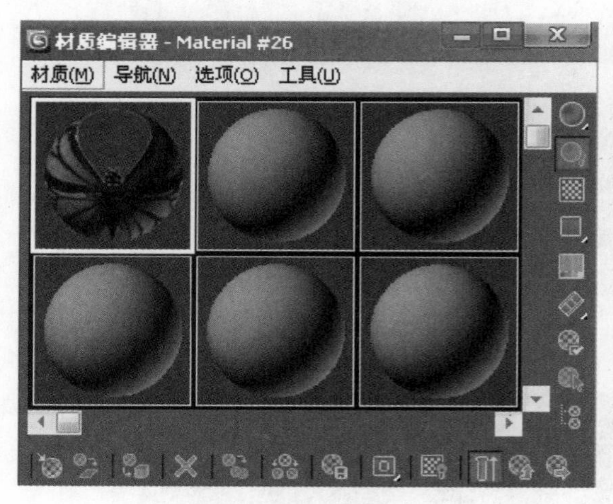

图 8-8　贴图效果

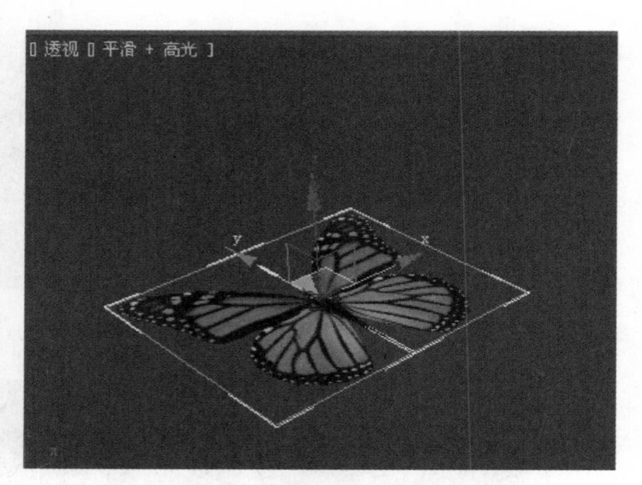

图 8-9　对象指定蝴蝶贴图效果

（9）在“顶”视图中选择 Plane01，选择（层次）面板，点击“调整轴”卷展栏下仅影响轴（仅影响轴）按钮，按键盘的 ALT+A 键开启对齐命令，选择 Plane01，选项设置如图 8-10 所示，点击确定按钮，将轴心点移动至平面右侧边上，完成对齐，同时关闭仅影响轴（仅影响轴）按钮。

（10）参照上面的方法，将右侧平面 Plane02 的轴心点移动到 Plane02 左侧的边上，对齐后的效果如图 8-11 所示。

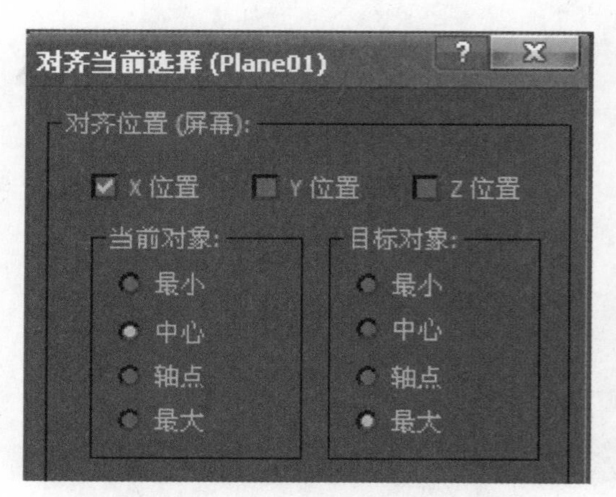

图 8-10　重新定位 Plane01 坐标轴的设置

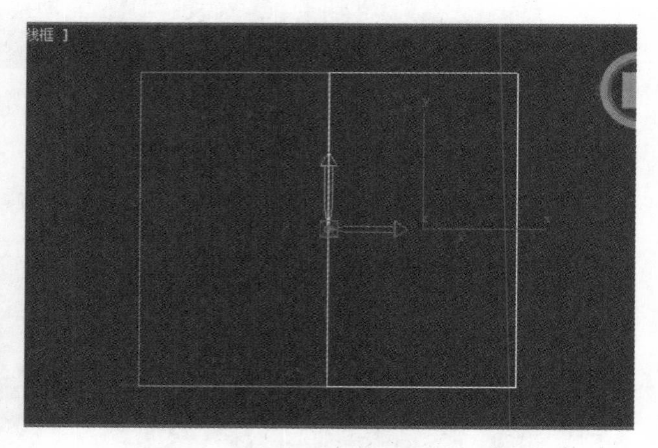

图 8-11　Plane02 坐标轴位置效果

（11）选择左侧 Plane01 平面，开启自动关键点（自动关键点）按钮，在第 0 帧位置，选择“前”视图，利用（旋转）按钮，同时开启（角度捕捉切换）按钮，对 Plane01 平面进行旋转，或者在旋转按钮上点击右键，设置沿 Y 轴旋转 70°，效果如图 8-12 所示。

（12）在第 10 帧的位置，设置旋转角度为 -70°，效果如图 8-13 所示。

（13）在第 20 帧的位置，设置旋转角度 70°。

（14）利用上述方法对 Plane02 平面也进行设定，在 0 帧，旋转角度为 -70°，在 10 帧，旋转角度为 70°，在 20 帧，旋转角度为 -70°，完成两侧蝴蝶展翅飞舞的一个循环。

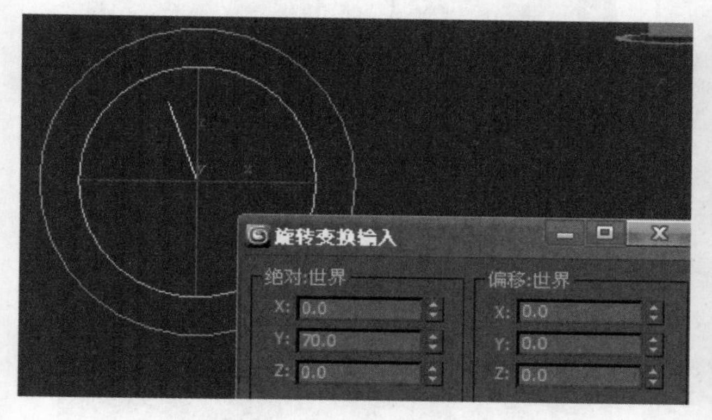

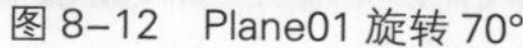
图 8-12　Plane01 旋转 70°

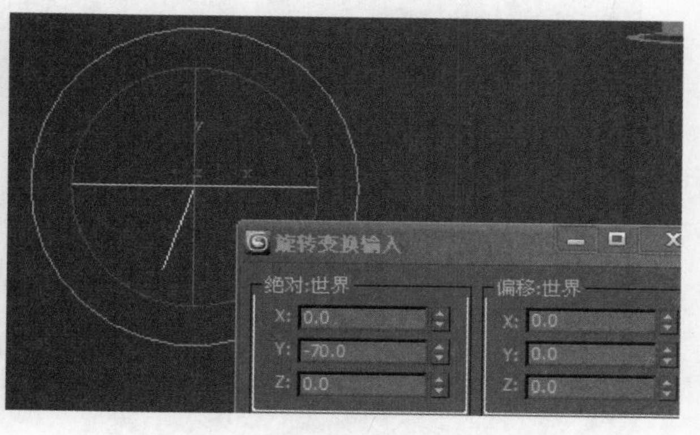

图 8-13　Plane01 旋转 -70°

（15）选择主工具栏中的（曲线编辑器）按钮，开启“轨迹视图—曲线编辑器”窗口，选择左侧 Plane01 平面，单击“轨迹视图—曲线编辑器”窗口工具栏中的（参数曲线超出范围类型）按钮，选择“循环”类型，点击确定，完成后的“轨迹视图—曲线编辑器”效果如图 8-14 所示。

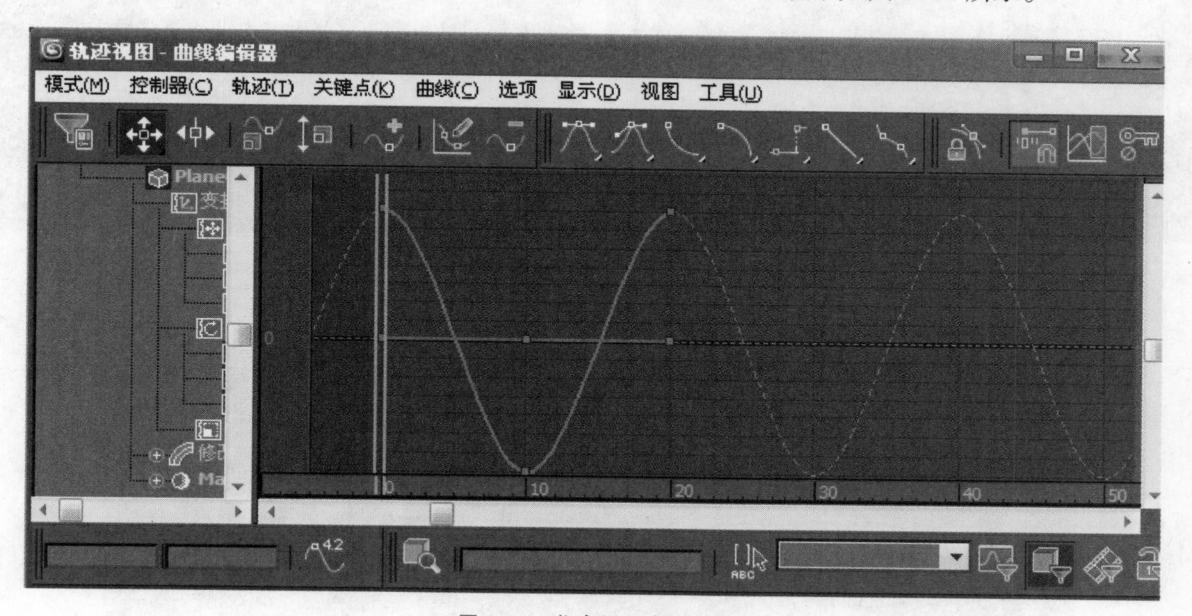

图 8-14　指定循环动画效果

（16）参照以上方法，对 Plane02 平面进行相同设置，完成关键帧动画超出部分的重复动画。

（17）在（创建）面板中，点击（辅助对象）选项，单击 虚拟对象 （虚拟对象）按钮，在“顶”视图创建一个虚拟立方体，大小和位置如图 8-15 所示。

（18）点击主工具栏中的（选择并链接）按钮，选择 Plane01 平面，与虚拟对象 Dummy01 进行链接，再次选择 Plane02 平面，也与虚拟对象 Dummy01 进行链接。

（19）利用画线工具，在“顶”视图上绘制一条曲线，按键盘“1”键，将所有顶点转换为“Bezier”类型，并在“前”视图中调整，将线型调整为如图 8-16 所示的效果，作为以后的约束路径。

（20）点击选择虚拟对象 Dummy01，选择菜单中的“动画”→“约束”→“路径约束”，点击绘制的 line01 曲线，使虚拟对象 Dummy01 沿着曲线 line01 路径运动，效果如图 8-17 所示。

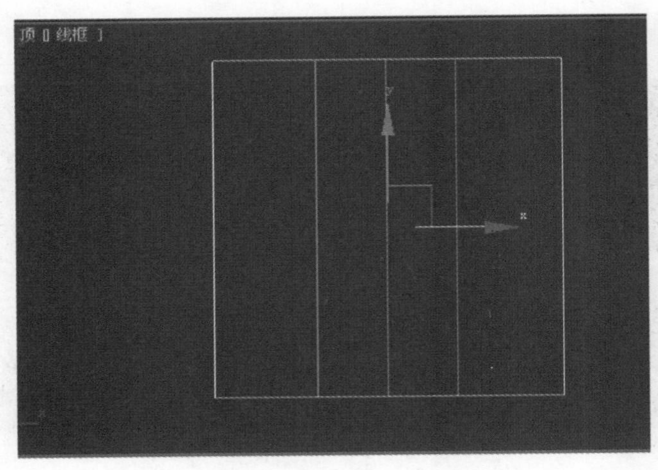

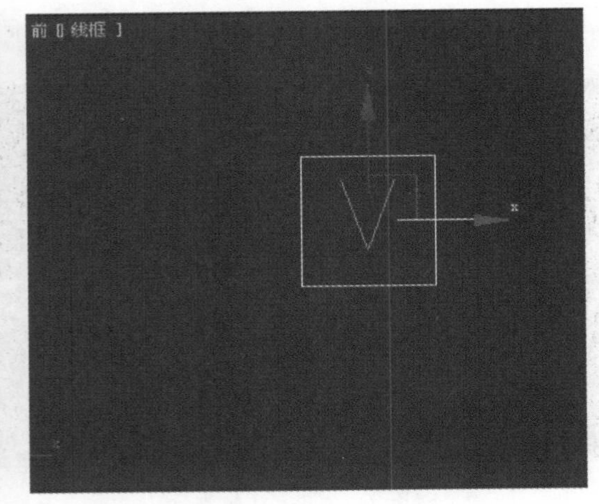

图 8-15　虚拟对象大小与位置

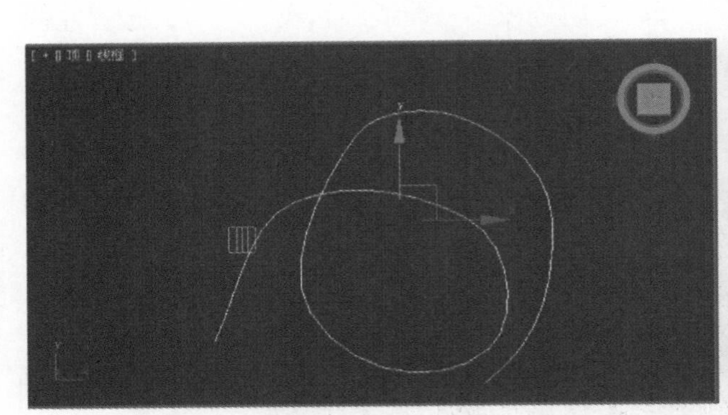

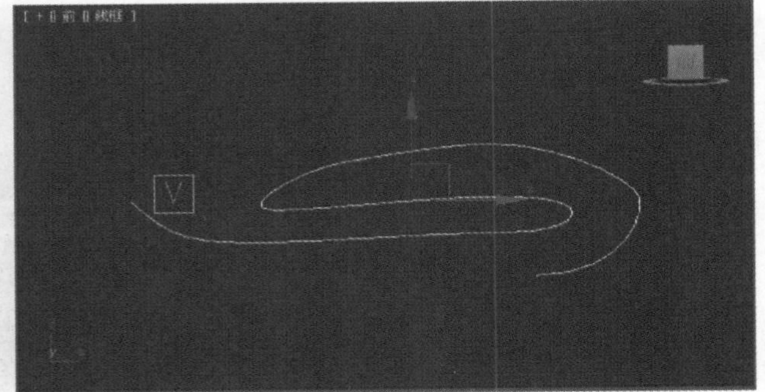

图 8-16　绘制的运动曲线

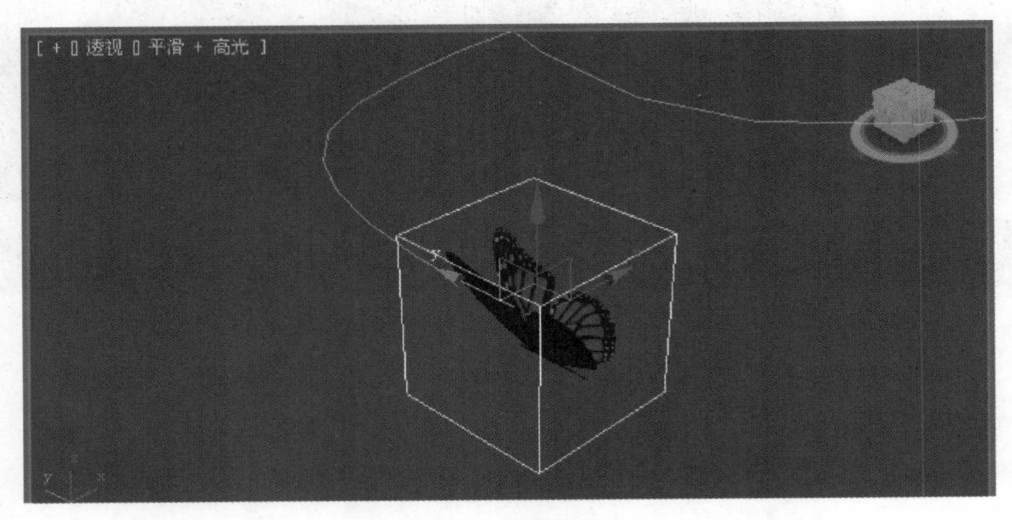

图 8-17　路径约束效果

（21）当拖动时间滑块时，发现蝴蝶飞舞虽然沿着路径跟随，但方向出现了错误，下面来调整相关设置，使蝴蝶正常飞舞。

（22）在（运动）面板中的“路径参数”卷展栏下方的“跟随”复选框前打钩，并将时间滑块调整到第 0 帧，利用主工具栏中的（旋转）按钮，对蝴蝶的位置进行调整，调整到如图 8-18 所示。

（23）点击动画控制区内的（播放）按钮，发现蝴蝶的飞舞速度过快，下面通过更改“时间配置”窗口来调整蝴蝶飞舞的速度，点击动画控制区内的（时间配置）按钮，在“动画”选项组中设置结束时间为500帧。

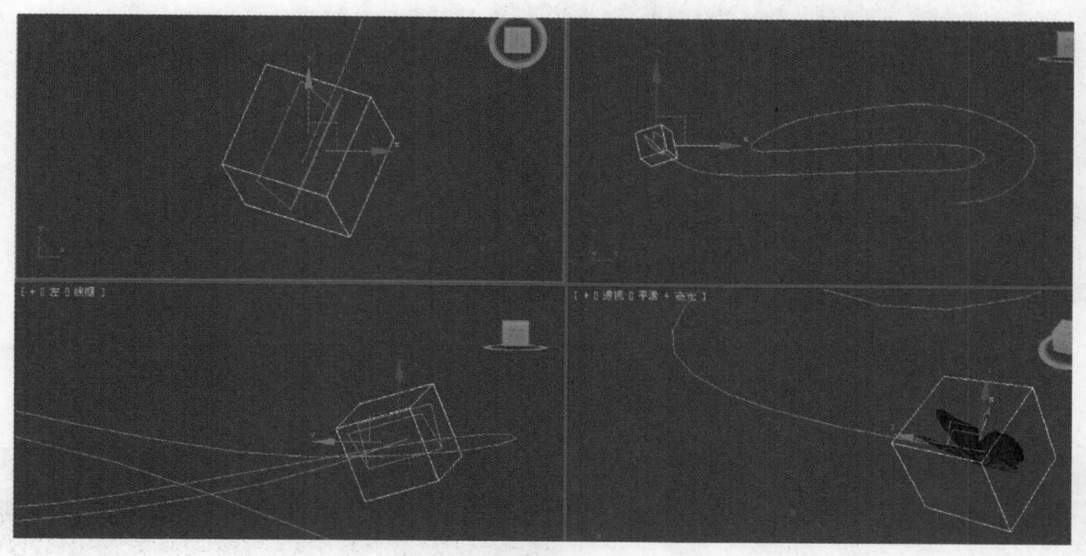

图8-18　调整好蝴蝶飞舞的动画

（24）框选时间滑块下方的第100帧的关键帧，将其拖动到500帧的位置，再次点击动画控制区内的（播放）按钮，发现蝴蝶的飞舞速度变得正常了。

（25）按键盘的F10，打开“渲染设置”窗口，在时间输出区选择“活动时间段：0到500”，在渲染输出区点击（文件）按钮，选择渲染动画的存储路径，文件名为“蝴蝶飞舞”，保存类型为“*.avi”格式，弹出AVI文件压缩设置，压缩器选择“Microsoft Video 1”，点击确定，单击渲染按钮，完成动画渲染。

至此，蝴蝶飞舞的动画就制作完成了。

8.4　实例2——石英钟动画

（1）启动3ds Max软件，打开配套光盘的“石英钟初始模型.max”文件。

（2）在“前”视图中选择石英钟的“分针”对象，单击（层级）面板，单击“调整轴”卷展栏下方的（仅影响轴）按钮，按键盘的Alt+A快捷键，开启对齐命令，点击石英钟中心的“螺帽”对象，弹出“对齐当前选择”对话框，设置如图8-19所示，单击确定，同时关闭“仅影响轴”按钮，效果如图8-20所示。

（3）选择分针，选择“动画”菜单栏中的“旋转控制器”子菜单中的“EulerXYZ”选项，单击主工具栏中的（曲线编辑器）按钮，打开“轨迹视图—曲线编辑器”窗口，在轨迹视

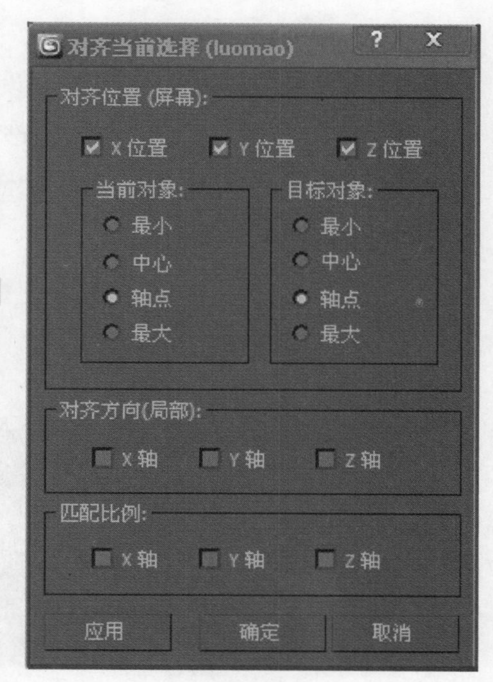

图8-19　对齐设置

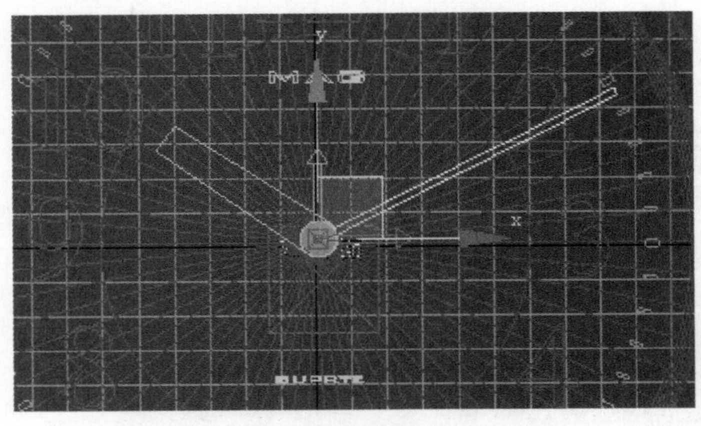

图 8–20　对齐效果

图左侧的列表中选择对象 minutes 的“Y 轴旋转”，单击轨迹视图工具栏中的（绘制曲线）按钮，在第 0 帧的位置点击绘制一个点，在轨迹视图左下方输入数值，如图 8–21 所示。

（4）在第 600 帧的位置创建另外一个关键点，数值设为 360，点击轨迹视图下方的（最大化显示值）按钮，使整个动画曲线显示在视图区内，框选两个点，点击轨迹视图上方工具栏中的（将切线设置成线性）按钮，将动画轨迹设置成如图 8–22 所示的效果。

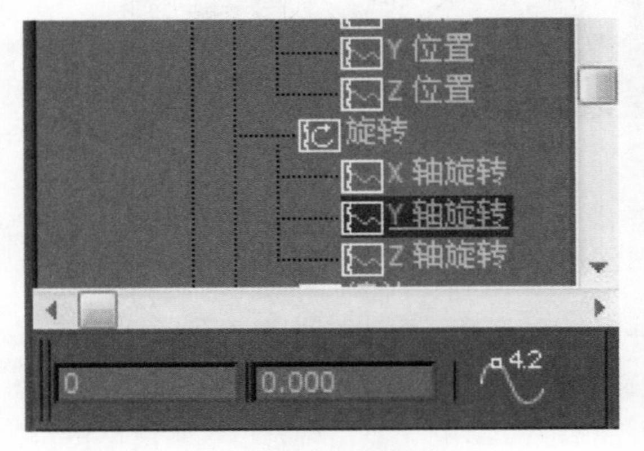

图 8–21　分针参数设置

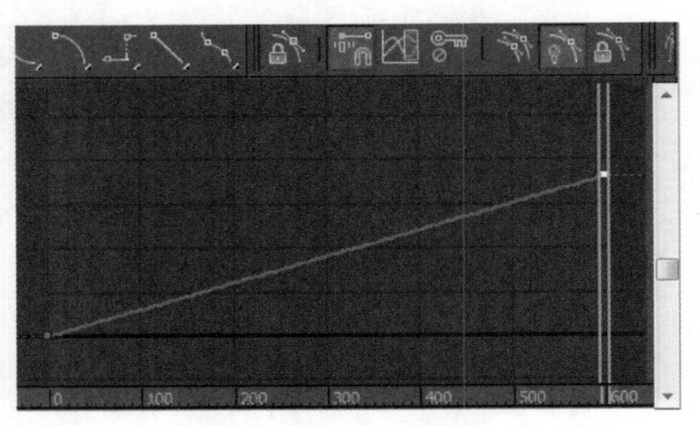

图 8–22　动画轨迹效果

（5）在“前”视图中选择时针，用同样的方法设置时针的动画效果，第 0 帧时，调整纵坐标数值为 0，第 600 帧时，纵坐标调整为 30，并调整切线为直线线性。

（6）按键盘的 F10 键，弹出渲染设置窗口，设置渲染动画相关参数进行输出设置，参数设置如图 8–23 所示。在渲染输出选项区，点击保存文件右侧（文件）按钮，设置输出文件的名称为“石英钟动画”，保持类型选择为“*.avi”格式，点击确定，选择透视图进行渲染输出。第 400 帧的渲染效果如图 8–24 所示。

图 8–23　渲染帧参数设定

图 8–24　第 400 帧渲染效果

第9章

Chapter9

工业产品制作实例

9.1 实例1——厨房刀具

9.1.1 创建刀身

（1）在视图中创建一个长方体，将其命名为“刀身”，其参数设置如图 9-1 所示，并将其转换为可编辑多边形，如图 9-2 所示。

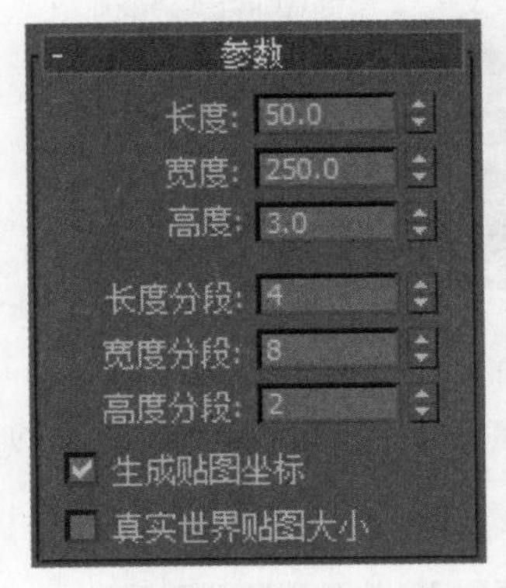

图 9-1 长方体“参数”设置

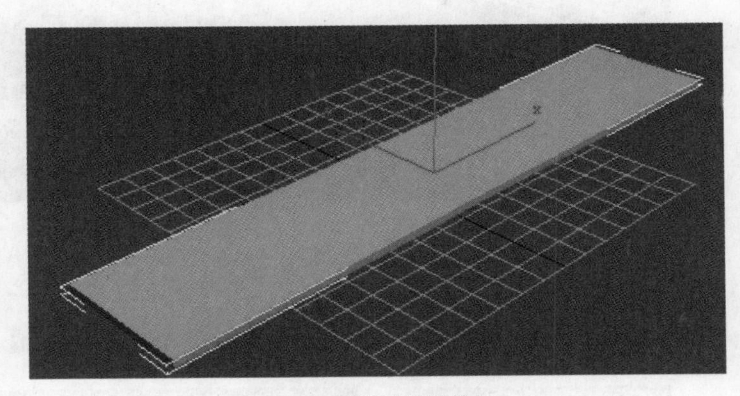

图 9-2 可编辑多边形效果

（2）进入到可编辑多边形的“顶点”层级，切换到“顶”视图，调整各顶点位置，如图 9-3 所示。

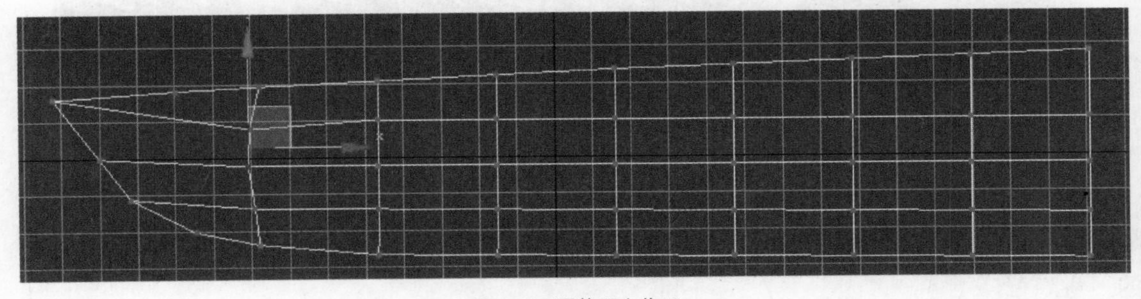

图 9-3 调整顶点位置

（3）在透视图中按 F4 键转换为“平滑 + 高光 + 边面”的显示方式，切换到“边”层级，利用“循环”命令，选中长方体制作刀刃部分中间的一部分平分线，显示为红色，如图 9-4 所示；在“编辑边”卷展栏中点击“挤出”命令右侧的■（设置）按钮，参数设置如图 9-5 所示，形成刀具的刀刃，并调整边缘顶点位置。

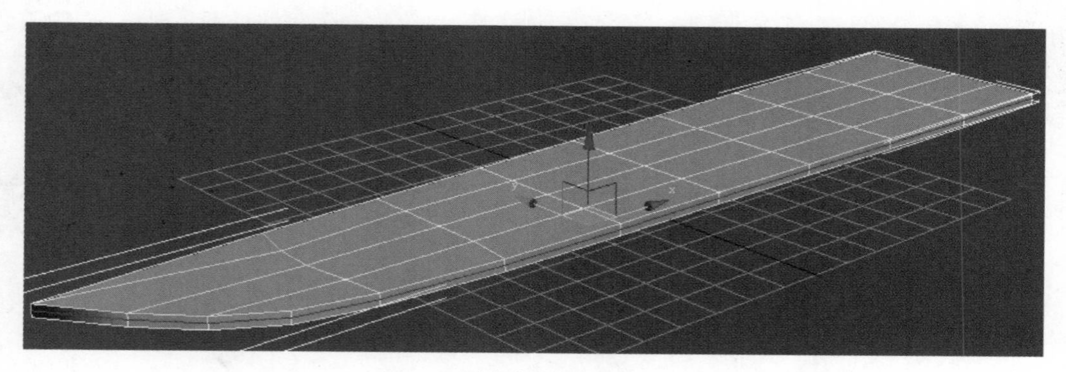

图 9-4　选择制作刀刃的平分线

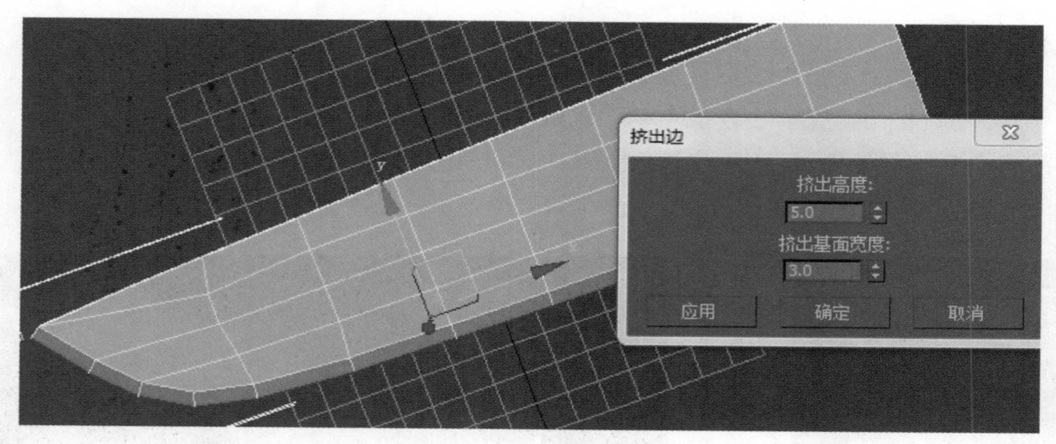

图 9-5　“挤出”参数设置

（4）回到“可编辑多边形”对象层级，在“修改器列表中”为其添加一个“FFD4 × 4 × 4”的修改器，并在“控制点”层级下调整刀身各部分厚度，如图 9-6 所示。

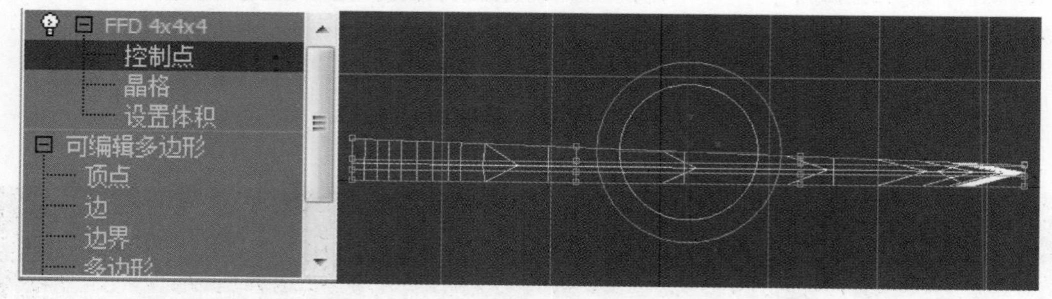

图 9-6　“控制点”及调节效果

（5）在“多边形”层级选中如图 9-7 所示的面并应用“挤出”工具，做出与刀把连接的部分。

（6）回到“可编辑多边形”对象层级，在对象上单击鼠标右键，选择“隐藏当前选择”命令，将做好的刀身隐藏。

图 9-7　挤出与刀把连接的部分

9.1.2　创建刀把

（1）在创建几何体面板下的标准基本体中，创建一个圆柱体，将其命名为“刀把”，如图 9-8 所示。

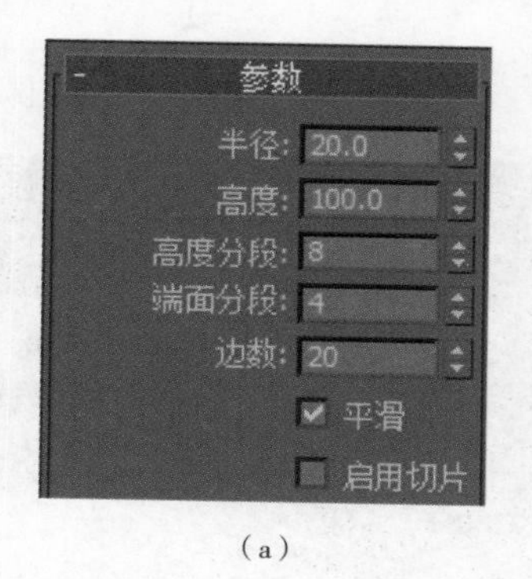

（a）

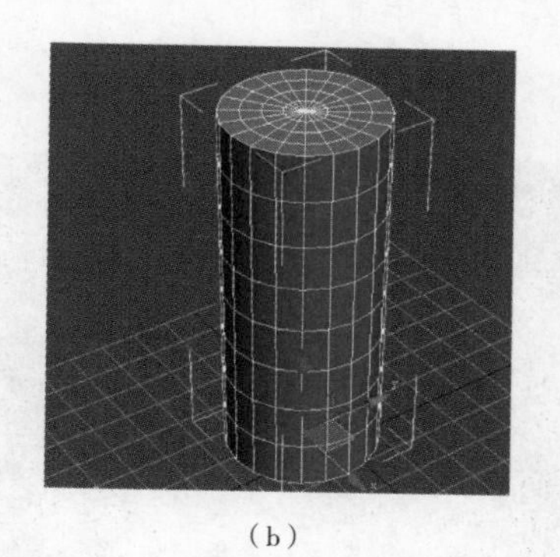

（b）

图 9-8　创建圆柱体

（a）参数设置；（b）模型效果

（2）给圆柱体添加一个“FFD（圆柱体）”修改器，并进入控制点层级，利用缩放、移动和旋转工具，调整控制点位置，做出刀把形状，如图 9-9 所示。

（3）将刀把转换为可编辑多边形，并进入刀把“多边形”层级，选中刀把端面，进行“挤出”操作，如图 9-10 所示。

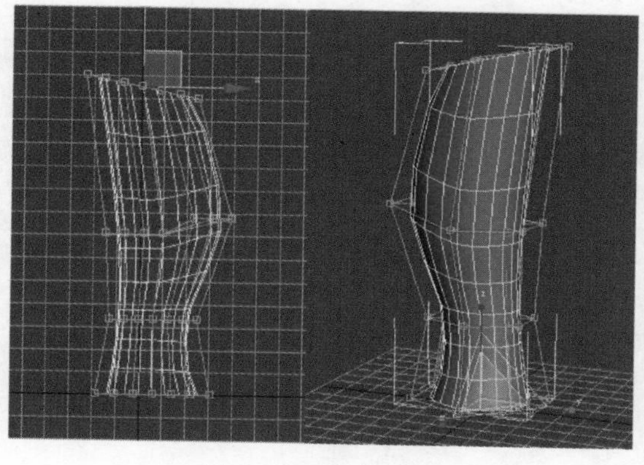

图 9-9　刀把效果

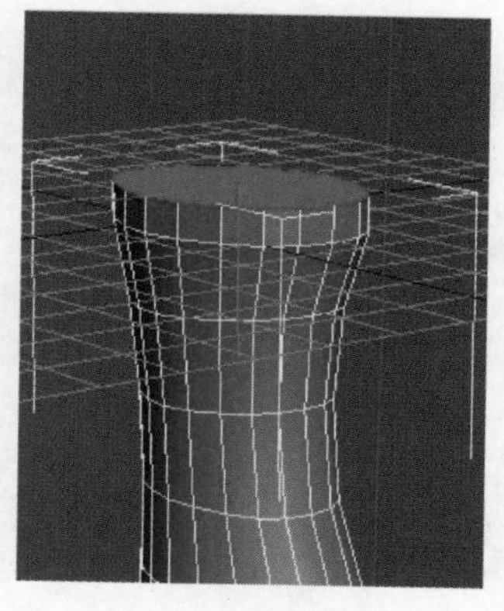

图 9-10　刀把端面挤出效果

（4）在“多边形”层级的“编辑几何体”卷展栏中，选择“切割”工具，将挤出的端面加两条平行线，如图 9–11 所示。选中端面切割出来的多边形进行“倒角”操作，效果如图 9–12 所示。

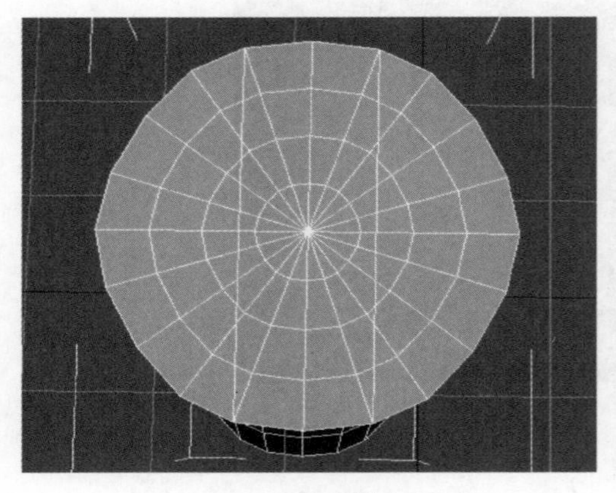
图 9–11　切割效果

图 9–12　倒角效果

（5）选中所有挤出的部分，在“编辑几何体”卷展栏中点击“分离”按钮，将其与刀把分离，如图 9–13 所示。给分离出来的部分添加一个“HSDS”修改器，调整出错的顶点，效果如图 9–14 所示。

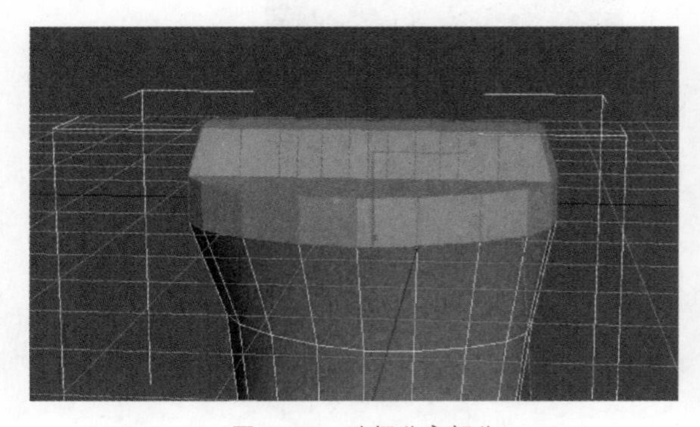
图 9–13　选择分离部分

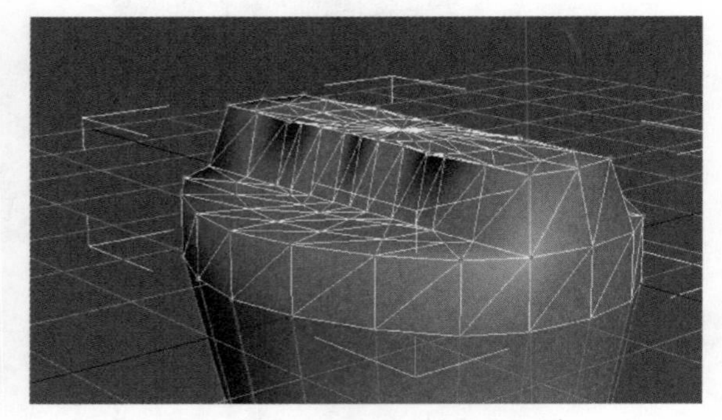
图 9–14　添加“HSDS”修改器

9.1.3　组装厨房刀具

在视图中点击右键，选择“全部取消隐藏”，应用对齐、移动、旋转等工具，调整刀把和刀身的大小、位置并进行组装，效果如图 9–15 所示。

9.1.4　制作其他刀具

用同样的方法，做出不同形状的刀身，并复制刀把，进行安装，如图 9–16 所示。

9.1.5　制作刀具架

创建多个长方体，运用“布尔”命令做出一个刀架形状，将刀具放在刀架上，如图 9–17 所示。

9.1.6　设置材质

选择 Vray 渲染器，打开材质球编辑器，调整材质参数，并赋予给产品。如图 9–18 所示，第一个材质球为“刀身”金属材质的设置，在此只需将反射数值调到230左右即可，可参考第1章小球材质的制作；第二个材质球为“刀把”硬质塑料材质的设置，将漫反射数值设置为5左右，反射数值设为20左右，高光光泽度设置为0.6，反射光泽度设置为0.7；第三个材质球为“刀架”木头材质的设置，在漫反射上用来一张木材贴图，反射数值设为30左右，高光光泽度设置为0.8。

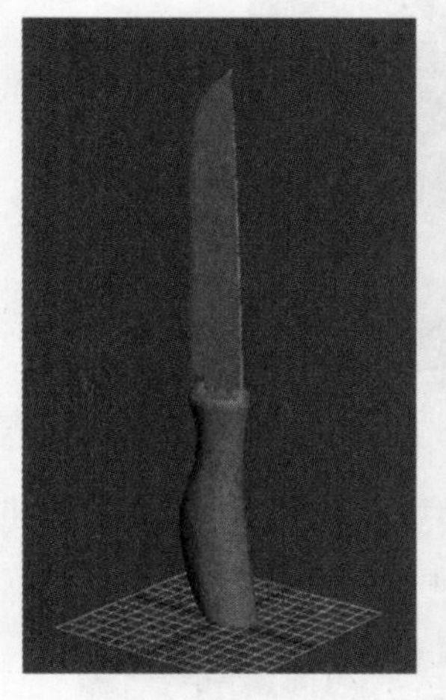
图9-15　组装后效果

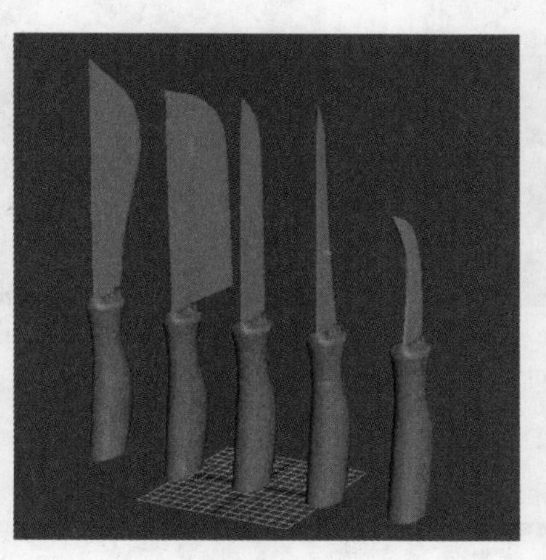
图9-16　一组刀具

图9-17　刀架与刀具

9.1.7　设置灯光

创建灯光并适当修改参数，可参照之前相关内容，最终渲染效果如图9-19所示。

至此，厨房刀具制作完成。

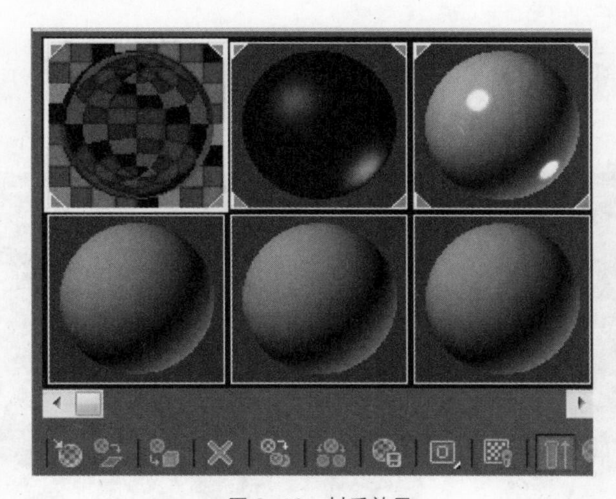
图9-18　材质效果

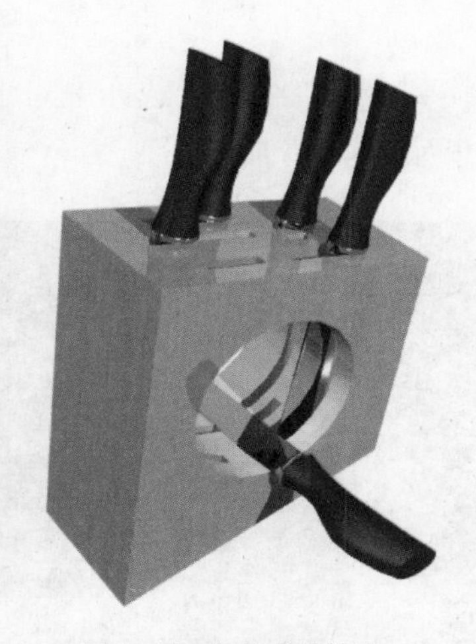
图9-19　最终渲染效果

9.2　实例2——车轮

9.2.1　创建轮胎

（1）在“前”视图中创建一个圆环物体，参数设置如图9-20所示，调整其坐标X、Y为0，按F4

键切换至线框加实体显示，效果如图 9-21 所示。

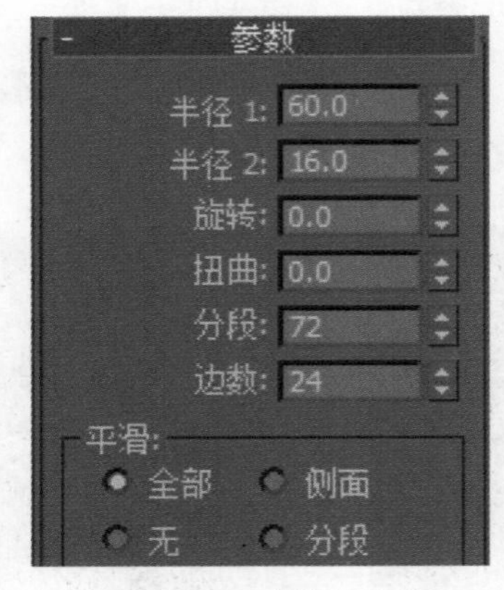

图 9-20　参数设置

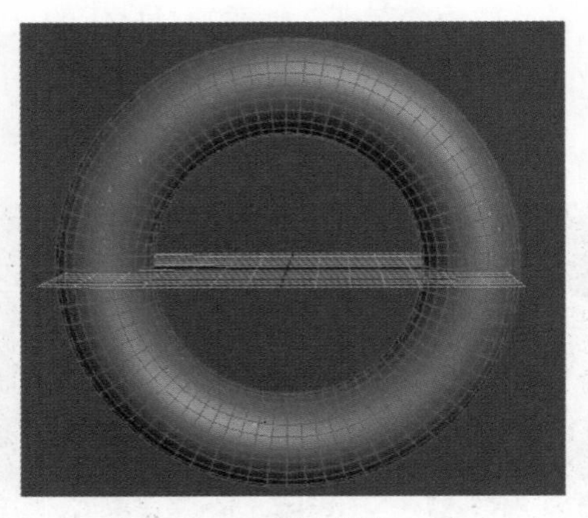

图 9-21　圆环效果

（2）右键点击对象，将其转换为可编辑多边形，切换至“顶”视图，在“顶点”层级选择下部顶点，删除，如图 9-22 所示。

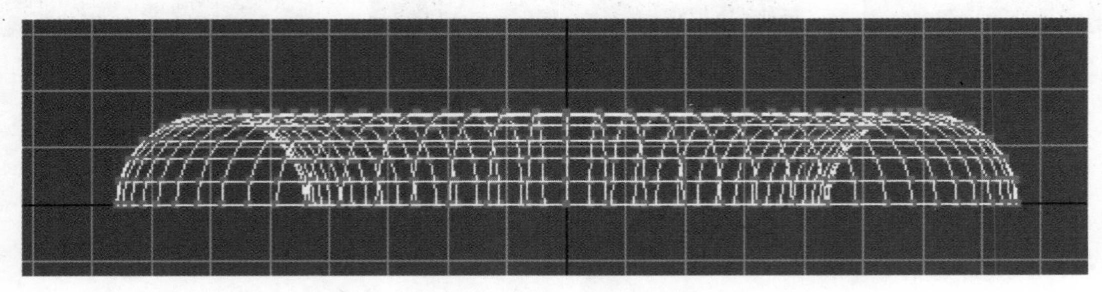

图 9-22　删除下部顶点后效果

（3）切换到“前”视图，选择中间相邻的两排面，按 Ctrl+I 进行反选，如图 9-23 所示；按 Delete 键删除，效果如图 9-24 所示。

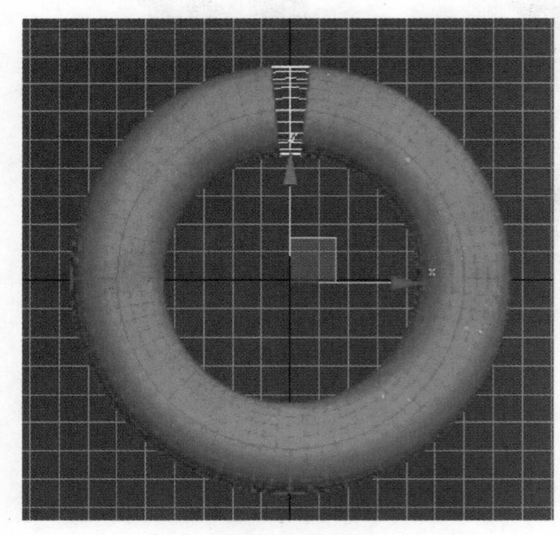

图 9-23　反选效果

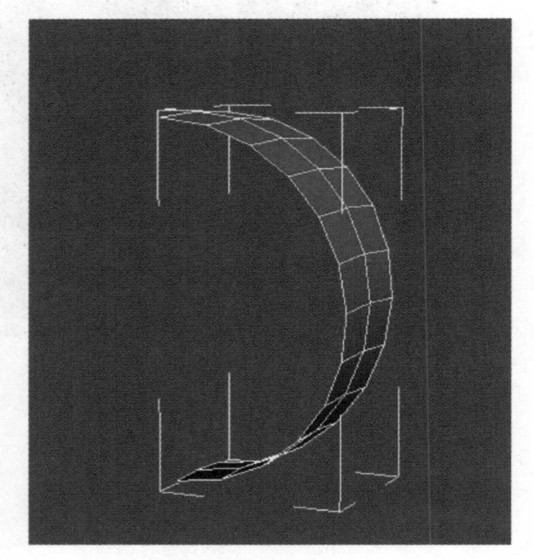

图 9-24　删除后效果

（4）进入“顶点”层级，删除多余的点，调整剩余各顶点位置，使其成为轮胎截面形状，如图 9-25 所示。利用“切割”工具，切割出想要的轮胎花纹形状，如图 9-26 所示。

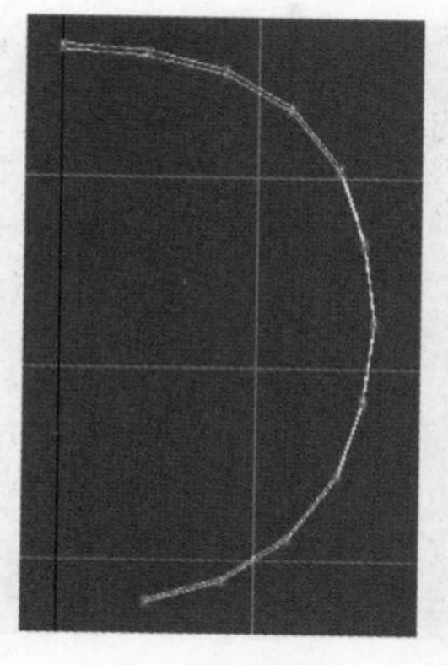

图 9-25　删除点效果

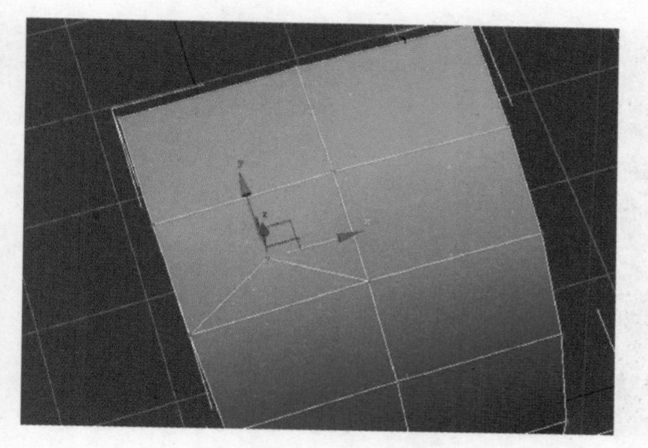

图 9-26　切割效果

（5）在“多边形”层级，选中突起的面，进行“挤出”，如图 9-27 所示。进入“顶点”层级，调整挤出后的顶点位置，如图 9-28 所示。

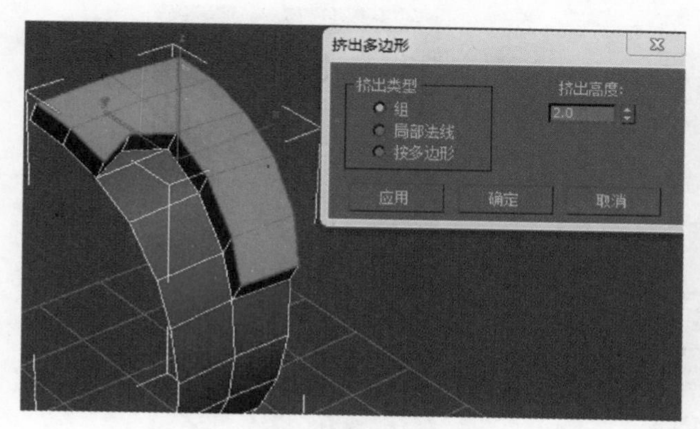

图 9-27　挤出多边形

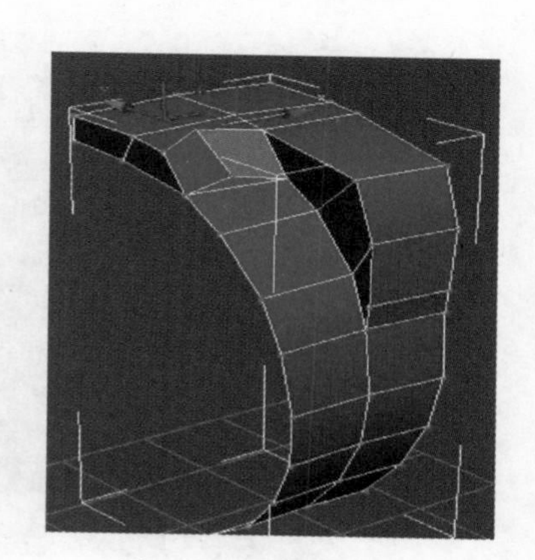

图 9-28　调整顶点位置

（6）在“多边形”层级，选中多余的面并删除，如图 9-29 所示。

图 9-29　删除面

（7）在“可编辑多边形”对象层级，打开角度捕捉，利用旋转工具结合 Shift 键进行复制，如图 9-30 所示。

（8）将所有对象附加起来，并焊接顶点。如果有漏洞，逐渐加大焊接阈值直至全部焊接，如图 9-31 所示。

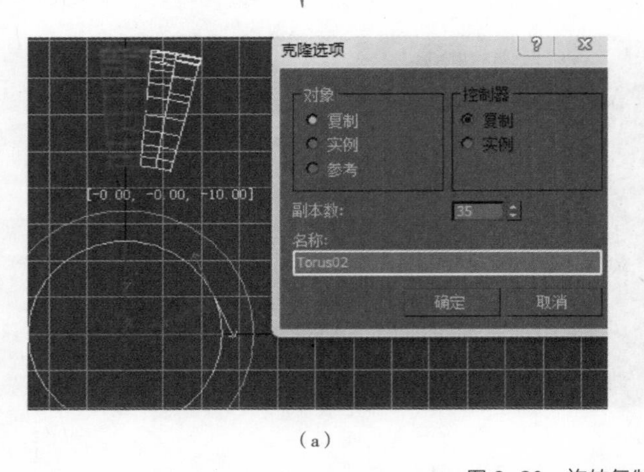

（a）　　　　　　（b）

图 9–30　旋转复制

（a）复制设置；（b）复制后效果

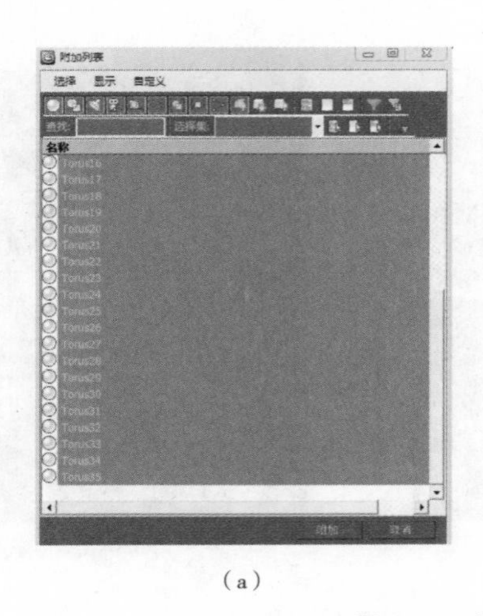

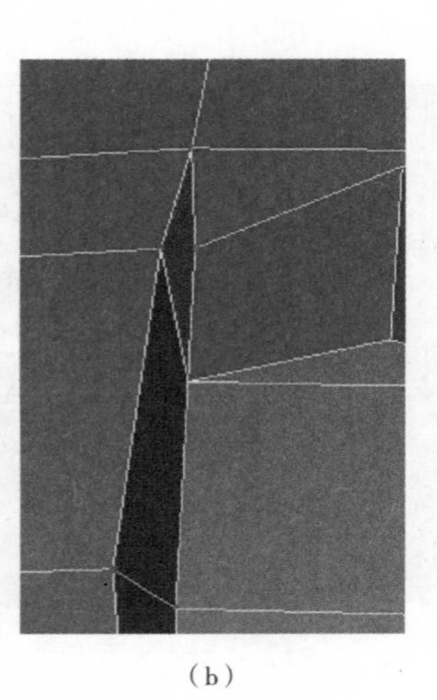

（a）　　　　　　（b）

图 9–31　附加对象并焊接漏洞

（a）附加所有对象；（b）焊接漏洞

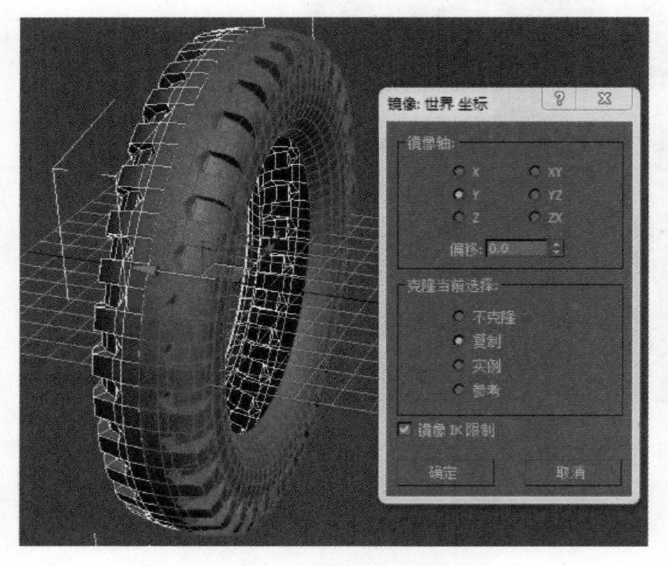

图 9–32　镜像设置与效果

（9）选中所有对象，在主工具栏上点击（镜像）按钮，复制轮胎的另一半，设置效果如图 9–32 所示。对复制的对象应用旋转工具，使轮胎花纹错开，同时将两半轮胎附加到一起，焊接顶点，如图 9–33 所示。

（10）利用“环形”命令选中轮胎中间的边，进行“细化”操作。进入“边”层级，点选轮胎中间线两边的边，变为红色，按 Ctrl 键后到“选择”卷展栏点击“环形”按钮，选择效果如图 9–34 所示。再到“编辑几何体”卷展栏，点击“细化”右侧的（设置）按钮，在弹出的“细化选择”对话框中选择“面”类型，细化效果如图 9–35 所示。

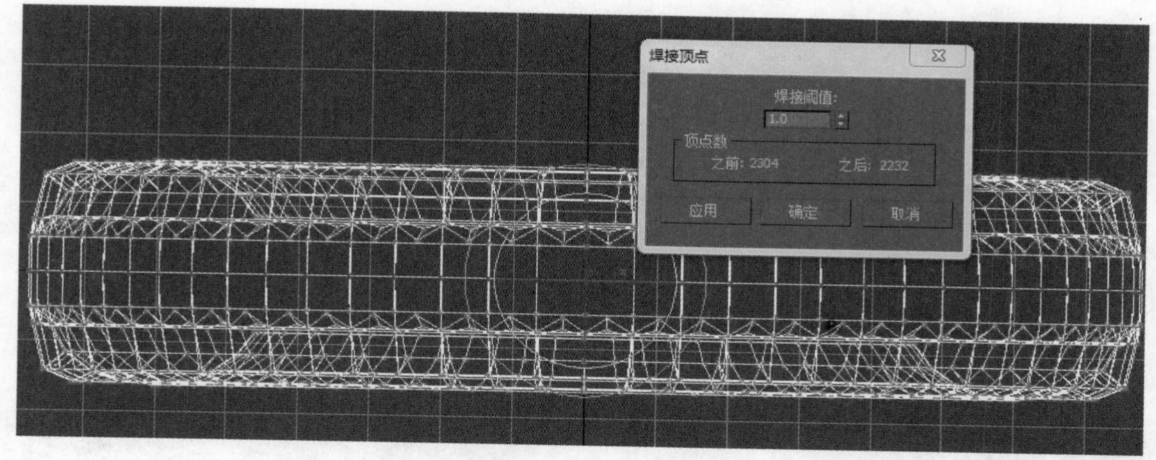

图 9-33　焊接中间的顶点

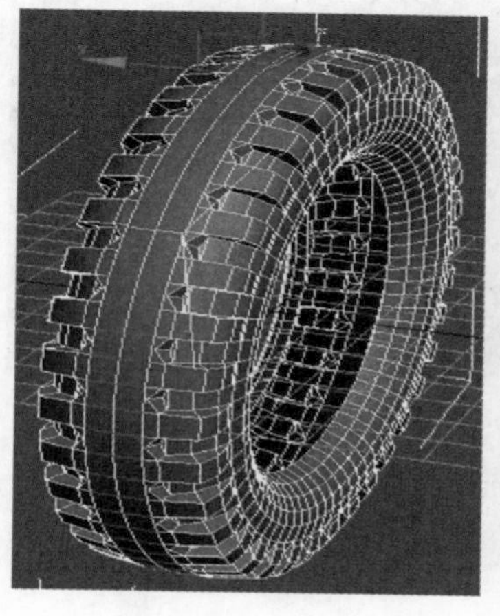

图 9-34　选择边

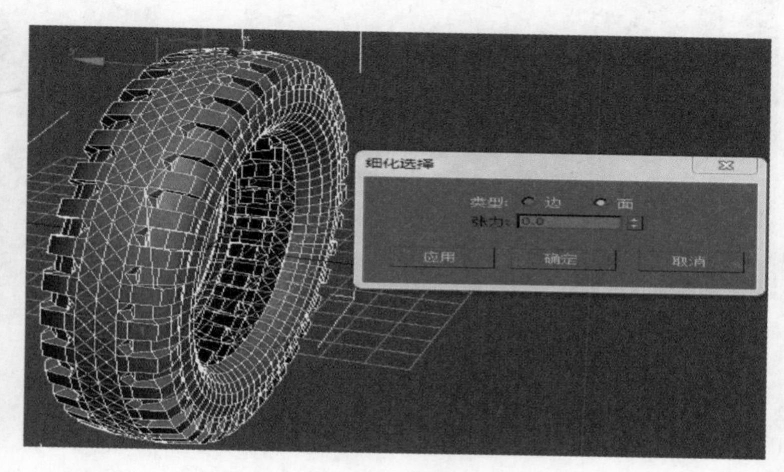

图 9-35　细化边

（11）进入“点”层级，在“顶”视图中框选中间所有的顶点，然后点击右键，在弹出的列表中选择“转换到面”命令，效果如图 9-36 所示。再到“编辑多边形”卷展栏中点击“插入”右侧的■（设置）按钮，插入类型为“组”，插入量为 1，效果如图 9-37 所示。

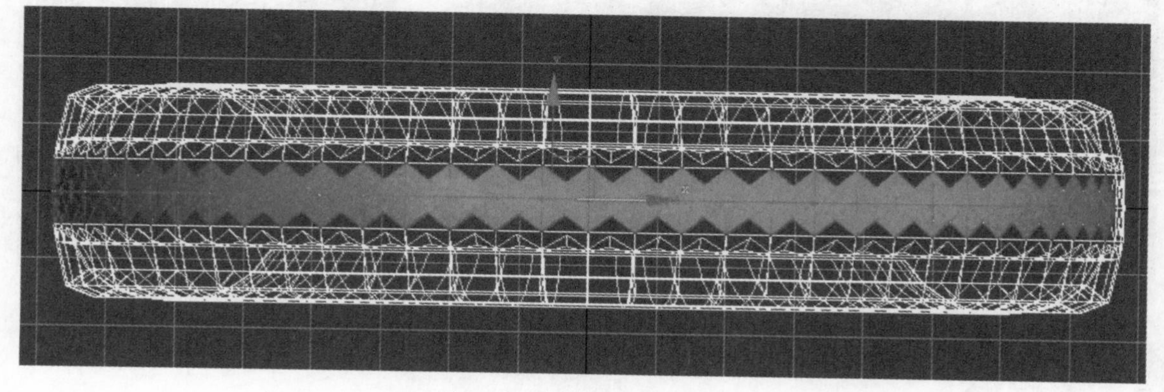

图 9-36　选择中间点所在的面

（12）在“边”层级利用“环形”命令选中所有中间的短边，如图 9-38 所示。然后右键点击利用“转换到面”命令，选中短边所在的面，进行“挤出”操作，效果如图 9-39 所示。

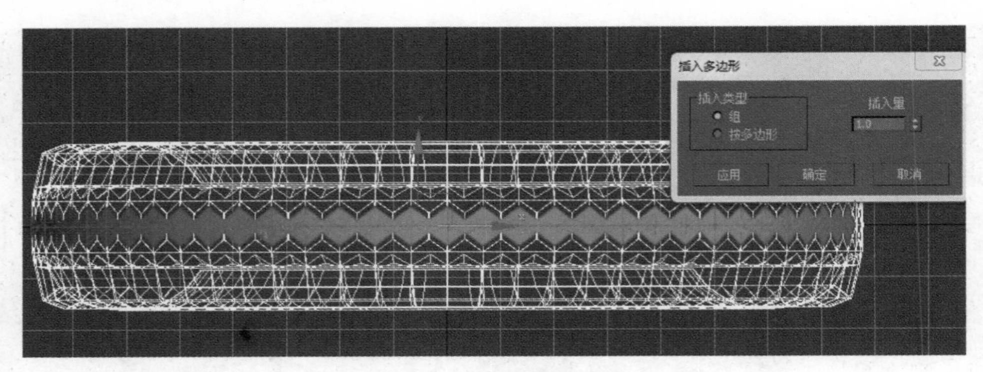

图 9-37　插入设置与效果

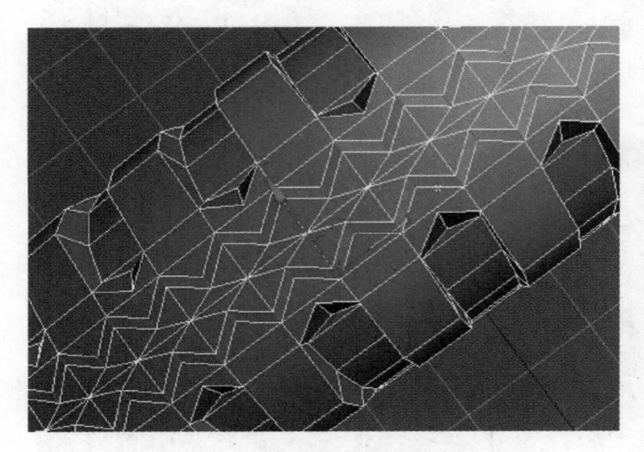

图 9-38　选择中间的短边

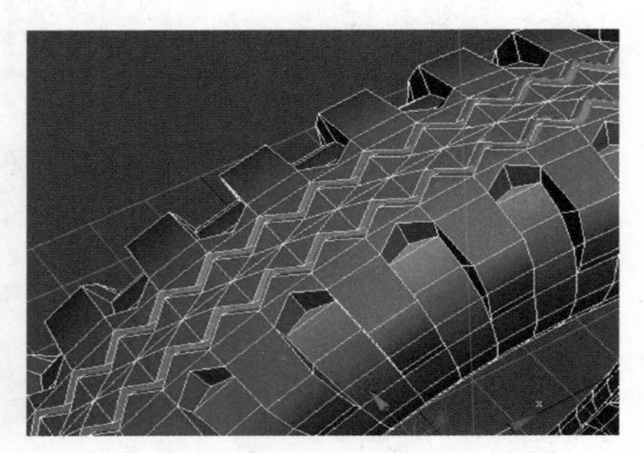

图 9-39　挤出短边所在的面

9.2.2　创建轮毂

（1）切换到“顶”视图，用“线”工具创建图形，如图 9-40 所示。

（2）在“线”对象层级，为其添加“车削”修改器，制作轮毂形状，如图 9-41 所示。

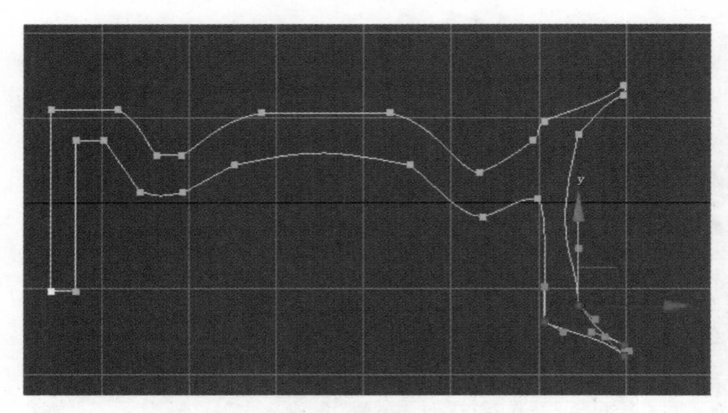

图 9-40　创建的线形

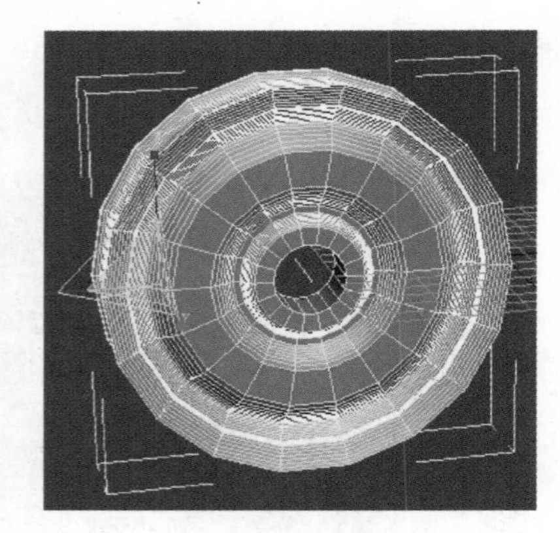

图 9-41　创建轮毂

9.2.3　组装车轮

调整轮毂大小，并将轮毂和轮胎对齐，并用“圆柱体”命令创建轮毂上的螺钉，效果如图 9-42 所示。（注意：这里将圆柱体的“边数”设为 6。）

9.2.4 赋予材质

选择 V-Ray 渲染器，打开材质编辑器，调整材质参数，并赋予给轮胎和轮毂。如图 9-43 所示，第一个材质球为轮胎材质的设置：漫反射设为 40，反射设为 20，高光光泽度设为 0.6，反射光泽度设为 0.7；第二个材质球为轮毂和螺钉材质的设置：漫反射设为 0，反射设为 100，高光光泽度设为 0.71，反射光泽度设为 0.75，勾选“菲涅耳反射”。

图 9-42　车轮效果

9.2.5 创建灯光

参考第 1 章实例的灯光创建，在场景中建立灯光并适当调整参数，渲染后效果如图 9-44 所示。

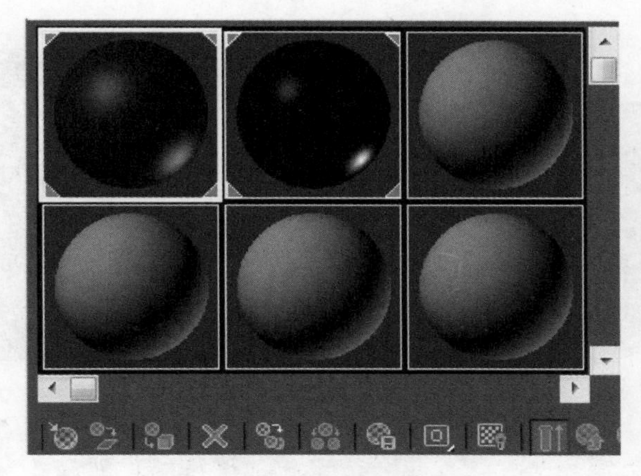

图 9-43　材质设置

图 9-44　车轮最终渲染效果

9.3 实例 3——现代圈椅

9.3.1 创建椅面

（1）打开 3ds Max 软件，在创建命令面板中，点击“长方体”创建命令，在“顶”视图中创建一个长方体，参数设置如图 9-45 所示。点击 F4 键，将实体加线框显示。

（2）右键点击长方体，将其转换为“可编辑多边形”，点击“多边形”层级，选中如图 9-46 所示的面，在“编辑多边形”卷展栏中点击“倒角”工具右侧的（设置）按钮，倒角参数如图 9-47 所示。

（3）选择“可编辑多边形”对象层级，在修改命令面板的“修改器列表”中选择“网格平滑”修改器，在“细分量”卷展栏中设置迭代次数为 1，平滑度为 0.5，设置后的对象效果如图 9-48 所示。

9.3.2 创建椅面下部构件

（1）在创建面板中，点击“圆柱体”，在“顶”视图中创建一个圆柱，其参数如图 9-49 所示。利用

Shift 键 +“选择并移动”，复制三个圆柱，移动圆柱到合适的位置，如图 9–50 所示。

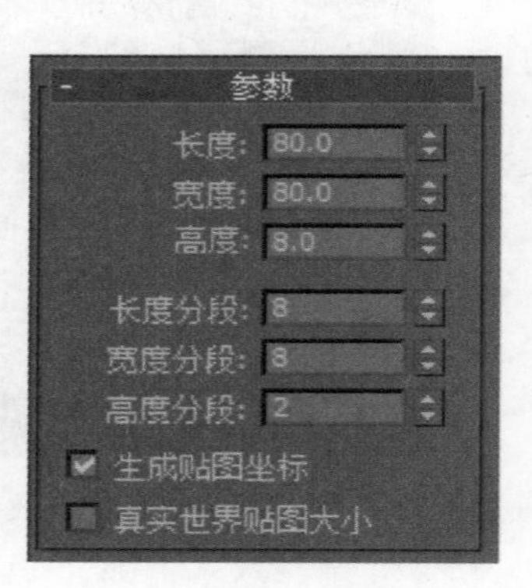

图 9–45　参数设置

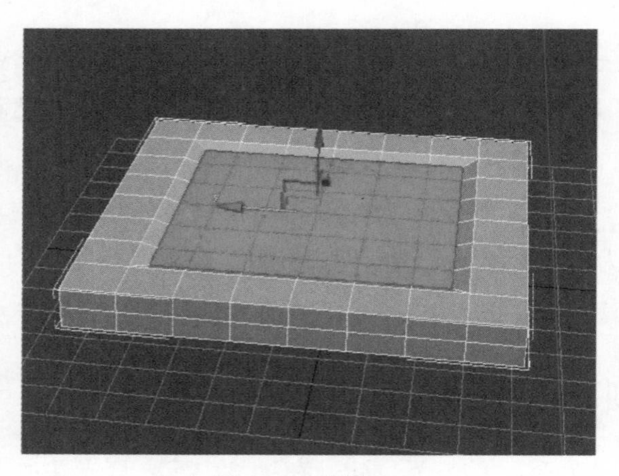

图 9–46　选择面

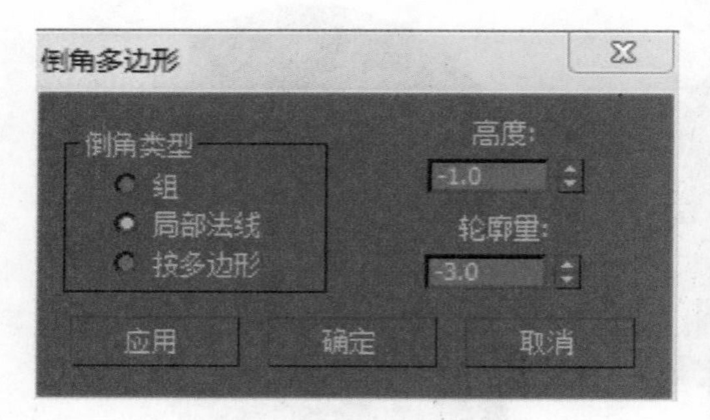

图 9–47　倒角设置

图 9–48　网格平滑效果

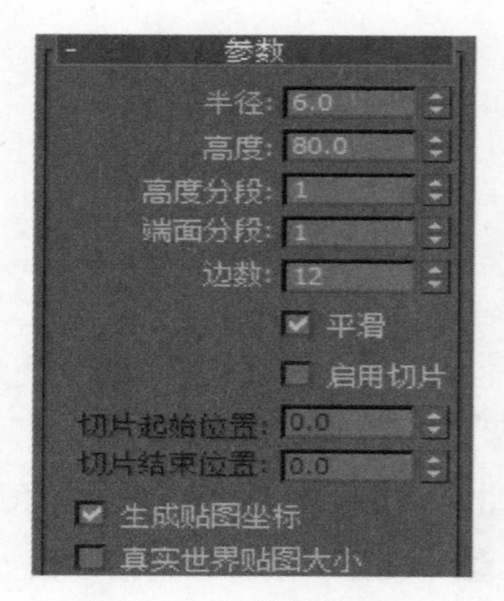

图 9–49　圆柱参数设置

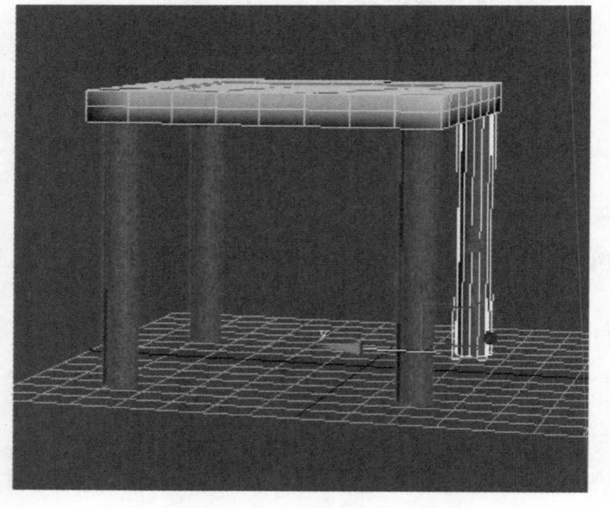

图 9–50　移动圆柱后效果

（2）在创建面板的“扩展基本体”中，点击“切角长方体”按钮，在“前”视图创建一个切角长方体，参数设置如图 9–51 所示，复制并移动到合适的位置，如图 9–52 所示。

（3）将选中的切角长方体转换为“可编辑多边形”，在“多边形”层级选中如图 9–53 所示多边形，向上移动到合适位置，制作成“罗锅枨”。复制“罗锅枨”，利用移动、旋转工具将其放到合适位置，如图 9–54 所示。

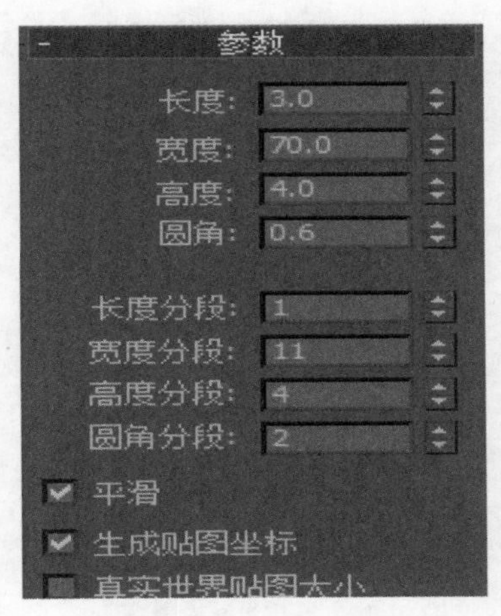

图 9-51　切角长方体参数设置

图 9-52　构件位置效果

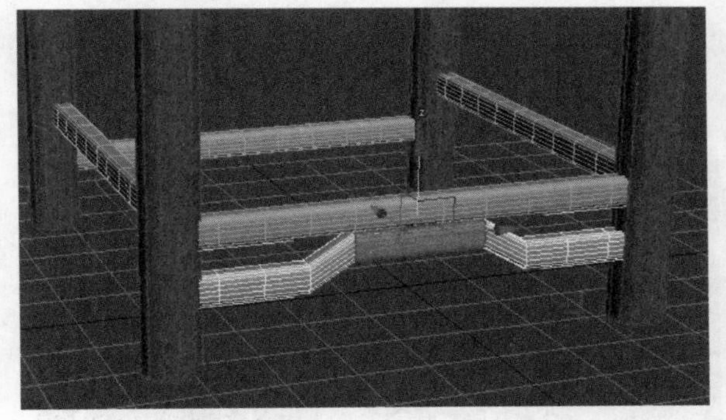

图 9-53　制作“罗锅枨”

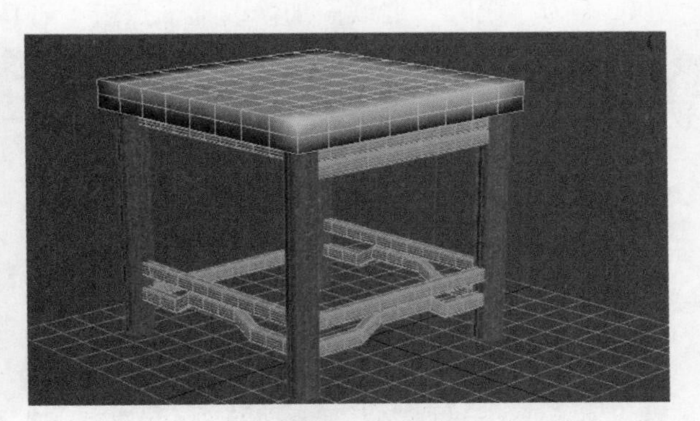

图 9-54　复制“罗锅枨”

9.3.3　创建椅面上部构件

（1）制作后腿上部，复制圆柱体，并调整其大小，参数如图 9-55 所示；调整其位置，效果如图 9-56 所示。

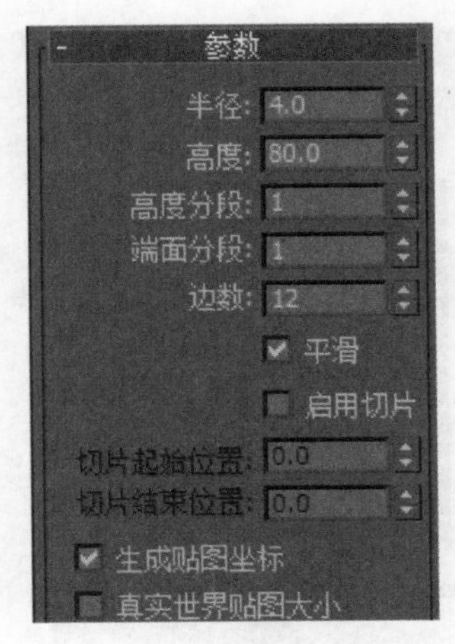

图 9-55　修改圆柱参数

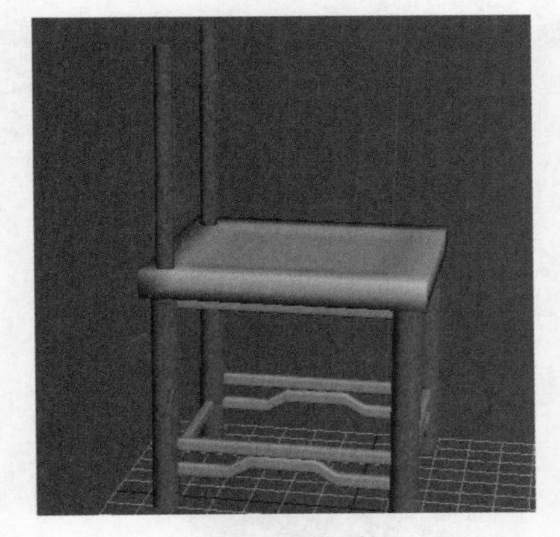

图 9-56　调整后效果

（2）制作前腿上部（“鹅脖”），复制圆柱体，并调整参数，如图 9-57 所示；在修改面板的“修改器列表”中点击“锥化”修改器，参数设置如图 9-58 所示。

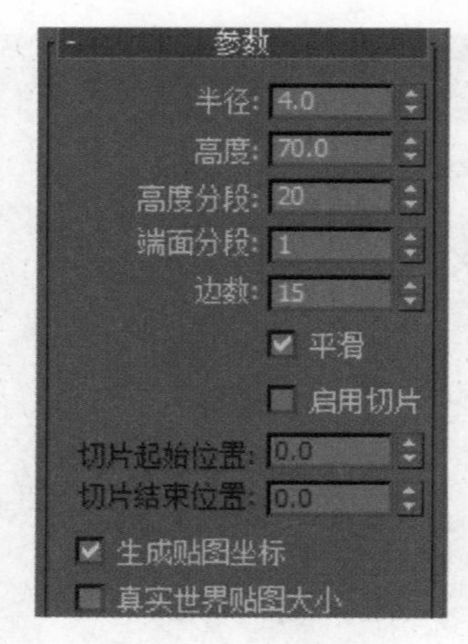

图 9-57　修改圆柱参数

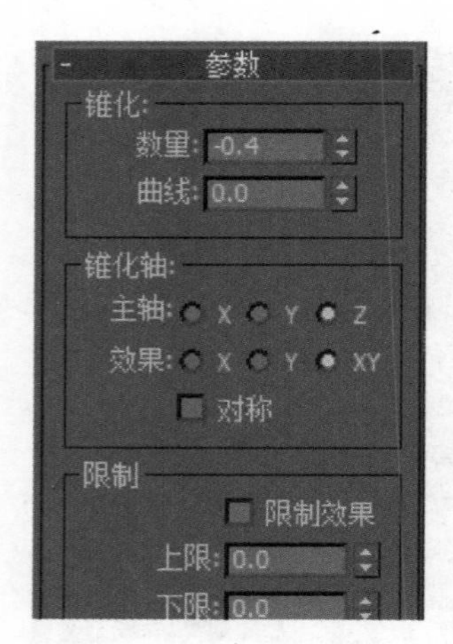

图 9-58　锥化参数设置

（3）为“鹅脖”继续添加修改器，点击“FFD4×4×4”修改器，选中“控制点”层级，进行移动变换，最后效果如图 9-59 所示。运用上述方法及移动工具，制作出另一个“鹅脖”和两个“联帮棍”，效果如图 9-60 所示。

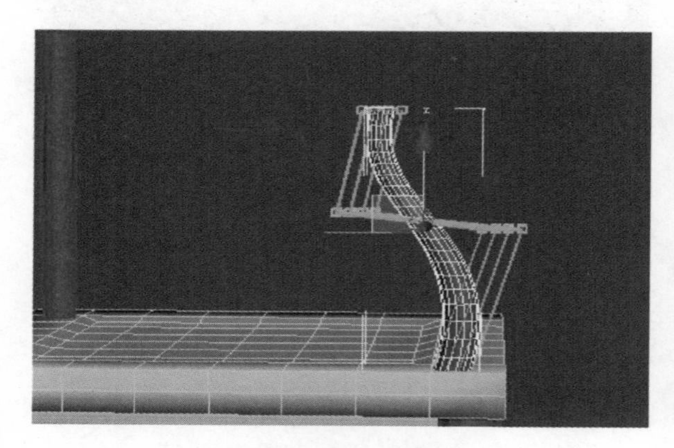

图 9-59　移动“控制点”

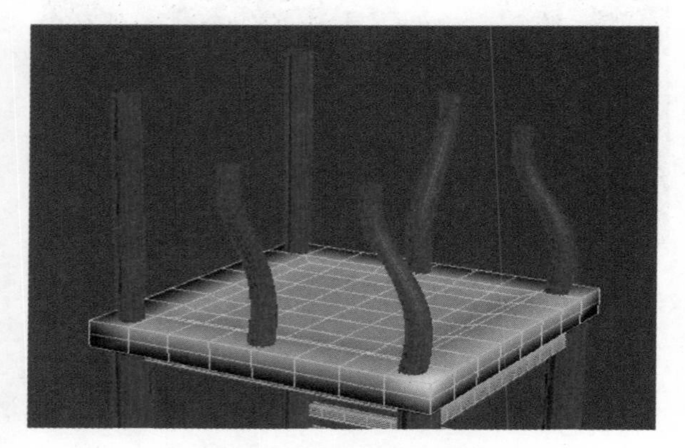

图 9-60　制作“鹅脖”和“联帮棍”

（4）在创建面板中点击“长方体”命令，在“顶”视图中创建一个长方体，参数如图 9-61 所示；在修改面板的“修改器列表”中点击“锥化”修改器，参数设置如图 9-62 所示。锥化效果如图 9-63 所示。

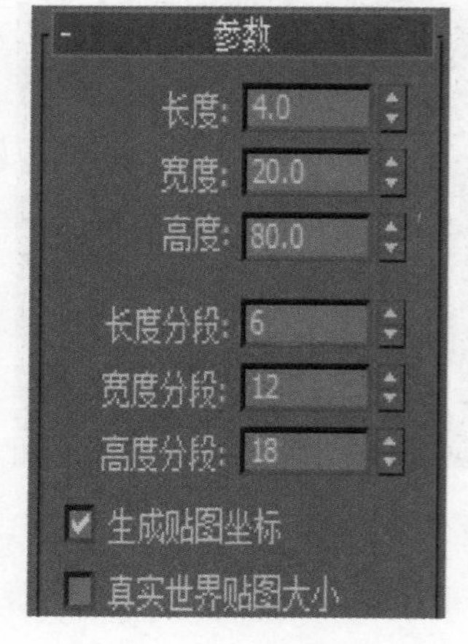

图 9-61　长方体参数设置

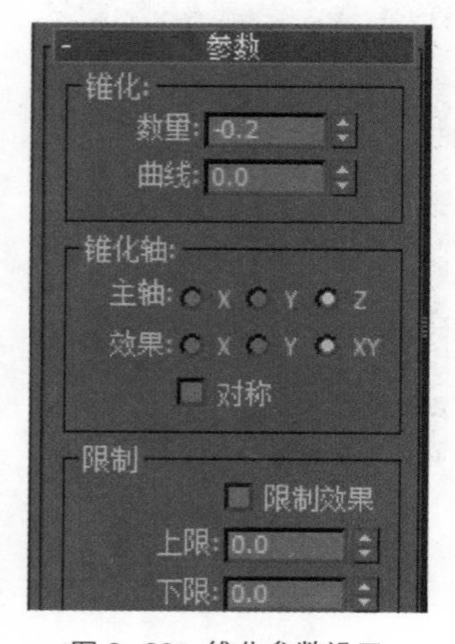

图 9-62　锥化参数设置

（5）在修改面板的“修改器列表”中为长方体添加“FFD4×4×4”修改器，在“控制点”层级，选中“控制点”移动变换，效果如图 9-64 所示。

图 9-63　锥化效果

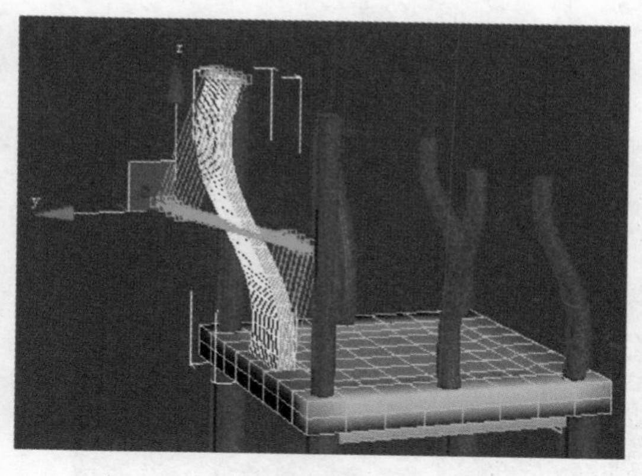

图 9-64　FFD 效果

（6）在创建面板中，点击图形中的“线”命令，在“顶”视图中创建曲线，如图 9-65 所示，其参数设置如图 9-66 所示。

（7）将所绘曲线转换为“可编辑样条线”，选择“顶点”层级，将所有的顶点转换为“Bezier”类型。在各个视图中反复调整顶点位置和 Bezier 控制杆，调节好之后应用“镜像”工具将其复制，最终做出如图 9-67 所示效果。

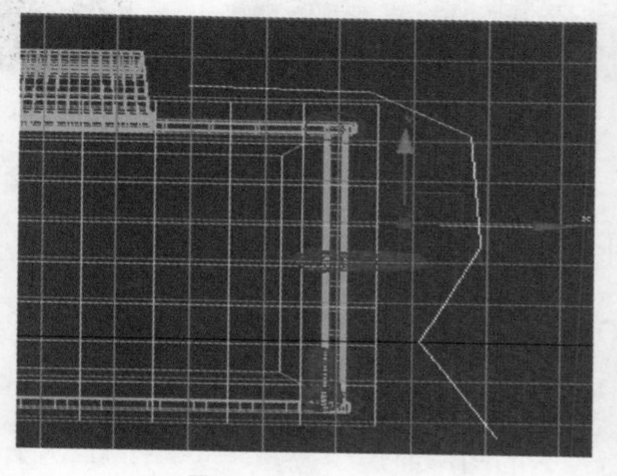

图 9-65　创建曲线

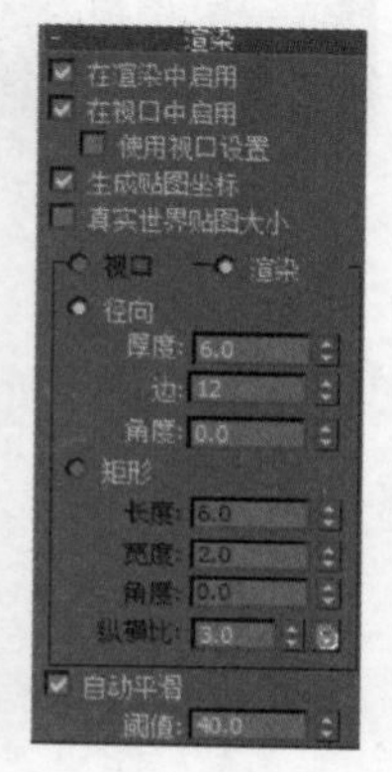

图 9-66　参数设置

（8）在视图中创建长方体，使其具有一定的分段数，并将其转换为可编辑多边形，通过在子级中的移动等修改，做出如图 9-68 所示形状。通过复制、移动、旋转、缩放等命令将“角牙”放置在合适位置，如图 9-69 所示。

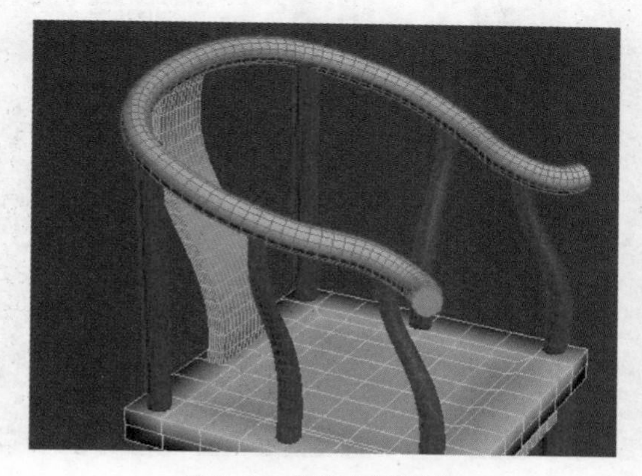

图 9-67　圈椅上部效果

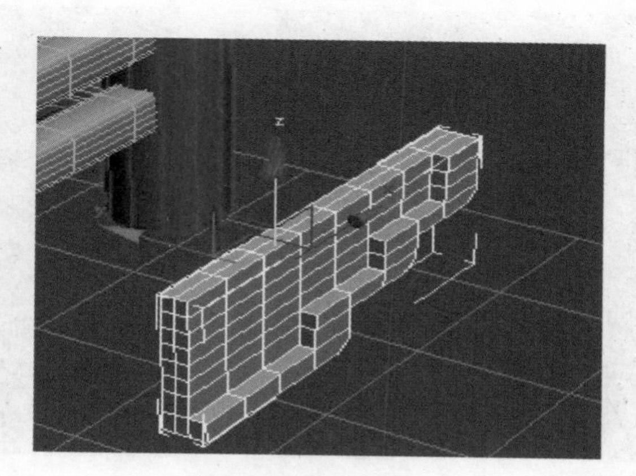

图 9-68　角牙效果

9.3.4　设置材质

选择 V-Ray 渲染器，并在材质编辑器中调整材质数值，将材质赋予圈椅。为漫反射贴一张木质纹理的贴图，如图 9-70 所示，将反射设为 25、高光光泽度设为 0.85。

9.3.5 设置灯光并渲染输出

参照之前章节相关内容进行设置，最终效果如图 9-71 所示。

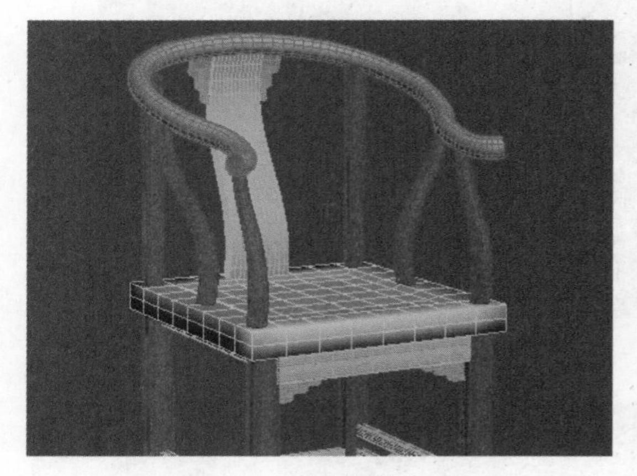
图 9-69 圈椅整体效果

图 9-70 红木贴图

图 9-71 现代圈椅最终渲染效果

9.4 实例 4——手机

9.4.1 创建手机剖面线

（1）在创建面板下的图形面板中选择“线”工具，切换到“顶”视图，绘制如图 9-72 所示图形。为了便于观察，更改线的显示属性，如图 9-73 所示。（注意：均为闭合样条线。）

（2）进入线的“顶点”层级，在“几何体”卷展栏中，设置“圆角”参数，最终效果如图 9-74 所示。

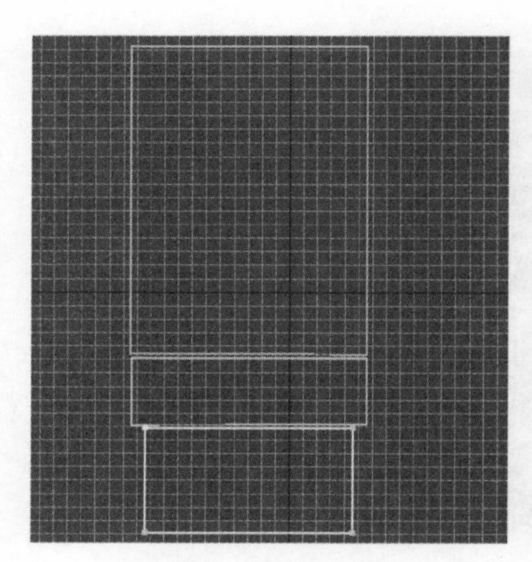
图 9-72 手机剖面线

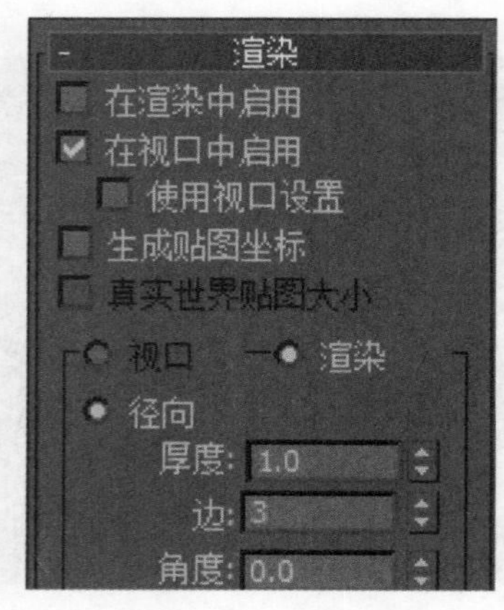

图 9-73 “渲染”卷展栏设置

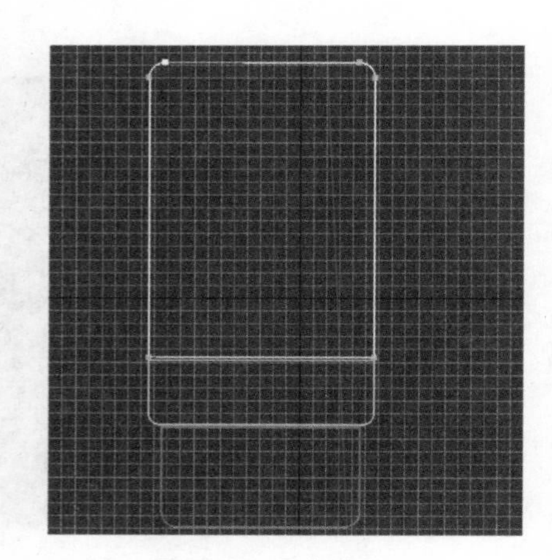
图 9-74 圆角处理

（3）在上面图形的外侧创建四条闭合曲线，如图 9-75 所示；并应用“几何体”卷展栏中的“附加”工具，将这四条线整合为两个图形，如图 9-76 所示，外侧两条为一个图形，里边两条线为一个图形。

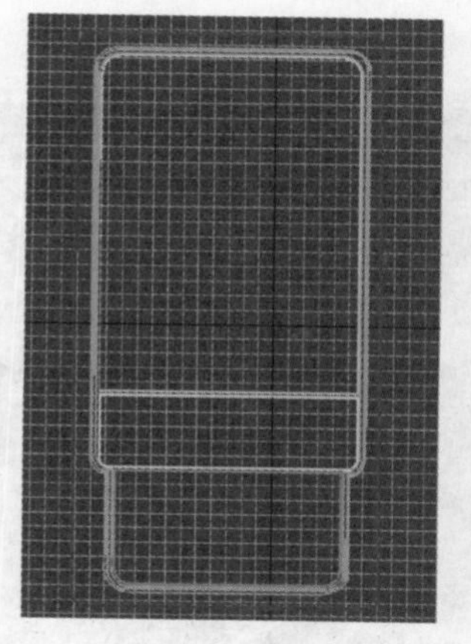

图 9–75　绘制四条闭合曲线

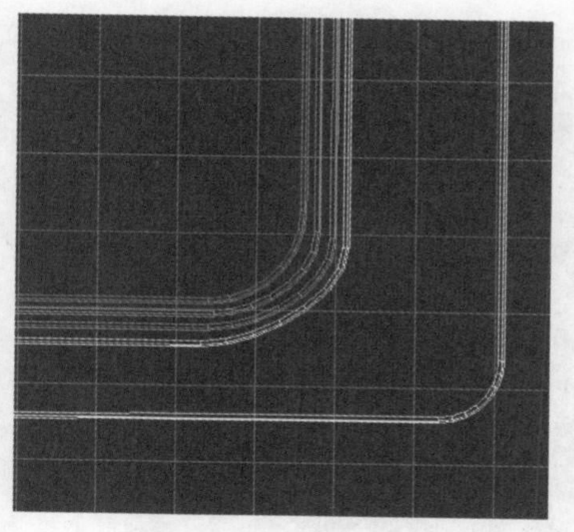

图 9–76　附加后效果

9.4.2　创建数字键区

（1）在“顶”视图中选择其中一条闭合曲线，在修改面板下的“修改器列表”中选择“挤出”命令，参数设置如图 9–77 所示，效果如图 9–78 所示。

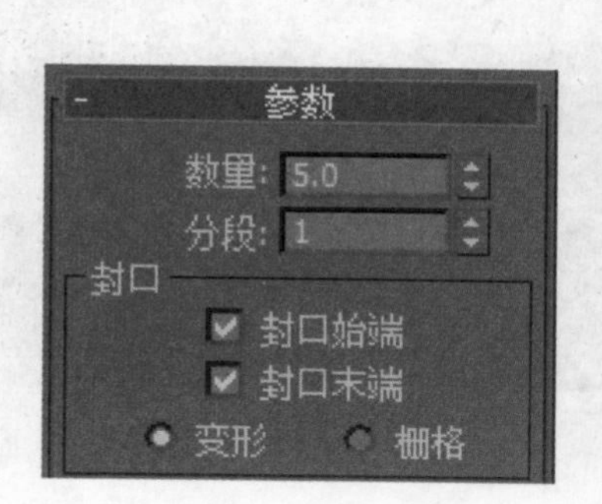

图 9–77　“挤出”参数

图 9–78　“挤出”效果

（2）应用“长方体”命令，创建 3 个很薄的长方体，如图 9–79 所示；对挤出图形与 3 个长方体执行“复合对象”下的“ProBoolean（超级布尔）”命令，制作按键接缝，最终效果如图 9–80 所示。

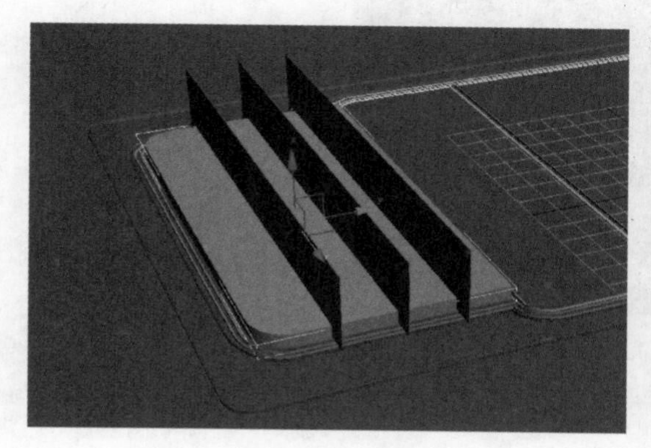

图 9–79　创建薄片长方体

图 9–80　布尔运算后效果

（3）将布尔运算后的对象转换为“可编辑多边形”，按 F4 键，切换为线框加实体显示，并在“边”层级进行“细化”操作，效果如图 9–81 所示；在“编辑边”卷展栏中使用“移除”工具删除多余的线，最终效果如图 9–82 所示。

图 9–81　细化后效果

图 9–82　删除多余的线

（4）在“边”层级选择按键中间的线，如图 9–83 所示；向上移动，如图 9–84 所示；并应用“编辑边”卷展栏中的“切角”命令，最终效果如图 9–85 所示。

图 9–83　选择按键中间的线

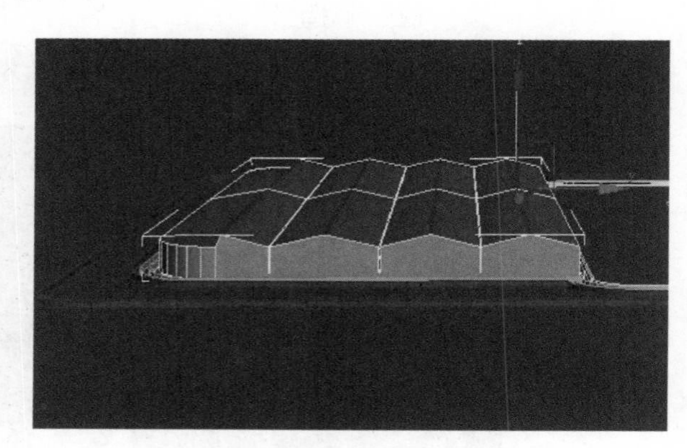

图 9–84　移动操作

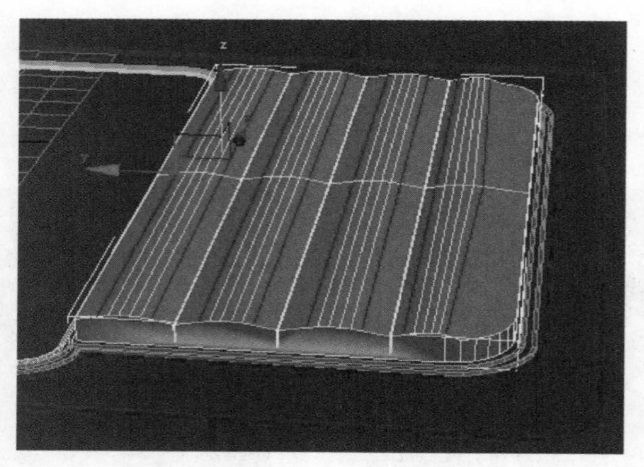

图 9–85　切角效果

9.4.3　创建键盘功能键区

（1）应用同样的方法，挤出键盘区上部的功能键区。同时，创建圆环并挤出，转换成可编辑多边形，也应用“切角”工具制作出圆滑的方向键。最后效果如图 9–86 所示。

图 9-86　创建功能键区

（2）复制一个圆环，如图 9-87 所示；执行“布尔”命令，如图 9-88 所示；将上部圆环稍缩小后移动至切口处，如图 9-89 所示。

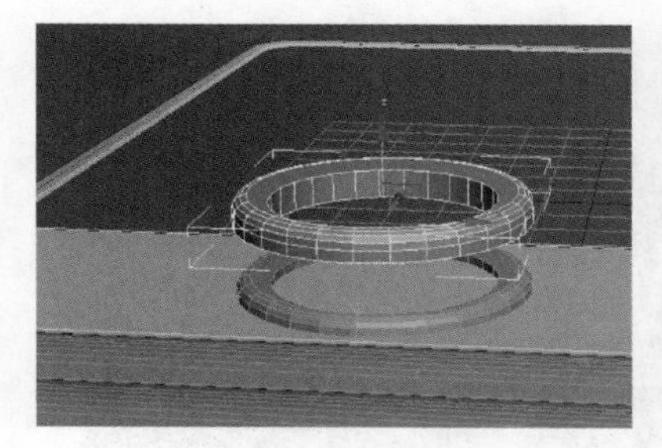

图 9-87　复制圆环

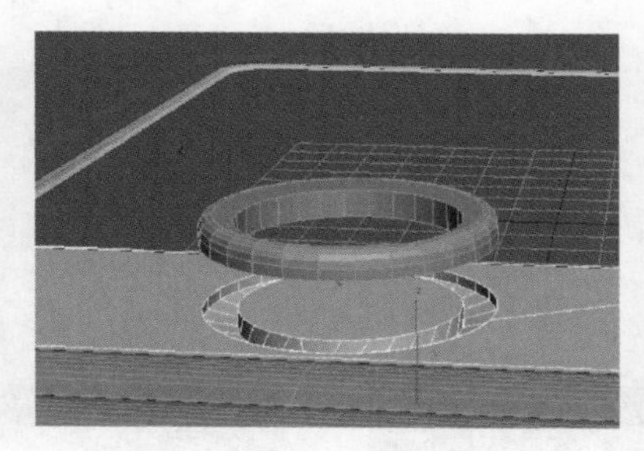

图 9-88　布尔运算

图 9-89　缩放并移动圆环

（3）应用上述方法，创建其他部件，如图 9-90 所示。

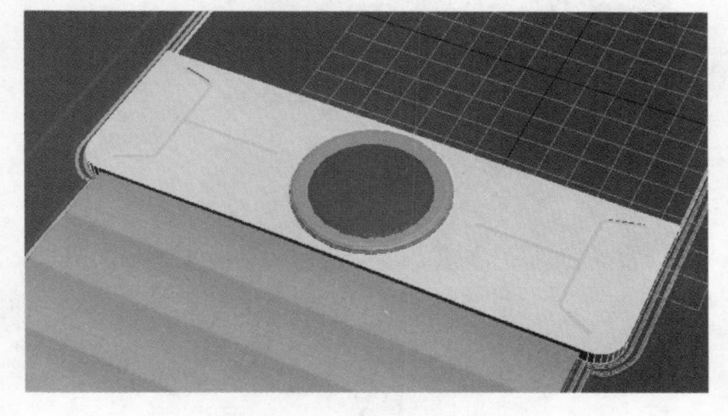

图 9-90　完成的功能键区

9.4.4　创建屏幕、封条和正面机壳

（1）应用同样的方法，分别挤出屏幕、封条、和机壳正面，如图 9-91 所示。将机壳适当调整大小，转换为可编辑多边形，如图 9-92 所示。

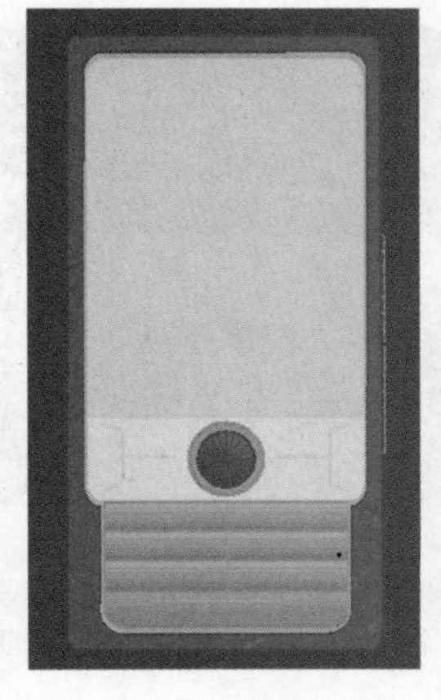

图 9-91　手机挤出效果

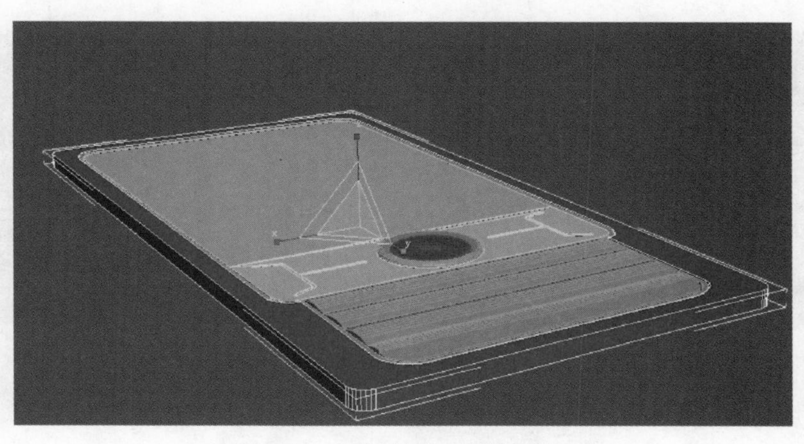

图 9-92　转换机壳为可编辑多边形

（2）在“边”的层级，选中正面机壳最外侧一圈边，如图 9-93 所示；进行“切角”处理，最终效果如图 9-94 所示。

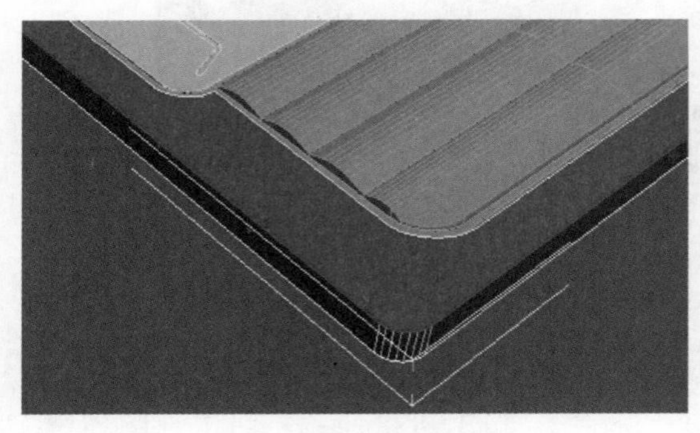
图 9-93　选择边

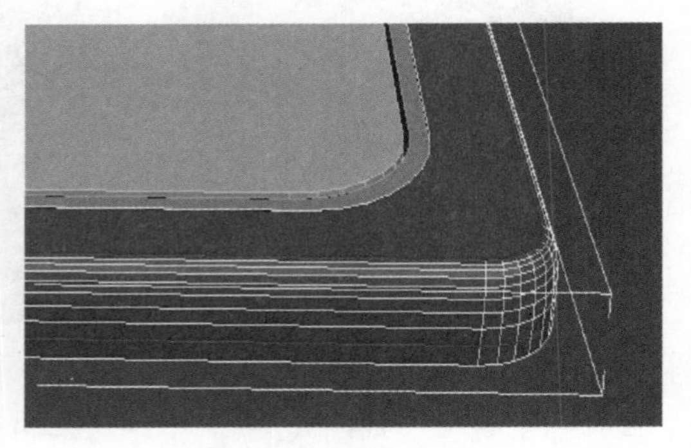
图 9-94　切角效果

9.4.5　制作手机其他部件

（1）创建一个和正面机壳大小相当的长方体，将其转换为可编辑多边形并切角作为封边，复制一个备用，作为背面机壳，如图 9-95 所示；在封边的“多边形”层级，挤出合适位置的面，做出 USB 接口的细节突起，如图 9-96 所示。

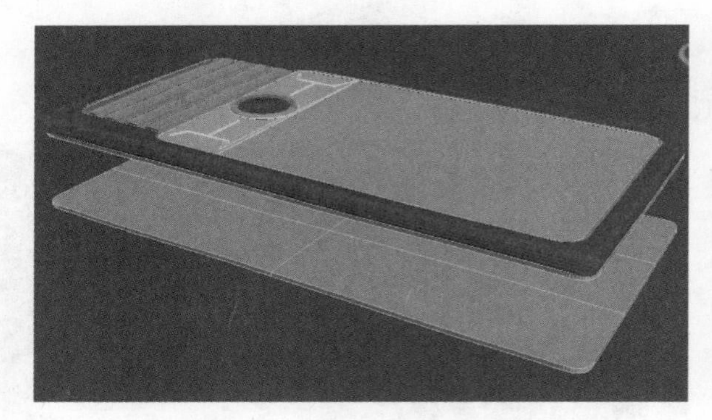
图 9-95　制作封边和机壳背面

图 9-96　制作 USB 接口的细节突起

（2）创建一个圆柱体和一个长方体，如图 9-97 所示；利用“ProBoolean（超级布尔）”命令对封边细节进行处理，结果如图 9-98 所示。

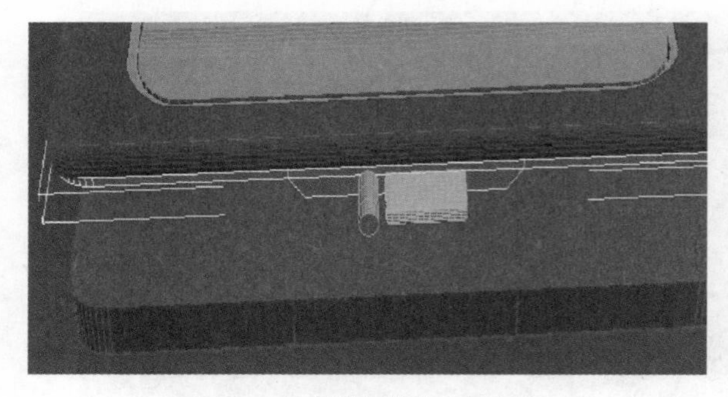
图 9-97　创建圆柱体和长方体

图 9-98　布尔运算结果

（3）对背面机壳作适当的缩放调整，移动到合适位置，如图 9-99 所示；选中背面机壳最外侧的一圈线，如图 9-100 所示；并进行切角操作，效果如图 9-101 所示。

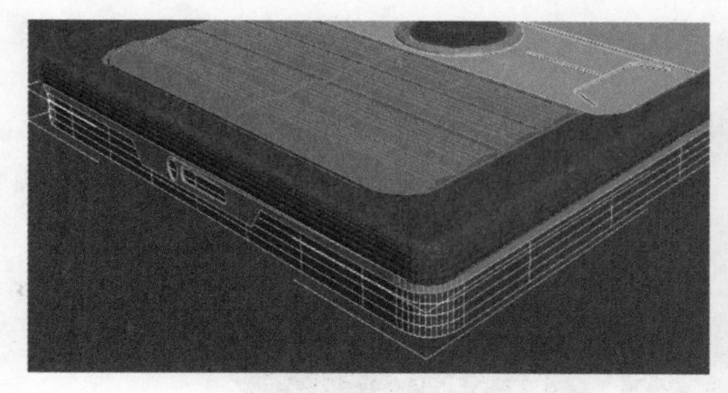
图 9–99　调整背面机壳

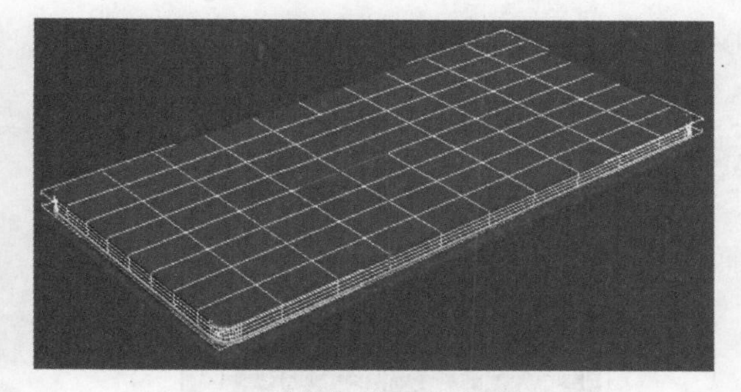
图 9–100　选择背面机壳最外侧的一圈线

（4）选中背面机壳，在修改命令面板下的“修改器列表”中点击“FFD4×4×4”，选择控制点层级，对背面机壳外形适当调整，使其更为圆润，结果如图 9–102 所示。

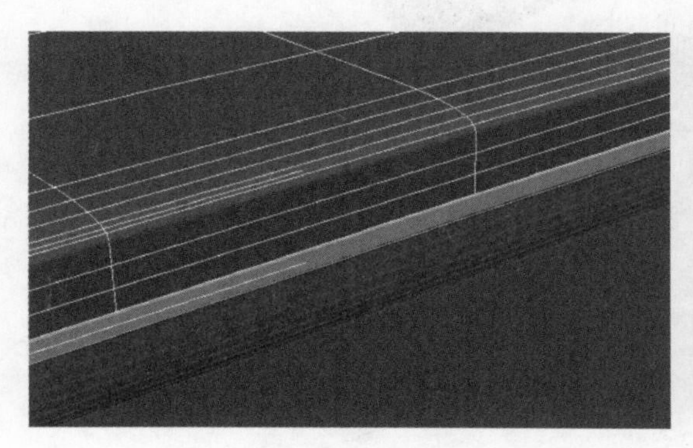
图 9–101　切角效果

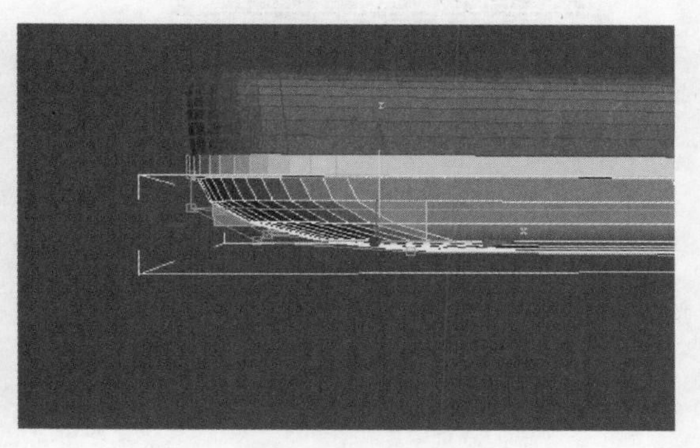
图 9–102　应用 FFD 效果

（5）利用布尔命令，分别做出听筒和扩音器。

（6）对主要部件应用“HSDS”修改器，进行平滑处理，如图 9–103 所示。

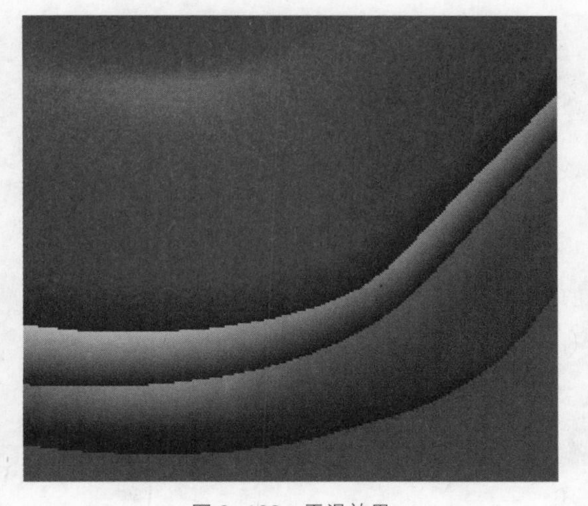
图 9–103　平滑效果

9.4.6　赋予材质

选择 V–Ray 渲染器，分别调整手机各部件材质参数。如图 9–104 所示，第一个材质球为屏幕材质设置：漫反射用配套光盘中的“屏幕贴图 .jpg”，反射为 170，高光光泽度为 0.9，反射光泽度为 0.98，勾选“菲涅耳反射”；第二个材质球为机壳材质设置：漫反射为 10，反射为 170，高光光泽度为 0.9，反射光泽度为 0.98，勾选“菲涅耳反射”；第三个材质球为数字键“123”的材质设置：漫反射用配套光盘中的“123.jpg”贴图，反射为 230，高光光泽度为 0.62，反射光泽度为 0.9，勾选“菲涅耳反射”（注意：其他数字键的材质参数与之相同，只是贴图不同）；第四个材质球为圆环、封条、封边等的材质设置：漫反射为 R：230、G：130、B：30，反射为 240，高光光泽度为 0.85，勾选“菲涅耳反射”。（注意：这里需要利用“UVW 贴图”修改器调整贴图位置。）

9.4.7 创建灯光并渲染输出

创建灯光请参看前面章节内容，最终渲染效果如图 9-105 所示。

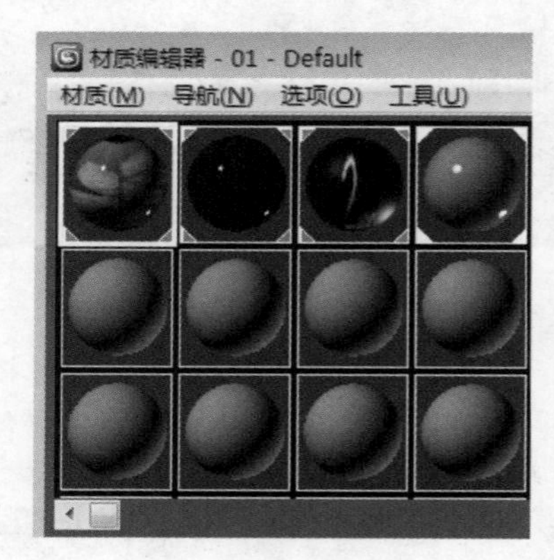

图 9-104 材质设置

图 9-105 手机最终渲染效果

第10章

Chapter10

室内客厅制作实例

10.1 创建墙体

（1）启动 3ds Max，选择菜单栏中“自定义”→“单位设置”命令，在弹出的对话框中选择“公制”中的“毫米”；单击“系统单位设置”按钮，设置为“1 Unit=1.0 毫米”，点击“确定”完成。然后选择菜单栏中“文件”→“导入”命令，打开配套光盘提供的“CADimport”文件，将选择的 CAD 图输入到 3ds Max 的视图中。按“Ctrl+A”全选，并从菜单栏中选择“组”→“成组”命令，将 CAD 图群组，并取名为“CAD”，如图 10–1 所示。

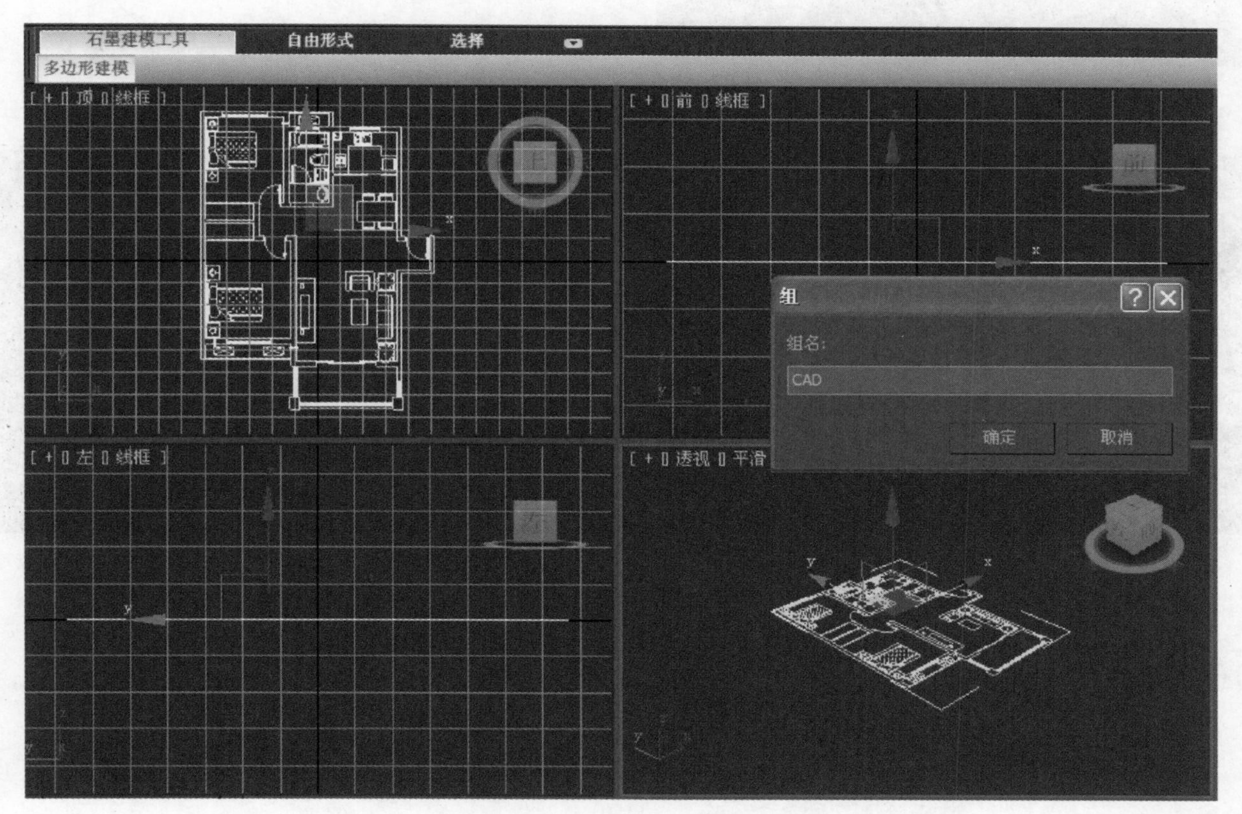

图 10–1　将导入对象成组

（2）选中CAD图，右击鼠标，在候选框中选择“冻结当前选择”，将CAD图锁定。这时你会发现锁定了的CAD变成了白色，这是系统默认的颜色。为了使CAD图与其他的几何体更容易区分，我们把它的颜色改为黑色，操作如下：选择菜单栏上的“自定义”→“自定义用户界面”，在弹出的对话框中选择“颜色”，并在“元素”中选择“几何体”子对象，在下拉菜单中选择“冻结”，在右方颜色条单击鼠标将颜色改为黑色即可。为了使以后操作方便，将CAD图先取消冻结，选择“移动”工具，在绝对坐标栏中输入3个0，将CAD图移至视图中央，再冻结CAD图。

（3）单击修改命令面板中“创建”命令，单击“图形”下“线”按钮，准备画线。先右击（捕捉）按钮，在出现的对话框中勾选“顶点”、“端点”、“中点”几个选项，使“捕捉”对它们激活，并在此对话框中“选项”命令下勾选“捕捉到冻结物体”。

（4）先单击“线”按钮，单击（捕捉）按钮，在CAD图中捕捉到CAD的角上一点，沿墙线画线，逢点单击鼠标一次，绘出客厅的轮廓线，闭合曲线，如图10–2所示。

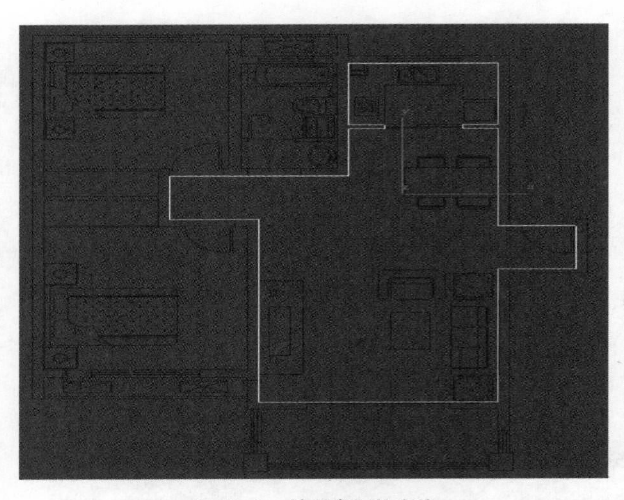

图10–2　绘制客厅轮廓线

（5）选中刚绘制出的线，在命令面板中单击“修改”按钮，在“修改器列表”中选择“挤出”修改器，在“参数”卷展栏的“数量”中填入2800mm，即房子的高度，将其名改为“墙体”，效果如图10–3所示。这时，进入墙体观察其内侧，发现都是黑的，这不是我们想要的结果。这时需要我们将它的法线翻转，为“墙体”添加“法线”修改器，勾选“翻转法线”，效果如图10–4所示。

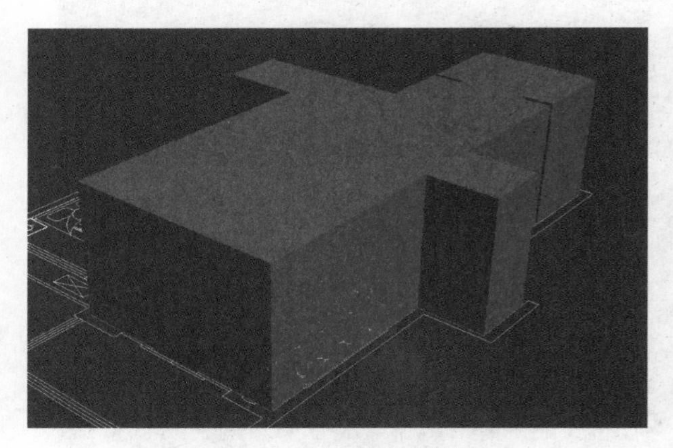

图10–3　客厅“挤出”效果

图10–4　法线翻转效果

10.2　创建门洞

（1）按F3显示线框模式，发现与客厅相连有四个门，一个主门，另外三个门分别连接两个卧室和卫生间。先做主门的门洞，右击“墙体”，单击“转化可编辑多边形”，在修改命令面板中单击（边）

子层级进入“前”视图，框选所有的竖线，在“编辑边”卷展栏中单击“连接”按钮右边的小方格，在这些线中间连接出一条线（红色显示），单击“确定”，效果如图 10–5 所示。

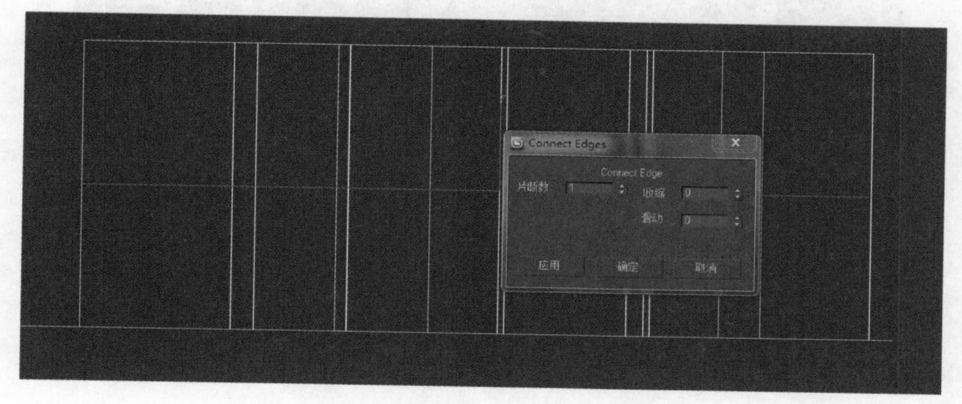

图 10–5　连接出一条线（红色）

（2）选中“连接”出来的线，在绝对坐标中 Z 值输入 700mm，即门的高度。在“墙体”的修改命令面板中，选择“多边形”选项，在视图中找到主门洞的面，单击选中，“挤出”–240mm（墙的厚度），删除此面，主门洞就做好了，如图 10–6 所示。以此方法，做出另外三个门洞。

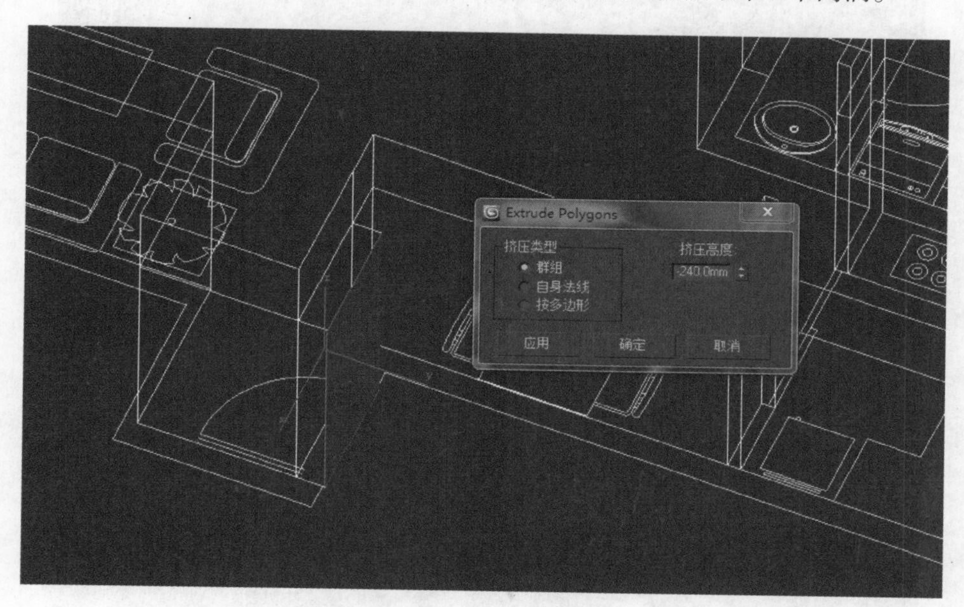

图 10–6　“挤出”主门洞

10.3　创建窗台和阳台

（1）观察 CAD 图，发现客厅的窗台在北边，按住 Alt 键和鼠标中键，旋转视图，转到北侧对着我们为止。单击修改命令面板中的（边）子层级，选择视图中窗台两侧的两根线，点击“连接”按钮右侧的小方块，“分段”数设为 2，“连接”出两条线来。切换至“后”视图，如图 10–7 所示，将两条线移动到合适的位置。再选择“多边形”子层级，选择视图中新做出的窗台面，向外“挤出”–240mm，按 Delete 键删除此面，窗台做好了，如图 10–8 所示。

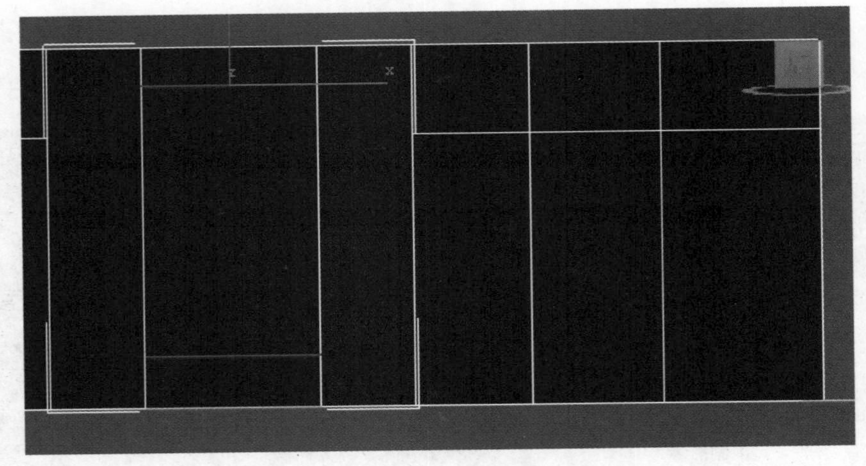

图 10-7　窗台连接线

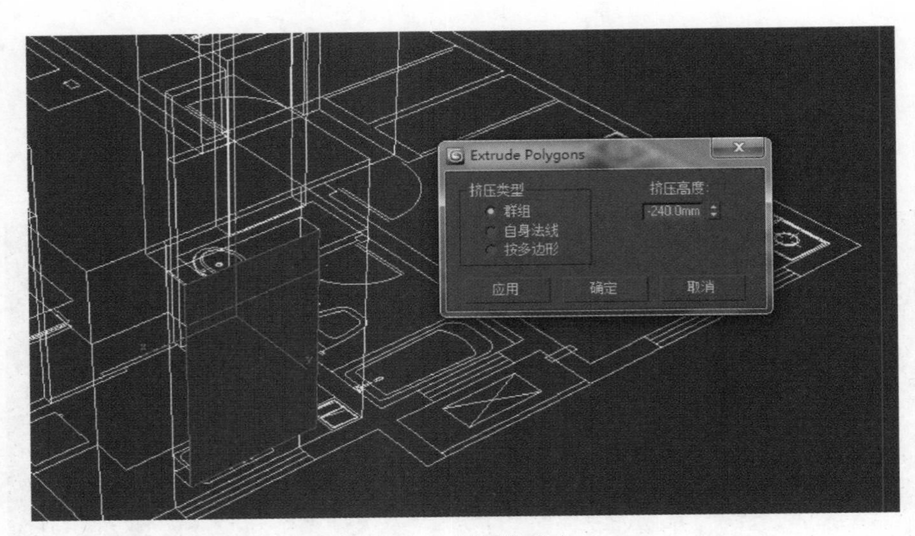

图 10-8　“挤出”窗台

（2）观察 CAD 图，发现阳台在南侧，将视图转至南侧，按照制作门窗的方法，先做出一条连接线，位置如图 10-9 所示，将此线向上移动 50mm。

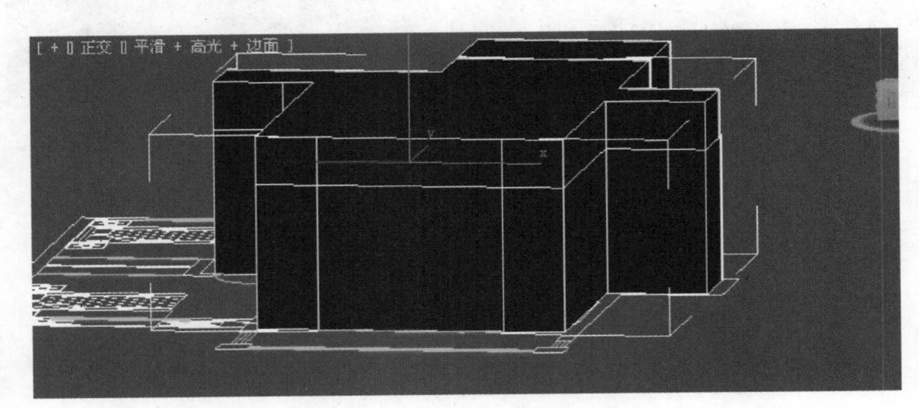

图 10-9　阳台连接线位置

（3）选择如图 10-10 所示截面，“挤出”-240mm，做出墙厚，再挤出这个面任意高度，如图 10-11 所示。

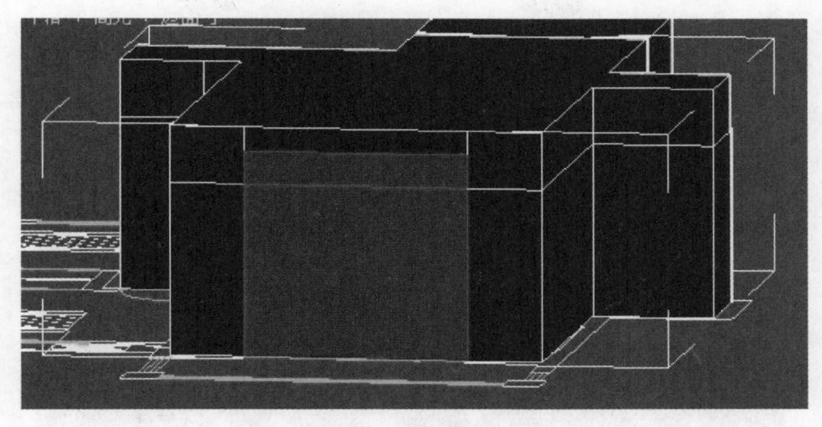

图 10–10　选择的截面

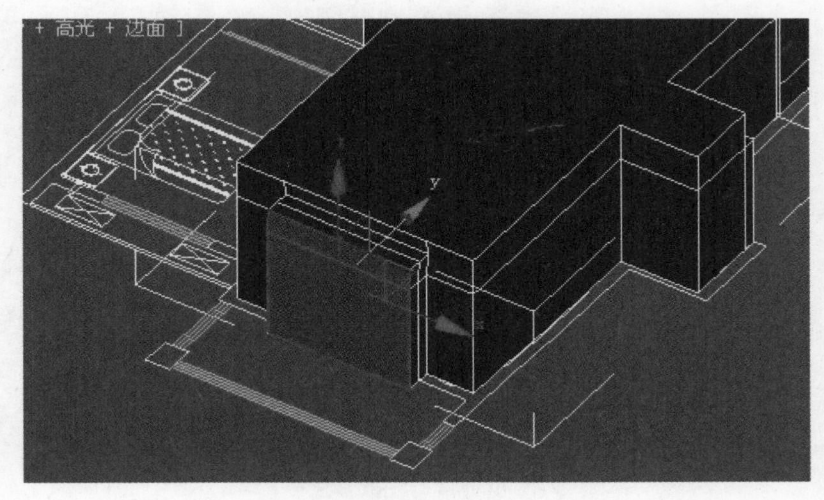

图 10–11　连续两次“挤出”

（4）按“T”转至“顶”视图，右击鼠标，选择“转换到顶点”命令，选择刚刚挤出的面上的六个点，按空格键锁定，在 Y 轴上单击鼠标，按 X 键来锁定 Y 轴，打开“捕捉”，将六个点移动“捕捉”到窗子线上，如图 10–12 所示。

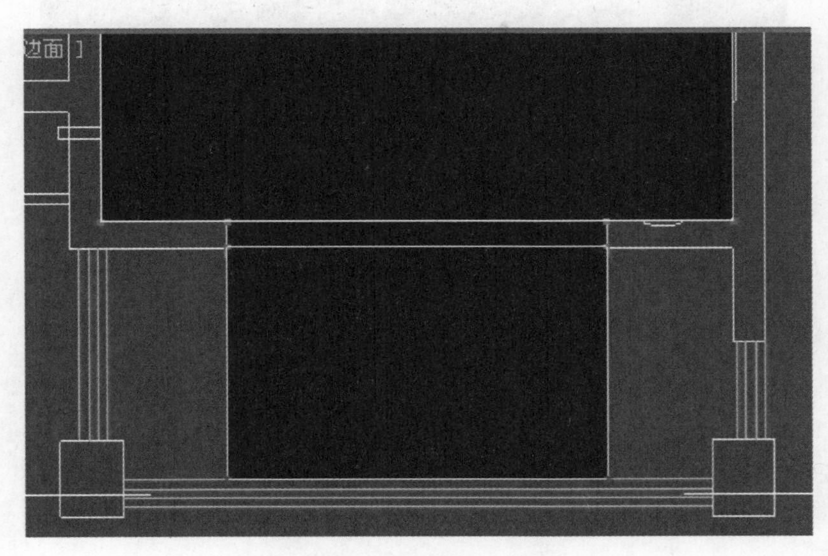

图 10–12　六个点移到窗子线上

（5）进入“多边形”子物体级，选择阳台顶面，如图 10–13 所示。将此面“挤出”–300mm，上移“捕捉”到天花，效果如图 10–14 所示。

图 10–13 选择顶面

图 10–14 “挤出”到顶面

（6）选择右侧三个面挤出随意的高度，如图 10–15 所示；右键单击选择“转换到顶点”，这样就选中了与这三个面相关的顶点，打开“捕捉”，在“顶”视图捕捉移动到窗子线上，效果如图 10–16 所示。依照此法，做左侧部分，完成后效果如图 10–17 所示。

图 10–15 挤出阳台右侧部分

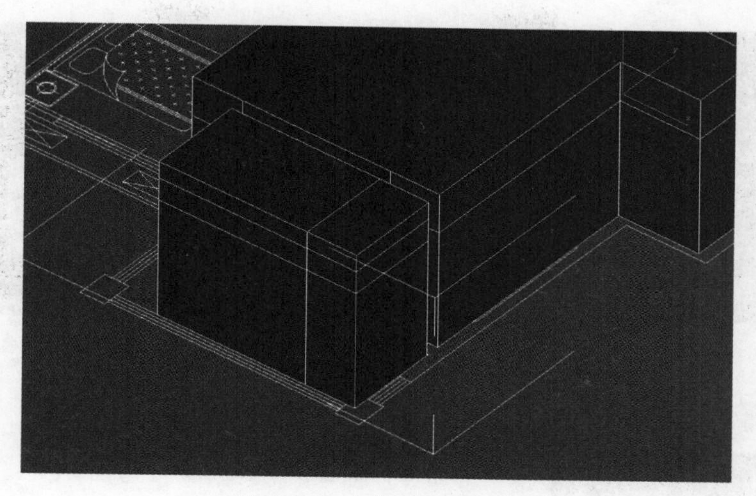

图 10-16　完成阳台右侧制作

图 10-17　阳台

（7）进入“边”子物体级别，选择如图 10-18 所示线条，连接出一条线，将此线向下移动 250mm。进入“多边形”子物体级别，选择如图 10-19 所示的面，在“挤出”命令右侧的小方块上点击鼠标，勾选“按多边形”，“挤出”高度为 -240mm，如图 10-20 所示，删掉窗子中间多余的面，最终如图 10-21 所示。

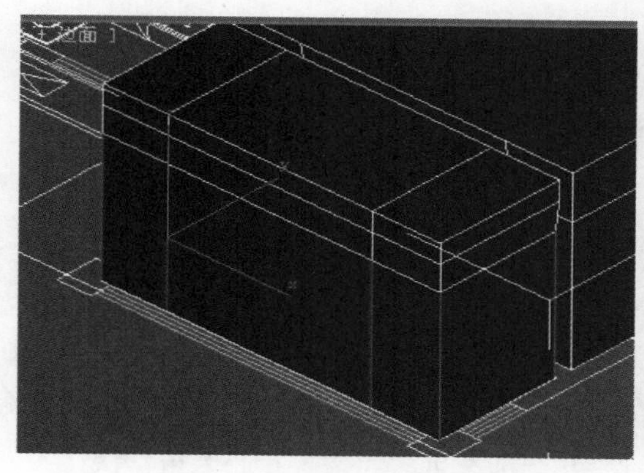

图 10-18　选择阳台竖线

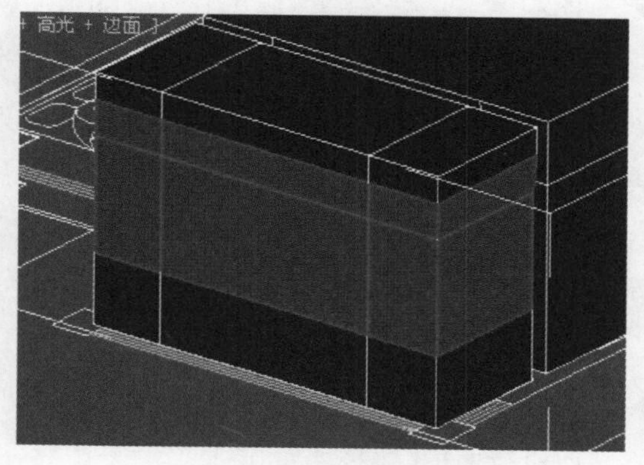

图 10-19　选择需要“挤出”的面

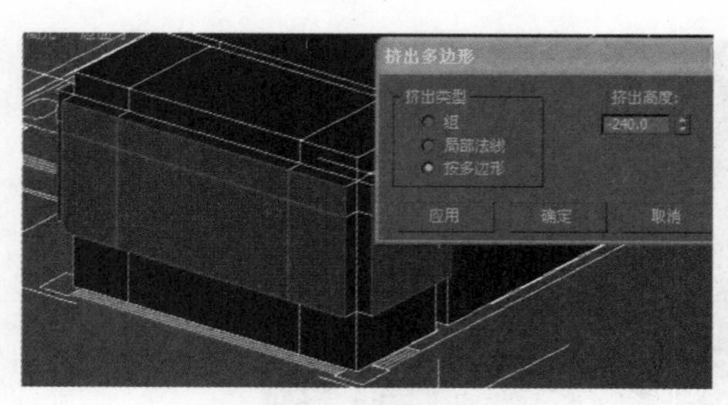

图 10-20 “挤出”窗户

图 10-21 删除多余的面

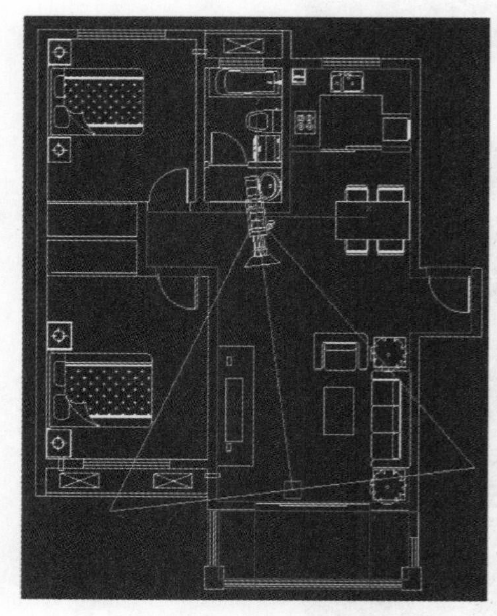

图 10-22 摄影机位置

10.4 创建摄影机

（1）激活“顶”视图，创建一个目标摄影机，如图 10-22 所示。

（2）激活“前”视图，确定摄影机被选中，右击主工具栏中的（移动）工具，在“偏移：屏幕”坐标栏的 Y 轴填入 1100 后回车，同时将摄影机的目标点向上移动一点；在摄影机修改面板选择“备用镜头”中的 28mm ，按 C 切换到“摄影机”视图，按 F3 键实体显示，再对摄影机进行微调，使其可以较好地观察到场景。

10.5 制作地板

（1）这里需要先把默认渲染器改为 V-Ray 渲染器，按 F10 打开渲染设置面板，在“指定渲染器”卷展栏，将第一项改为 V-Ray 渲染器。

（2）选中墙体，按 M 键打开材质编辑器，选择一个空材质球，将其材质类型更改为“V-Ray 材质”，并将此材质球的名称改为“墙体”，单击（将材质指定给选定对象）按钮。将此材质球的漫反射的 R、G、B 值均设为 245，反射值设为 20，将反射光泽度设为 0.25，在“选项”卷展栏中取消“跟踪反射”的勾选。这样，墙面白色乳胶漆的材质就制作好了。

（3）选择墙体，将其转换为可编辑多边形，进入“多边形”子物体级，选择地面，单击“编辑几何体”卷展栏下“分离”按钮，将此面分离出来，命名为“地板”，将“地板”向上移动 1mm，以便赋材质时不会与墙体的材质相混淆。

（4）打开材质编辑器，更改为“V-Ray 材质”类型，选择一个空白材质球，在“漫反射”上加入一张配套光盘中的“地板砖 .jpg”贴图，反射设为 45（RGB 均为 45），反射光泽度和高光光泽度均设为 0.85 ；为了制作更真实的效果，在“反射”上加一个“衰减”贴图，类型改为“菲涅耳”，如图 10-23、图 10-24 所示，将设置好的地板材质赋予地板即可。（注意：在赋予材质的时候，需要添加“UVW 贴图”修改器，以进行地板贴图效果的调整，关于这部分内容已有相关内容进行介绍，在此不再赘述。）

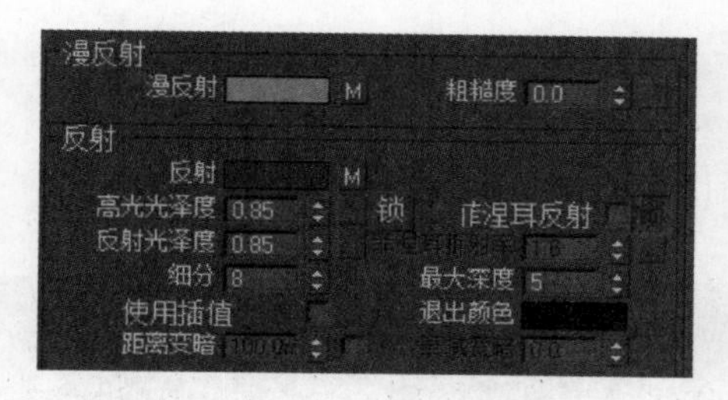

图 10-23　地板材质参数 1

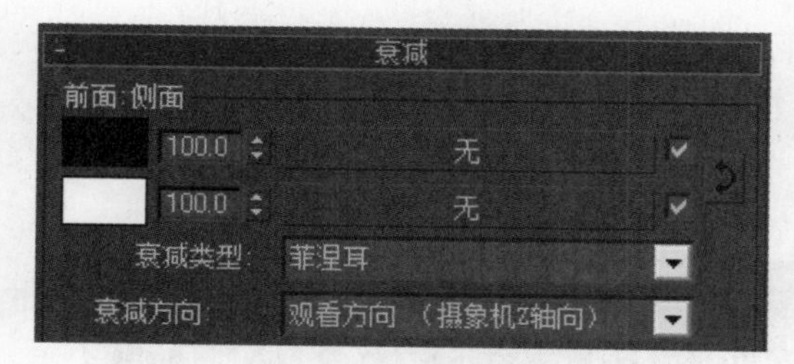

图 10-24　地板材质参数 2

10.6　制作踢脚线

（1）将地板独立出来（Alt+Q），点击创建“线”按钮并打开“捕捉”，沿地板各个点画线，闭合后命名为“踢脚线”。进入“样条线”子物体级，全选所有，向下拖动修改命令面板，找到“轮廓”，在其后边的空中填入“-8”，回车，这是踢脚线的厚度。进入“样条线”的对象层级，在“修改器列表”中选择“挤出”修改器，数量为 100，即踢脚线的高为 100mm。单独踢脚线的效果如图 10-25 所示。（注意：门窗部分本无踢脚线，但是以后做的门窗帘会将其挡住，因此在此不作处理。）

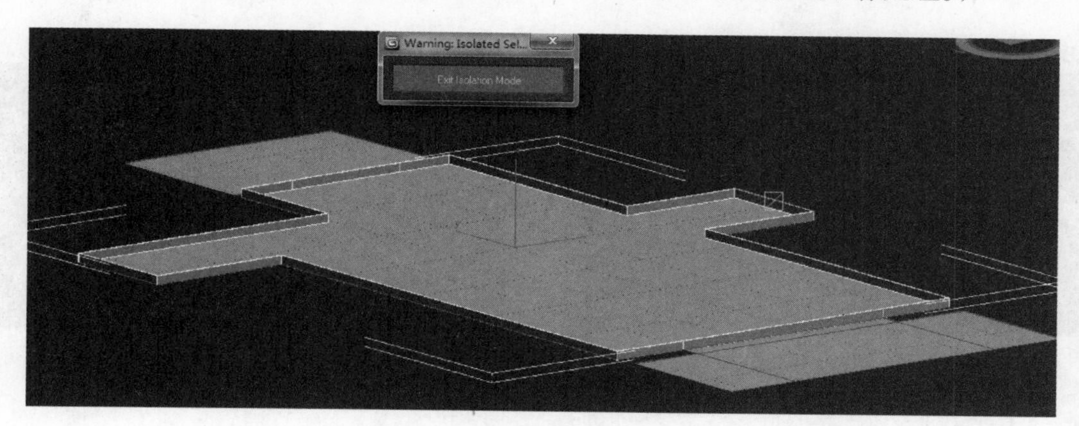

图 10-25　踢脚线

（2）取消踢脚线的独立状态，按 C 进入“摄影机”视图，打开材质编辑器，将一空材质球赋予踢脚线，命名此材质球为“踢脚线”，改材质球为“V-Ray 标准材质”。给漫反射加一张配套光盘中的“深色瓷砖 .jpg”贴图，反射值设为 50（RGB 均为 50），高光光泽度和反光光泽度都设为 0.85，为了使材质更加真实，勾选“菲涅耳反射”，如图 10-26 所示。

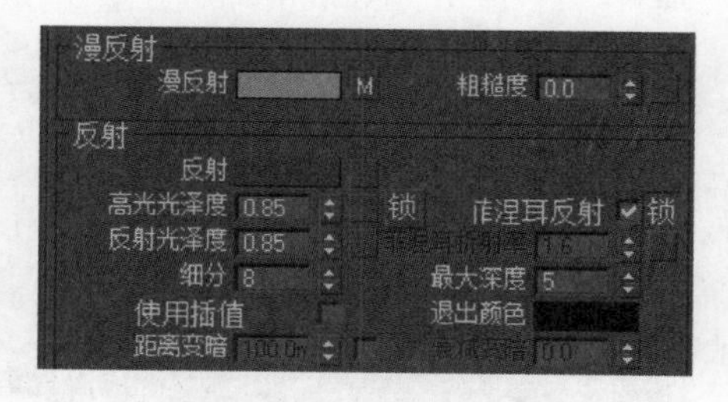

图 10-26　踢脚线材质设置

10.7　制作天花

（1）此处需要在客厅中间位置制作一个天花造型。在“顶”视图选择墙体，按 Alt+Q 独立显示，打开“捕捉”，选“线”命令勾出天花的轮廓，命名为“天花”，利用“挤出”修改器，将其挤出 200mm，将其转化为可编辑多边形，进入“面”子物体级，选择底面，选择“编辑多边形”

卷展栏下“插入”按钮后的小方块，值 800mm，并删掉顶面，如图 10–27 所示。选择插入的底面，利用“编辑多边形”卷展栏中的“挤出”命令将其挤出 –80mm，删除此面，效果如图 10–28 所示。

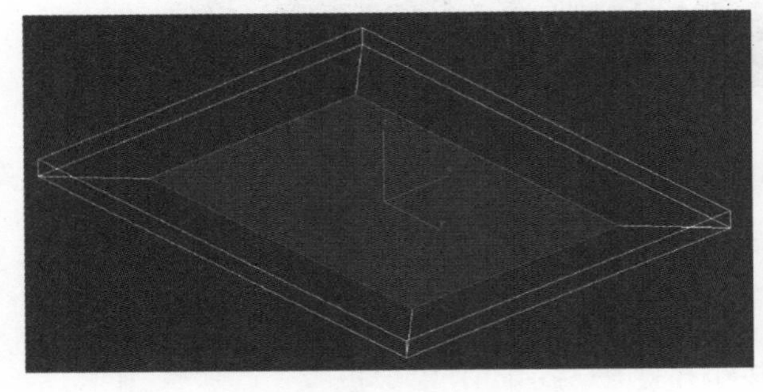

图 10–27　天花效果 1

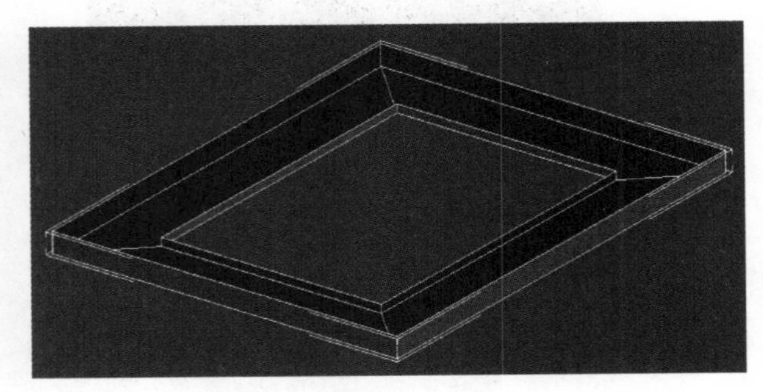

图 10–28　天花效果 2

（2）进入“边”子物体级，选择刚刚挤出的面上的四条边，单击（缩放）按钮，按住 Shift 键，在 X 轴和 Y 轴平面缩放四边，至合适大小，效果如图 10–29 所示。然后右击选择“移动”工具，按住沿 Z 轴向上移动至合适位置，如图 10–30 所示。直接把墙体的材质球复制一份，命名为“天花”，赋给天花。

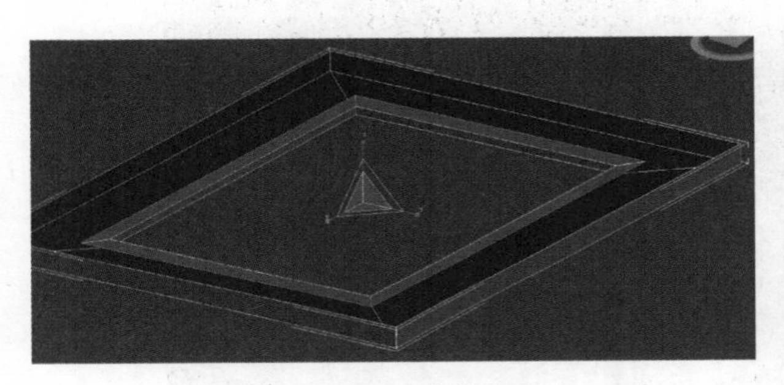

图 10–29　天花效果 3

图 10–30　天花效果 4

（3）接下来在天花上做小灯。先选择“创建”→“几何体”→“管状体”，在“顶”视图做一圆环，半径 1 为 60mm，半径 2 为 50mm，高为 20mm；再创建“圆柱体”，其半径为 50mm，高度为 20mm，并与圆环轴心对齐，复制多份，在天花上排好。

（4）在材质编辑器中选择一空材质球并命名为“圆环”，赋予所有圆环（先将所有圆环群组）。其材质设置如图 10–31 所示。然后选中所有圆柱体，群组，命名为“小灯”，将一空材质球赋给它，命名为“小灯”，将其材质设置成“V–Ray 发光材质”，如图 10–32 所示。

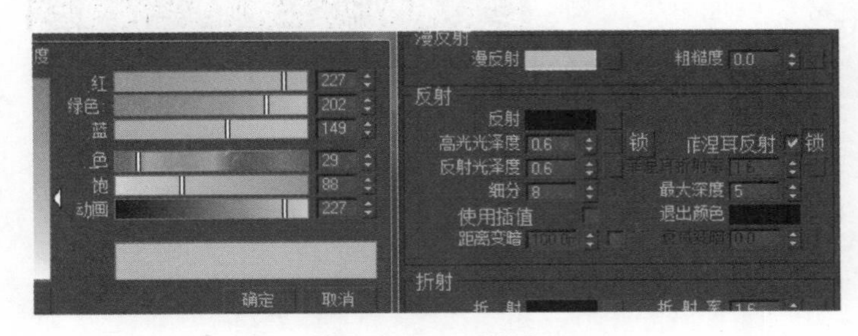

图 10–31　圆环材质设置

图 10–32　小灯材质

（5）从配套光盘中导入“主灯 .max”文件，放在天花正中央正下方，调整到合适位置。

10.8　场景物品的导入及材质的设定

（1）按照 CAD 图的各物品的位置，从配套光盘中导入“主灯”、“沙发和茶几”、“电视机”各个物品，分别群组并命名，在“顶”视图中摆好位置，进行渲染，效果如图 10–33 所示。

（2）导入相框。打开组并选中中间的画布，打开材质编辑器，选中空白材质球，在漫反射上贴一张配套光盘中的插画图片，设一点反射，赋给画布；将塑料材质赋给外框。同理，作出另外一个相框效果。用“长方体”制作背景墙，调整好大小和位置，复制足够的数量，分置在画框两侧，全部赋给塑料材质。塑料材质设置：漫反射为白色，反射值为 20（RGB 均为 20），反射光泽度 0.5，细分为 6，折射的细分为 30，塑料材质设置如图 10–34 所示。

图 10–33　导入物品效果

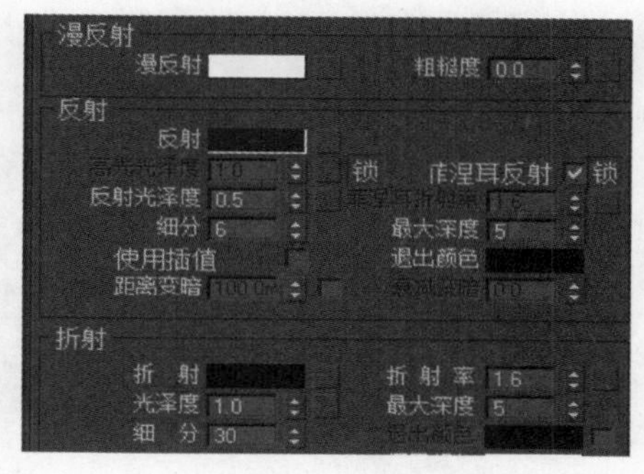

图 10–34　塑料材质设置

（3）导入电视材质的制作参考相框材质的设置即可，贴图为一张电视图像。而电视墙的制作也参照相框处背景墙的制作方法，不再赘述。电视墙的白色部分为白色塑料材质，红色部分的材质设置如图 10–35 所示，这里加了一些反射。

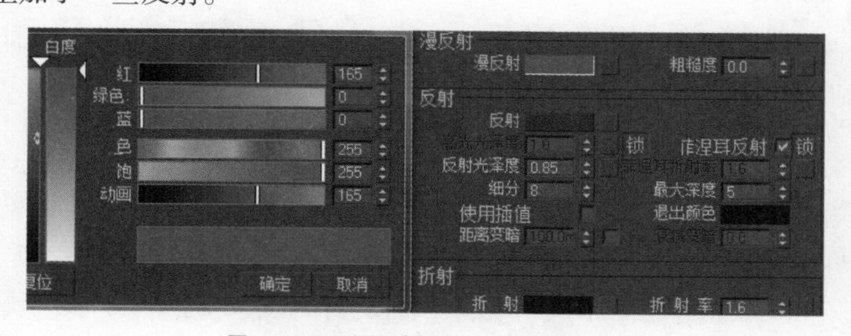

图 10–35　电视墙红色部分的材质设置

（4）为窗帘赋材质。布料部分为 V–Ray 材质，在漫反射上贴图即可；薄纱部分漫反射为白色，并添加一些反射和折射，反射光泽度改为 0.85 即可。

（5）接下来为沙发赋材质。沙发材质在漫反射上添加“衰减”贴图，加一点反射，在“衰减”上贴上沙发布纹材质，衰减类型是“菲涅耳”，如图 10–36 所示。

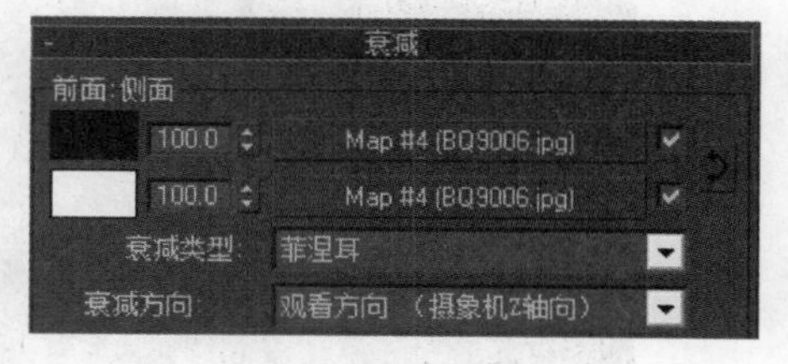

图 10–36　沙发的衰减设置

（6）选两个空材质球，分别置为磨砂玻璃和清玻璃的材质，分别赋给玻璃桌和电视柜下方的玻璃装饰。磨砂玻璃材质漫反射为 100，加一些反射，折射为 255，其他参数如图 10–37 所示。

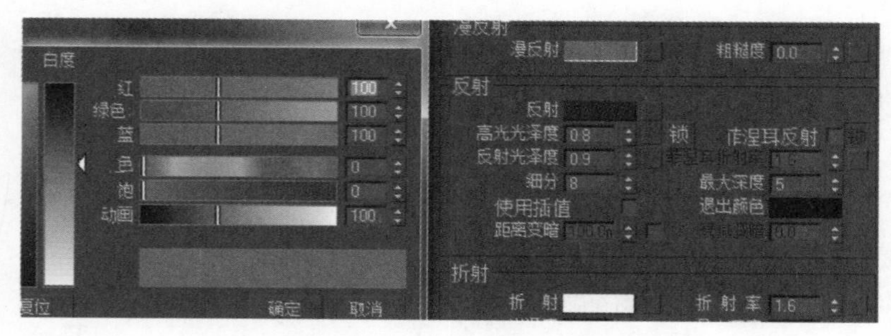

图 10-37　磨砂玻璃材质设置

（7）清玻璃的调节，反射颜色为42，加一衰减贴图；折射颜色为191，再加一衰减贴图，将“前面：侧面”值对调，再调节一下曲线，如图10-38所示。

（8）在沙发下做一地毯，先画一合适大小的矩形，“挤出”60mm。在漫反射上为其添加一张地毯的贴图，反射上添加“衰减”贴图，类型改为“朝向/背向”，在褐色图块上加上地毯的贴图。然后为它加一“UVW贴图”，调节好大小和位置，再加一“V-Ray置换”修改器，在纹理贴图处添加上地毯的贴图。

（9）茶几、凳子腿模型只需将一肌理漆的贴图赋给它们，加一些反射，勾选“菲涅耳反射”就可以了。

（10）场景中所需的木纹材质也是在漫反射中添加一木纹贴图，加一点反射，光泽度改为0.85，勾选“菲涅耳反射”即可。

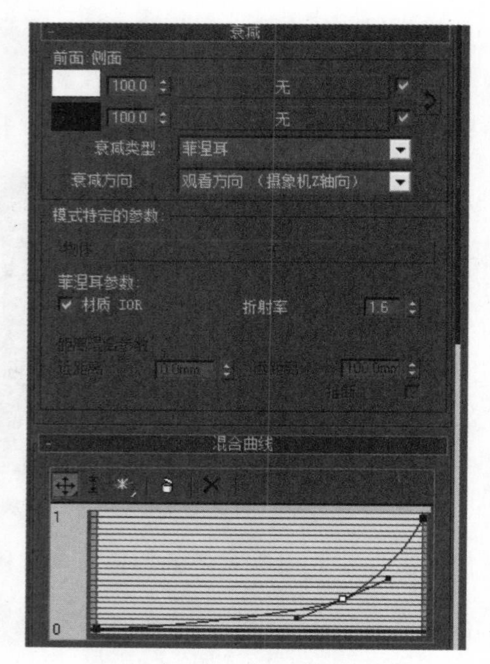

图 10-38　折射的衰减参数设置

10.9　设置灯光

（1）先打好吊顶两边8个小灯的光。这里用的是“光度学”里的“目标点光源”，单击“目标光”按钮，在“左”视图中打一目标点光源，并关联复制8份，按小灯的位置摆好，如图10-39所示。选择其中一个目标点光源，打开修改面板，在“通用参数”卷展栏的“灯光分布”中选择“光度学（Web）”，阴影类型选择“V-Ray阴影”，灯光颜色改为淡黄色（R：255、G：255、B：200），在“分布”卷展栏中添加一个光域网文件。如图10-40所示，为灯光设置参数。

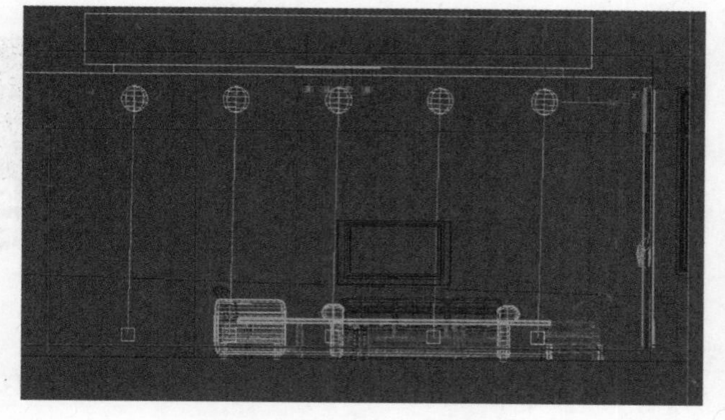

图 10-39　小灯灯光布置

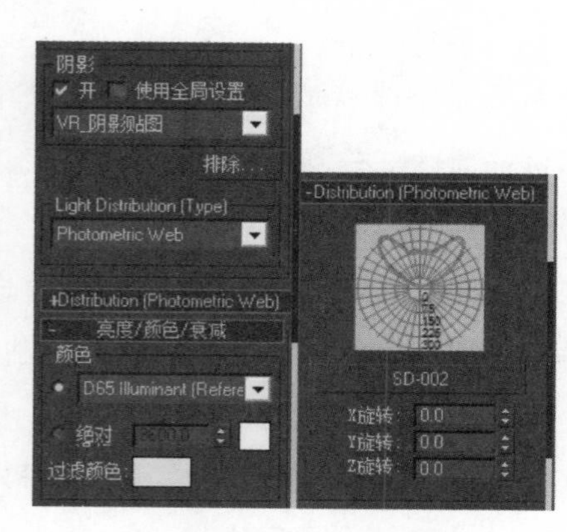

图 10-40　目标光源参数设置

（2）导入天花上的主灯，解组，将玻璃的材质赋给长方体框，内部灯给 Vray 贴图的材质，在小灯处打 16 个 Vray 球灯，大小合适，强度不要太亮，再在其下打一大个 Vray 球灯，只要能够照亮主灯，出效果就行了，参数如图 10–41 所示。

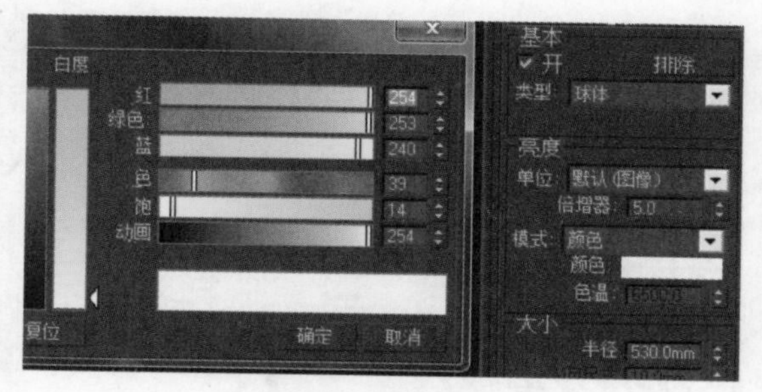

图 10–41　吊灯灯光设置

（3）最后打主光，要用 Vray 阳光来表现白天天光的效果，强度“倍增”值改为 0.08，位置如图 10–42 所示。

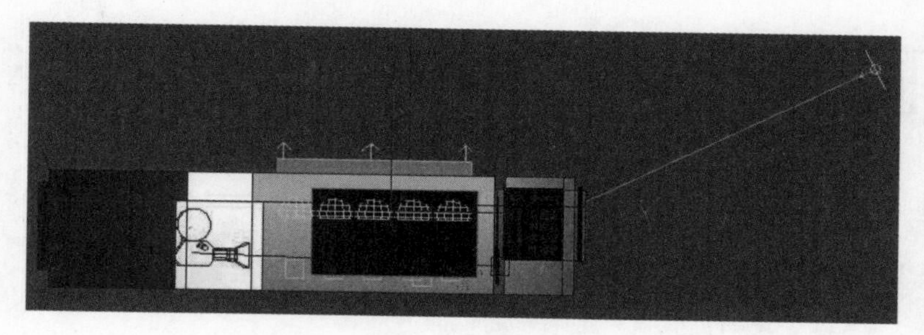

图 10–42　主灯位置

10.10　渲染出图

（1）按 F10 键打开渲染设置面板，在“公用”卷展栏中将输出大小设为 1200 × 900。

（2）打开 V–Ray 基项，在“全局开关”卷展栏的灯光选项组取消“灯光”的勾选；在“图像采样器”卷展栏将类型改为“自适应 DMC”，打开“抗锯齿过滤器”，模式改为“Catmull–Rom”；在“颜色映射”卷展栏将类型改为“指数”，勾选“子像素映射”。

（3）在“间接照明”卷展栏，勾选“开启”，首次反弹类型设为“发光贴图”，二次反弹为“灯光缓存”，发光贴图当前预置改为“高”，灯光缓存的细分改为 1000，如图 10–43 所示。

（4）按 F9 键进行快速渲染，效果如图 10–44 所示。

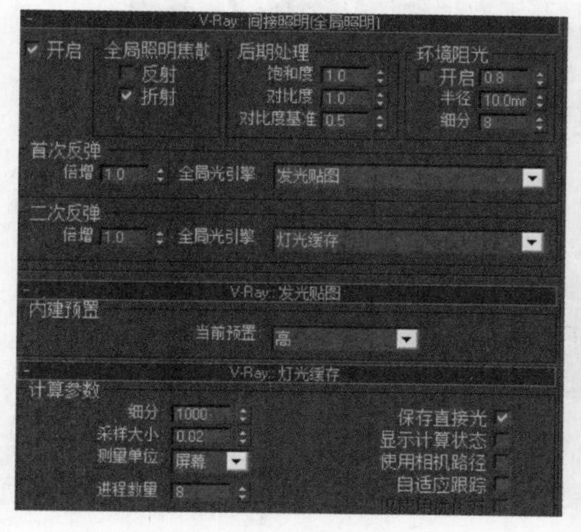

图 10–43　灯光设置

图 10–44　渲染效果

第11章

Chapter11

三维动画实例

11.1　创建模型

11.1.1　制作“CCTV”台标模型

（1）启动 3ds Max，在菜单中点击“视图”→“视口背景”→“视口背景”选项，弹出“视口背景”对话框。点击“背景源”选项下方的“文件”按钮，选择“CCTV.jpg”位图文件，勾选“显示背景”复选框，同时在“纵横比”选项中，选择“匹配位图”选项，当选择了“匹配位图”选项后，勾选“锁定缩放 / 平移”，在“应用源并显示于”选项中，选择“仅活动视图”，并在“视口”下拉列表中选择“顶”视图，点击确定后，顶视图截图如图 11-1 所示。

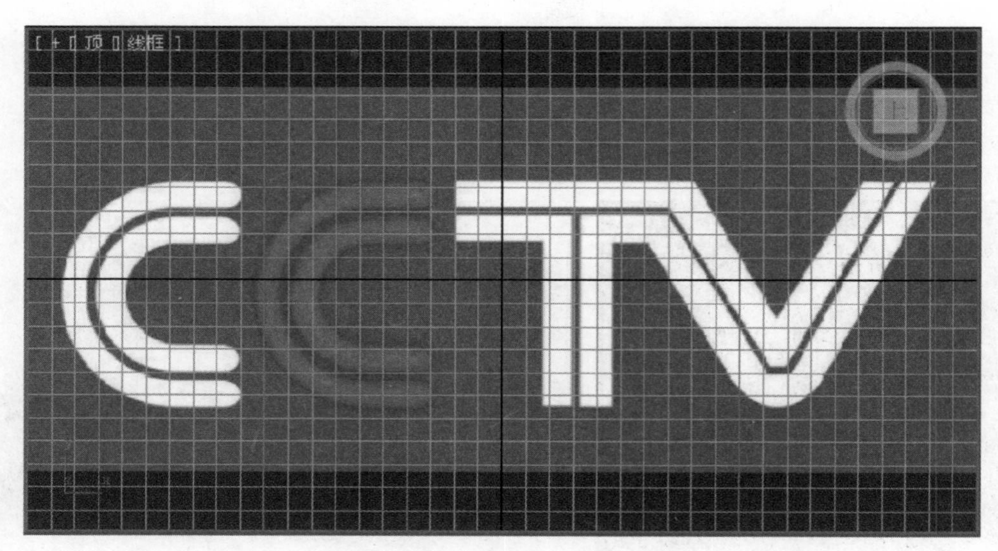

图 11-1 “顶”视图截图

（2）选择（创建）命令面板中的（图形）选项卡下的 线 （线）按钮，沿着“CCTV”标志的“C”的最外侧绘制一条曲线，进行“描线”操作，并将部分点转换成 Bezier 点，调整点的位置，使其与背景贴图边缘适配，如图 11-2 所示。

（3）选择绘制好的曲线，进入到“样条线”子层级，选择刚才绘制的样条线，在“几何体”卷展栏下方的“轮廓”按钮右侧输入数值 11 后点击此按钮，得到如图 11-3 所示效果。

图 11-2　描绘 CCTV 轮廓 1

图 11-3　描绘 CCTV 轮廓 2

（4）进入到“点”子层级，在“几何体”卷展栏中点击 优化 （优化）按钮，在字母 C 的右侧两个端点之间添加一个点，并将点转换为“Bezier”类型，并调整到如图 11-4 所示的状态。

（5）选择 Line01，按键盘的 Ctrl+V 快捷键复制样条线，弹出“克隆选项”对话框，选择复制方式，得到 Line02 样条线。选择 Line01，右键单击选择“隐藏线条”，再次选择 Line02，进入“线段”子层级，删除轮廓线外侧的线，保留如图 11-5 所示的线条。

图 11-4　描绘 CCTV 轮廓 3

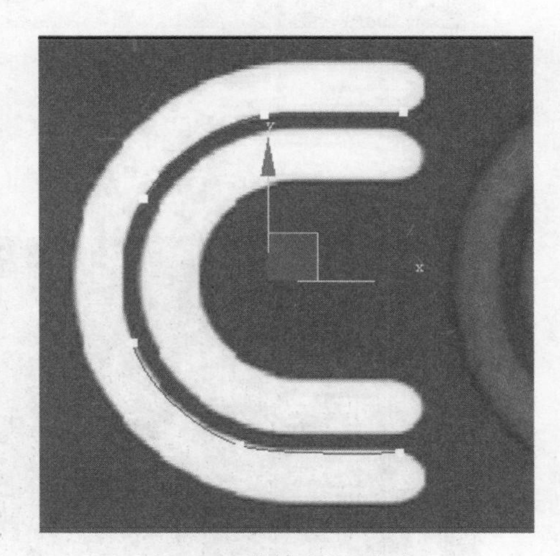

图 11-5　描绘 CCTV 轮廓 4

（6）进入“样条线”子层级，在“几何体”选项下方的“轮廓”按钮右侧输入数值 -4，得到如图 11-6 所示效果。

（7）删除扩边后的 Line02 样条线的外侧部分的线段，同时利用步骤（4）的操作描绘字母 C 的内侧线段，完成“小 C 形”外轮廓图形绘制，取消隐藏，选择“几何体”卷展栏的“附加”命令，将 Line01 样条线附加到 Line02 样条线上，使两条线成为一个图形，效果如图 11-7 所示。

（8）选择 Line02 样条线，按 Ctrl+V 快捷键按钮进行复制，并移动到另外一个字母 C 的位置，效果如图 11-8 所示。

图 11-6　描绘 CCTV 轮廓 5

图 11-7　描绘 C 字母完成效果

图 11-8　复制 C 效果

（9）应用同样的方法，将“TV”的轮廓线描绘出来。激活“顶”视图，在主菜单栏中选择“视图”→“视口背景”，将“显示背景”选项前的勾去掉，完成后的效果如图 11-9 所示。

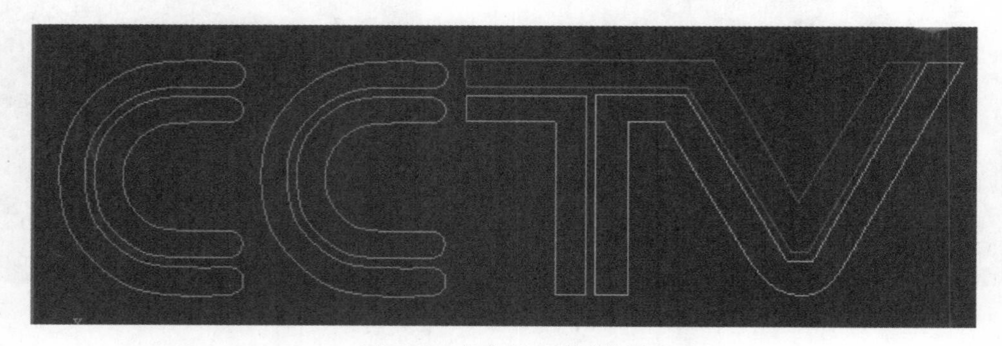

图 11-9　完成 CCTV 轮廓效果

（10）选择任一样条线，在修改面板下的“几何体”卷展栏，点击 附加多个 （附加多个）按钮，将所有样条线附加到一起，开启主工具栏中的（二维捕捉）按钮，同时右击该按钮，在“捕捉”选项组开启“顶点”和“端点”，在“选项”选项组勾选“使用轴约束”，然后关闭“捕捉”对话框。利用键盘的 X 键隐藏坐标系统，进入样条线“顶点”子对象层级，利用键盘“F5”（约束到 X 轴方向）、“F6”（约束到 Y 轴方向）、“F7”（约束到 Z 轴方向）、“F8”（约束轴面循环），对未对齐的点进行调整，调整好后效果如图 11-10 所示。

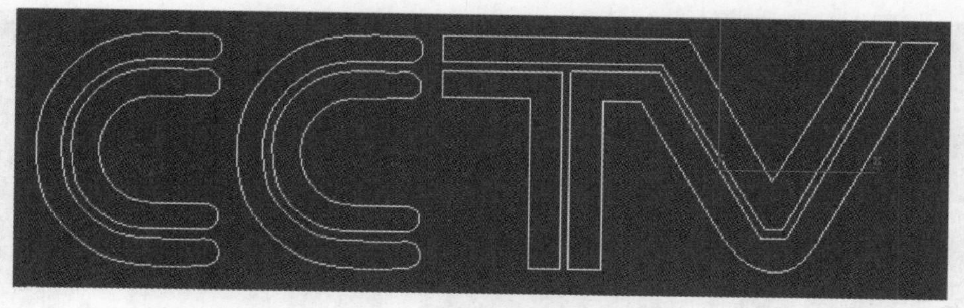

图 11-10　调整 CCTV 轮廓点位置

（11）选择 CCTV 轮廓线，在修改面板中选择“修改器列表”中的“倒角”命令对“CCTV”曲线进行倒角处理，参数设定如图 11-11 所示，完成效果如图 11-12 所示。

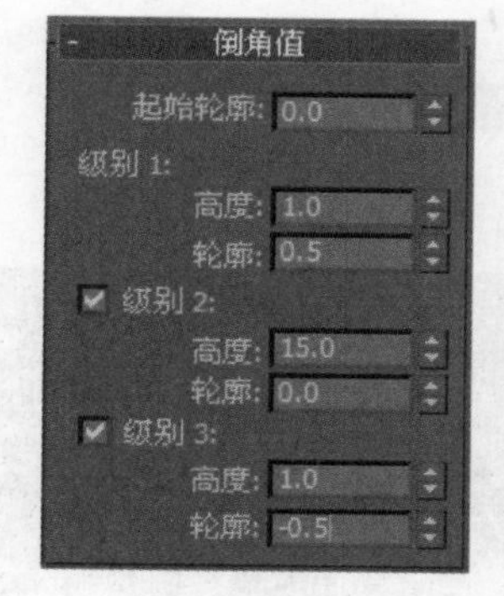

图 11-11　倒角值设置

图 11-12　倒角效果

11.1.2　创建其他文字

（1）选择（创建）命令面板中的（图形）选项卡，点击 文本 （文本）按钮，在“顶”视图中创建“中国中央电视台”文字，参数设置如图 11-13 所示；并对其进行倒角处理，倒角参数参照“CCTV”台标的设置，效果如图 11-14 所示。

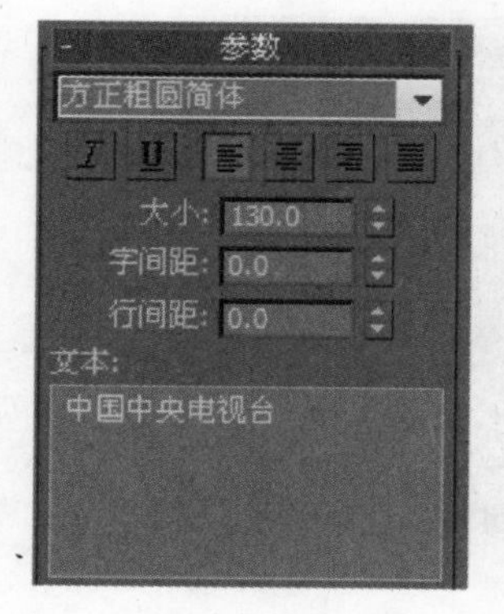

图 11-13　文字参数设置

图 11-14　“中国中央电视台”文字效果

（2）用同样方法完成“新闻联播”文字的制作，倒角数值和文字大小参照“中国中央电视台”的设置，完成后效果如图 11-15 所示。

（3）用上述方法完成拼音“XINWEN LIANBO”的制作，文字设置如图 11-16 所示；倒角参数设定如图 11-17 所示；最终效果如图 11-18 所示。

图 11-15　新闻联播立体文字

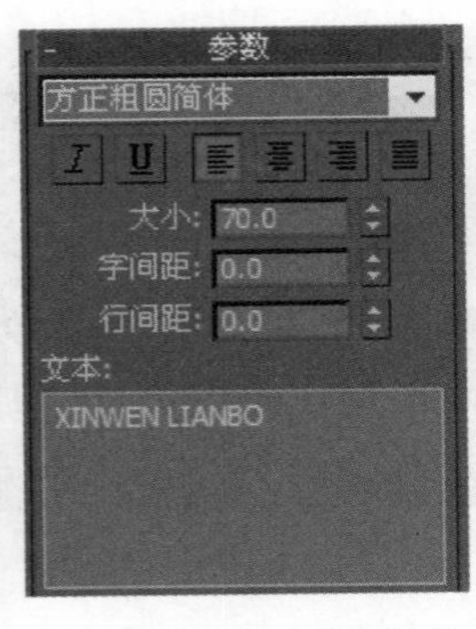

图 11-16　文字参数设置

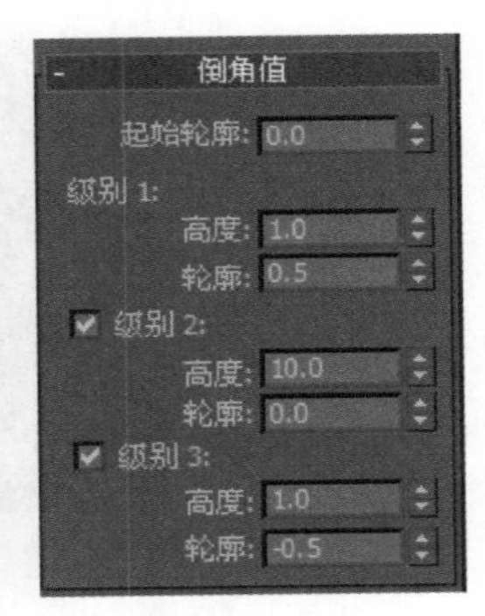

图 11-17　倒角值设置

11.1.3　创建其他实体对象

（1）选择（创建）命令面板中的（几何体）选项卡，单击 球体 （球体）按钮，在“顶”视图中绘制一个球体。球体“半径”大小为 280，效果如图 11-19 所示。

图 11-18　“XINWENLIANBO”文字制作

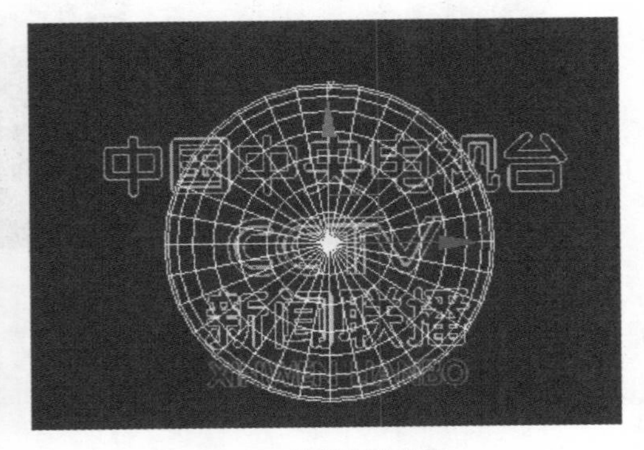

图 11-19　绘制地球对象

（2）选择（创建）命令面板中的（图形）选项卡下 多边形 （多边形）按钮，在“顶”视图中绘制一个三角形，参数如图 11-20 所示，效果如图 11-21 所示。

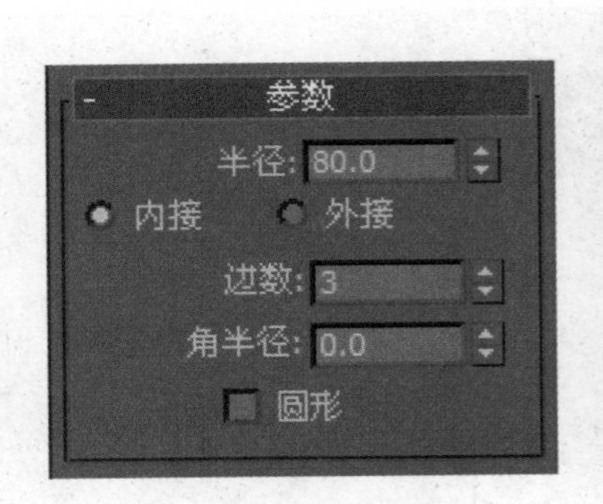

图 11-20　多边形参数

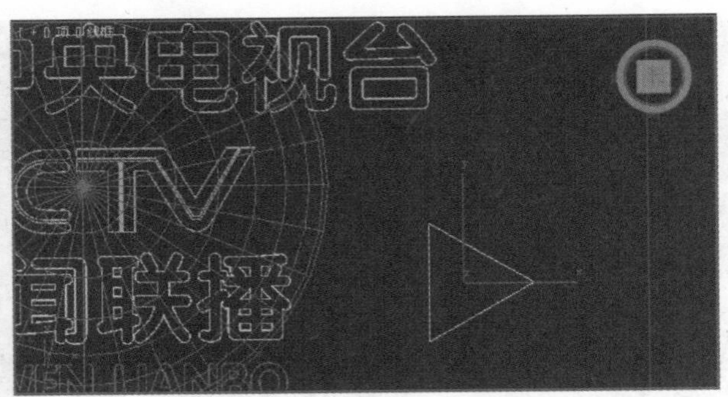

图 11-21　多边形效果

（3）选择多边形，点击右键将其转换为可编辑样条线，进入到修改面板，选择“顶点”子层级，将三个点转换为角点，在“几何体”卷展栏中选择“切角”命令，设置切角大小为 20，效果如图 11-22 所示。

（4）退出“顶点”子层级，进入到“样条线”子层级，在修改面板下的修改器列表中选择“挤出”

修改器，挤出“数量”为 500；再为其添加一个“锥化”修改器，“数量”为 -0.4；继续为其添加一个“扭曲”修改器，扭曲“角度”为 15°，完成后效果如图 11-23 所示。

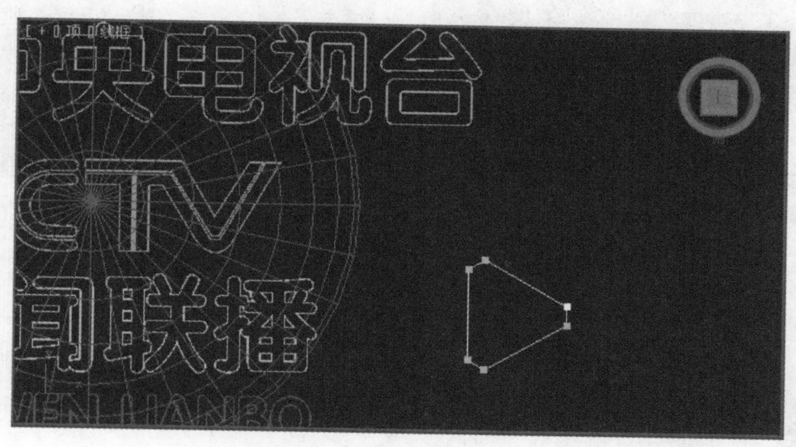

图 11-22　三角形“切角”效果

（5）选择“NGon01”挤出实体，再复制出两个，分别指定成不同的颜色，即红色、蓝色和绿色，如图 11-24 所示。

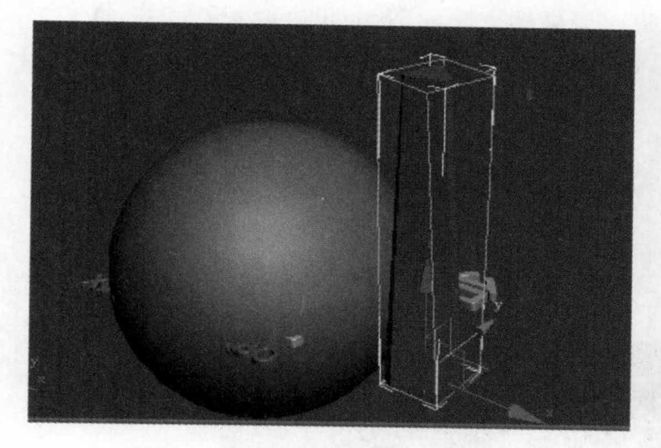

图 11-23　挤出三棱柱编辑效果

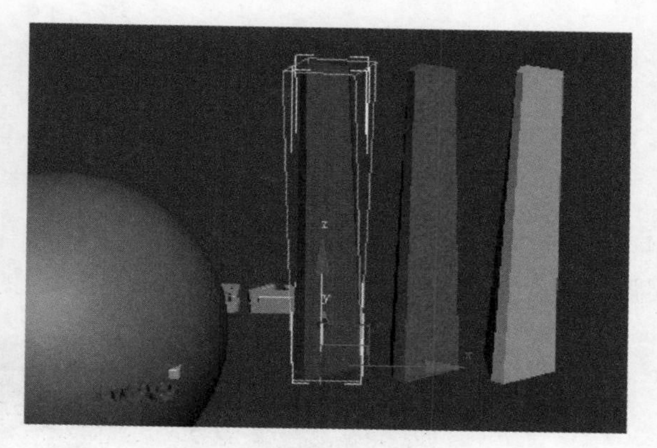

图 11-24　三个 NGon 物体

11.2　赋予材质

11.2.1　NGon 物体材质

（1）选择刚刚创建的红色的 NGon01 挤出实体，在修改面板中，为其指定“UVW 贴图”，在“参数”卷展栏中，贴图类型选择“平面”，“对齐”选项选择“Y”向，同时点击下方的“适配”按钮。按键盘的 M 键，在 3ds Max 自带的材质类型下选择一个示例球，点击漫反射右侧的颜色框，设置颜色为 R：255、G：0、B：0，自发光选项设置数值为 20，参数设置如图 11-25 所示。

（2）点击 贴图 （贴图）卷展栏，选择“不透明度”右侧的按钮，选择“渐变”。在“渐变参数”卷展栏中，选择白色块并拖动到黑色块上释放，在弹出的“复制或交换颜色”对话框中点击“交换”，并设置“颜色 2 位置”为 0.8，如图 11-26 所示。

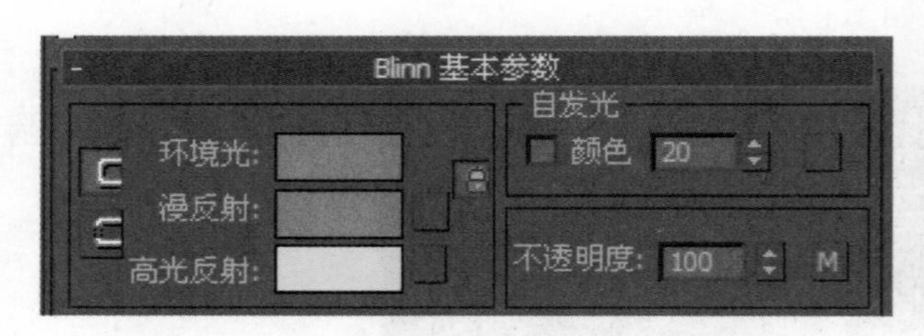

图 11-25　红色三棱锥基本参数设置

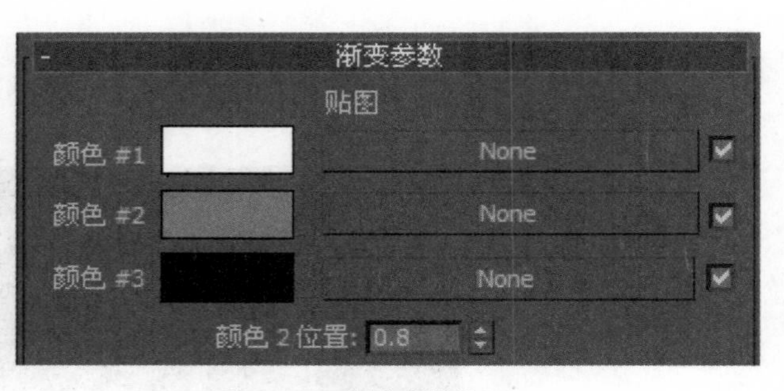

图 11-26　渐变参数设置

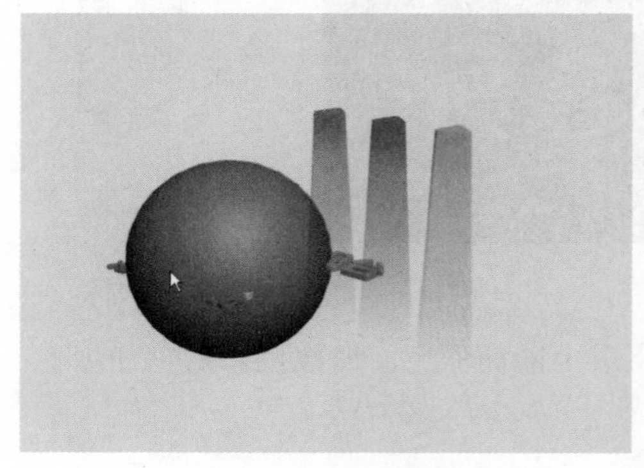

图 11-27　渲染效果

（3）点击（将材质指定给选定对象）按钮，将创建好的材质指定给创建的红色的 NGon01 实体，用同样的方法给绿色和蓝色的实体设定材质，色块颜色分别是蓝色的为 R：0、G：0、B：255，绿色的为 R：0、G：255、B：0，“渐变参数”的设置也相同，并分别指定给对应的 NGon 挤出实体。单击菜单栏中的“渲染”→“环境”选项（或直接按键盘的 8 键），点击“背景”选项下的颜色色块，更换背景颜色，按键盘 F9，快速渲染透视图，效果如图 11-27 所示。

11.2.2　球体材质

选择模型中的球体，按键盘的 M 键，开启材质编辑器，选择一个空白示例球，点击“漫反射”颜色框右侧的（指定贴图）按钮，在“材质 / 贴图”浏览器中选择“位图”选项，并选择事先准备好的地球贴图，同时点击（将材质指定给选定对象）按钮，将贴图指定给球体，效果如图 11-28 所示。

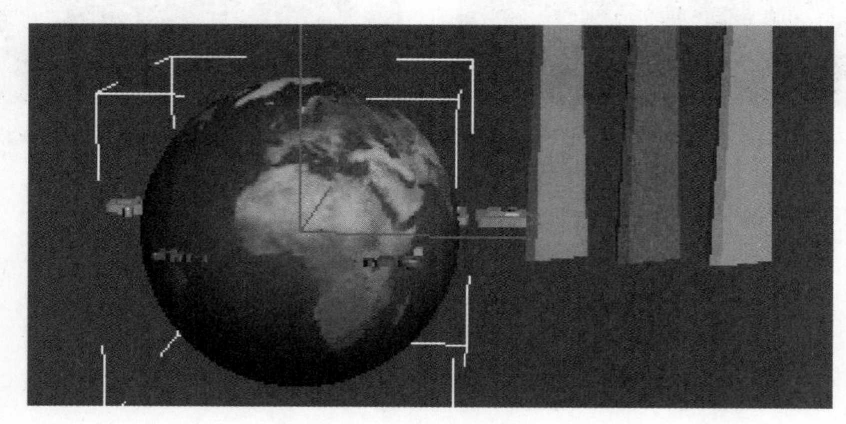

图 11-28　指定地球贴图

11.2.3　文字材质

（1）选择所有文字，开启角度捕捉，在“前”视图中，对文字沿着 X 轴向进行旋转 90°，利用球体材质指定的方法为“中国中央电视台”、“CCTV”以及“新闻联播”指定金属贴图，贴图文件为“金属 .jpg”图形文件，其他参数设置如图 11-29 所示，完成后的效果如图 11-30 所示。

（2）选择拼音文字“XINWENLIANBO”，利用上面的方法为其指定一个蓝色金属的材质贴图“蓝色金属.jpg”文件，参数设定如图 11–31 所示，完成后的效果如图 11–32 所示。

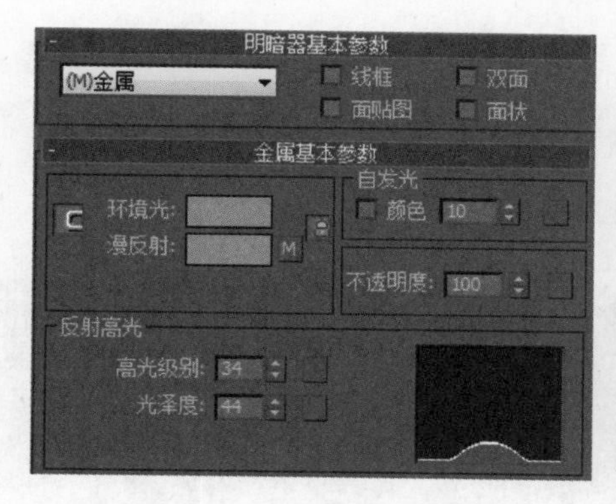

图 11–29　文字金属材质设置

图 11–30　文字渲染效果

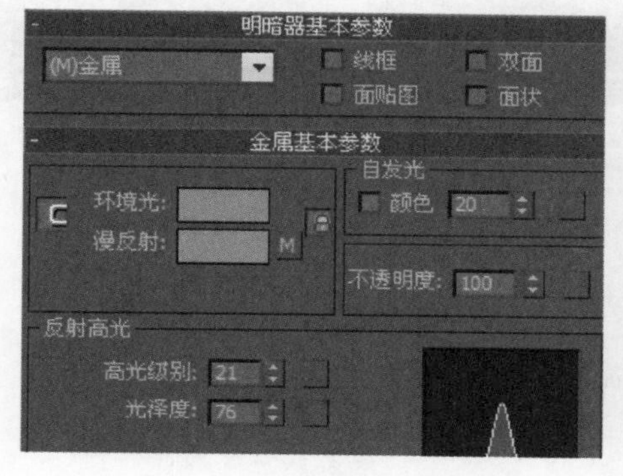

图 11–31　拼音金属材质设置

图 11–32　XINWENLIANBO 材质效果

11.3　创建摄影机

激活透视图，按键盘的 F 键将其转换为“前”视图，再按键盘的 P 键，将其转换为透视图，目的是使文字在透视图中与电脑屏幕平行，通过滚动鼠标的滚轮，调整文字在视图中的位置，调整合适后，再按键盘的 Ctrl+C 快捷键在透视图中创建一个摄影机，使其与透视图显示一致，效果如图 11–33 所示。

图 11–33　匹配摄像机视图效果

11.4 创建灯光

下面我们为场景指定三盏泛光灯，位置如图 11–34、图 11–35 所示，Omni01 的“倍增”为 1.0，Omni02 的“倍增”为 0.6，Omni03 的“倍增”为 0.4。

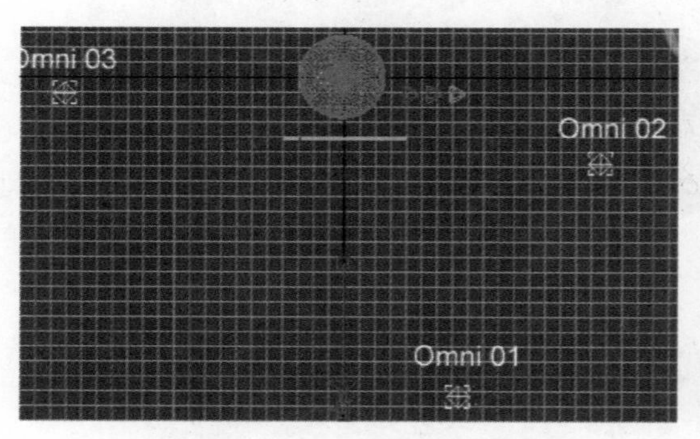

图 11–34 泛光灯在“顶”视图位置

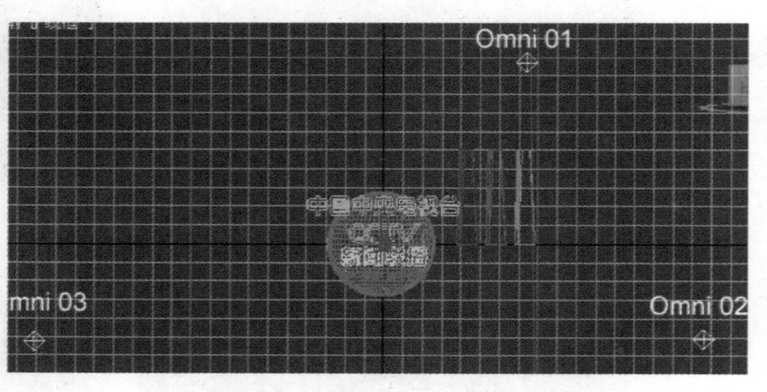

图 11–35 泛光灯在“前”视图位置

11.5 制作动画

11.5.1 时间配置

下面我们来完成各个元素的组合，整个动画时间为 18s，首先我们来设定动画的帧数，在动画控制区点击（时间配置）按钮，“帧速率”选择“PAL”，“结束时间”设为 450。

11.5.2 地球动画制作

（1）首先做地球的自身旋转动画，在整个 18s 的动画过程中要求地球自转一周。在摄影机视图，开启自动关键点（自动关键点）按钮，打开动画记录开关，将时间滑块调整到 450 帧，利用（选择并旋转）按钮来设定旋转，右键单击旋转按钮，设定沿着 Z 轴旋转 360°。

（2）当完成旋转动画后，点击（播放动画）按钮，发现旋转动画有一个匀加速和匀减速的动画，下面将动画设置成匀速旋转的效果。点击主工具栏中的（曲线编辑器）按钮，框选第 0 帧和第 450 帧处的两个点，点击轨迹视图上方主按钮中的（将切线设置为线性）按钮，这样球体将匀速旋转。

（3）确定自动关键点（自动关键点）按钮处在开启状态，将时间滑块拖动到第 125 帧，点击（设置关键点），打一个关键帧；将时间滑块拖动到第 0 帧，将地球向摄像机方向移动，同时也向上移动一段距离，利用第（2）步的方法将运动动画调整成匀速运动。如图 11–36、图 11–37 所示，为第 0 帧时球体的位置。

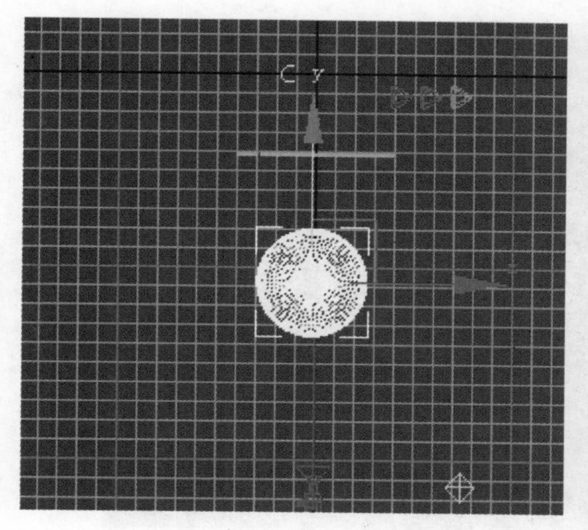

图 11-36　球体在“顶”视图的位置

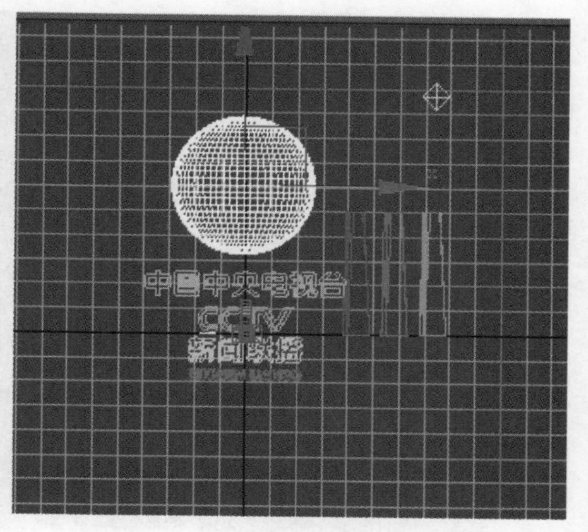

图 11-37　球体在“前”视图的位置

11.5.3　三色 NGon 动画制作

（1）选择红色的 NGon，通过移动和旋转命令将其调整到如图 11-38 所示位置，开启自动关键点（自动关键点）按钮，然后拖动时间滑块到第 50 帧的位置，红色 NGon 的位置调整到如图 11-39 所示位置；利用主工具栏中的（曲线编辑器）按钮，框选所有点，点击轨迹视图上方的主按钮的（将切线设置为线性）按钮，使红色的 NGon 匀速飞行。（注意：红色的 NGon 在 0~50 帧内运动。）

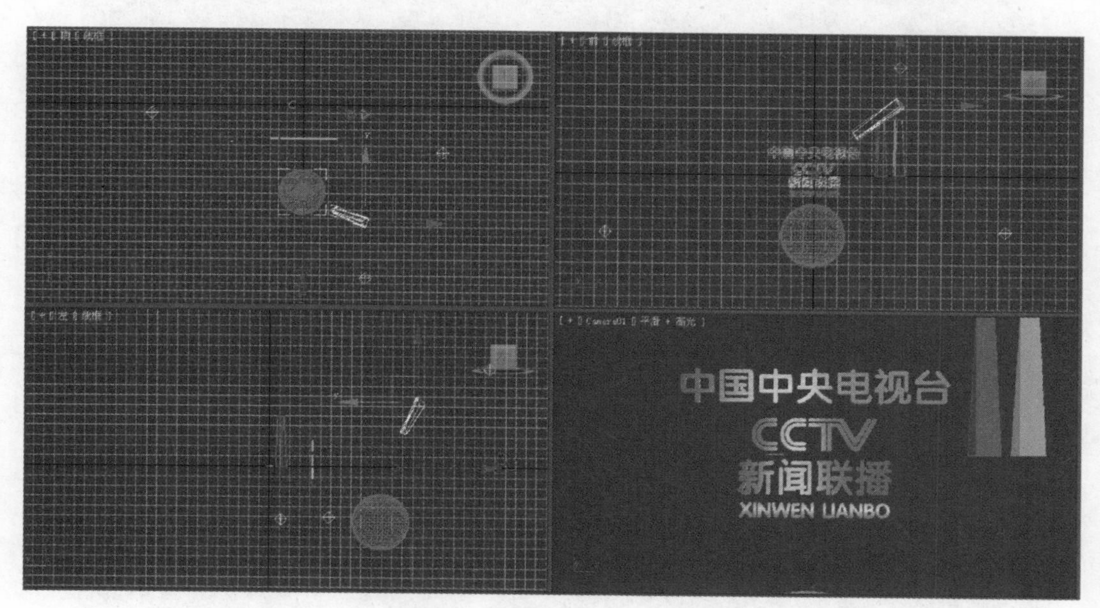

图 11-38　第 0 帧红色 NGon 位置

（2）选择蓝色的 NGon，调整其位置如图 11-40 所示，拖动时间滑块到第 50 帧，开启自动关键点（自动关键点）按钮，点击一下（设置关键点）按钮；再将滑块拖动到第 100 帧，调整蓝色的 NGon 的位置如图 11-41 所示，点击一下（设置关键点）按钮；利用主工具栏中的（曲线编辑器）按钮，框选所有点，点击轨迹视图上方的主按钮的（将切线设置为线性）按钮，使蓝色的 NGon 匀速飞行，完成动画设置。（注意：蓝色的 NGon 在 50~100 帧内运动。）

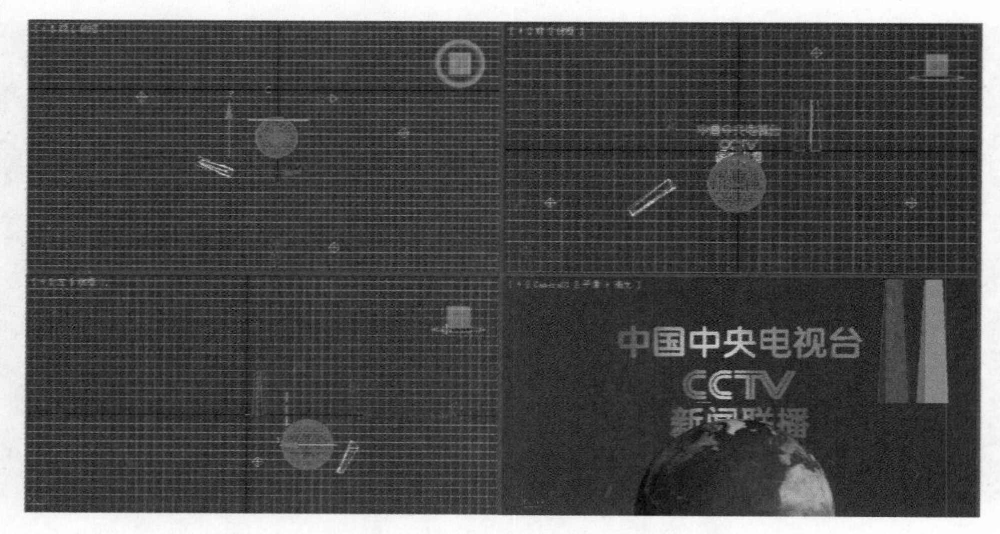

图 11–39　第 50 帧红色 NGon 位置

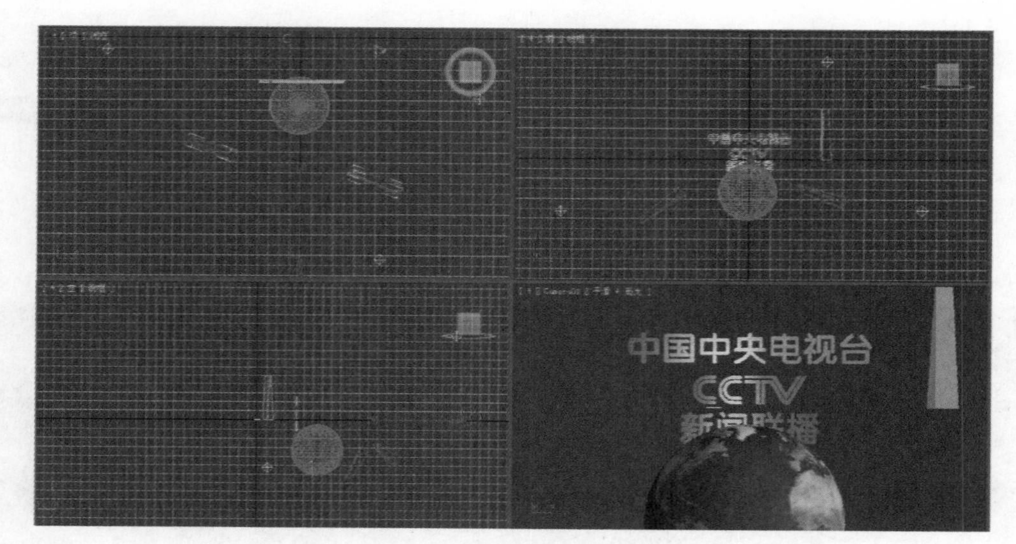

图 11–40　第 50 帧蓝色 NGon 位置

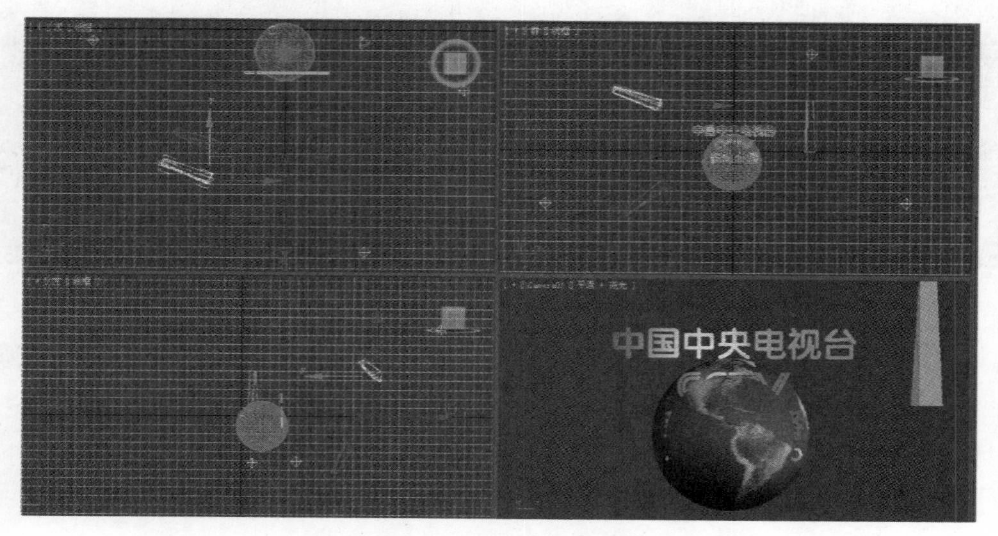

图 11–41　第 100 帧蓝色 NGon 位置

（3）利用第（2）步方法对绿色的 NGon 也进行动画设定，在第 100 帧时其位置如图 11–42 所示，在第 150 帧时的位置如图 11–43 所示。（注意：绿色的 NGon 在 100~150 帧内运动。）

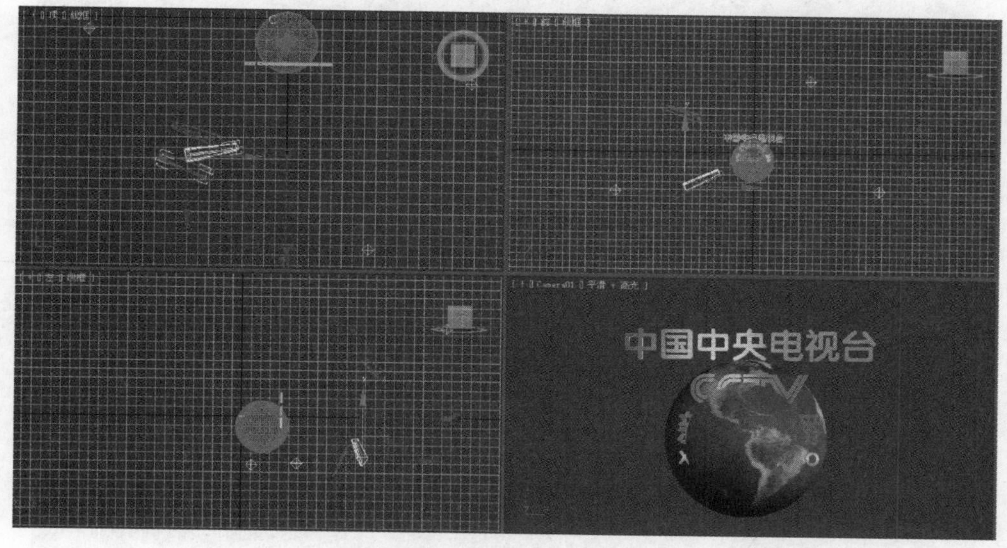

图 11–42　第 100 帧绿色 NGon 位置

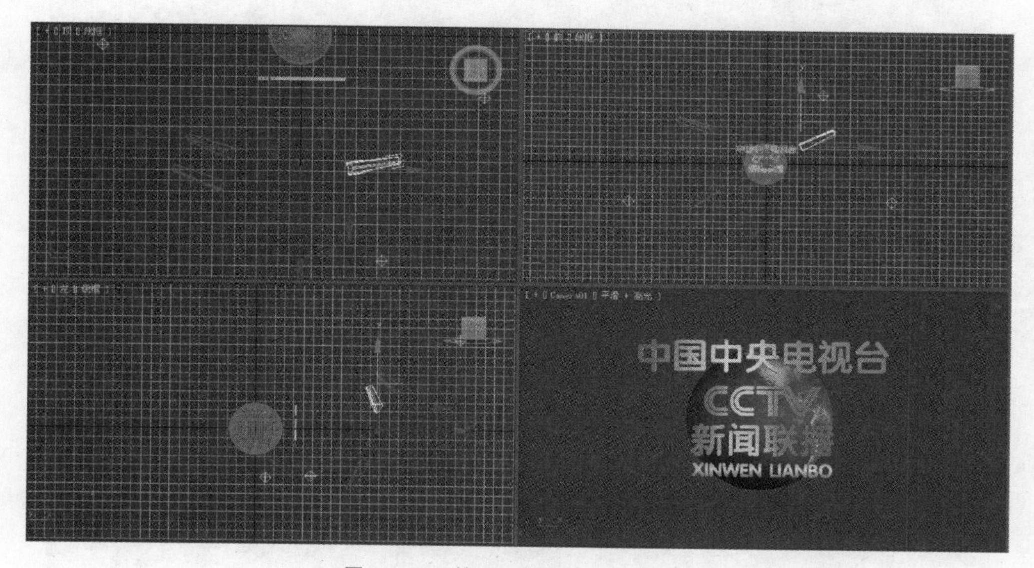

图 11–43　第 150 帧绿色 NGon 位置

11.5.4 “中国中央电视台”与“CCTV”的交换动画

（1）首先将时间滑块设定到第 0 帧，选择“中国中央电视台”文字，按键盘上的 Alt+A 快捷键与“CCTV”进行对齐，效果如图 11–44 所示。

（2）开启（自动关键点）按钮，将时间滑块调整到第 175 帧，点击（设置关键点）按钮，打一个关键点；再将时间滑块调整到第 125 帧，调整“中国中央电视台”文字的位置，如图 11–45 所示，同时注意将完成的动画设置成匀速飞行状态。如图 11–46 所示，为第 175 帧的效果。

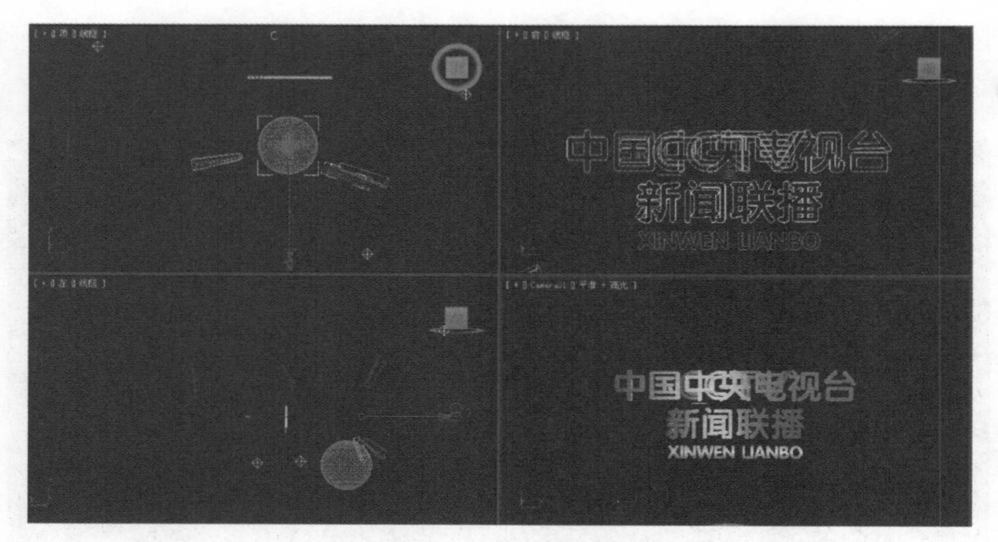

图 11-44 文字对齐效果

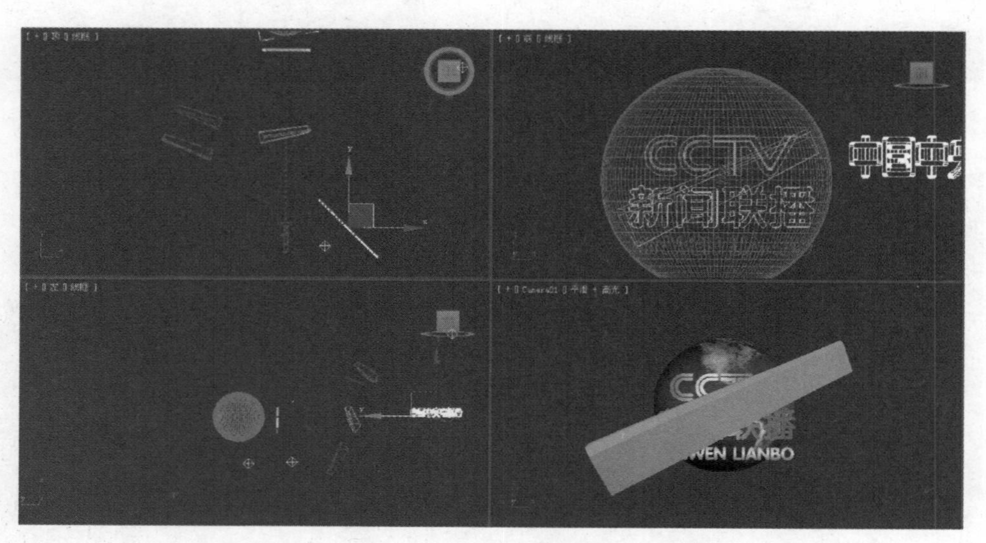

图 11-45 第 125 帧时“中国中央电视台”的位置

图 11-46 第 175 帧时“中国中央电视台”的位置

（3）将时间滑块调整到第 187 帧，点击（设置关键点）按钮，打一个关键点，然后对“中国中央电视台”进行旋转，使其与画面垂直，效果如图 11–47 所示，并参照上面的方法将动画设置成匀速旋转。

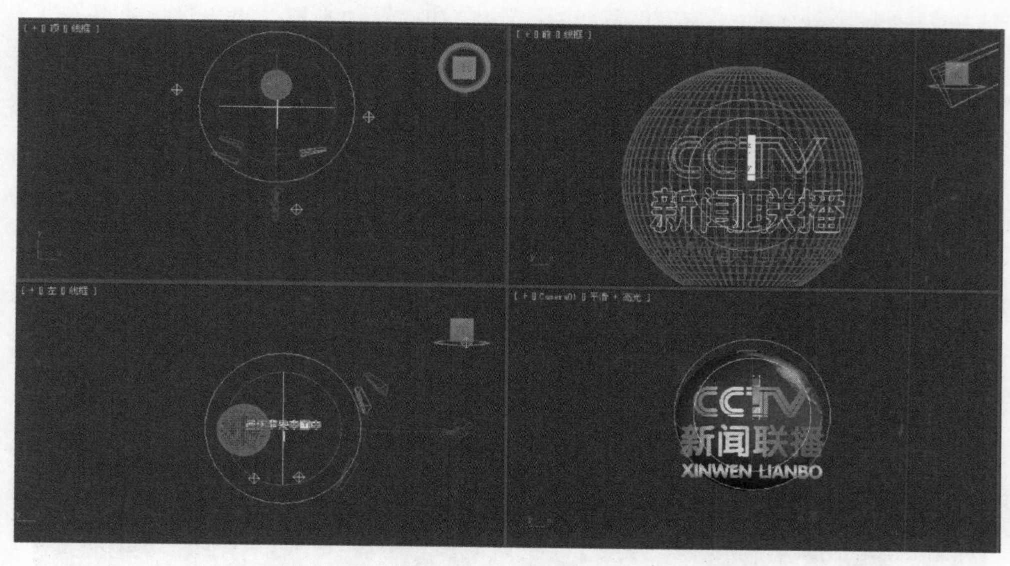

图 11–47　第 187 帧“中国中央电视台”的位置

（4）下面设置文字交换中较重要的操作，使“中国中央电视台”文字透明。方法是，将时间滑块调整到第 188 帧，在文字上点击右键选择“对象属性”，在“常规”的“渲染控制”选项中设置“可见性”为 0，点击“确定”；再将时间滑块调整到第 187 帧，右键单击选择“对象属性”，将“可见性”设置为 1，完成文字从有到无的操作。（注意：此步需要将“自动关键点”打开。）

（5）用上步的反思维方法来设定“CCTV”文字的从无到有的变化。首先将时间滑块调整到第 0 帧，发现坐标并不在“CCTV”文字的中心位置，如图 11–48 所示。选择（层次）面板中的“调整轴”卷展栏中的 仅影响轴 （仅影响轴）按钮，按 Alt+A 快捷键开启对齐命令，选择“CCTV”文字，设置对齐面板的参数如图 11–49 所示，完成对齐效果，关闭“仅影响轴”选项，将“CCTV”旋转 90°与视图垂直。

图 11–48　“CCTV”的坐标轴位置

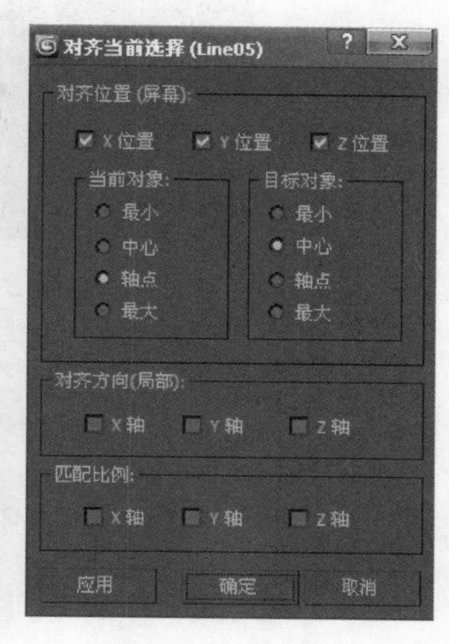

图 11–49　对齐设置

（6）将时间滑块调整到 187 帧，选择“CCTV”文字，选择“对齐”命令再次将文字与中国中央电视台对齐，同时利用“镜像”命令对文字在透视图中进行沿着 Y 轴进行镜像，如图 11-50 所示。右键单击选择“对象属性”选项，将“可见性”设置为 0，将时间滑块调整到第 188 帧设置“可见性”为 1。（注意：这里需要删除第 0 帧的“CCTV”文字的位移和旋转动画以及可见性，方法是框选第 0 帧关键帧按 Delete 键即可。）

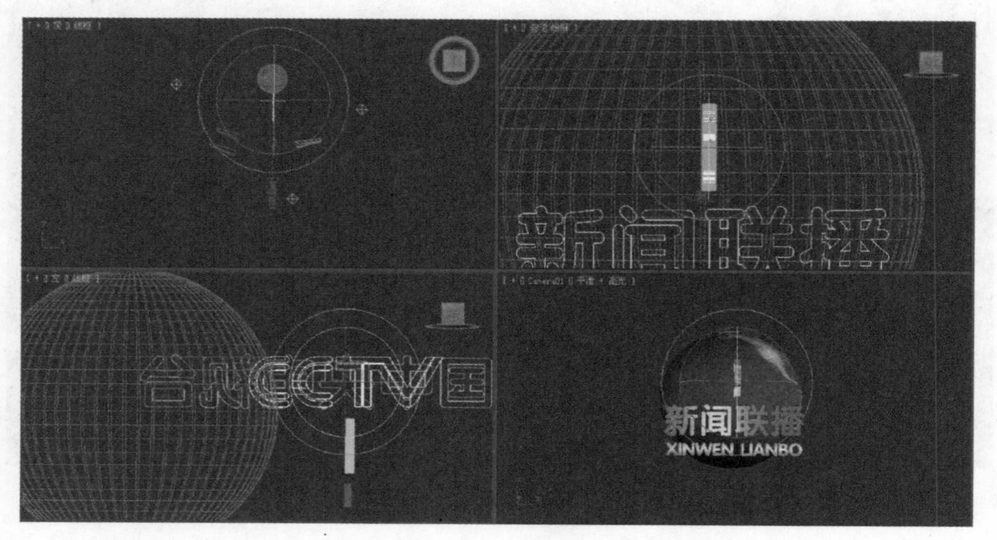

图 11-50 “CCTV”位置调整效果

（7）将时间滑块调整到第 215 帧，将“CCTV”文字旋转平行于摄影机平面，如图 11-51 所示。

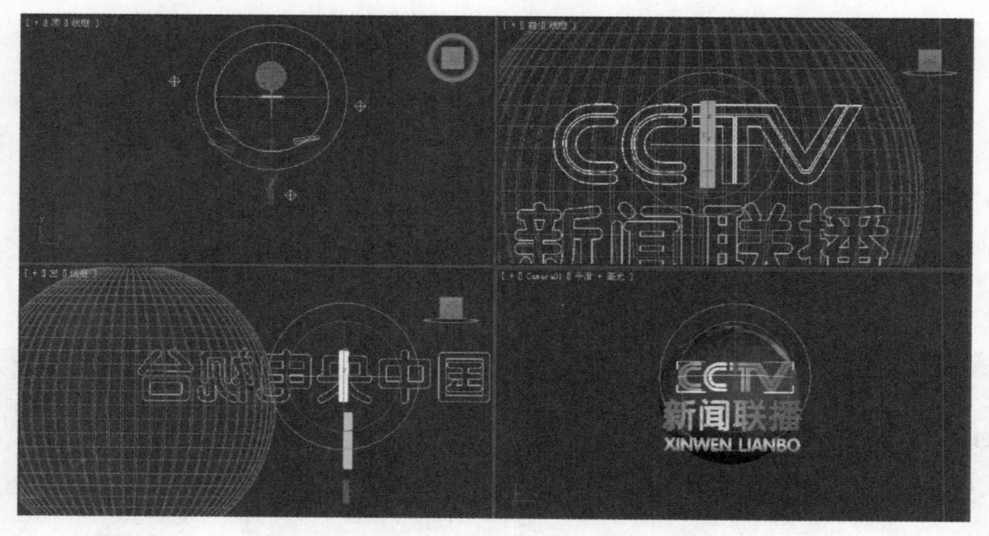

图 11-51 第 215 帧“CCTV”位置

（8）接着制作“CCTV”飞出画面的动画，将时间滑块滑动到第 250 帧，将“CCTV”文字移出画面，效果如图 11-52 所示，并使动画匀速移动。

11.5.5 “新闻联播”和“XINWENLIANBO”动画制作

（1）将时间滑块调整到第 0 帧，先将“新闻联播”和“XINWENLIANBO”利用缩放、移动等命令调整到如图 11-53 所示的大小和位置。

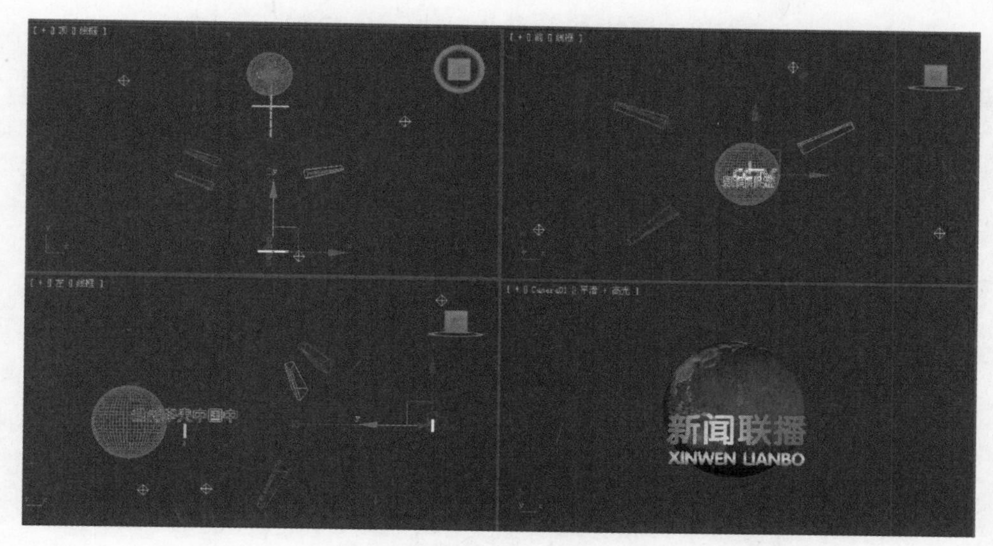

图 11–52　第 250 帧“CCTV”位置

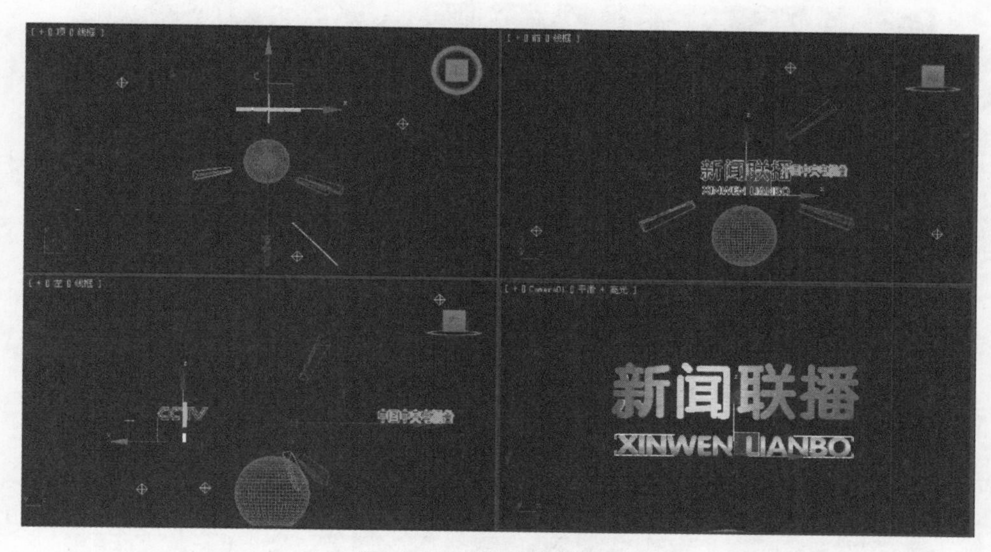

图 11–53　两组字体位置效果

（2）将时间滑块调整到第 325 帧，点击按钮，打一个关键点，然后将时间滑块再次调整到第 250 帧，将“新闻联播”的文字移动出画面以外；选择“新闻联播”文字，右键单击并选择“对象属性”，在“常规”的“显示属性”选项组中勾选“轨迹”，点击“确定”；并在第 250 帧至第 325 帧之间利用移动工具，来调整轨迹曲线，具体位置如图 11–54 所示。（注意：调整轨迹曲线的方法是先将时间滑块拖动到适当的帧数，然后选择“新闻联播”并移动到想要的位置，这时轨迹曲线将发生变化，依次进行操作，完成轨迹曲线的调整。）

（3）下面制作“XINWENLIANBO”的动画，选择“XINWENLIANBO”文字，将时间滑块调整到第 328 帧，选择（修改）面板下的“修改器列表”中的“切片”命令，给文字添加一个切片命令，如图 11–55 所示。

（4）进入到“切片”子对象的“切片平面”，利用旋转和移动工具，将切片平面移动到如图 11–56 所示的位置。

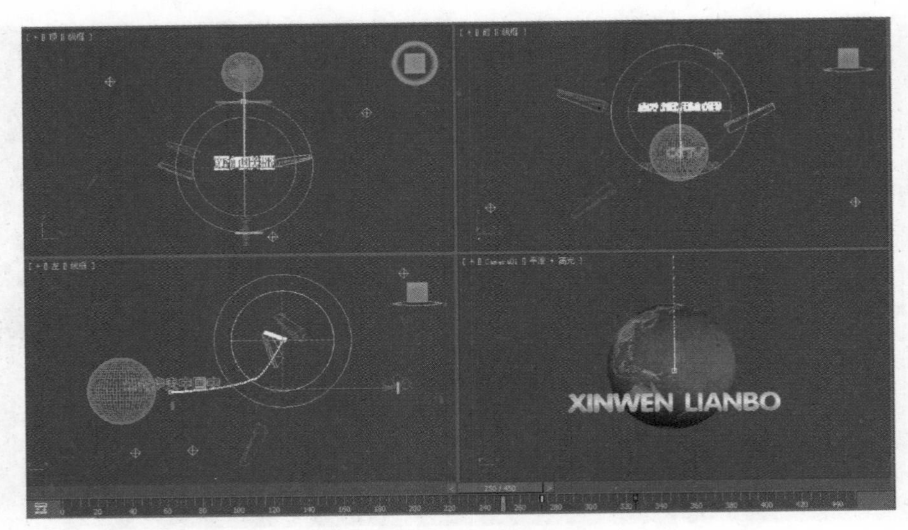

图 11–54 “新闻联播”文字轨迹调整

图 11–55 切片命令效果

图 11–56 切片初始位置

（5）在“切片参数”中选择“移除顶部”或“移除底部”，将出现如图 11–57 所示效果。（注意：根据“切片平面”旋转方向的不同，决定是选择“移除顶部”还是选择“移除底部”。）

图 11–57　切片移除顶部效果

（6）框选第 0 帧的关键帧删除，并将时间滑块调整到第 400 帧，将切片平面移动到“XINWENLIANBO”文字的右侧，如图 11–58 所示。

图 11–58　切片结束位置

11.5.6　材质移动动画制作

（1）按键盘的 M 键，开启“材质编辑器”窗口，选择指定给“新闻联播”文字的示例球；点击“贴图”卷展栏中的“漫反射颜色”右侧的贴图按钮，会看到“位图参数”卷展栏，在“裁剪 / 放置”选项组中勾选“应用”复选框，然后点击“查看图像”按钮，如图 11–59 所示。

（2）在弹出的“指定裁剪 / 放置”窗口中调整材质裁切的大小，在第 0 帧时，位置如图 11–60 所示，在第 450 帧时，位置如图 11–61 所示。

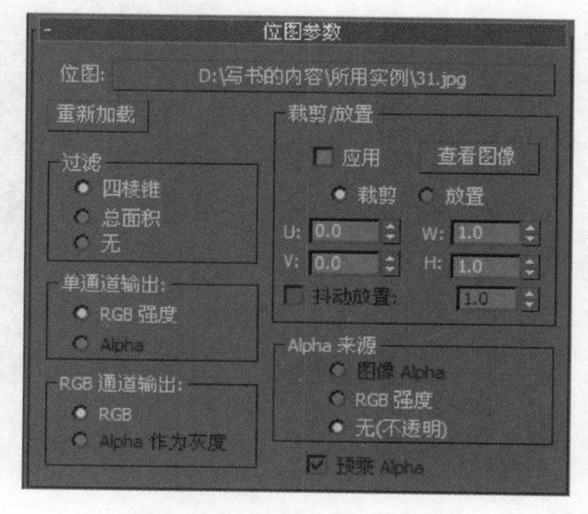

图 11–59　位图“参数”卷展栏

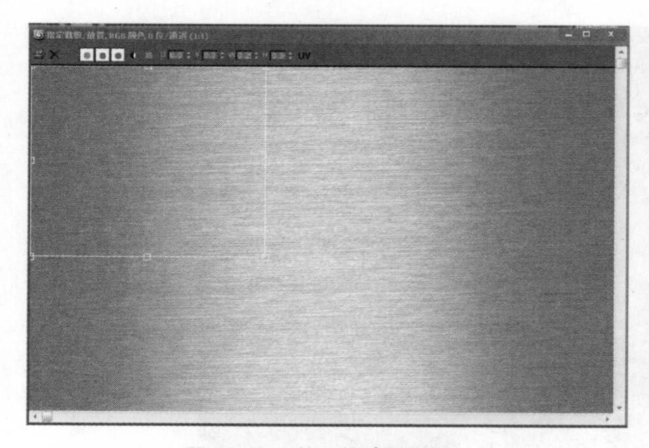

图 11-60　第 0 帧贴图位置

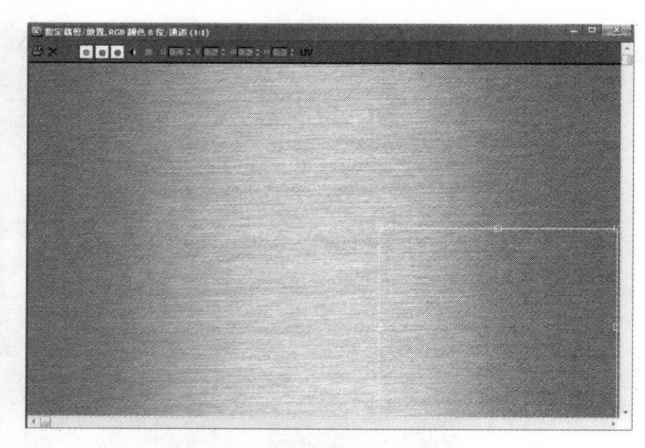

图 11-61　第 450 帧贴图位置

（3）利用同样的方法对蓝色贴图也进行设置，裁切的贴图设置如图 11-62 所示。

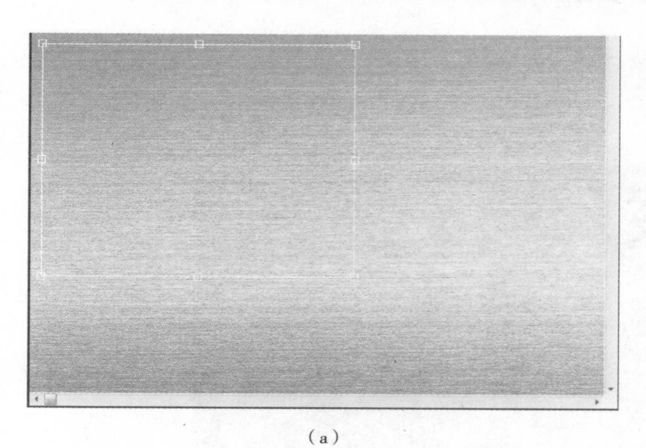

（a）

（b）

图 11-62　“XINWENLIANBO”动画贴图

（a）第 0 帧贴图位置；（b）第 450 帧贴图位置

（4）下面为地球制作辉光效果，选择“地球”点击右键进入“对象属性”面板，在“常规”的“渲染控制”的“G 缓冲区”中设置对象 ID 为 1，如图 11-63 所示。

（5）在“渲染”菜单中选择“Video Post”选项，会弹出“Video Post”窗口，点击（添加场景事件）按钮，添加一个“camera01”事件，点击确定。再次点击（添加图像过滤事件），如图 11-64 所示。选择“镜头效果光晕”设置；点击“设置”按钮，对相关数值进行设定，点击确定，如图 11-65 所示。

图 11-63　设置 G 缓冲区

图 11-64　添加图像过滤事件设置

图 11–65　镜头效果光晕设定

11.6　渲染输出

（1）单击（添加图像输出事件）按钮，点击（文件）按钮对保存的文件进行命名以及设置文件格式。（如需直接输出，不需要后期抠像，则可以输出成 avi 格式；一般用于后期视频合成时，往往输出序列图片，如 rla 或 tga 格式文件。）

（2）点击（执行序列）按钮，参数设置成如图 11–66 所示，点击“渲染”按钮进行渲染，渲染后的部分截图如图 11–67 所示。

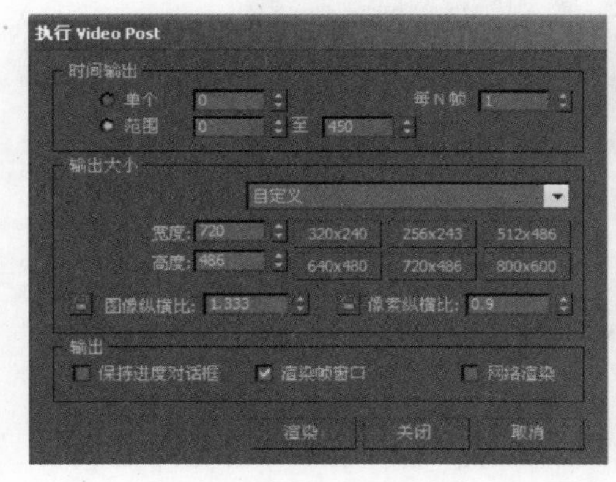

图 11–66　执行序列

图 11–67　渲染效果

（3）如需后期处理，则需要进行带 Alpha 通道输出。设置方法如下：按键盘的 F10 键，弹出“渲染设置”窗口，设置渲染动画相关参数进行输出设置，参数设置如图 11–68 所示。在“渲染输出”选项区，点击“保存文件”右侧 文件... （文件）按钮，设置输出文件的名称和格式，选择“tga”格式（也可输出成“rla”格式），保存序列文件，设置如图 11–69 所示。保持此种文件格式的目的是为了引入到后期视频合成软件中可以轻松地完成后期合成，选择“摄影机”视图，点击“渲染”按钮进行渲染输出。

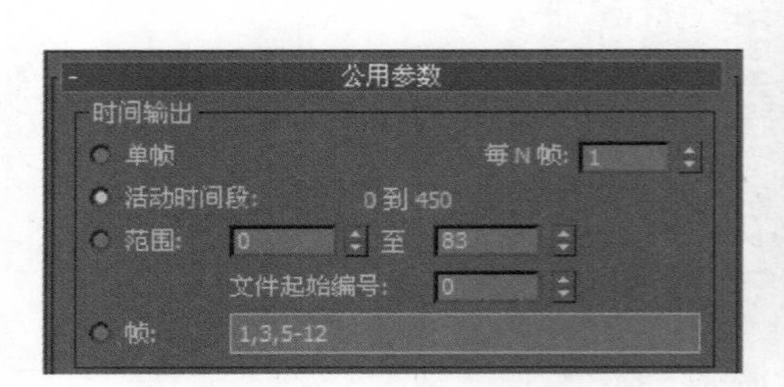

图 11–68 渲染参数设置

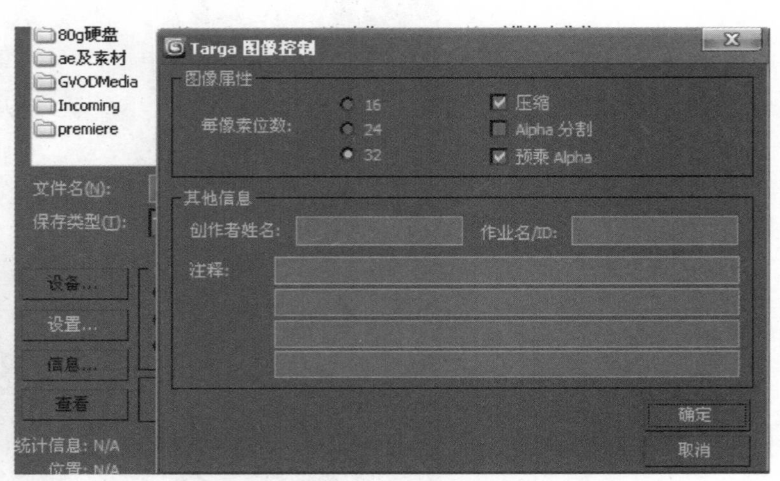

图 11–69 输出位图文件设置

（4）也可以为背景指定一张动态的文件，渲染后的效果如图 11–70 所示。选择菜单栏中的文件菜单中的另存为命令，对完成的文件进行保存。

图 11–70 渲染效果

以上就是模仿新闻联播片头完成的一个片头动画制作过程，进行渲染输出即可。关于背景可以使用后期的视频合成软件如 Premiere 或者 AE 进行合成，在此不进行讲解。

弹跳的小球

Ipod

黄金材质

不锈钢材质

半透明蜡烛材质

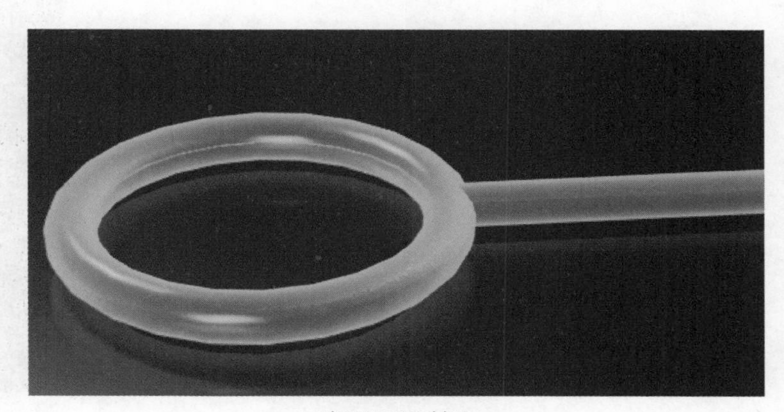

半透明玉石材质

铁门场景

摩托车

投射阴影实例

灯光阵列实例

V-Ray 阳光实例

雾实例

体积光实例

火效果实例

镜头特效实例

石英钟